集合滤波数据同化方法及其应用

唐佑民 沈浙奇 等 编著

科学出版社
北京

内 容 简 介

数据同化是一种利用观测数据来增强数值模式模拟精度和预测能力的技术，是目前地球科学系统研究的热点及难点之一。本书详细讨论了目前常用的各种顺序数据同化方法的科学思想和基本原理，以及它们在具有高维特性的地球系统中的应用。涵盖的方法包括从最优插值到卡尔曼滤波器的最优估计方法，以及从卡尔曼滤波器衍生出来的集合卡尔曼滤波器、集合转移卡尔曼滤波器和 sigma 点卡尔曼滤波器等集合方法，也包括基于贝叶斯公式的粒子滤波器算法。本书进一步介绍了在耦合同化背景下的一些挑战和进展，以及集合滤波器在目标观测中的应用现状和前景。本书的重点在于阐明每个方法背后的基本思想，包括：①算法的推导和基本原理；②在一个简化动力系统中的应用；③每种方法的基本假设和应用限制；④不同方法之间的联系；⑤每种方法的优缺点。

本书的特色是强调这些同化方法的实际应用，为大气和海洋科学领域的学生及科研工作者提供宝贵的参考资料，尤为适合初步涉及数据同化领域的研究人员阅读参考。

图书在版编目（CIP）数据

集合滤波数据同化方法及其应用 / 唐佑民等编著. —北京：科学出版社，2024.6

ISBN 978-7-03-077394-4

Ⅰ. ①集… Ⅱ. ①唐… Ⅲ. ①卡尔曼滤波器-研究 Ⅳ. ①TN713

中国国家版本馆 CIP 数据核字（2024）第 004964 号

责任编辑：朱 瑾 习慧丽 / 责任校对：郑金红

责任印制：吴兆东 / 封面设计：无极书装

科学出版社 出版

北京东黄城根北街 16 号

邮政编码：100717

http://www.sciencep.com

涿州市般润文化传播有限公司印刷

科学出版社发行 各地新华书店经销

*

2024 年 6 月第 一 版 开本：720×1000 1/16

2024 年 9 月第二次印刷 印张：16

字数：320 000

定价：218.00 元

（如有印装质量问题，我社负责调换）

《集合滤波数据同化方法及其应用》编著者名单

主要编著者　唐佑民　沈浙奇

其他编著者　伍艳玲　高艳秋　李　熠　李晓静

肖　瑶　陈溢豪　侯美夷

序

唐佑民等编著的《集合滤波数据同化方法及其应用》一书即将付梓，真是可喜可贺。这本书是唐佑民及其团队在数据同化研究领域深耕多年的成果，介绍了数据同化的数学基础，也展示了他们在参数估计、耦合同化和目标观测等方面的科研实践，是一本理论联系实际的好书。此书不仅可用作相关学科本科生和研究生的入门参考书，还能为从事数据同化研究的科学工作者提供重要参考。最难能可贵的是，书中提供了大量程序代码，用数值试验阐释了同化概念及其应用，有很强的可读性和实用性。如作者所言，数据同化在海洋和大气科学中有相当广泛的应用，但有一定的入门难度。这本书尝试为不同背景的读者提供一个由浅入深的指引，对推动数据同化研究乃至海洋和大气学科的发展大有裨益。

唐佑民早年在美国和加拿大从事海洋与大气研究，在数据同化方面做了很多开创性工作，并因此入选“加拿大首席科学家”（Canada Research Chair）。我最初认识他是在 20 世纪末，那时他刚在不列颠哥伦比亚大学（University of British Columbia，UBC）完成博士学位论文，发展了一个针对热带海气耦合系统的预测模式。由于具有共同的研究兴趣，我们之后一直在短期气候预测领域开展合作研究。当我回国建立卫星海洋环境动力学国家重点实验室时，他也应邀加入我的团队，并在随后的几年内吸纳了沈浙奇等青年人才加盟。他们参与了我主持的一系列重大科研项目，也牵头完成了几个与数据同化相关的国家重点研发计划项目，为实验室的发展作出了有目共睹的贡献。此外，唐佑民一直热衷于青年人才的培养，这本书也凝聚了他们在教书育人方面的经验总结。

海洋科学作为一门以观测为主要研究手段的科学，其发展在很大程度上依赖于海洋观测技术水平的进步。在过去几十年里，随着海洋卫星、剖面浮标、水下潜器等新型技术装备的发展，全球海洋观测取得了长足的进步。如何有效地利用现有的观测数据，是一个亟需解决的问题。数据同化作为融合观测数据与数值模式的关键，对于构建可靠的再分析数据产品、实现精准的海洋环境及天气气候预测，具有不可或缺的作用。我在很早以前就意识到了数据同化的重要性，率先提出了耦合同化的概念，并成功应用于热带气候预测。近年来，数据同化的理论和方法不断发展，该书重点阐述的集合滤波就是重要的发展方向之一。需要指出的是，目前在海洋和大气领域方兴未艾的人工智能和数字孪生技术，也在很大程度上依赖数据同化。

作为一个海洋科学工作者，我想借此机会强调，海洋科学研究是应对气候变化、防灾减灾的需求，是引导国际规则制定、建设海洋强国的需求，是探测和开发海洋资源、保护深海洋境的需求，是开辟远洋新航道、保障“海上丝绸之路”的需求，更是维护国家海洋权益、保障国家安全的需求。随着国家经济实力的迅速提升，我国的海洋科学和技术也进入了发展的快车道。可以说，现在是我国海洋事业发展的最佳历史机遇期，为有志于海洋研究的青年人提供了大有可为的舞台。希望广大读者们跟我们一起关心海洋，认识海洋，经略海洋，为促进人类命运共同体的构建和中华民族的繁荣富强，贡献我们各自的力量。此书介绍的数据同化揭开了海洋数据科学的冰山一角，其后还有更大、更广阔的世界等待着你们去探索。

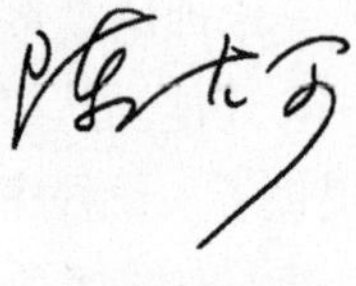

陈大可

中国科学院院士

2024 年 5 月 26 日

前　言

在日常生活中，我们经常能够观察到不同元素或事物之间相互影响和融合，从而逐渐趋向相似或相近。这一现象被称为“同化”，它在文化、社会乃至生物体内都有显著体现。以文化多样性为例，不同国家、地区的人们在饮食、服饰、语言等方面都展现出独特性。然而，随着全球化进程的不断推进，人们之间的交流与互动显著增加，因而不同文化逐渐相互渗透，导致一些文化特征逐步被同化，即向一致方向演变。

类似的“同化”概念在海洋和大气科学中也有体现，即数据同化（data assimilation），也称资料同化。数据同化是一种将观测数据和数值模式进行有机结合，产生最优的大气海洋状态估计的技术。数据同化的概念起源于数值天气预报，最初旨在为大气数值预报提供可靠的初始条件。自20世纪40年代起，科学家开始尝试以数值方法求解描述大气运动规律的物理方程，从而预测未来的天气变化。实际上，无论是短期的天气预报，还是长期的气候预测，都可视为在给定初始条件下对数值模式的积分。因此，可将天气预报和气候预测视为初值问题，初始条件的准确性对预报结果具有深远影响。对于这种影响，一个典型的比喻就是所谓的“蝴蝶效应”。在复杂的天气系统中，微小的初始变化可能引发系统内部的连锁反应，导致大的天气及至气候异常事件。20世纪的大气观测技术不断进步，气象卫星、雷达技术以及探空观测的发展，为科学家提供了更多、更精确的气象数据，为气象研究和天气预报的改进奠定了坚实基础。20世纪后半叶，随着计算机的快速发展，数据同化广泛应用于天气预报，并有效提升了天气预报的准确性。

相比于大气资料同化，海洋资料同化发展较晚，主要是由于海洋环境的复杂性和海洋观测成本高昂，海洋观测资料一直匮乏。直到20世纪80年代末，海洋卫星提供了全球海表温度资料，海洋资料同化开始应用于海洋模拟和海洋预报。近几十年来，海洋资料同化得到了快速发展。从20世纪90年代开始，美国、欧洲，以及中国相继启动了一系列海洋再分析项目，项目获得的海洋再分析数据产品不仅弥补了深层海洋观测数据的稀缺，也为海洋动力学研究、海洋气候变化和气候预测提供了基础数据。近年来，大气、海洋资料在海气耦合模式中被共同使用，资料同化研究已经迎来了耦合模式同化的高速发展时期。

数据同化技术巧妙地融合了凝聚人类智慧的数值动力模式与投入巨大人力物力获取的实际观测数据，通过科学的方法将二者有机结合，逐步逼近客观实际。它已经成为地球系统模拟和预测研究不可或缺的部分，也是显著提升我们对地球系统认知和预测能力最重要的因素之一。然而，数据同化技术的理论知识涉及面非常广泛，它不仅需要对数值模式、计算编程，以及气象学和海洋学有深入的理解，同时还需要熟悉一些数学和统计学理论，包括矩阵计算、变分泛函，以及控制论中的系统辨识和状态估计等。由于数据同化技术的跨学科特性和计算机应用的复杂性，入门存在一定的难度。目前国内在这一领域的参考资源相对匮乏，这在一定程度上限制了该技术在国内的普及和应用。

本书基于本人团队及成员多年的教学和科研成果编著，旨在为有志于从事数据同化相关研究的学生和青年工作者提供一个由浅入深的指引。本人从 20 多年前就开始从事大气、海洋数据同化研究工作。当年，我在不列颠哥伦比亚大学攻读博士学位，研究的课题是发展一个厄尔尼诺-南方涛动（ENSO）耦合模式。当我发展了一个海洋动力和神经网大气的耦合杂交模式并用于 ENSO 预报时，遇到了预报初始化的挑战。为了提高预报技巧，我接触了海洋数据同化，当时采用的方法也从简单的最优插值（OI）和三维变分（3D-Var），发展到了四维变分（4D-Var）和集合卡尔曼滤波器（EnKF）。之后的 20 多年，我一直从事该领域的相关研究，在国际刊物上发表了 150 多篇专业论文，承担了数个国家级科研项目。我们发展的同化方法先后应用到加拿大气候模拟与分析中心（CCCma）的气候业务化模式和中国的国家海洋环境预报中心（NMEFC）的业务化模式。本人先后在加拿大和中国的高校任教，培养了一批从事海洋数据同化的一线科研人员，很多已成为我国海洋数据同化领域的中坚力量，其中就包括本书的另一主要编著者沈浙奇。沈浙奇从浙江大学数学系博士毕业之后就加入我的团队，从事数据同化理论方法和应用的研究，主要的研究成果包括：在集合卡尔曼滤波器和粒子滤波器的基础上发展了几种新的滤波器方法，发展了耦合同化和参数估计的方法等，主持和参与了多个数据同化方面的国家级课题。本书的其他编著者伍艳玲、高艳秋、李熠、李晓静和侯美夷，也都是我们团队培养的优秀青年科研工作者，活跃于国内海洋数据同化相关科研和教育一线，陈溢豪和肖瑶是我在河海大学指导的在读博士研究生，从事数据同化相关课题研究。

本书的前 4 章为数据同化的数学基础和基本方法，着重介绍了卡尔曼滤波器和集合卡尔曼滤波器，由唐佑民、沈浙奇执笔；第 5 章介绍了集合卡尔曼滤波器在实际应用中需要考虑的一些问题，包括局地化、协方差膨胀和误差估计等，由唐佑民、沈浙奇、陈溢豪、肖瑶执笔；第 6 章引入了集合卡尔曼滤波器的衍生方法，即在卡尔曼滤波器的基础上发展而来的其他滤波器方法，由沈浙奇、高艳秋执笔；第 7 章介绍的 sigma 点卡尔曼滤波器，是我们团队率先引入地球科学领域的一种方法，由唐佑民、沈浙奇、肖瑶执笔；第 8 章介绍粒子滤波器，由沈浙奇执笔；第 9 章是集合数据同化方法在估计模式参数方面的一些基础知识和前沿进展，由沈浙奇、高艳秋执笔；第 10 章介绍强耦合同化，探讨了同化方法在耦合模式中应用面临的一些前沿问题，由李熠、沈浙奇执笔；第 11 章介绍的目标观测指的是一种观测设计策略，旨在寻找最优的观测点或区域，通过在这些观测点或区域增加观测，通过资料同化，以减小初始条件的不确定性，从而最大限度地提高模式预测技巧，由伍艳玲、李晓静、侯美夷执笔。

本书的一个特色是基于几个简单的理论模式（如 Lorenz63 模式、Lorenz96 模式等），给出了使用不同方法开展数据同化的理想试验的代码。代码基于 python 软件编写，大多数只使用 NumPy 等基础数值计算模块，直接输入 python 编译器即可执行。这些试验有助于缺乏相关知识背景的初学者直观地了解数据同化的流程和效果。本书提供的数据同化方法相关子程序也可以稍加修改移植到其他数值模式中运行，因此本书也是从事相关工作的研究人员非常实用的参考工具。

唐佑民

2024 年 3 月 18 日

目　录

第1章

引　言

20世纪最伟大的科学成就之一就是数值天气预报的快速发展，人类实现了精确的短期天气预报。从数值天气预报精度提高的发展进程来看，除了高性能计算机的快速发展和数值模式的逐步完善，另外一个主要的贡献是全球大范围、高密度、高精度的卫星遥感观测资料，通过一种特别的技术，能产生精确的预报初始场，从而使得数值模式的预报能力大幅度提高。这种特别的技术就是自20世纪80年代以来快速发展，已成为大气、海洋预报研究最热门的领域之一——数据同化。

简单来讲，数据同化就是观测数据和数值模式的有机结合，通过数学统计方法，产生最优的模式状态估计的一种技术。最优的模式状态估计也常常称为状态分析。数据同化也称为资料同化，或者根据数据属性在前面加一定语，比如，大气或海洋数据同化称为大气数据同化或海洋数据同化。数据同化的严格定义是通过结合观测数据和预报模式来估计大气或海洋等动力系统状态的过程。在统计学上，数据同化也称作状态空间估计。

作为新兴发展的领域，数据同化能如此快速发展，主要归因于其强大的应用功能。无论是短期天气预报还是长期气候预测，都是数值模式给定初始条件下的积分，因此天气、气候预报可以说是初值问题，初始条件的精度直接决定了模式的预报能力。明显地，初始条件应该尽量考虑实时观测信息，因此，数据同化的第一个应用是给数值模式提供高质量的预报初始场，减小初始场误差和不确定性，这也是开创数据同化领域的初衷和最大的驱动力。数据同化的第二个应用是通过观测资料来估计和约束数值模式的一些参数。由于科学发展过程中人类认知上不可避免的一些局限，以及科学技术发展的一些限制，许多模式物理参数是经验或半经验给出的，存在很大的不确定性。比如，由于模式分辨率不够精细，无法刻画一些小尺度过程，不得不借助于参数化方案来描述物理过程。再比如，由于海洋垂直混合过程的复杂性，以及目前对湍流认知的局限性，也不得不使用参数化方案来描述它们。数据同化可以使用观测资料来最优估计这些参数，减小它们的不确定性，这也称为参数估计。数据同化的第三个应用是通过某些变量（格点）

的观测资料（如海水温度）来提高数值模式的整体模拟能力，从而对那些没有观测资料的变量（格点）的状态做出高质量的估计，这也称为数据同化再分析。目前许多再分析产品作为观测资料的代用品已得到广泛的应用，如美国国家环境预报中心的再分析数据集（NCEP reanalysis dataset）和全球海洋数据同化产品（NCEP GODAS）等。

目前数据同化方法可以分为两大类：变分方法和顺序方法。变分同化是控制论理论中最优控制的应用，通过优化目标函数来最优估计动力系统的状态。它是最早应用到大气数据同化中的方法，并取得了极大的成功。从三维变分到四维变分，从单纯的大气模式数值预报系统到全球耦合模式数值预报系统，变分同化的理论和应用已有大量优秀文献记载，有兴趣的读者可以参考相关文献（Courtier et al.，1994；Talagrand and Courtier，1987）。目前很多业务化预报系统仍然使用变分同化方法。变分同化最大的优势是在给定的同化窗口，使用所有的观测信息，最优分析是一种连续的方式，这特别适合使用前后连续的观测来获得某个时间点的大气最佳状态估计。一般来说，对于业务化的数值天气预报（NWP），感兴趣的时间窗口通常是 3～12h，由于 NWP 一般 6h 发布一次，因此最常用的是 6h 同化窗口。

顺序同化是基于贝叶斯理论的统计估计，也称为顺序数据同化，最为经典的是卡尔曼滤波器（Kalman filter，KF）或集合卡尔曼滤波器（ensemble Kalman filter，EnKF）及其衍生的所有方法。相比于变分同化，卡尔曼滤波器在气象中的应用要晚 10 年左右，这主要是因为经典卡尔曼滤波器是建立在线性、高斯系统的理论框架下，而地球系统数值模式是高度非线性的。虽然通过扩展卡尔曼滤波器（extend Kalman filter，EKF），在 20 世纪 90 年代初已开展了卡尔曼滤波器在大气海洋中的应用，但真正赋予卡尔曼滤波器生命力，使其得以广泛应用是 Evensen（1994）发展的 EnKF。EnKF 使用集合成员来计算预报协方差阵，从而避免了线性化预报模式的不足，不仅有效减小了线性化所产生的截断误差，还给同化系统的设计和编程带来了革命性的简化和高效。之后，EnKF 的应用如雨后春笋，出现在大气、海洋和环境等各个领域，并发展出了一系列衍生的方法，如集合调整卡尔曼滤波器（ensemble adjustment Kalman filter，EAKF）、局地集合转换卡尔曼滤波器（local ensemble transform Kalman filter，LETKF）、sigma 点卡尔曼滤波器（sigma-point Kalman filter，SPKF）等，这些衍生的方法相比于传统的 EnKF，在很多实际应用中更具有适用性和有效性。它们的一个共同点就是基于蒙特卡罗思想用模式集合成员来估计预报统计量，甚至预报概率分布，所以这类方法也统称为集合滤波数据同化方法或集合同化方法。目前，不少业务化研究机构和预报中心已使用或正在使用集合同化方法来发展实时同化系统，如 NCEP 的变分-集合混合同化系统、加拿大气象中心的 EnKF 同化系统。相比于变分同化方法，集合同化的优势是编程简单、容易实现、背景误差是流依赖的，并且因为同化时每个观测依次进入模式，所以特别适合不同尺度多源观测资料的同化。

本书将系统介绍集合滤波数据同化方法及其应用，包括 KF、EnKF、EAKF、LETKF、SPKF、粒子滤波器（particle filter，PF）和其他衍生的方法。区别于已出版的一些同类书籍，本书在系统介绍这些方法的时候，结合多年来对集合同化方法的研究，强调这些方法的实际应用，以及在应用中遇到的挑战。为方便读者，特别是为了方便刚踏入这个领域的学生和科研工作者，本书对每个同化方法在介绍理论推导和实际应用例子后，给出了 python 代码。这些代码不仅可为读者学习这些方法提供直接练习的工具，还可为他们日后的实际同化系统设计提供很好的参考借鉴。具体在写作过程中，本书重点阐明每个方法背后的基本思想，包括：①算法的推导和基本原理；②在一个简化动力系统中的应用；③每种方法的基本假设和应用限制；④不同方法之间的联系（如 KF、EnKF、EAKF、SPKF 等）；⑤每种方法的优缺点。

本书主要是针对地球科学（包括气象、海洋、地理等）专业的高年级本科生和研究生的数据同化学习而撰写。本书的特点是理论与应用相结合，对于每个方法都给出了具体的应用例子，并且附上 python 代码，非常适合没有相关知识背景的初学者，也是从事数值模拟和数据同化领域研究人员一个很好的参考资料。我们希望本书的出版能帮助培养更多的青年才俊投身到数据同化领域，更好地推动我国在滤波数据同化领域的研究和应用。

第 2 章

数据同化的思想和基本理论

2.1 数据同化的意义

数据同化（data assimilation）的最初设计目标是为数值天气预报提供必要的初始场，现在其已经发展成为一种利用大量多源非常规资料的有效技术手段。数据同化不仅可以为大气/海洋数值预报模式提供初始场，还可以构造海洋再分析资料集，为海洋观测计划和数值预报模式中的物理过程参数等提供设计依据。在大气和海洋科学中，数据同化的定义是通过结合观测数据和数值模式积分来估计大气和海洋等动力系统状态的过程。

开展数据同化的需求主要来自两方面。一方面，数值模式是利用现有知识认识客观世界并开展数值模拟和预报的主要手段，但是由于现有知识的不足和计算条件的限制，比如动力过程的缺失、数值离散格式的截断及参数化过程中的不确定性因素等，数值模式普遍存在误差。此外，数值模式的初始场或者边界条件同样不可避免地存在误差，这些误差的非线性增长也会使得数值模式的结果在积分一段时间之后变得不可靠。

另一方面，随着海洋观测技术和方法的不断改进，获取的观测资料数量大量增加，如卫星遥感、雷达、船舶报、验潮站、投弃式温深仪（XBT）、热带太平洋浮标阵列 TAO、全球海洋观测网 Argo 等，为开展科学研究和业务预报提供了坚实的基础。然而，这些资料存在空间分布不均匀（南半球资料偏少，北半球资料偏多，近海区域偏多，深海大洋偏少）、时间分布不连续、资料质量不一致及误差信息不统一等特点。因此，虽然通常认为直接观测相对于模式是更可靠的，但是因为测量方法和测量能力的限制，仍然会有一定的观测误差。

一个数据同化系统主要包括模式、观测和同化方法三个组成部分，而同化方法在其中起到关键性作用。大多数数据同化方法是从估计理论、信息理论、控制理论、最优化和反问题理论衍生出来的。目前的数据同化方法根据其原理主要分为两类，一类是基于贝叶斯的统计估计理论，如最优插值（OI）、卡尔曼滤波器

（KF）、扩展卡尔曼滤波器（EKF）、集合卡尔曼滤波器(EnKF)等；另一类基于最优控制理论（又称为变分），如三维变分(three-dimensional variational，3D-Var)、四维变分（four-dimensional variational，4D-Var）等。此外，一些较新的研究也开发了将二者相结合的混合同化技术。

2.2　数据同化的基本思想

从直觉上来讲，最优的同化方案可能是在数值积分过程中直接用观测值代替模式值。然而，一方面观测并不是完美的，其包含着一定的误差，另一方面观测普遍存在时间和空间上的缺失，因此，这种直接的替换通常是不可行的。即使通过插值再进行替换，这种简单的替换也会将观测误差引入模式，加上模式变量在时间和空间上的不连续，因而容易导致模式动力过程的不平衡。

虽然如此，这类插值方法在早期的数据同化中也有使用，如线性插值、多项式插值及逐步订正法等。目前普遍使用的松弛（nudging）方法也属于经验方法，并未考虑观测误差，而之后发展的基于估计理论和最优控制的方法同时考虑了模式误差和观测误差，属于客观方法。经验方法和客观方法在数据同化的发展过程中都起着重要的作用。

下面将通过一个简单的例子来展示同化的概念。详细的介绍可以参考 Kalnay（2003）的研究。将一个未知的真实的状态值表示为 $T_{\rm t}$，分别用 T_1（模式模拟）和 T_2（观测）表示对 $T_{\rm t}$ 的估计，它们的误差分别为 ε_1 和 ε_2，于是可得

$$T_1 = T_{\rm t} + \varepsilon_1 \tag{2-1}$$

$$T_2 = T_{\rm t} + \varepsilon_2 \tag{2-2}$$

假设观测是无偏的（所有误差的均值为 0），且误差方差是已知的，即 $\mathbb{E}(\varepsilon_1) = \mathbb{E}(\varepsilon_2) = 0$，$\mathrm{Var}(\varepsilon_1) = \sigma_1^2$，$\mathrm{Var}(\varepsilon_2) = \sigma_2^2$。这里的 $\mathbb{E}(\cdot)$ 代表期望值。那么同化问题可以归纳为如何用 T_1 和 T_2 求 $T_{\rm t}$ 的最优估计 $T_{\rm a}$（在同化术语中，$T_{\rm a}$ 也被称为“分析”）。该最优估计问题是数据同化的核心思想。最直接的求解方法是最小二乘法。

2.2.1　最小二乘法

假设分析场是 T_1 和 T_2 的线性组合，即 $T_{\rm a} = a_1 T_1 + a_2 T_2$。由于 T_1 和 T_2 都是无偏的，$T_{\rm a}$ 也是无偏的，即 $\mathbb{E}(T_{\rm a}) = \mathbb{E}(T_{\rm t})$，因此有 $a_1 \mathbb{E}(T_1) + a_2 \mathbb{E}(T_2) = \mathbb{E}(T_{\rm t})$，且 $a_1 + a_2 = 1$。$T_{\rm a}$ 的方差 $\sigma_{\rm a}^2$ 用来度量分析场的不确定性，最优估计应使 $T_{\rm a}$ 的方差最小化，如下所示：

$$\sigma_{\rm a}^2 = \mathbb{E}[T_{\rm a} - T_{\rm t}]^2 = \mathbb{E}[a_1 T_1 + a_2 T_2 - T_{\rm t}]^2 = \mathbb{E}\left[a_1 (T_1 - T_{\rm t}) + a_2 (T_2 - T_{\rm t})\right]^2$$

$$=\mathbb{E}\left(a_1^2\varepsilon_1^2+a_2^2\varepsilon_2^2+2a_1a_2\varepsilon_1\varepsilon_2\right)=a_1^2\sigma_1^2+\left(1-a_1\right)^2\sigma_2^2 \tag{2-3}$$

式中，假设了T_1和T_2的误差相互独立，即$\mathbb{E}\left(\varepsilon_1\varepsilon_2\right)=0$。为了使$\sigma_{\mathrm{a}}^2$最小化，令$\partial\sigma_{\mathrm{a}}^2/\partial a_1=0$，于是可得

$$a_1=\frac{\sigma_2^2}{\sigma_1^2+\sigma_2^2} \tag{2-4}$$

即

$$T_{\mathrm{a}}=a_1T_1+\left(1-a_1\right)T_2=T_2+\frac{\sigma_2^2}{\sigma_1^2+\sigma_2^2}\left(T_1-T_2\right) \tag{2-5}$$

式中，T_{a}就是T_1和T_2的最小二乘估计，它的误差方差在所有T_1和T_2的组合中最小。

关于高斯和最小二乘法的轶事

最小二乘法（又称最小平方法）是一种数学优化技术，它通过最小化误差的平方和寻找数据的最佳函数匹配。利用最小二乘法可以简便地求得未知的数据，并使得这些求得的数据与实际数据之间误差的平方和为最小。

1801年，意大利天文学家朱赛普·皮亚齐发现了第一颗小行星谷神星。经过40天的跟踪观测后，由于谷神星运行至太阳背后，朱赛普·皮亚齐失去了谷神星的位置。随后，全世界的科学家开始利用朱赛普·皮亚齐的观测数据寻找谷神星，但是根据大多数人计算的结果来寻找谷神星都没有结果，只有时年24岁的高斯所计算的谷神星的轨道，被奥地利天文学家海因里希·奥尔伯斯的观测所证实，使天文界从此可以精确预测到谷神星的位置。

高斯确定小行星位置的方法就是自己创立的最小二乘法。在此10年之后，这一方法才正式被公之于众。在此期间，有些心急的人，竟然向法院起诉高斯，告他会巫术，理由是如果他不会巫术，为什么不告诉人们他是如何找到小行星的。而实际上，高斯虽然发明了这个方法，但其中有些理论问题尚待解决。在此之前，高斯不愿发布一项理论依据不明确的成果。

而在这10年间，高斯重点研究了误差项的性质，这个性质也就是最小二乘法的性质，高斯的发现概括如下。

（1）最小二乘法具有“BLUE”的性质，即最小二乘法得到的估计方程是最好（best）、线性（linear）、无偏（unbiased）的估计（estimator）。这是最小二乘法得到如此广泛应用的理论基础。

（2）误差项服从均值为0、方差恒定的正态分布。正态分布不是高斯最先发现的，但由于高斯对误差项的研究，引起了人们对正态分布的重视，因此正态分布又称为高斯分布。如今，人们一碰到有误差存在的情形，几乎总是假设误差项服从均值为0、方差为σ的正态分布。现代误差理论也是从这里开始起步的。

最小二乘法除应用范围广以外，在科学史上也有着极其重要的地位。在 19 世纪初，欧洲乃至整个科学界普遍存在一种观念，认为宇宙如同一架走时精准的时钟，其中不存在任何不确定性，就如同牛顿三大定律一样完美。科学研究的目的就是发现宇宙中固有的规律。法国数学家拉普拉斯就是其中最典型的代表人物之一。受这种观念的限制，绝大多数人不认为观测数据本身有问题（存在误差），那么，自然也就无法找到符合数据的“完美”的方程。而高斯在研究误差的基础上提出了最小二乘法，突破了人们固有的认识。在此之后，科学界开始正视不确定性。

从高斯对最小二乘法的发现，我们也能看到一些现代科学知识的源头。如今，最小二乘法在系统辨识及预测、机器学习等诸多学科领域得到了广泛应用，且发展出了多种形式。

另外，法国科学家勒让德也独立发现了“最小二乘法”，在公布时间上早于高斯（实际发现时间很可能晚于高斯）。但由于高斯更有名，贡献更大，人们一般把最小二乘法的发明归于高斯。

2.2.2　贝叶斯方法

另一种普遍的估计方法是贝叶斯方法，其主要基于贝叶斯定理。贝叶斯定理提供了状态空间估计的概率描述，可以在此基础上推导出一系列的同化方法。贝叶斯定理是 18 世纪英国数学家托马斯 • 贝叶斯提出的重要概率论理论，主要用于求解逆向概率问题。

在贝叶斯之前，经典的概率论已经允许人们计算所谓的“正向概率”，如“假设袋子里面有 N 个白球、M 个黑球，伸手进去摸出一个球，摸出黑球的概率是多大”。而一个自然而然的问题是“如果我们事先并不知道袋子里面黑白球的比例，而是闭着眼睛摸出一个（或好几个）球，观察这些取出来的球的颜色之后，那么我们可以据此对袋子里面的黑白球的比例做出什么样的推测”。这个问题，就是所谓的逆向概率问题。

贝叶斯定理用于计算关于随机事件 A 和 B 的条件概率，定理的形式如下：

$$P(\mathrm{A}|\mathrm{B})=\frac{P(\mathrm{B}|\mathrm{A})P(\mathrm{A})}{P(\mathrm{B})} \tag{2-6}$$

式中，条件概率 $P(\mathrm{A}|\mathrm{B})$ 代表在事件 B 发生的前提下事件 A 发生的可能性。

一些重要的术语描述如下。

● $P(\mathrm{A})$ 称为事件 A 的先验（prior）概率，之所以称为“先验”，是因为它不考虑任何 B 方面的因素。

● $P(\mathrm{A}|\mathrm{B})$ 是 B 发生后 A 的条件概率，也由于得自 B 的取值而被称作事件 A 的

后验（posterior）概率。

● $P(\mathrm{B|A})$ 是 A 发生后 B 的条件概率，也可以理解为已知事件 A 发生的情况下事件 B 的各种可能性，被称为似然（likelihood）函数。

● $P(\mathrm{B})$ 称为事件 B 的先验概率，由于全概率公式的 $P(\mathrm{B}) = \int P(\mathrm{B|A})P(\mathrm{A})$，因此 $P(\mathrm{B})$ 通常扮演一个标准化常量（normalizing constant）。

所以，贝叶斯定理可以表述为：后验概率=（似然函数×先验概率）/标准化常量。

贝叶斯定理的用途主要是通过联系 A 和 B，计算一个事件发生的情况下另一个事件发生的概率，即从结果上溯到源头（也即逆向概率）。通俗地讲，就是当你不能确定某一个事件发生的概率时，你可以依靠与该事件本质属性相关的事件发生的概率去推测该事件发生的概率。用数学语言表达就是：支持某项属性的事件发生得愈多，则该事件发生的可能性就愈大。这个推理过程有时候也称为贝叶斯推理。

贝叶斯定理从概率密度函数（probability density function，PDF）的角度，利用观测资料，将先验概率更新为后验概率。一旦某个状态变量的 PDF 已知，那么它的所有的统计特征都可通过计算得到，包括数学期望（均值）、协方差等。

考虑前面的例子，T 表示对真值 T_{t} 的一个估计，是一个随机变量。在没有任何先验信息的前提下，先使用第一个观测进行 PDF 的估计。第一个观测 T_1 的误差 ε_1 服从均值为 0、方差为 σ_1^2 的高斯分布，即

$$p(T) = \frac{1}{\sqrt{2\pi}\sigma_1} \mathrm{e}^{-\frac{(T-T_1)^2}{2\sigma_1^2}} \tag{2-7}$$

那么基于 T_1 得到的 PDF 估计就是式（2-7）。以此为先验分布，可以利用贝叶斯定理纳入 T_2 的观测信息，获得后验分布。假定观测 T_2 的误差也服从高斯分布，似然函数（也就是状态估计恰好为 T_2 的概率）可表示为

$$p(T_2|T) = \frac{1}{\sqrt{2\pi}\sigma_2} \mathrm{e}^{-\frac{(T_2-T)^2}{2\sigma_2^2}} \tag{2-8}$$

于是，可以将 T 的后验概率分布表示为

$$p(T|T_2) = \frac{p(T_2\,|\,T)p(T)}{p(T_2)} \propto \frac{1}{\sqrt{2\pi}\sigma_2} \mathrm{e}^{-\frac{(T_2-T)^2}{2\sigma_2^2}} \frac{1}{\sqrt{2\pi}\sigma_1} \mathrm{e}^{-\frac{(T_1-T)^2}{2\sigma_1^2}} \tag{2-9}$$

如前所述，分母 $p(T_2)$ 扮演一个标准化因子的角色，可以通过标准化使得概率和为 1。因此，在式（2-9）中使用正比例符号“$\propto$”代替等号。

同化问题的目标是求出使得后验概率 $p(T|T_2)$ 最大的状态估计值 T_{a}。为方便求解式（2-9）的最大化问题，可以两边取对数：

$$\ln\left[p\left(T|T_2\right)\right]=\text{const}-\frac{1}{2}\left[\frac{\left(T-T_2\right)^2}{\sigma_2^2}+\frac{\left(T-T_1\right)^2}{\sigma_1^2}\right] \tag{2-10}$$

式中，const 代表一个常数。

该问题等价于一个关于 T 的泛函 $J(T)$ 的最小化问题：

$$J(T)=\frac{1}{2}\left[\frac{(T-T_1)^2}{\sigma_1^2}+\frac{(T-T_2)^2}{\sigma_2^2}\right] \tag{2-11}$$

泛函的定义是函数空间到数域的映射，这意味着估计的对象 T 是一个函数。为求解关于式（2-11）的最小化问题，假设 T 是 T_1 和 T_2 的线性组合，即 $T=a_1T_1+a_2T_2$，且 $a_1+a_2=1$，或者可表示为 $T=a_1T_1+\left(1-a_1\right)T_2$，那么 T 可以被视为关于组合系数 a_1 的函数。然后，令 $\partial J(T)/\partial a_1=0$，可得

$$\frac{\partial J\left[T\left(a_1\right)\right]}{\partial a_1}=\frac{\partial J(T)}{\partial T}\frac{\partial T}{\partial a_1}=\left(\frac{T-T_1}{\sigma_1^2}+\frac{T-T_2}{\sigma_2^2}\right)\left(T_1-T_2\right)=0 \tag{2-12}$$

因此式（2-12）的解（用 T_{a} 表示）为

$$T_{\mathrm{a}}=\frac{\sigma_2^2}{\sigma_1^2+\sigma_2^2}T_1+\frac{\sigma_1^2}{\sigma_1^2+\sigma_2^2}T_2 \tag{2-13}$$

这与最小二乘法获得的解一致。

值得注意的是，由于 T_1 和 T_2 都是观测资料，式（2-9）中分别和 T_1、T_2 相关的高斯分布函数实质上都是似然函数（因为没有其他先验信息，所以真正的先验分布是 1），因此贝叶斯估计也被称为最大似然估计（maximum likelihood estimation，MLE）。

2.3　滤波数据同化和变分同化的几个基本方法

2.3.1　状态空间模型中的同化方法

上节通过一个简单的例子引出了数据同化的概念，即同时考虑模式和观测的不确定性，获取对于真实状态的最佳估计。这个例子中代表模式和观测的部分都是标量，因此典型性不足。在实际的数据同化问题中，模式的输出变量往往都是高维的矢量，且观测到的变量与模式变量并不一致，因此需要引入相应的算子将两者联系起来。

数据同化问题在数学上是动力学系统的状态估计问题，用状态空间方法描述。状态空间模型分为状态预报模型和观测模型两部分，二者在同化系统中又分别被称为模式算子和观测算子。模式算子对应数值模式积分算子，在不同的

动力学系统中可以分别是大气模式、海洋模式、陆面过程模式或水文模式等。模式算子描述的是状态变量场随时间的演变，通常用一个函数或者左乘矩阵的操作表示。但更一般的情况下，也可以将它理解为一个“黑匣子”，利用给定的初值和外强迫条件得到具有一定准确性的预报场。观测算子则描述状态场和观测资料的对应关系，对于直接观测来说，一般需要使用空间插值的方法将模式的网格点投影到观测点，而对于卫星遥感等非直接观测来说，也可能需要使用非线性的观测模型来将状态变量和观测变量相关联，如遥感辐射传输模型。状态空间模型可以用以下公式描述：

$$\boldsymbol{x}_{k+1} = f\left(\boldsymbol{x}_k, \boldsymbol{\eta}_k\right) \tag{2-14}$$

$$\boldsymbol{y}_k = h\left(\boldsymbol{x}_k, \boldsymbol{\zeta}_k\right) \tag{2-15}$$

式中，$\boldsymbol{x}_k$ 代表离散时间 t_k 上的状态矢量场；$\boldsymbol{y}_k$ 代表相同时刻对该状态场的观测；$\boldsymbol{\eta}_k$ 和 $\boldsymbol{\zeta}_k$ 分别代表随机的模式误差和观测误差，两者的概率密度函数可以是任意形式的（但在很多情况下两者都被假设为高斯分布），并且假设两者互不相关；$f(\cdot)$ 和 $h(\cdot)$ 分别表示模式算子和观测算子，在实际问题中两者多为非线性函数。

贝叶斯定理仍然可以提供方法解决状态空间模型中的同化问题。我们先从一个特殊的情况出发，即假设模式算子和观测算子都是线性算子（分别为左乘矩阵 $\boldsymbol{M}$ 和 $\boldsymbol{H}$ 的操作），并且加性的模式误差和观测误差的概率分布都是高斯分布。这种情况下状态空间模型形式如下：

$$\boldsymbol{x}_{k+1} = \boldsymbol{M}\boldsymbol{x}_k + \boldsymbol{\eta}_k \tag{2-16}$$

$$\boldsymbol{y}_k = \boldsymbol{H}\boldsymbol{x}_k + \boldsymbol{\zeta}_k \tag{2-17}$$

这里用转移矩阵 $\boldsymbol{M}$ 表示模式积分作用的线性效果，用观测矩阵 $\boldsymbol{H}$ 进行模式空间到观测空间的线性插值或投影。$\boldsymbol{\eta}_k$ 和 $\boldsymbol{\zeta}_k$ 分别是 t_k 时刻的模式误差和观测误差，假设它们均服从均值为零矢量的多元高斯分布，误差协方差矩阵分别为 $\boldsymbol{Q}$ 和 $\boldsymbol{R}$。值得注意的是，这里的下标 k 代表同化的次数，而不是模式积分步数。因此，式（2-16）中的 $\boldsymbol{\eta}_k$ 不是每一步模式积分的误差，而是在两次同化之间的若干次模式积分的误差积累的一个代替，将其假设为加性误差实际上降低了原问题的复杂性。

2.3.2　最优插值法

根据线性观测模型，最小二乘法的思想仍然可以用来进行同化，相应的方法称为最优插值。最优插值不需要考虑模式的积分，只利用模式提供的背景场 $\boldsymbol{x}^{\mathrm{b}}$，结合观测数据 $\boldsymbol{y}^{\mathrm{o}}$ 给出最优估计（以下称为分析场）。假设已知背景和观测的误差协方差矩阵分别是 $\boldsymbol{B}$ 和 $\boldsymbol{R}$。

最优插值通过对背景场和观测进行线性组合得到最优估计，但是由于观测数

据 $\boldsymbol{y}^{\mathrm{o}}$ 与背景场 $\boldsymbol{x}^{\mathrm{b}}$ 的维数不同，不能采用之前标量例子中的组合方式。不妨记 $\boldsymbol{x}^{\mathrm{b}} \in \mathbb{R}^{n}$，$\boldsymbol{y}^{\mathrm{o}} \in \mathbb{R}^{m}$，其中 n 和 m 分别是状态空间和观测空间的维数。那么观测矩阵 $\boldsymbol{H} \in \mathbb{R}^{m\times n}$ 可以将模式预报得到的背景场投影到观测空间，即 $\boldsymbol{H}\boldsymbol{x}^{\mathrm{b}} \in \mathbb{R}^{\boldsymbol{m}}$。为了得到状态空间上的分析场 $\boldsymbol{x}^{\mathrm{a}}$，分别采用 $n\times n$ 的矩阵 $\boldsymbol{L}$ 和 $n\times m$ 的矩阵 $\boldsymbol{K}$ 对背景场和观测进行如下组合：

$$\boldsymbol{x}^{\mathrm{a}} = \boldsymbol{L}\boldsymbol{x}^{\mathrm{b}} + \boldsymbol{K}\boldsymbol{y}^{\mathrm{o}} \tag{2-18}$$

但是上述形式不便于提供之前类似于 $a_1 + a_2 = 1$ 的约束条件。不妨把公式写成如下增量形式：

$$\boldsymbol{x}^{\mathrm{a}} = \boldsymbol{x}^{\mathrm{b}} + \left(\boldsymbol{L} - \mathbf{I}\right)\boldsymbol{x}^{\mathrm{b}} + \boldsymbol{K}\boldsymbol{y}^{\mathrm{o}} \tag{2-19}$$

式中，$\mathbf{I}$ 是 $n\times n$ 的单位阵；$\boldsymbol{L}$ 是待定的 $n\times n$ 维系数矩阵。可以要求矩阵 $\boldsymbol{L}$ 和 $\boldsymbol{K}$ 符合条件 $\boldsymbol{L} + \boldsymbol{K}\boldsymbol{H} = \mathbf{I}$。在此情况下，可以把分析场写成如下形式：

$$\boldsymbol{x}^{\mathrm{a}} = \boldsymbol{x}^{\mathrm{b}} + \boldsymbol{K}\left(\boldsymbol{y}^{\mathrm{o}} - \boldsymbol{H}\boldsymbol{x}^{\mathrm{b}}\right) \tag{2-20}$$

式（2-20）表明最优估计可以通过在背景场上叠加根据观测数据和背景场计算得到的增量 $\boldsymbol{K}\left(\boldsymbol{y}^{\mathrm{o}} - \boldsymbol{H}\boldsymbol{x}^{\mathrm{b}}\right)$ 来实现。显然，观测算子 $\boldsymbol{H}$ 将 $\boldsymbol{x}^{\mathrm{b}}$ 投影到观测空间上使之能够和观测数据 $\boldsymbol{y}^{\mathrm{o}}$ 相比较。$\boldsymbol{y}^{\mathrm{o}} - \boldsymbol{H}\boldsymbol{x}^{\mathrm{b}}$ 在同化方法中有一个专用术语“innovation”，特指观测值和模式预测值之间的差异。这个差异是数据同化过程中的关键部分，因为它提供了模式预测与实际观测之间的误差信息，对于更新模式状态和提高模式预测的准确性非常重要。在一些中文文献中，会把“innovation”翻译成“新息”。

显然式（2-20）中的矩阵 $\boldsymbol{K}$ 表示新息的权重。为了计算 $\boldsymbol{K}$，用 $\boldsymbol{P}^{\mathrm{a}}$ 表示分析误差 $\boldsymbol{\varepsilon}^{\mathrm{a}}$ 协方差矩阵，即 $\boldsymbol{P}^{\mathrm{a}} = \mathbb{E}\left[\boldsymbol{\varepsilon}^{\mathrm{a}}(\boldsymbol{\varepsilon}^{\mathrm{a}})^{\mathrm{T}}\right]$，这里的 $\boldsymbol{\varepsilon}^{\mathrm{a}} = \boldsymbol{x}^{\mathrm{a}} - \boldsymbol{x}^{\mathrm{tr}}$，其中 $\boldsymbol{x}^{\mathrm{tr}}$ 是模式状态的真值，$\mathbb{E}(\cdot)$ 仍然代表期望值。相似地，观测误差和背景误差分别定义为 $\boldsymbol{\varepsilon}^{\mathrm{o}} = \boldsymbol{y}^{\mathrm{o}} - \boldsymbol{H}\boldsymbol{x}^{\mathrm{tr}}$ 和 $\boldsymbol{\varepsilon}^{\mathrm{b}} = \boldsymbol{x}^{\mathrm{b}} - \boldsymbol{x}^{\mathrm{tr}}$。需要指出，这里的背景误差 $\boldsymbol{\varepsilon}^{\mathrm{b}}$ 不同于模式误差 $\boldsymbol{\zeta}_k$，$\boldsymbol{\zeta}_k$ 是模式的系统性偏差。同时，定义背景误差协方差 $\boldsymbol{B} = \mathbb{E}\left[\boldsymbol{\varepsilon}^{\mathrm{b}}(\boldsymbol{\varepsilon}^{\mathrm{b}})^{\mathrm{T}}\right]$ 和观测误差协方差 $\boldsymbol{R} = \mathbb{E}\left[\boldsymbol{\varepsilon}^{\mathrm{o}}(\boldsymbol{\varepsilon}^{\mathrm{o}})^{\mathrm{T}}\right]$，并且假设观测误差和背景误差不相关，所以 $\mathbb{E}\left[\boldsymbol{\varepsilon}^{\mathrm{b}}(\boldsymbol{\varepsilon}^{\mathrm{o}})^{\mathrm{T}}\right] = \mathbb{E}\left[\boldsymbol{\varepsilon}^{\mathrm{o}}(\boldsymbol{\varepsilon}^{\mathrm{b}})^{\mathrm{T}}\right] = 0$。

显然，需要找到 $\boldsymbol{K}$ 使得 $\boldsymbol{P}^{\mathrm{a}}$ 最小。在式（2-20）两端同时减去 $\boldsymbol{x}^{\mathrm{tr}}$ 可得

$$\boldsymbol{x}^{\mathrm{a}} - \boldsymbol{x}^{\mathrm{tr}} = \boldsymbol{x}^{\mathrm{b}} - \boldsymbol{x}^{\mathrm{tr}} + \boldsymbol{K}\left(\boldsymbol{y}^{\mathrm{o}} - \boldsymbol{H}\boldsymbol{x}^{\mathrm{b}} + \boldsymbol{H}\boldsymbol{x}^{\mathrm{tr}} - \boldsymbol{H}\boldsymbol{x}^{\mathrm{tr}}\right) \tag{2-21}$$

即

$$\boldsymbol{\varepsilon}^{\mathrm{a}} = \boldsymbol{\varepsilon}^{\mathrm{b}} + \boldsymbol{K}\left(\boldsymbol{\varepsilon}^{\mathrm{o}} - \boldsymbol{H}\boldsymbol{\varepsilon}^{\mathrm{b}}\right)$$

并且

$$\begin{aligned}\boldsymbol{P}^{\mathrm{a}} &= \mathbb{E}\left[\boldsymbol{\varepsilon}^{\mathrm{b}} + \boldsymbol{K}\left(\boldsymbol{\varepsilon}^{\mathrm{o}} - \boldsymbol{H}\boldsymbol{\varepsilon}^{\mathrm{b}}\right)\right]\left[\boldsymbol{\varepsilon}^{\mathrm{b}} + \boldsymbol{K}\left(\boldsymbol{\varepsilon}^{\mathrm{o}} - \boldsymbol{H}\boldsymbol{\varepsilon}^{\mathrm{b}}\right)\right]^{\mathrm{T}} \\ &= \mathbb{E}\left[\boldsymbol{\varepsilon}^{\mathrm{b}}\left(\boldsymbol{\varepsilon}^{\mathrm{b}}\right)^{\mathrm{T}} + \boldsymbol{\varepsilon}^{\mathrm{b}}\left(\boldsymbol{\varepsilon}^{\mathrm{o}} - \boldsymbol{H}\boldsymbol{\varepsilon}^{\mathrm{b}}\right)^{\mathrm{T}}\boldsymbol{K}^{\mathrm{T}} + \boldsymbol{K}\left(\boldsymbol{\varepsilon}^{\mathrm{o}} - \boldsymbol{H}\boldsymbol{\varepsilon}^{\mathrm{b}}\right)\left(\boldsymbol{\varepsilon}^{\mathrm{b}}\right)^{\mathrm{T}}\right.\end{aligned}$$

$$
\begin{aligned}
&+\boldsymbol{K}\left(\boldsymbol{\varepsilon}^{\mathrm{o}}-\boldsymbol{H}\boldsymbol{\varepsilon}^{\mathrm{b}}\right)\left(\boldsymbol{\varepsilon}^{\mathrm{o}}-\boldsymbol{H}\boldsymbol{\varepsilon}^{\mathrm{b}}\right)^{\mathrm{T}}\boldsymbol{K}^{\mathrm{T}}\Big] \\
&=\boldsymbol{B}-\boldsymbol{B}\boldsymbol{H}^{\mathrm{T}}\boldsymbol{K}^{\mathrm{T}}-\boldsymbol{K}\boldsymbol{H}\boldsymbol{B}+\boldsymbol{K}\left(\boldsymbol{R}+\boldsymbol{H}\boldsymbol{B}\boldsymbol{H}^{\mathrm{T}}\right)\boldsymbol{K}^{\mathrm{T}}
\end{aligned} \tag{2-22}
$$

式中，矩阵 $\boldsymbol{B}$ 满足 $\boldsymbol{B}=\boldsymbol{B}^{\mathrm{T}}$。最优估计要求 $\boldsymbol{P}^{\mathrm{a}}$ 的迹最小，即 $\dfrac{\partial\left[\operatorname{trace}\left(\boldsymbol{P}^{\mathrm{a}}\right)\right]}{\partial\boldsymbol{K}}=\boldsymbol{0}$。通过计算可得

$$
\boldsymbol{K}=\boldsymbol{B}\boldsymbol{H}^{\mathrm{T}}\left(\boldsymbol{H}\boldsymbol{B}\boldsymbol{H}^{\mathrm{T}}+\boldsymbol{R}\right)^{-1} \tag{2-23}
$$

代入式（2-22）可得

$$
\begin{aligned}
\boldsymbol{P}^{\mathrm{a}}&=\boldsymbol{B}-\boldsymbol{B}\boldsymbol{H}^{\mathrm{T}}\boldsymbol{K}^{\mathrm{T}}-\boldsymbol{K}\boldsymbol{H}\boldsymbol{B}+\boldsymbol{B}\boldsymbol{H}^{\mathrm{T}}\left(\boldsymbol{H}\boldsymbol{B}\boldsymbol{H}^{\mathrm{T}}+\boldsymbol{R}\right)^{-1}\left(\boldsymbol{R}+\boldsymbol{H}\boldsymbol{B}\boldsymbol{H}^{\mathrm{T}}\right)\boldsymbol{K}^{\mathrm{T}} \\
&=\left(\mathbf{I}-\boldsymbol{K}\boldsymbol{H}\right)\boldsymbol{B}
\end{aligned} \tag{2-24}
$$

其中应用了以下矢量求导法则：

$$
\frac{\partial\left(\boldsymbol{A}\boldsymbol{x}\right)}{\partial\boldsymbol{x}^{\mathrm{T}}}=\frac{\partial\left(\boldsymbol{x}^{\mathrm{T}}\boldsymbol{A}\right)}{\partial\boldsymbol{x}}=\boldsymbol{A}
$$

$$
\frac{\partial\left(\boldsymbol{x}^{\mathrm{T}}\boldsymbol{A}\boldsymbol{x}\right)}{\partial\boldsymbol{x}}=\boldsymbol{x}^{\mathrm{T}}\left(\boldsymbol{A}+\boldsymbol{A}^{\mathrm{T}}\right)
$$

$$
\frac{\partial\left(\boldsymbol{A}^{\mathrm{T}}\boldsymbol{x}\right)}{\partial\boldsymbol{x}}=\frac{\partial\left(\boldsymbol{x}^{\mathrm{T}}\boldsymbol{A}^{\mathrm{T}}\right)}{\partial\boldsymbol{x}^{\mathrm{T}}}=\boldsymbol{A}^{\mathrm{T}}
$$

$$
\frac{\partial\left[\operatorname{trace}\left(\boldsymbol{x}\boldsymbol{A}\boldsymbol{x}^{\mathrm{T}}\right)\right]}{\partial\boldsymbol{x}}=2\boldsymbol{x}\boldsymbol{A}
$$

$$
\frac{\partial\left[\operatorname{trace}\left(\boldsymbol{x}\boldsymbol{A}\right)\right]}{\partial\boldsymbol{x}}=\frac{\partial\left[\operatorname{trace}\left(\boldsymbol{A}\boldsymbol{x}^{\mathrm{T}}\right)\right]}{\partial\boldsymbol{x}}=\boldsymbol{A}
$$

于是，最优插值公式为

$$
\boldsymbol{x}^{\mathrm{a}}=\boldsymbol{x}^{\mathrm{b}}+\boldsymbol{K}\left[\boldsymbol{y}^{\mathrm{o}}-\boldsymbol{H}\boldsymbol{x}^{\mathrm{b}}\right] \tag{2-25}
$$

$$
\boldsymbol{K}=\boldsymbol{B}\boldsymbol{H}^{\mathrm{T}}\left(\boldsymbol{H}\boldsymbol{B}\boldsymbol{H}^{\mathrm{T}}+\boldsymbol{R}\right)^{-1} \tag{2-26}
$$

$$
\boldsymbol{P}^{\mathrm{a}}=\left(\mathbf{I}-\boldsymbol{K}\boldsymbol{H}\right)\boldsymbol{B} \tag{2-27}
$$

式（2-25）能够利用背景场和观测值插值得到分析场。其中的权重矩阵 $\boldsymbol{K}$ 在后面介绍的卡尔曼滤波器中也被称为卡尔曼增益，计算方式见式（2-26）。最优插值公式中的背景误差协方差需要提前给定，它往往是根据气候态信息提供的。式(2-27)在最优插值中并不会被使用，因为最优插值是一种三维的方法，它使用一致的静态背景误差协方差，$\boldsymbol{B}$ 的数值不会随着同化进程而改变。但是根据式（2-27），很容易得到分析误差协方差小于背景误差协方差，这也体现了数据同化能够有效降低估计的不确定性的特点。

2.3.3　三维变分法

从标量的例子可以发现，最小二乘法的同化公式（2-5）也可以通过求解某个泛函的最小化问题式（2-11）得到。实际上，最优插值的解也可以通过求解某个泛函的最小化问题得到。在状态空间问题中，这个泛函称为代价函数（cost function），对应的同化方法被称为三维变分（3D-Var）方法。最优状态估计 $\boldsymbol{x}^{\mathrm{a}}$ 可以通过最小化以下关于 $\boldsymbol{x}$ 的代价函数 $J(\boldsymbol{x})$ 得到：

$$J(\boldsymbol{x})=\frac{1}{2}\left(\boldsymbol{x}-\boldsymbol{x}^{\mathrm{b}}\right)\boldsymbol{B}^{-1}\left(\boldsymbol{x}-\boldsymbol{x}^{\mathrm{b}}\right)^{\mathrm{T}}+\frac{1}{2}\left(\boldsymbol{y}^{\mathrm{o}}-\boldsymbol{H}\boldsymbol{x}^{\mathrm{b}}\right)\boldsymbol{R}^{-1}\left(\boldsymbol{y}^{\mathrm{o}}-\boldsymbol{H}\boldsymbol{x}^{\mathrm{b}}\right) \tag{2-28}$$

代价函数以误差协方差为权重组合了背景误差和观测误差。变分方法通过构建代价函数来描述状态量分析值和真值之间的差异，利用变分思想把数据同化问题转化为极值求解问题。

变分同化方法在数据同化中具有非常重要的意义。该方法的命名来自数学中的变分法。变分法是 17 世纪末发展起来的一门数学分支，是处理泛函的数学领域。它最终寻求的是极值函数，它们使得泛函取得极大值或极小值。

针对三维变分的代价函数式（2-28），如果利用 $\frac{\partial J(\boldsymbol{x})}{\partial \boldsymbol{x}}=\boldsymbol{0}$，可以直接解出，得到的解为

$$\boldsymbol{x}^{\mathrm{a}}=\boldsymbol{x}^{\mathrm{b}}+\boldsymbol{B}\boldsymbol{H}^{\mathrm{T}}\left(\boldsymbol{H}\boldsymbol{B}\boldsymbol{H}^{\mathrm{T}}+\boldsymbol{R}\right)^{-1}\left[\boldsymbol{y}^{\mathrm{o}}-\boldsymbol{H}\boldsymbol{x}^{\mathrm{b}}\right] \tag{2-29}$$

这说明对于最简单的线性估计问题，三维变分和最优插值的公式在形式上是相同的。

虽然形式相同，但是最优插值和三维变分本质上是两种不同的方法，主要原因如下。

（1）最优插值和三维变分基于不同的数学原理：前者基于最小方差原理，后者基于最大似然估计和贝叶斯理论。最优插值基于最小二乘法导出权重函数，给出直接的插值公式，而三维变分利用变分思想将数据同化问题转化为极值求解问题，在满足动态约束的条件下，最小化状态背景值与观测值之间的距离，使这种“距离”最小的状态量即最优状态估计量。

（2）最优插值和三维变分使用不同的假设：最优插值假设背景误差和观测误差都是无偏的，非线性观测算子可以线性化，以及观测误差和背景误差不相关，而三维变分需要进一步假设观测误差和模式结果误差均服从均值为零矢量的高斯分布。

（3）最优插值和三维变分的求解方法不同：在模式和观测都是线性的理想条件下，三维变分可以直接得出类似最优插值的解，而如果观测算子为非线性，则需要通过利用各种最优化算法来求解式（2-28）中的最优化问题，如拟牛顿法、共轭梯度法、牛顿下降法和最速下降法等。

由于式（2-27）没有考虑时间因素，只做瞬时的同化更新，因此其被称为三维变分。而同化一个具有给定长度的时间窗口内的所有观测，并同时考虑状态场在时间窗口内变化的一类变分同化方法，则被称为四维变分。

2.3.4 四维变分法

四维变分（4D-Var）同化方法的业务化运行是全球业务数值天气预报的里程碑。1997 年四维变分同化方法在欧洲中期天气预报中心（ECMWF）运行，随后业务化运行的是 2000 年的法国气象局（Météo-France）、2004 年的英国气象局（Met Office）、2005 年的日本气象厅（JMA）和加拿大环境部（Environment Canada）、2009 年的美国海军研究实验室（NRL）。四维变分法从开始发展到首次业务化运行超过 10 年时间，不断发展的科学研究成果也在不断地改进其主要组成部分，其中包括将预报模式和高效计算的辐射传输模式相结合以更充分地利用卫星辐射率数据，使用权重（背景和观测误差协方差矩阵）对短期预报状态场和观测误差的特征进行更好的估计，以及由物理参数化方案的显著进步带来的对观测更好的使用，欧洲中期天气预报中心也被公认为是目前世界上中期数值天气预报水平最高的科研和业务机构。

四维变分是一种批处理方法，其可以同时同化不同时刻的大量观测，并考虑状态场在时间窗口内的变化。四维变分的代价函数包含以误差协方差为权重的多个项，既有初值的误差，又有同化窗口内的多个时刻的预报误差（即观测减去模式投影）：

$$J(\boldsymbol{x})=\frac{1}{2}\left(\boldsymbol{x}-\boldsymbol{x}_0\right)\boldsymbol{B}_0^{-1}\left(\boldsymbol{x}-\boldsymbol{x}_0\right)^{\mathrm{T}}+\frac{1}{2}\sum_{k=1}^{m}\left(\boldsymbol{y}_k^{\mathrm{o}}-\boldsymbol{H}\boldsymbol{x}_k\right)\boldsymbol{R}^{-1}\left(\boldsymbol{y}_k^{\mathrm{o}}-\boldsymbol{H}\boldsymbol{x}_k\right) \tag{2-30}$$

甚至还可以将积分不完美模式中的可加性模式误差包含在内：

$$\begin{aligned}J(\boldsymbol{x})=&\frac{1}{2}\left(\boldsymbol{x}-\boldsymbol{x}_0\right)\boldsymbol{B}_0^{-1}\left(\boldsymbol{x}-\boldsymbol{x}_0\right)^{\mathrm{T}}+\frac{1}{2}\sum_{k=0}^{m}\left(\boldsymbol{y}_k^{\mathrm{o}}-\boldsymbol{H}\boldsymbol{x}_k\right)\boldsymbol{R}_k^{-1}\left(\boldsymbol{y}_k^{\mathrm{o}}-\boldsymbol{H}\boldsymbol{x}_k\right)\\&+\frac{1}{2}\sum_{k=0}^{m-1}\left(\boldsymbol{x}_{k+1}-\boldsymbol{M}\boldsymbol{x}_k\right)\boldsymbol{Q}^{-1}\left(\boldsymbol{x}_{k+1}-\boldsymbol{M}\boldsymbol{x}_k\right)\end{aligned} \tag{2-31}$$

式中，$\boldsymbol{Q}$ 代表积分不完美模式的模式误差协方差。基于求解式（2-30）的方法称为强约束四维变分，基于求解式（2-31）的方法称为弱约束四维变分。强约束四维变分和弱约束四维变分最大的区别是前者假设模式是完美的，而后者考虑了同化窗口内的模式误差。技术上，强约束四维变分更容易求解。

在强约束四维变分中，如果代入线性积分算子和线性观测算子式（2-16）和式（2-17），可得

$$J(\boldsymbol{x})=\frac{1}{2}\left(\boldsymbol{x}-\boldsymbol{x}_0\right)\boldsymbol{B}_0^{-1}\left(\boldsymbol{x}-\boldsymbol{x}_0\right)^{\mathrm{T}}+\frac{1}{2}\sum_{k=1}^{m}\left(\boldsymbol{y}_k^{\mathrm{o}}-\boldsymbol{H}\boldsymbol{M}^k\boldsymbol{x}_0\right)\boldsymbol{R}^{-1}\left(\boldsymbol{y}_k^{\mathrm{o}}-\boldsymbol{H}\boldsymbol{M}^k\boldsymbol{x}_0\right) \tag{2-32}$$

式中，左乘矩阵 $\boldsymbol{M}^k$ 代表将模式积分矩阵使用 k 次，左乘矩阵 $\boldsymbol{H}$ 代表将模式积分结果投影到当前的观测空间中。因此，可以将代价函数看作关于初值的最优化问题——寻求一个最佳的初始状态，基于它积分得到的结果在给定的时间窗口内对应的代价函数最小。

求解式（2-32）的最小化问题一般使用梯度下降法进行迭代，需要计算对初值的猜测 $\boldsymbol{x}_0^{(l)}$ 的梯度 $\nabla J\left(\boldsymbol{x}_0^{(l)}\right)$，并进行迭代得到 $\boldsymbol{x}_0^{(l+1)}=\boldsymbol{x}_0^{(l)}+\alpha\nabla J\left(\boldsymbol{x}_0^{(l)}\right)$，其中 l 为迭代次数，α 是沿着梯度方向的搜索步长。而梯度的计算涉及使用一个伴随算子 $\boldsymbol{M}^{\mathrm{T}}$，其作用是以 $\boldsymbol{x}_k$ 为输入得到 $\boldsymbol{x}_{k-1}$。

四维变分的具体实现方法参考 Talagrand（1997）的研究，其中的迭代思想可以参考图 2-1。与顺序同化方法不同，四维变分的积分过程是连续的，不会因为瞬时的分析而造成变量的不连续或者动力过程的不平衡。但是四维变分的主要障碍有：①迭代过程需要反复积分模式，且无法并行化，对于计算成本有很高的要求；②迭代过程需要使用初始点 $\boldsymbol{x}_0$ 处的梯度函数 $\nabla J(\boldsymbol{x}_0)$，其计算涉及将“未来”观测时刻的模式状态反向积分到初始时刻——这一步是利用伴随模式 $\boldsymbol{M}^{\mathrm{T}}$ 实现的。伴随模式的复杂性较高，开发难度很大，特别是对于复杂的大型数值模式，发展一个伴随模式的难度几乎相当于重新开发一个模式。

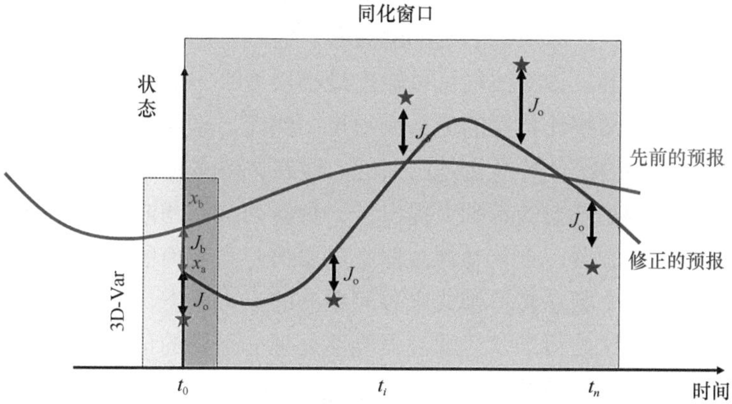

图 2-1　四维变分方法示意图

在一个积分窗口内，先使用猜测的初值积分模式（蓝线），然后计算代价函数，基于代价函数的最小化条件修正初值，得到更优的积分轨迹（红线），这个过程通常需要反复迭代优化

相比较而言，以卡尔曼滤波器为代表的顺序同化方法的算法相对简单，也不需要使用伴随模式，很容易在更广泛的海洋大气模式中实现。因此，下一章着重介绍卡尔曼滤波器。

第 3 章

卡尔曼滤波器和扩展卡尔曼滤波器

3.1　卡尔曼滤波器及其推导

3.1.1　卡尔曼滤波器的提出背景

Kalman（1960）最早提出离散化的卡尔曼滤波器（KF）。当时，卡尔曼（Kalman）正在研究如何通过一系列不完全和有噪声的观测来估计一个动力系统的状态。这在许多工程和科学领域都是一个重要的问题，例如，在航空航天工程中，需要通过一系列不完全和有噪声的传感器读数来估计飞行器的位置和速度。

当时，控制论的创始人诺伯特·维纳已经发展了一种在有噪声的情况下估计信号状态的数学工具，即所谓的维纳滤波器。它是基于最小均方误差准则得出的一种线性最优滤波器。该滤波器可以输出最小误差平方的期望。维纳滤波器通常用于处理固定和已知统计特性的信号和噪声。然而，维纳滤波器假设信号和噪声都是平稳的，它们的统计特性也是已知的，这在许多实际应用中可能并不成立。

卡尔曼在维纳滤波器的基础上提出了一种新的线性滤波法，这种方法后来被广泛称为卡尔曼滤波器。卡尔曼滤波器不需要信号和噪声的统计特性是已知的或固定的，它使用一个状态转移模式来预测系统的未来状态，然后使用新的观测值来更新这个预测。这使得卡尔曼滤波器能够处理非平稳的信号和噪声，并且在系统模式或测量设备的特性发生变化时仍然适用。

卡尔曼滤波器是一种递归滤波器，它能够利用一系列不完全的、包含噪声的观测来估计动力系统的状态。这种方法的优点在于，它不需要存储过去的数据或预测，并且只需要处理当前的观测和估计，因此计算效率高。Kalman（1960）首先提出了这种新的滤波方法的基本概念和理论，然后通过一些例子，展示了这种方法在实际问题中的应用，包括导航、经济预测和信号处理等领域。此外，Kalman（1960）还详细地解释了卡尔曼滤波器的工作原理，包括如何处理噪声和不确定性、如何进行状态估计及如何进行预测等。他还讨论了这种方法的一些重要性质，如最优性、线性和递归性等。

卡尔曼滤波器的工作可以分为两个步骤：预测和更新。在预测步骤中，滤波器使用系统的物理模式来预测下一时刻的状态。在更新步骤中，滤波器使用新的观测结果来校正预测的状态，使其更接近实际的状态。卡尔曼滤波器的一个重要特性是它的递归性，这意味着它只需要存储前一次的状态和协方差估计，而不需要存储之前的测量或状态信息，这使得卡尔曼滤波器在处理大量数据时非常高效。

3.1.2　卡尔曼滤波器的推导过程

卡尔曼滤波器的原始推导包含一些高深的数学技巧，如矢量空间/线性流形的概念及控制论中的转移矩阵，但本书避免使用这些概念，而使用一个更简单的统计方法来推导卡尔曼滤波器。以下介绍基于统计的卡尔曼滤波器推导法则。仍然以第 2 章介绍的线性状态空间模型为例介绍卡尔曼滤波器：

$$\boldsymbol{x}_k = \boldsymbol{M}\boldsymbol{x}_{k-1} + \boldsymbol{\eta}_{k-1} \tag{3-1}$$

$$\boldsymbol{y}_k = \boldsymbol{H}\boldsymbol{x}_k + \boldsymbol{\zeta}_k \tag{3-2}$$

式中，$\boldsymbol{\eta}$ 和 $\boldsymbol{\zeta}$ 分别表示模式积分误差和观测算子误差，其他的符号含义详见第 2 章。

以 t_{k-1} 时刻的分析状态 $\boldsymbol{x}_{k-1}^{\mathrm{a}}$ 作为预测初值，使用模式的确定性部分开展积分，得到 t_k 时刻的预报状态 $\boldsymbol{x}_k^{\mathrm{f}}$：

$$\boldsymbol{x}_k^{\mathrm{f}} = \boldsymbol{M}\boldsymbol{x}_{k-1}^{\mathrm{a}} \tag{3-3}$$

假设 t_k 时刻的真实状态为 $\boldsymbol{x}_k^{\mathrm{tr}}$，于是背景误差和分析误差可分别表示为

$$\boldsymbol{\varepsilon}_k^{\mathrm{f}} = \boldsymbol{x}_k^{\mathrm{f}} - \boldsymbol{x}_k^{\mathrm{tr}}$$

$$\boldsymbol{\varepsilon}_k^{\mathrm{a}} = \boldsymbol{x}_k^{\mathrm{a}} - \boldsymbol{x}_k^{\mathrm{tr}}$$

已知前一步滤波得到的分析场也有分析误差，即

$$\boldsymbol{x}_{k-1}^{\mathrm{a}} = \boldsymbol{x}_{k-1}^{\mathrm{tr}} + \boldsymbol{\varepsilon}_{k-1}^{\mathrm{a}} \tag{3-4}$$

那么，背景误差又可以表示为

$$\boldsymbol{\varepsilon}_k^{\mathrm{f}} = \boldsymbol{M}\left(\boldsymbol{x}_{k-1}^{\mathrm{tr}} + \boldsymbol{\varepsilon}_{k-1}^{\mathrm{a}}\right) - \boldsymbol{x}_k^{\mathrm{tr}} = \boldsymbol{M}\boldsymbol{\varepsilon}_{k-1}^{\mathrm{a}} + \boldsymbol{\varepsilon}_k^{\mathrm{m}} \tag{3-5}$$

式中，$\boldsymbol{\varepsilon}_k^{\mathrm{m}}$ 代表仅由模式积分造成的误差，可以表示为 $\boldsymbol{\varepsilon}_k^{\mathrm{m}} = \boldsymbol{M}\boldsymbol{x}_{k-1}^{\mathrm{tr}} - \boldsymbol{x}_k^{\mathrm{tr}}$。假设模式误差是无偏的，即 $\boldsymbol{\varepsilon}_k^{\mathrm{m}}$ 的数学期望为 **0**，则背景误差协方差矩阵可以表示为

$$\begin{aligned}\mathbb{E}\left[\boldsymbol{\varepsilon}_k^{\mathrm{f}}\left(\boldsymbol{\varepsilon}_k^{\mathrm{f}}\right)^{\mathrm{T}}\right] = \boldsymbol{P}_k^{\mathrm{f}} &= \mathbb{E}\left[\left(\boldsymbol{M}\boldsymbol{\varepsilon}_{k-1}^{\mathrm{a}} + \boldsymbol{\varepsilon}_k^{\mathrm{m}}\right)\left(\boldsymbol{M}\boldsymbol{\varepsilon}_{k-1}^{\mathrm{a}} + \boldsymbol{\varepsilon}_k^{\mathrm{m}}\right)^{\mathrm{T}}\right] \\ &= \boldsymbol{M}\mathbb{E}\left[\boldsymbol{\varepsilon}_{k-1}^{\mathrm{a}}\left(\boldsymbol{\varepsilon}_{k-1}^{\mathrm{a}}\right)^{\mathrm{T}}\right]\boldsymbol{M}^{\mathrm{T}} + \mathbb{E}\left[\boldsymbol{\varepsilon}_k^{\mathrm{m}}\left(\boldsymbol{\varepsilon}_k^{\mathrm{m}}\right)^{\mathrm{T}}\right] = \boldsymbol{M}\boldsymbol{P}_{k-1}^{\mathrm{a}}\boldsymbol{M}^{\mathrm{T}} + \boldsymbol{Q}\end{aligned} \tag{3-6}$$

式中，$\boldsymbol{Q}$ 是模式误差的协方差矩阵，这里假设模式误差和分析误差相互独立，即 $\mathbb{E}\left[\boldsymbol{\varepsilon}_{k-1}^{\mathrm{a}}\left(\boldsymbol{\varepsilon}_k^{\mathrm{m}}\right)^{\mathrm{T}}\right] = \mathbb{E}\left[\boldsymbol{\varepsilon}_k^{\mathrm{m}}\left(\boldsymbol{\varepsilon}_{k-1}^{\mathrm{a}}\right)^{\mathrm{T}}\right] = 0$。所以从式（3-6）可以得出，背景误差协方

差矩阵随着时间的传递关系为

$$\boldsymbol{P}_k^{\mathrm{f}} = \boldsymbol{M}\boldsymbol{P}_{k-1}^{\mathrm{a}}\boldsymbol{M}^{\mathrm{T}} + \boldsymbol{Q} \tag{3-7}$$

现在，给定一个预报状态 $\boldsymbol{x}_k^{\mathrm{f}}$，它与截止时间 t_{k-1} 的观测相关联（已经同化了直到 t_{k-1} 时刻的所有观测）。假设已经收到了 t_k 时刻的状态观测 $\boldsymbol{y}_k$，并希望获得 t_k 时刻的状态估计，即 $\boldsymbol{x}_k^{\mathrm{a}}$，需要假设该估计值是预测值和新观测值的加权和，且由以下公式给出：

$$\boldsymbol{x}_k^{\mathrm{a}} = \boldsymbol{L}\boldsymbol{x}_k^{\mathrm{f}} + \boldsymbol{K}\boldsymbol{y}_k \tag{3-8}$$

我们希望滤波算法具有的一个特性是它是无偏的，这就意味着要求 $\mathbb{E}\left[\boldsymbol{x}_k^{\mathrm{a}}\right]=\mathbb{E}\left[\boldsymbol{x}_k^{\mathrm{f}}\right]=\mathbb{E}\left[\boldsymbol{x}_k^{\mathrm{tr}}\right]$。由观测模型又可以得到 $\boldsymbol{y}_k = \boldsymbol{H}\boldsymbol{x}_k^{\mathrm{tr}} + \boldsymbol{\varepsilon}_k^{\mathrm{o}}$，其中 $\boldsymbol{\varepsilon}_k^{\mathrm{o}}$ 为无偏的观测误差，其数学期望为 $\mathbf{0}$。将以上等式代入式（3-8），可得

$$\mathbb{E}\left[\boldsymbol{x}_k^{\mathrm{a}}\right] = \mathbb{E}\left[\boldsymbol{L}\boldsymbol{x}_k^{\mathrm{f}} + \boldsymbol{K}\boldsymbol{H}\boldsymbol{x}_k^{\mathrm{tr}} + \boldsymbol{K}\boldsymbol{\varepsilon}_k^{\mathrm{o}}\right] = \boldsymbol{L}\mathbb{E}\left[\boldsymbol{x}_k^{\mathrm{f}}\right] + \boldsymbol{K}\boldsymbol{H}\mathbb{E}\left[\boldsymbol{x}_k^{\mathrm{tr}}\right] \tag{3-9}$$

其中

$$\boldsymbol{L} + \boldsymbol{K}\boldsymbol{H} = \mathbf{I} \tag{3-10}$$

即

$$\boldsymbol{L} = \mathbf{I} - \boldsymbol{K}\boldsymbol{H} \tag{3-11}$$

所以分析状态又可以表示为

$$\boldsymbol{x}_k^{\mathrm{a}} = \left(\mathbf{I} - \boldsymbol{K}\boldsymbol{H}\right)\boldsymbol{x}_k^{\mathrm{f}} + \boldsymbol{K}\boldsymbol{y}_k = \boldsymbol{x}_k^{\mathrm{f}} + \boldsymbol{K}\left(\boldsymbol{y}_k - \boldsymbol{H}\boldsymbol{x}_k^{\mathrm{f}}\right) \tag{3-12}$$

式中，$\boldsymbol{K}$ 就是所谓的卡尔曼增益矩阵。

式（3-12）中只剩下唯一的权重矩阵 $\boldsymbol{K}$，我们就可以通过选择卡尔曼增益矩阵 $\boldsymbol{K}$ 的取值使得指定的一种函数形式最小。这里我们选择最小化条件均方分析误差。t_k 时刻的分析误差表达式为

$$\boldsymbol{\varepsilon}_k^{\mathrm{a}} = \boldsymbol{x}_k^{\mathrm{a}} - \boldsymbol{x}_k^{\mathrm{tr}} \tag{3-13}$$

我们的目的是使关于卡尔曼增益矩阵的条件均方分析误差最小，这就相当于定义：

$$L\left(\boldsymbol{\varepsilon}_k^{\mathrm{a}}\right) = \min_{\boldsymbol{K}} \operatorname{trace}\left\{\mathbb{E}\left[\boldsymbol{\varepsilon}_k^{\mathrm{a}}\left(\boldsymbol{\varepsilon}_k^{\mathrm{a}}\right)^{\mathrm{T}}\right]\right\} = \min_{\boldsymbol{K}} \operatorname{trace}\left(\boldsymbol{P}_k^{\mathrm{a}}\right) \tag{3-14}$$

通过将式(3-12)、式(3-13)代入 $\boldsymbol{P}_k^{\mathrm{a}}$ 的定义，再定义观测误差方差 $\boldsymbol{R} = \mathbb{E}\left[\boldsymbol{\varepsilon}_k^{\mathrm{o}}\left(\boldsymbol{\varepsilon}_k^{\mathrm{o}}\right)^{\mathrm{T}}\right]$，可得

$$\begin{aligned}
\boldsymbol{P}_k^{\mathrm{a}} &= \mathbb{E}\left[\boldsymbol{\varepsilon}_k^{\mathrm{a}}\left(\boldsymbol{\varepsilon}_k^{\mathrm{a}}\right)^{\mathrm{T}}\right] = \mathbb{E}\left[\left(\boldsymbol{x}_k^{\mathrm{tr}} - \boldsymbol{x}_k^{\mathrm{a}}\right)\left(\boldsymbol{x}_k^{\mathrm{tr}} - \boldsymbol{x}_k^{\mathrm{a}}\right)^{\mathrm{T}}\right] \\
&= \left(\mathbf{I} - \boldsymbol{K}\boldsymbol{H}\right)\mathbb{E}\left[\boldsymbol{\varepsilon}_k^{\mathrm{f}}\left(\boldsymbol{\varepsilon}_k^{\mathrm{f}}\right)^{\mathrm{T}}\right]\left(\mathbf{I} - \boldsymbol{K}\boldsymbol{H}\right)^{\mathrm{T}} + \boldsymbol{K}\mathbb{E}\left[\boldsymbol{\varepsilon}_k^{\mathrm{o}}\left(\boldsymbol{\varepsilon}_k^{\mathrm{o}}\right)^{\mathrm{T}}\right]\boldsymbol{K}^{\mathrm{T}} \\
&= \left(\mathbf{I} - \boldsymbol{K}\boldsymbol{H}\right)\boldsymbol{P}_k^{\mathrm{f}}\left(\mathbf{I} - \boldsymbol{K}\boldsymbol{H}\right)^{\mathrm{T}} + \boldsymbol{K}\boldsymbol{R}\boldsymbol{K}^{\mathrm{T}}
\end{aligned} \tag{3-15}$$

因此，将式（3-14）关于 $\boldsymbol{K}$ 进行微分，并使之为零矢量，可得

$$\frac{\partial \mathrm{trace}(\boldsymbol{P}_k^{\mathrm{a}})}{\partial \boldsymbol{K}} = -2(\mathbf{I}-\boldsymbol{KH})\boldsymbol{P}_k^{\mathrm{f}}\boldsymbol{H}^{\mathrm{T}} + 2\boldsymbol{KR} = \boldsymbol{0} \tag{3-16}$$

通过重整分离出变量 $\boldsymbol{K}$，可以得到卡尔曼增益矩阵的表达式：

$$\boldsymbol{K} = \boldsymbol{P}_k^{\mathrm{f}}\boldsymbol{H}^{\mathrm{T}}\left(\boldsymbol{HP}_k^{\mathrm{f}}\boldsymbol{H}^{\mathrm{T}} + \boldsymbol{R}\right)^{-1} \tag{3-17}$$

将式（3-17）代入式（3-15），可得

$$\boldsymbol{P}_k^{\mathrm{a}} = (\mathbf{I}-\boldsymbol{KH})\boldsymbol{P}_k^{\mathrm{f}} - \boldsymbol{P}_k^{\mathrm{f}}\boldsymbol{H}^{\mathrm{T}}\boldsymbol{K}^{\mathrm{T}} + \boldsymbol{K}\left(\boldsymbol{HP}_k^{\mathrm{f}}\boldsymbol{H}^{\mathrm{T}} + \boldsymbol{R}\right)\boldsymbol{K}^{\mathrm{T}} = (\mathbf{I}-\boldsymbol{KH})\boldsymbol{P}_k^{\mathrm{f}} \tag{3-18}$$

综上，卡尔曼滤波器经常被分解成两个部分：第一部分被称为传播、预测或预报阶段，第二部分被称为更新/分析阶段。表 3-1 中分别列出了卡尔曼滤波器的各个阶段和对应的公式。

表 3-1　卡尔曼滤波器的各个阶段和对应的公式

● 传播	● 传播公式
■ 创建一个预报/先验/背景状态 $\boldsymbol{x}_k^{\mathrm{f}}$	$\boldsymbol{x}_k^{\mathrm{f}} = \boldsymbol{M}\boldsymbol{x}_{k-1}^{\mathrm{a}}$
■ 传播预报误差协方差矩阵 $\boldsymbol{P}_k^{\mathrm{f}}$	$\boldsymbol{P}_k^{\mathrm{f}} = \boldsymbol{M}\boldsymbol{P}_{k-1}^{\mathrm{a}}\boldsymbol{M}^{\mathrm{T}} + \boldsymbol{Q}$
● 更新	● 更新公式
■ 计算新息量 $\boldsymbol{d}_k$	$\boldsymbol{d}_k = \boldsymbol{y}_k - \boldsymbol{H}\boldsymbol{x}_k^{\mathrm{f}}$
■ 计算卡尔曼增益矩阵 $\boldsymbol{K}$	$\boldsymbol{K} = \boldsymbol{P}_k^{\mathrm{f}}\boldsymbol{H}^{\mathrm{T}}\left(\boldsymbol{HP}_k^{\mathrm{f}}\boldsymbol{H}^{\mathrm{T}} + \boldsymbol{R}\right)^{-1}$
■ 计算分析/后验状态 $\boldsymbol{x}_k^{\mathrm{a}}$	$\boldsymbol{x}_k^{\mathrm{a}} = \boldsymbol{x}_k^{\mathrm{f}} + \boldsymbol{K}\left(\boldsymbol{y}_k - \boldsymbol{H}\boldsymbol{x}_k^{\mathrm{f}}\right)$
■ 计算分析误差协方差矩阵 $\boldsymbol{P}_k^{\mathrm{a}}$	$\boldsymbol{P}_k^{\mathrm{a}} = (\mathbf{I}-\boldsymbol{KH})\boldsymbol{P}_k^{\mathrm{f}}$

在前一章中，已经介绍了最优插值公式，并提到最优插值的增益矩阵与卡尔曼增益矩阵的相似性。可以看出两者的主要区别是，卡尔曼滤波器中的预报和分析误差协方差矩阵在每个周期都被更新，而最优插值则是在每个周期都使用相同的协方差模型。这是卡尔曼滤波器的一个主要特点，我们称它包含了流依赖信息，并说卡尔曼滤波器是一种流依赖的方法。此外，卡尔曼滤波器相当依赖线性动力模式和线性观测算子的假设，以及误差的高斯分布假设。我们先不讨论后面的这个问题，首先解决第一个问题，即下面引入的扩展卡尔曼滤波器（EKF）。

3.2　扩展卡尔曼滤波器

3.2.1　扩展卡尔曼滤波器的公式

扩展卡尔曼滤波器的出发点是假设有一个非线性离散时间状态空间模型，其形式为

$$\boldsymbol{x}_k = \mathcal{M}\left(\boldsymbol{x}_{k-1}\right) + \boldsymbol{w}_k \tag{3-19}$$

$$\boldsymbol{y}_k = h(\boldsymbol{x}_k) + \boldsymbol{v}_k \tag{3-20}$$

式中，$\boldsymbol{w}_k$ 和 $\boldsymbol{v}_k$ 都是高斯分布的误差，均值都为 **0**；误差协方差矩阵分别为 $\boldsymbol{Q}$ 和 $\boldsymbol{R}$；$\mathcal{M}(\cdot)$ 是非线性状态转移算子；$h(\cdot)$ 是非线性观测算子。

在线性情况下，假设 t_{k-1} 时刻已经得到了分析场的期望值和分析误差协方差矩阵 $\boldsymbol{x}_{k-1}^{\mathrm{a}} = \mathbb{E}[\boldsymbol{x}_{k-1}]$ 和 $\boldsymbol{P}_{k-1}^{\mathrm{a}}$。为了产生 t_k 时刻的预测，需要将式（3-19）在关于 t_{k-1} 时刻的分析状态 $\boldsymbol{x}_{k-1}^{\mathrm{a}}$ 的泰勒序列上展开为

$$\boldsymbol{x}_k = \mathcal{M}\left(\boldsymbol{x}_{k-1}^{\mathrm{a}}\right) + \left(\frac{\partial \mathcal{M}}{\partial \boldsymbol{x}}\right)\left(\boldsymbol{x}_{k-1} - \boldsymbol{x}_{k-1}^{\mathrm{a}}\right) + \mathcal{O}\left[\left(\boldsymbol{x}_{k-1} - \boldsymbol{x}_{k-1}^{\mathrm{a}}\right)^2\right] + \boldsymbol{w}_k \tag{3-21}$$

其中使用了 $\mathcal{M}$ 的雅克比矩阵/切线模式在 $\boldsymbol{x}_{k-1}^{\mathrm{a}}$ 处的值。然后取式（3-21）的数学期望，并忽略一阶以上的项，可得

$$\boldsymbol{x}_k^{\mathrm{f}} = \mathbb{E}[\boldsymbol{x}_k] = \mathcal{M}\left(\boldsymbol{x}_{k-1}^{\mathrm{a}}\right) \tag{3-22}$$

下一步是计算预报误差协方差矩阵 $\boldsymbol{P}_k^{\mathrm{f}}$，但首先要考虑到非线性状态转移算子对这些计算的影响。我们必须用切线模式来表达预报误差，这可以通过以下方式实现：

$$\boldsymbol{\varepsilon}_k^{\mathrm{f}} = \boldsymbol{x}_k - \boldsymbol{x}_k^{\mathrm{f}} \approx \mathcal{M}\left(\boldsymbol{x}_{k-1}^{\mathrm{a}}\right) + \boldsymbol{M}\left(\boldsymbol{x}_{k-1} - \boldsymbol{x}_{k-1}^{\mathrm{a}}\right) + \boldsymbol{w}_k - \mathcal{M}\left(\boldsymbol{x}_{k-1}^{\mathrm{a}}\right) = \boldsymbol{M}\boldsymbol{\varepsilon}_{k-1}^{\mathrm{a}} + \boldsymbol{w}_k \tag{3-23}$$

式中，矩阵 $\boldsymbol{M}$ 就是上述 $\mathcal{M}$ 的切线模式在 $\boldsymbol{x}_{k-1}^{\mathrm{a}}$ 处的值，并且已经忽略了高阶项 $\mathcal{O}\left[\left(\boldsymbol{x}_{k-1} - \boldsymbol{x}_{k-1}^{\mathrm{a}}\right)\right]^2$。然后，可以计算预报误差协方差矩阵：

$$\boldsymbol{P}_k^{\mathrm{f}} = \mathbb{E}\left[\boldsymbol{\varepsilon}_k^{\mathrm{f}}\left(\boldsymbol{\varepsilon}_k^{\mathrm{f}}\right)^{\mathrm{T}}\right] \approx \mathbb{E}\left[\left(\boldsymbol{M}\boldsymbol{\varepsilon}_{k-1}^{\mathrm{a}} + \boldsymbol{w}_k\right)\left(\boldsymbol{M}\boldsymbol{\varepsilon}_{k-1}^{\mathrm{a}} + \boldsymbol{w}_k\right)^{\mathrm{T}}\right] = \boldsymbol{M}\boldsymbol{P}_{k-1}^{\mathrm{a}}\boldsymbol{M}^{\mathrm{T}} + \boldsymbol{Q} \tag{3-24}$$

之后需要对观测算子进行线性化，在这里我们将再次使用关于 $\boldsymbol{x}_k^{\mathrm{f}}$ 的泰勒级数展开技术，可得

$$\boldsymbol{y}_k = h\left(\boldsymbol{x}_k^{\mathrm{f}}\right) + \boldsymbol{H}\left(\boldsymbol{x}_k^{\mathrm{f}} - \boldsymbol{x}_k\right) + \mathcal{O}\left[\left(\boldsymbol{x}_k^{\mathrm{f}} - \boldsymbol{x}_k\right)^2\right] + \boldsymbol{v}_k \tag{3-25}$$

式中，$\boldsymbol{H} = \left.\dfrac{\partial h}{\partial \boldsymbol{x}}\right|_{\boldsymbol{x}_k^{\mathrm{f}}}$ 为 h 的切线算子在 $\boldsymbol{x}_k^{\mathrm{f}}$ 处的值。取式（3-25）的期望值，并且截断到一阶后，结果是

$$\overline{\boldsymbol{y}}_k \approx h\left(\boldsymbol{x}_k^{\mathrm{f}}\right) \tag{3-26}$$

于是，新息误差可以定义为

$$\boldsymbol{\varepsilon}_k^{\mathrm{o}} = \boldsymbol{y}_k - h\left(\boldsymbol{x}_k^{\mathrm{f}}\right) \tag{3-27}$$

这就导致新息误差协方差矩阵被定义为

$$\begin{aligned}\boldsymbol{S}_k &= \mathbb{E}\left[\boldsymbol{\varepsilon}_k^{\mathrm{o}}\left(\boldsymbol{\varepsilon}_k^{\mathrm{o}}\right)^{\mathrm{T}}\right] = \mathbb{E}\left\{\left[\boldsymbol{y}_k - h\left(\boldsymbol{x}_k^{\mathrm{f}}\right)\right]\left[\boldsymbol{y}_k - h\left(\boldsymbol{x}_k^{\mathrm{f}}\right)\right]^{\mathrm{T}}\right\} \\ &\approx \mathbb{E}\left\{\left[\boldsymbol{H}\left(\boldsymbol{x}_k^{\mathrm{f}} - \boldsymbol{x}_k\right) + \boldsymbol{v}_k\right]\left[\boldsymbol{H}\left(\boldsymbol{x}_k^{\mathrm{f}} - \boldsymbol{x}_k\right) + \boldsymbol{v}_k\right]^{\mathrm{T}}\right\} = \boldsymbol{H}\boldsymbol{P}_k^{\mathrm{f}}\boldsymbol{H}^{\mathrm{T}} + \boldsymbol{R}\end{aligned} \tag{3-28}$$

通过遵循上一节提出的相同论点，可以得到卡尔曼增益矩阵、分析步骤及分

析误差协方差矩阵的相同表达式，唯一的区别是，它们现在涉及观测算子的传播和缩放的切线模式。因此，卡尔曼增益矩阵为

$$\boldsymbol{K}=\boldsymbol{P}_k^{\mathrm{f}}\boldsymbol{H}^{\mathrm{T}}\boldsymbol{S}_k^{-1}=\boldsymbol{P}_k^{\mathrm{f}}\boldsymbol{H}^{\mathrm{T}}\left(\boldsymbol{H}\boldsymbol{P}_k^{\mathrm{f}}\boldsymbol{H}^{\mathrm{T}}+\boldsymbol{R}\right)^{-1} \tag{3-29}$$

于是，分析步骤为

$$\boldsymbol{x}_k^{\mathrm{a}}=\boldsymbol{x}_k^{\mathrm{f}}+\boldsymbol{K}\left[\boldsymbol{y}_k-h\left(\boldsymbol{x}_k^{\mathrm{f}}\right)\right] \tag{3-30}$$

分析误差协方差矩阵为

$$\boldsymbol{P}_k^{\mathrm{a}}=\left(\mathbf{I}-\boldsymbol{K}\boldsymbol{H}\right)\boldsymbol{P}_k^{\mathrm{f}} \tag{3-31}$$

表 3-2 总结了扩展卡尔曼滤波器的各阶段和主要公式。可以看出，卡尔曼滤波器和扩展卡尔曼滤波器这两种方法的结构高度相似，但式（3-22）表示分析误差协方差矩阵的传播是通过切线模式实现的，式（3-30）表示预测和观测的新息量是相对于非线性观测算子而言的。因此，只要预报和观测的误差相对较小，就可以允许弱非线性数值模型和观测算子的存在，这样它们的传播就可以用更新时间之间的线性模型来描述。然而，卡尔曼滤波器的原始表述存在一些数值稳定性问题，这导致需要使用下面提出的平方根卡尔曼滤波器。

表 3-2　扩展卡尔曼滤波器的各个阶段和对应的公式

● 传播	● 传播公式
■ 创建一个预报/先验/背景状态 $\boldsymbol{x}_k^{\mathrm{f}}$	$\boldsymbol{x}_k^{\mathrm{f}}=\mathcal{M}\left(\boldsymbol{x}_{k-1}^{\mathrm{a}}\right)$
■ 传播预报误差协方差矩阵 $\boldsymbol{P}_k^{\mathrm{f}}$	$\boldsymbol{M}=\left.\dfrac{\partial\mathcal{M}}{\partial\boldsymbol{x}}\right\vert_{\boldsymbol{x}_{k-1}^{\mathrm{a}}}$
	$\boldsymbol{P}_k^{\mathrm{f}}=\boldsymbol{M}\boldsymbol{P}_{k-1}^{\mathrm{a}}\boldsymbol{M}^{\mathrm{T}}+\boldsymbol{Q}$
● 更新	● 更新公式
■ 计算新息量 $\boldsymbol{d}_k$	$\boldsymbol{d}_k=\boldsymbol{y}_k-h\left(\boldsymbol{x}_k^{\mathrm{f}}\right)$
■ 计算卡尔曼增益矩阵 $\boldsymbol{K}$	$\boldsymbol{H}=\left.\dfrac{\partial h}{\partial\boldsymbol{x}}\right\vert_{\boldsymbol{x}_k^{\mathrm{f}}}$
■ 计算分析/后验状态 $\boldsymbol{x}_k^{\mathrm{a}}$	$\boldsymbol{K}=\boldsymbol{P}_k^{\mathrm{f}}\boldsymbol{H}^{\mathrm{T}}\left(\boldsymbol{H}\boldsymbol{P}_k^{\mathrm{f}}\boldsymbol{H}^{\mathrm{T}}+\boldsymbol{R}\right)^{-1}$
■ 计算分析误差协方差矩阵 $\boldsymbol{P}_k^{\mathrm{a}}$	$\boldsymbol{x}_k^{\mathrm{a}}=\boldsymbol{x}_k^{\mathrm{f}}+\boldsymbol{K}\left[\boldsymbol{y}_k-h\left(\boldsymbol{x}_k^{\mathrm{f}}\right)\right]$
	$\boldsymbol{P}_k^{\mathrm{a}}=(\mathbf{I}-\boldsymbol{K}\boldsymbol{H})\boldsymbol{P}_k^{\mathrm{f}}$

3.2.2　扩展卡尔曼滤波器的平方根格式

人们很快意识到，卡尔曼滤波器的原始公式在数值上并不稳定，由于使用了切线模式，容易导致误差协方差矩阵变成非正定矩阵（即有负的特征值）。实际上，由于预报和分析误差协方差矩阵都是正定矩阵，它们分别可以表示为$\boldsymbol{P}_k^{\mathrm{f}}=\boldsymbol{Z}_k^{\mathrm{f}}\left(\boldsymbol{Z}_k^{\mathrm{f}}\right)^{\mathrm{T}}$和$\boldsymbol{P}_k^{\mathrm{a}}=\boldsymbol{Z}_k^{\mathrm{a}}\left(\boldsymbol{Z}_k^{\mathrm{a}}\right)^{\mathrm{T}}$，其中矩阵$\boldsymbol{Z}_k^{\mathrm{f}}$和$\boldsymbol{Z}_k^{\mathrm{a}}$分别为预报和分析误差协方差矩阵的平方根。

采用预报和分析误差协方差矩阵的平方根，需要改变原卡尔曼滤波器的以下

两个定义：

$$P_k^{\mathrm{f}} = MP_{k-1}^{\mathrm{a}}M^{\mathrm{T}} + Q \tag{3-32}$$

$$P_k^{\mathrm{a}} = \left(\mathbf{I} - KH\right)P_k^{\mathrm{f}} \tag{3-33}$$

假设没有模式误差$\boldsymbol{Q}$，那么可以将上述预报误差协方差矩阵的平方根写为

$$Z_k^{\mathrm{f}} = MZ_{k-1}^{\mathrm{a}} \tag{3-34}$$

将卡尔曼增益矩阵代入式（3-33），然后按照波特方法（Potter's method）进行平方根卡尔曼滤波器的更新（Bierman，1977），则有

$$\begin{aligned} P_k^{\mathrm{a}} &= Z_k^{\mathrm{a}}\left(Z_k^{\mathrm{a}}\right)^{\mathrm{T}} = \left[\mathbf{I} - P_k^{\mathrm{f}}H\left(HP_k^{\mathrm{f}}H^{\mathrm{T}} + R\right)^{-1}H\right]P_k^{\mathrm{f}} \\ &= Z_k^{\mathrm{f}}\left\{\mathbf{I} - Z_k^{\mathrm{f}}H^{\mathrm{T}}\left[HZ_k^{\mathrm{f}}\left(Z_k^{\mathrm{f}}\right)^{\mathrm{T}}H^{\mathrm{T}} + R\right]^{-1}HZ_k^{\mathrm{f}}\right\}\left(Z_k^{\mathrm{f}}\right)^{\mathrm{T}} \\ &= Z_k^{\mathrm{f}}\left(\mathbf{I} - V_kD_k^{-1}V_k^{\mathrm{T}}\right)\left(Z_k^{\mathrm{f}}\right)^{\mathrm{T}} \end{aligned} \tag{3-35}$$

式中，$V_k \equiv \left(HZ_k^{\mathrm{f}}\right)^{\mathrm{T}}$ 且 $D_k \equiv V_k^{\mathrm{T}}V_k + R$，然后把分析误差协方差矩阵的平方根写为

$$Z_k^{\mathrm{a}} = Z_k^{\mathrm{f}}X_kU_k \tag{3-36}$$

式中，X_k 符合 $X_kX_k^{\mathrm{T}} = \mathbf{I} - V_kD_k^{-1}V_k^{\mathrm{T}}$ 的属性，而 U_k 是一个任意的正交矩阵。

现在需要一种方法来寻找矩阵 $\mathbf{I} - V_kD_k^{-1}V_k^{\mathrm{T}}$ 的平方根。正如 Tippett 等（2003）所建议的，实现这一目标的方法之一是采用直接方法，即可以直接构成矩阵 $\mathbf{I} - V_kD_k^{-1}V_k^{\mathrm{T}}$，然后使用楚列斯基（Cholesky）分解方法求得矩阵平方根。关于平方根卡尔曼滤波器的内容第 6 章会进一步展开讨论。

扩展卡尔曼滤波器的历史贡献

鲁道夫·埃米尔·卡尔曼（Rudolf Emil Kalman，1930～2016 年）是一位匈牙利裔美国数学家和电气工程师，他于 1930 年出生于匈牙利布达佩斯。卡尔曼是控制理论和系统工程等领域的重要人物，他的研究成果对现代科学技术和工业生产具有深远的影响。卡尔曼在匈牙利布达佩斯理工大学学习电气工程，并在 1957 年获得了该校的博士学位。之后，他在美国工作，并先后在麻省理工学院、斯坦福大学和加利福尼亚大学伯克利分校等知名学府担任教授或研究员。

卡尔曼的主要贡献是提出卡尔曼滤波器，这是一种用于估计系统状态的递归算法，能够通过对测量值和预测值进行加权平均来减小估计误差。卡尔曼滤波器被广泛应用于导航、控制、机器人、信号处理、图像处理等领域，是现代科学技术和工业生产中不可或缺的一部分。卡尔曼在控制理论和系统工程等领域的研究成果获得了多项荣誉和奖励，包括美国国家科学奖章、匈牙利科学院荣誉会员等。

卡尔曼滤波器起源于卡尔曼在 1960 年发表的论文《线性滤波与预测问题的新方法》（*A new approach to linear filtering and prediction problems*）。卡尔曼

滤波器的主要优点是把维纳滤波器的最优估计理论发展成可以实时递推计算的程式，因而让最优估计数学理论真正派上了用场。卡尔曼本人首先在 1960 年发表了离散时间滤波算法，然后才和布西（Bucy）联名于 1961 年发表连续时间滤波算法，这两种算法后来都取得了巨大的成功。

然而，卡尔曼的论文在发表最初遭到了大量质疑，转机来自一个特别的人物。1960 年，时任美国宇航局加利福尼亚州艾姆斯研究中心（Ames Research Center，ARC）动力分析处主任的施密特（Stanley F. Schmidt）正在一个史无前例的载人登月计划中主持导航项目。当年，宇宙飞船从陀螺仪、加速度计和雷达等传感器上获取的测量数据中充满了不确定性误差和随机噪声，严重地威胁着高速飞向月球并降落在其岩石表面的宇宙飞船及宇航员的安全。因此，他们必须从测量数据中把噪声滤掉，以便对飞船所处位置和运动速度做出非常精确的估算。施密特听闻卡尔曼有个很厉害的新算法，便邀请卡尔曼访问 ARC 并听取了他关于新型滤波器的报告，然后又回访了他。经过多方认证和周密思考之后，施密特认定卡尔曼滤波算法能为他在宇航局主持的载人登月计划提供所需要的精确轨道估计和严格控制方法，决定在阿波罗-11 号登月计划中的导航系统里采用卡尔曼滤波算法。

然而，当时最先进的数字计算机是 IBM 704，那台老式计算机进行的是 15-bit 定点运算，操作不了把非线性系统线性化后的扩展卡尔曼滤波器［初期也被为卡尔曼-施密特滤波器（Kalman-Schmidt filter）］，因为精确计算要求进行 36-bit 浮点运算。当时在阿波罗项目管辖下的仪器实验室中实习的麻省理工学院（MIT）数学系研究生波特（James E. Potter）提出了解决方案，只需对算法中一些关键的对称矩阵作楚列斯基分解，就能让那台老式计算机胜任扩展卡尔曼滤波器所需要进行的全部高精度计算。于是它被写进了阿波罗导航系统的计算机程序里，帮助宇航船在地球和月亮之间飞了个来回，并且在文献里留下了后来被广泛使用的平方根卡尔曼滤波算法。

阿波罗号飞船登月的成功使得卡尔曼和他的滤波器声名鹊起，也使卡尔曼的其他开创性工作得到广泛认可，它们在随后半个多世纪里一直引领控制理论和系统科学的主流（陈关荣，2016）。

2016 年 9 月，一篇纪念卡尔曼的文章指出“卡尔曼最重要的发明是卡尔曼滤波算法，该算法成就了过去 50 年间的许多基本技术，如把阿波罗号宇航员送上月球的航天计算机系统、把人类送去探索深海和星球的机器人载体，以及几乎所有需要从噪声数据去估算实际状态的项目。有人甚至把包括环绕地球的卫星系统、卫星地面站及各类计算机系统在内的整个全球定位系统（GPS）合称为一个巨大无比的卡尔曼滤波器”。

3.2.3 卡尔曼滤波器的性质和等价性

由上一节的介绍可知，卡尔曼滤波器是在完全线性的情况下推导得到的。当状态空间模型或观测算子为非线性时，就必须借助切线模式才可以使用卡尔曼滤波器（此时我们称扩展卡尔曼滤波器）。实质上，扩展卡尔曼滤波器和卡尔曼滤波器是同一种方法，前者可以视为后者的特例。因此，本书后面的论述对两者不特意区分。接下来，我们探讨卡尔曼滤波器的特性与其他数据同化方法的联系。

1. 卡尔曼滤波器与插值、松弛等直接方法的区别和联系

直接插值是一种基于已知数据点进行预测的方法。它构造一个考虑所有已知数据点的函数，然后用这个函数来预测未知的数据点。直接插值的优点是简单易用，但是它的缺点是不能很好地处理噪声数据，因为它会被噪声数据点影响。

松弛是一种直接处理的经验方法。这种方法是通过将模式的预测结果逐渐引导（或“推动”）向观测数据（或者对观测进行直接插值得到数据），以改进模式的预测表现。具体来说，松弛方法会在模式的预测过程中引入一个额外的项，这个项是模式预测结果和观测数据之间差异的函数。这个差异项会被乘以一个小的系数（即“松弛参数”），然后加到模式的预测结果上。这样，模式的预测结果就会被“推向”观测数据，从而改善模式的预测表现。松弛方法的一个关键优点是它可以直接利用观测数据来改进模式的预测结果，而不需要进行复杂的参数估计或者模式训练。然而，它也有一些局限性，如它可能会导致模式的物理一致性被破坏，而且它的效果往往依赖于松弛参数的选择。

卡尔曼滤波器/扩展卡尔曼滤波器是一种递归滤波器，用于估计线性动力系统的状态，通过两步过程——预测和更新，来估计系统的当前状态，并根据新的观测结果来调整这个估计。卡尔曼滤波器的优点是它能够处理噪声数据，并且不需要存储旧的数据或估计，这使得它在实时预测系统中非常高效和实用。

直接插值和松弛方法都属于经验方法，不考虑观测的误差。卡尔曼滤波器和它们的主要区别在于卡尔曼滤波器是一种客观方法，能够有效处理噪声。

2. 卡尔曼滤波器与最优插值方法的区别和联系

在最优插值同化方法中，根据已知的数据点和一个预设的函数或曲线模型，通过最小化误差来找到最优的函数或曲线。这个过程实际上就是在对数据进行一种“滤波”，以去除数据中的噪声或误差。而卡尔曼滤波器是一种递归的最优估计算法，它能够根据系统的动态模式和观测数据，实时地估计系统的状态。在卡尔曼滤波器中，首先根据系统的动力模式预测下一时刻的状态，然后根据实际观测数据对这个预测值进行修正，以得到一个更准确的状态估计。卡尔曼滤波器中的分析步骤可以被认为是一种最优插值。

两种方法有一定的相似性，但是这两种方法的应用领域和具体实现方式有所不同。卡尔曼滤波器和最优插值的主要区别在于它们处理数据的方式和应用的场景不同。卡尔曼滤波器主要用于动态系统的状态估计，特别是在噪声环境下，而最优插值则主要用于估计整个多数据源的数据。最优插值方法独立于数值模式，不需要了解数值模式的信息。在最优插值的应用场景中，模式的输出结果往往被视为一种静态的数据，和观测资料以相同的方式被处理。最优插值甚至可以不使用数值模式，基于纯观测数据进行数值模式的初始化或者构造再分析数据。而卡尔曼滤波器非常依赖动力模式，需要对系统模式和噪声有一定的了解，以演化模式状态和协方差矩阵。概括来说，卡尔曼滤波器主要用于动态系统的状态估计，而最优插值则更多地用于静态数据的分析和处理。

此外，卡尔曼滤波器还是一个在线的求解方案。卡尔曼滤波器除了在起始阶段需要提供初始状态和背景误差协方差，还需要动态地演化预报误差协方差矩阵，以保证流依赖特性。而对于最优插值，预报误差协方差矩阵是预先给定的，并且在整个同化的流程中不做改变。所以卡尔曼滤波器是在线的动态方法，最优插值是类似于三维变分的静态方法，且支持离线处理。

3. 卡尔曼滤波器与 4D-Var 方法的等价性和差异

卡尔曼滤波器和四维变分（4D-Var）方法都是重要的数据同化技术，它们在许多领域如气象预报和海洋预报都有广泛的应用。这两种方法都是为了将观测数据和模式预测结合起来，以获得对系统状态的最佳估计。

如前所述，卡尔曼滤波器是一种递归的、最优的线性估计方法，它在每个时间步骤中，通过最小化预报误差协方差，将模式预测和观测数据结合起来。卡尔曼滤波器的一个关键特性是，它考虑了模式和观测的误差统计信息。

4D-Var 方法是一种基于最优控制理论的数据同化方法，它通过最小化一个包含模式预测和观测数据的代价函数，来找到最优的初始条件。4D-Var 方法通常需要对代价函数进行梯度计算，这需要计算模式的切线模式和伴随模式。

卡尔曼滤波器和 4D-Var 方法在一些假设和条件下是一致的。例如，如果模式是线性的，并且误差是高斯的，那么卡尔曼滤波器和 4D-Var 方法会得到相同的结果。然而，在实际应用中，这些假设往往不成立，模式通常是非线性的，误差也可能不是高斯的。在这些情况下，卡尔曼滤波器和 4D-Var 方法可能会得到不同的结果。

此外，卡尔曼滤波器和 4D-Var 方法在计算复杂性和实现难度上也有一些区别。卡尔曼滤波器通常需要存储和更新系统的协方差矩阵，这在高维系统中可能非常耗费计算资源，而 4D-Var 方法需要计算模式的切线模式和伴随模式，这在复杂的非线性模式中可能非常困难。

卡尔曼滤波器和 4D-Var 方法有最基本的方法论差异，即卡尔曼滤波器是一种递归的数据同化方法，它在每一个时间步骤中都会更新预测，这种方法基于贝叶斯理论，通过最小化分析场(也是下一阶段预测的初始场)误差的方差来优化预测。4D-Var 方法则是一种批处理方法，它在一个给定的时间窗口内使用所有的观测数据来寻找最优的预测初始场。这种方法基于最优控制理论，通过最小化观测和模式预测之间的误差来优化初始场。图 3-1 展示了递归的卡尔曼滤波器和批处理的 4D-Var 方法在处理观测数据上的差异。在卡尔曼滤波器中，每一次分析过程只同化当前时刻的观测数据，并将结果作为下一预报阶段的初值，重复执行“预报-分析”循环。而在 4D-Var 同化中，每一次模式积分都是连续的，一直进行到整个同化窗口的末端，然后根据对代价函数（由模式积分轨迹和观测定义）的梯度下降条件得到一个新的 t_0 初始条件，并再次在整个同化窗口积分，反复迭代直到达成最优化的收敛条件。

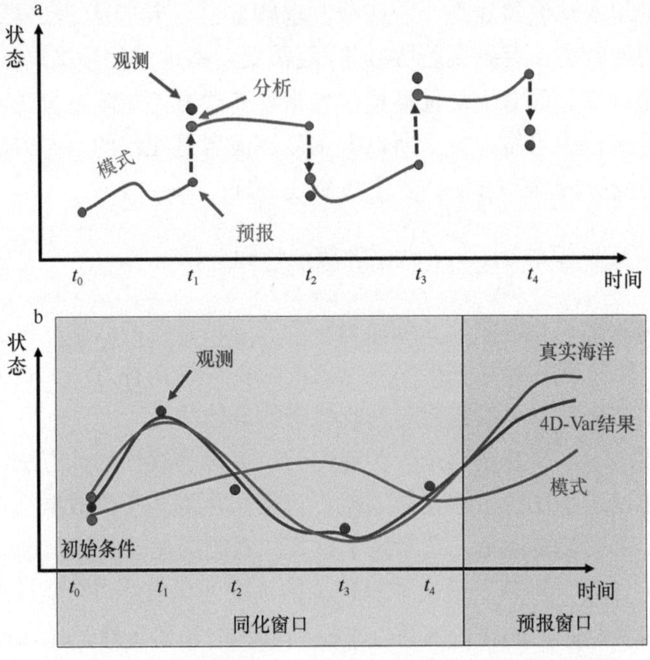

图 3-1　卡尔曼滤波器（a）和 4D-Var 方法（b）的示意图

实线线段代表模式积分的轨迹

因此，两种方法在计算复杂性方面也有差异。卡尔曼滤波器的计算复杂性相对较低，因为它只需要处理当前的时间步骤。然而，如果系统的状态空间维度很高，卡尔曼滤波器可能会变得不可行，因为需要计算和存储大规模的协方差矩阵（后面将介绍集合卡尔曼滤波器被用来解决这个问题）。4D-Var 方法的计算复杂性相对较高，因为它需要处理一个时间窗口内的所有观测数据。然而，通过使用梯度下降等优化方法，它可以处理大规模数据的问题。

最后，在处理非线性和非高斯问题的能力方面，卡尔曼滤波器基于线性高斯假设，如果动力模式或观测误差是非线性或非高斯的，那么卡尔曼滤波器可能会有一些限制。当然，有一些扩展的卡尔曼滤波器（如扩展卡尔曼滤波器和无迹卡尔曼滤波器）可以处理一定的非线性问题。4D-Var 方法则可以处理非线性问题，因为它直接在模式的状态空间中优化，但非线性的最优化仍是一个极大的问题，因为最优化的结果可能会收敛到局部最小值，而非全局最小值。而且，如果观测误差是非高斯的，那么需要使用更复杂的代价函数，这也可能会增加优化的难度。

总的来说，卡尔曼滤波器和 4D-Var 方法都是强大的数据同化工具，它们在不同的应用和条件下各有优势。选择哪种方法取决于具体的应用需求和可用的计算资源。

3.3　Lorenz63 模式中的孪生试验

以下针对一个非线性的 Lorenz63 模式，使用基于 python 代码的扩展卡尔曼滤波器给出一个求解范例。这里我们使用孪生试验的方法来验证同化效果。孪生试验是一种经典的数值试验框架。因为在现实情况下，真实的状态值往往是未知的，而且有噪声的观测值是由观测设备收集的，代价较高。为了测试算法，需要事先知道真实的状态，以便评估所开发算法的收敛性和准确性。在这个意义上，孪生试验的概念在数据同化（和一般的反问题）研究中很受欢迎。

在孪生试验中，首先需要根据动力模式和实际情况的相似性，选择一个模式作为测试案例。通过固定所有参数和运行模式积分，计算出一个参考的真值轨迹，直到达到某个最终时间。然后通过在空间和时间的某些点上对真值进行取样来合成“观测值”。可以在离散时间直接或者间接地对部分模式变量进行观测，并人为地添加任意的随机噪声（如高斯白噪声）。使用相应的数据同化技术，从有误差的状态变量初值或不准确的模式参数，利用合成的观测数据开始同化试验。利用算法的输出数据与真值进行比较，可以评估其性能。孪生试验可以高效地评估不同的同化方法和/或观测噪声水平的影响，而不需要使用真正的观测手段。

在实际的观测系统设计和评估中，一般也会采用孪生试验的思想，通过同化从模式中提取的人造观测数据，来评估不同观测方案的影响，以帮助未来观测系统的设计。这种思想也被称为观测系统模拟试验（observation system simulation experiment，OSSE），具体细节见第 11 章。

3.3.1　模式方程

由美国数学家、气象学家爱德华·诺顿·洛伦茨（Edward Norton Lorenz，

1917～2008 年）提出的数值模式经常用于数值天气预报研究，是在孪生试验中被广泛使用的测试模式。Lorenz63 模式（Lorenz，1963）是大气可预报性研究中的经典数值模式，其控制方程为

$$\frac{\mathrm{d}x}{\mathrm{d}t}=\sigma\left(y-x\right) \tag{3-37}$$

$$\frac{\mathrm{d}y}{\mathrm{d}t}=\rho x-y-xz \tag{3-38}$$

$$\frac{\mathrm{d}z}{\mathrm{d}t}=xy-\beta z \tag{3-39}$$

洛伦茨定义了三个新的变量，对大气中的对流运动进行了高度简化，从而提出了具有巨大影响力的“混沌理论”。其中，x 表示对流的翻动速率；y 正比于上升流和下降流之间的温度差；z 是垂直方向的温度梯度；σ、ρ 和 β 是参数，分别为普朗特（Prandtl）数、归一化瑞利（Rayleigh）数和对流运动的垂直尺度与水平尺度之比，其数值一般分别设置为 10、28 和 8/3。附录 3-1 的 python 代码提供了 Lorenz63 模式的程序，其中模式的积分步长为 0.01 个单位时间（time unit，以下标记为 TU）。值得注意的是，Lorenz63 模式是对现实大气中的对流活动进行高度简化的结果，其中的时间单位难以与现实的时间相对应。图 3-2 展示了 Lorenz63 模式自由积分的图像，它显示出洛伦茨吸引子的形状——由“浑然一体”的左右两簇构成，各自围绕一个不动点。当运动轨道在一个簇中由外向内绕到中心附近后，就随机地跳到另一个簇的外缘继续向内绕，然后在达到中心附近后再突然跳回到原来的那一个簇的外缘，如此构成随机性地来回盘旋。这一图案颇似蝴蝶展翅，混沌理论的“蝴蝶效应”也与此吸引子的形状有关。

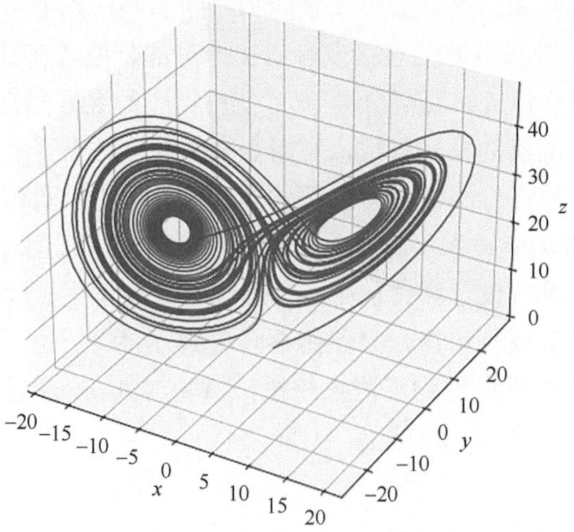

图 3-2　Lorenz63 模式自由积分的图像

3.3.2　孪生试验设置

为了开展孪生试验或者 OSSE，需要首先进行一段时间的积分，并将积分的结果设定为“真值”，这个积分称为真值试验。同时也需要一系列观测用于同化试验。一个基本的设定是：当开展同化试验时，采取的设置必须不同于真值试验以引入模式误差，从而模拟现实中的预报模式。例如，可以使用不同的模式初值和/或模式参数。

人造观测从真值试验的积分结果中选取，但是为了模拟现实，需要考虑以下两点：第一，观测在时空上是残缺的，也就是说，假设间隔一定的时间（如每积分 20 步）才能观测一次，每次观测可能只观测到部分变量，因此需要定义观测算子 h 将模式变量投影到观测变量上；第二，观测存在误差，假设观测误差的协方差矩阵为 $\boldsymbol{R}$，均值为 $\mathbf{0}$，因此在真值取样后往往会叠加上服从多元高斯分布 $\mathcal{N}(\mathbf{0},\boldsymbol{R})$ 的随机观测误差。

附录 3-2 提供 python 代码进行真值积分，并且同时进行观测采样，产生观测数据。其中，试验的时间窗口为 10TU，观测的间隔为 0.2TU，即模式每积分 20 步进行一次观测。为了简化讨论，以下例子中使用线性观测算子，并假设 Lorenz63 模式的三个变量全部都能被观测到，即观测矩阵 $\boldsymbol{H}$ 为单位矩阵 $\mathbf{I}$。

图 3-3 展示了运行 python 代码所得到的真值和观测值。可以看出，观测并不在每个积分步可得，也具有一定的误差，但误差标准差较小。于是可以基于这些观测进行同化试验。

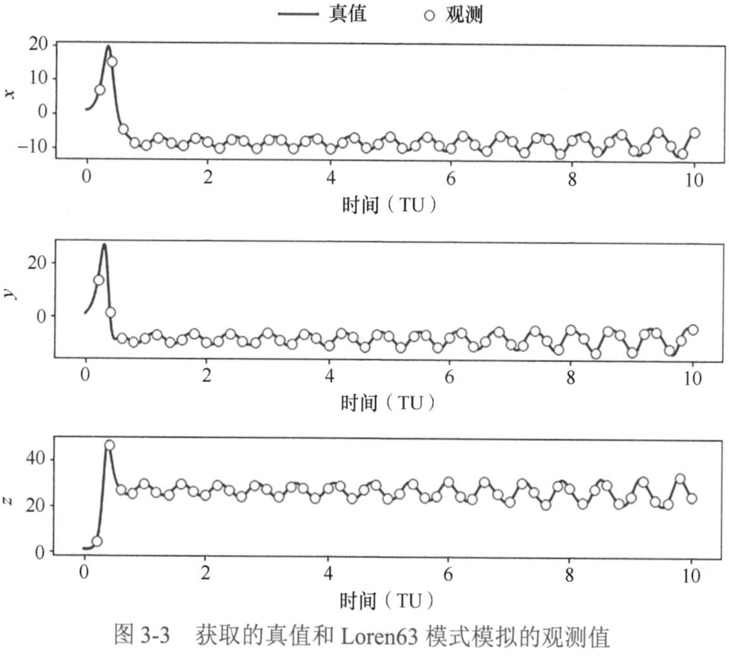

图 3-3　获取的真值和 Loren63 模式模拟的观测值

3.3.3 同化代码和试验结果

由于模式是非线性的，需要使用扩展卡尔曼滤波器而非卡尔曼滤波器进行同化。于是，必须使用切线模式 $\boldsymbol{M}$，即对式（3-37）～式（3-39）的 Lorenz63 模式进行线性化处理。如果用矢量表示模式的三个变量 $\boldsymbol{x}=[x,y,z]$，式（3-37）～式（3-39）可以表示为常微分方程组：

$$\frac{\mathrm{d}\boldsymbol{x}}{\mathrm{d}t}=f(\boldsymbol{x}) \tag{3-40}$$

对应的离散格式为

$$\boldsymbol{x}_{k+1}=\boldsymbol{x}_k+\Phi(x_k,f,h) \tag{3-41}$$

式中，h 为时间步长；$\Phi(x_k,f,h)$ 代表数值积分中的单步积分法，在本例中使用四阶龙格-库塔（Runge-Kutta）格式。

为求切线模式，需要计算矢量函数 $\boldsymbol{f}(\boldsymbol{x})=[f_1(\boldsymbol{x}),f_2(\boldsymbol{x}),f_3(\boldsymbol{x})]$ 的雅克比矩阵，即

$$\boldsymbol{M}=\frac{\partial\boldsymbol{f}}{\partial\boldsymbol{x}}=\begin{bmatrix}\frac{\partial f_1}{\partial x} & \frac{\partial f_1}{\partial y} & \frac{\partial f_1}{\partial z}\\ \frac{\partial f_2}{\partial x} & \frac{\partial f_2}{\partial y} & \frac{\partial f_2}{\partial z}\\ \frac{\partial f_3}{\partial x} & \frac{\partial f_3}{\partial y} & \frac{\partial f_3}{\partial z}\end{bmatrix}=\begin{bmatrix}-\sigma & \sigma & 0\\ \rho-z & -1 & -x\\ y & x & -\beta\end{bmatrix} \tag{3-42}$$

然后采用对应的数值积分格式得到 Lorenz63 模式的切线模式，见附录 3-3。

此外，虽然本例中采用了线性的观测算子 $h(\boldsymbol{x})=\boldsymbol{x}$，但理论上不需要对观测算子进行线性化。因此，考虑到更普适的情况，也需要计算观测算子的切线算子中的线性观测矩阵 $\boldsymbol{H}$。在本例中，h 的线性观测矩阵是单位矩阵，即 $\boldsymbol{H}=\mathbf{I}$（附录 3-4）。附录 3-5 提供了扩展卡尔曼滤波器的分析过程代码，代码使用基本的矩阵乘法和求逆算法实现扩展卡尔曼滤波器同化。

最后利用附录 3-6 提供的 python 程序开展扩展卡尔曼滤波器的同化试验。同化试验从不同的初始状态开始。先进行一组自由积分的控制试验，然后开展扩展卡尔曼滤波器同化试验。扩展卡尔曼滤波器同化试验也是从与控制试验相同的不准确的初始条件开始进行模式积分，获取下一步的预报结果。但是，在利用非线性模式开展状态积分的同时，也需要积分切线模式，以获取下一步的雅克比矩阵，并利用式（3-25）更新背景误差协方差。当积分到有观测的时刻，调用扩展卡尔曼滤波器算法同化观测数据。需要注意的是，扩展卡尔曼滤波器使用非线性的观测算子 h 将模式状态投影到观测空间 $h(\boldsymbol{x}^{\mathrm{f}})$ 并计算新息量 $\boldsymbol{y}^{\mathrm{o}}-h(\boldsymbol{x}^{\mathrm{f}})$，使用切线

算子矩阵 $\boldsymbol{H}$ 计算卡尔曼增益矩阵。这个试验还假设模式是完美的，即没有模式误差，相应的模式误差协方差矩阵 $\boldsymbol{Q}$ 为 $\mathbf{0}$。

图 3-4 分别展示了 x、y、z 三个变量的真值、不加入同化的控制试验结果和同化试验的分析结果，也计算比较了两者的均方根误差（RMSE）。可以看出，控制试验积分进行了一段时间之后，其结果会偏离真值，这也进一步验证了 Lorenz63 模式的混沌特性。而由于同化了观测数据，扩展卡尔曼滤波器分析场的结果较为接近真值。进一步计算时间平均的 RMSE 的数值结果表明，加入扩展卡尔曼滤波器的同化大大减小了误差，RMSE 从 6.20 减小到了 0.55。

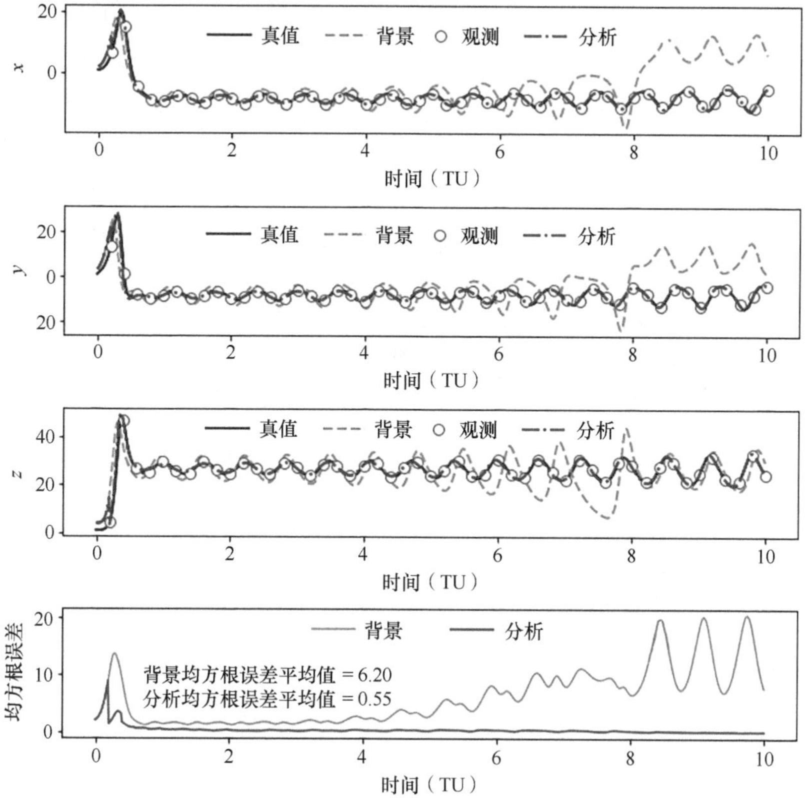

图 3-4　Lorenz63 模式中利用扩展卡尔曼滤波器同化获取的分析结果与自由积分的比较

从上到下为三个变量及均方根误差，红色为扩展卡尔曼滤波器结果，橘色为自由积分结果

本章介绍了卡尔曼滤波及其推导，推导方法与 Kalman（1960）的推导方法不同，来自无偏估计器的表述。本章还介绍了扩展卡尔曼滤波器，使得滤波器算法也能适用于非线性数值模式和非线性观测算子。在实际扩展卡尔曼滤波器中，我们对这两个非线性部分应用泰勒级数展开进行线性近似，使用线性框架下的卡尔曼滤波器原理来计算预报误差协方差和分析误差协方差的演变，而对分析状态的更新和模式状态的演变，仍然使用非线性模式和非线性观测算子。本章进一步介

绍了卡尔曼滤波器的一些特性，以及与其他数据同化方案的等价关系。在本章的最后，介绍了使用 python 进行扩展卡尔曼滤波器同化试验的一些代码，并以经典的 Lorenz63 模式开展了孪生试验。

尽管基于线性假设，但卡尔曼滤波器仍然是一个相当有吸引力的数据同化方案，因为它在分析和预报误差协方差矩阵的传播中带有流依赖性。卡尔曼滤波器，或者说平方根卡尔曼滤波器，在阿波罗登月任务中发挥了重要作用。当然，卡尔曼滤波器的缺点是它严重依赖于高斯假设。

在水文、海洋和大气预测等方面，卡尔曼滤波器并没有得到广泛的应用。这是因为卡尔曼滤波器需要计算和存储大规模的协方差矩阵，相关的内存需求和计算量正比于问题数据规模的平方，在现实中是难以实现的。在实际应用中，这些大规模系统中的滤波器同化都采用集合卡尔曼滤波器。下一章我们将介绍基于集合的数据同化这一更广泛的主题。

参考文献

陈关荣. 2016. 卡尔曼和他的故事. 系统与控制纵横, 3(2): 18-26.

Bierman G J. 1977. Factorization Methods for Discrete Sequential Estimation. New York: Academic Press.

Kalman R E. 1960. A new approach to linear filtering and prediction problems. Journal of Basic Engineering, 82(1): 35-45.

Lorenz E N. 1963. Deterministic nonperiodic flow. Journal of the Atmospheric Sciences, 20: 130-141.

Tippett M K, Anderson J L, Bishop C H, et al. 2003. Ensemble square root filters. Monthly Weather Review, 131(7): 1485-1490.

相关 python 代码

附录 3-1　使用龙格-库塔格式积分 Lorenz63 模式的代码

```
import numpy as np                    # 导入 numpy 工具包
def Lorenz63(state,*args):            # 此函数定义 Lorenz63 模式右端项
    sigma = args[0]
    beta = args[1]
    rho = args[2]                     # 输入 σ, β 和 ρ 三个模式参数
    x, y, z = state                   # 输入矢量的三个分量分别为方程式中的 x,y,z
    f = np.zeros(3)                   # f 定义为右端
    f[0] = sigma * (y - x)            # (3-37)
    f[1] = x * (rho - z) - y          # (3-38)
    f[2] = x * y - beta * z           # (3-39)
```

```
        return f
    def RK4(rhs,state,dt,*args):      # 此函数提供 Runge-Kutta 积分格式
        k1 = rhs(state,*args)
        k2 = rhs(state+k1*dt/2,*args)
        k3 = rhs(state+k2*dt/2,*args)
        k4 = rhs(state+k3*dt,*args)
        new_state = state + (dt/6)*(k1+2*k2+2*k3+k4)
        return new_state
    # Runge-Kutta 法参考余德浩等《微分方程数值解法》(科学出版社)

    ## 以下代码仅用于展示如何调用模式积分，并画图展示模式自由积分特性
    sigma = 10.0; beta = 8.0/3.0; rho = 28.0          # 模式参数值
    dt = 0.01                                          # 模式积分步长
    x0True = np.array([1,1,1])                         # 模式积分的初值
    xTrue = np.zeros([3,5001])                         # 模式积分值
    xTrue[:,0] = x0True                                # 设置积分初值
    for k in range(5000):
        xTrue[:,k+1] = RK4(Lorenz63,xTrue[:,k],dt,sigma,beta,rho)  # 模式积分
    import matplotlib.pyplot as plt                    # 调用画图包
    fig = plt.figure(figsize=(8,8))
    ax = plt.axes(projection='3d')
    ax.plot3D(xTrue[0],xTrue[1],xTrue[2])              # 三维画图并设置坐标
    ax.set_xlabel('x',fontsize=16)
    ax.set_ylabel('y',fontsize=16)
    ax.set_zlabel('z',fontsize=16)
    plt.xticks(fontsize=16);plt.yticks(fontsize=16)
    ax.set_zticks(np.arange(0,50,10));ax.set_zticklabels(np.arange(0,50,10),\
fontsize=16)
    plt.show()
```

附录 3-2　Lorenz63 模式真值试验和观测构造

```
    #%% 3-2 Lorenz63 模式真值试验和观测构造
    sigma = 10.0; beta = 8.0/3.0; rho = 28.0        # 模式参数值
    dt = 0.01                                        # 模式积分步长
    n = 3                                            # 状态维数
    m = 3                                            # 观测数
    tm = 10                                          # 同化试验窗口
    nt = int(tm/dt)                                  # 总积分步数
    t = np.linspace(0,tm,nt+1)                       # 模式时间网格
    x0True = np.array([1,1,1])                       # 真值的初值
    np.random.seed(seed=1)                           # 设置随机种子
    sig_m= 0.15                                      # 观测误差标准差
    R = sig_m**2*np.eye(n)                           # 观测误差协方差矩阵
    dt_m = 0.2                                       # 观测之间的时间间隔（可见为 20 模式步）
    tm_m = 10                                        # 最大观测时间（可小于模式积分时间）
```

```
nt_m = int(tm_m/dt_m)                        # 进行同化的总次数
ind_m = (np.linspace(int(dt_m/dt),int(tm_m/dt),nt_m)).astype(int)
# 观测网格在时间网格中的指标
t_m = t[ind_m]                # 观测网格
def h(x):                     # 定义观测算子
    H = np.eye(n)             # 观测矩阵为单位阵
    yo = H@x                  # 单位阵乘以状态变量
    return yo
xTrue = np.zeros([n,nt+1])    # 真值保存在 xTrue 变量中
xTrue[:,0] = x0True           # 初始化真值
km = 0                        # 观测计数
yo = np.zeros([3,nt_m])       # 观测保存在 yo 变量中
for k in range(nt):           # 按模式时间网格开展模式积分循环
    xTrue[:,k+1] = RK4(Lorenz63,xTrue[:,k],dt,sigma,beta,rho)   # 真值积分
    if (km<nt_m) and (k+1==ind_m[km]):      # 用指标判断是否进行观测
        yo[:,km] = h(xTrue[:,k+1]) + np.random.normal(0,sig_m,[3,]) #采样造观测
        km = km+1                           # 观测计数
## 以下提供真值和观测画图的参考脚本
import matplotlib.pyplot as plt
plt.rcParams['font.sans-serif'] = ['Songti SC']
plt.figure(figsize=(10,6))
lbs = ['x','y','z']
for j in range(3):
    plt.subplot(3,1,j+1)
    plt.plot(t,xTrue[j],'b-',lw=2,label='真值')
    plt.plot(t_m,yo[j],'go',ms=8,markerfacecolor='white',label='观测')
    plt.ylabel(lbs[j],fontsize=16)
    plt.xticks(fontsize=16);plt.yticks(fontsize=16)
    if j==0:
        plt.legend(ncol=4, loc=9,fontsize=16)
        plt.title('L63 模式观测模拟',fontsize=16)
    if j==2:
        plt.xlabel('时间 (TU) ',fontsize=16)
```

附录 3-3 Lorenz63 模式的切线模式

```
def JLorenz63(state,*args):        # Lorenz63 方程雅克比矩阵
    sigma = args[0]
    beta = args[1]
    rho = args[2]
    x, y, z = state

    df = np.zeros([3,3])          # 以下是切线矩阵的 9 个元素配置
    df[0,0] = sigma * (-1)
    df[0,1] = sigma * (1)
    df[0,2] = sigma * (0)
```

```
    df[1,0] = 1 * (rho - z)
    df[1,1] = -1
    df[1,2] = x * (-1)
    df[2,0] = 1 * y
    df[2,1] = x * 1
    df[2,2] = - beta
    return df

def JRK4(rhs,Jrhs,state,dt,*args):   # 切线模式的积分格式
    n = len(state)
    k1 = rhs(state,*args)
    k2 = rhs(state+k1*dt/2,*args)
    k3 = rhs(state+k2*dt/2,*args)
    # 以下是对矩阵的 Runge-Kutta 格式
    dk1 = Jrhs(state,*args)
    dk2 = Jrhs(state+k1*dt/2,*args) @ (np.eye(n)+dk1*dt/2)
    dk3 = Jrhs(state+k2*dt/2,*args) @ (np.eye(n)+dk2*dt/2)
    dk4 = Jrhs(state+k3*dt,*args) @ (np.eye(n)+dk3*dt)
    DM = np.eye(n) + (dt/6) * (dk1+2*dk2+2*dk3+dk4)
    return DM
```

附录 3-4　线性观测矩阵

```
def Dh(x):                    # 观测算子的线性观测矩阵
    n = len(x)
    H = np.eye(n)
    return H
```

附录 3-5　扩展卡尔曼滤波器的分析算法

```
def EKF(xb,yo,ObsOp,JObsOp,R,B):
# 输入的变量分别为：xb 预报、yo 观测、ObsOp 观测算子、JObsOp 切线观测算子，R 观测误差协方差，
# B 背景误差协方差。
    n = xb.shape[0]         # 状态空间维数
    Dh = JObsOp(xb)        # 计算线性观测矩阵
    D = Dh@B@Dh.T + R
    K = B @ Dh.T @ np.linalg.inv(D)          # 卡尔曼增益矩阵
    xa = xb + K @ (yo-ObsOp(xb))             # 更新状态
    P = (np.eye(n) - K@Dh) @ B               # 更新误差协方差矩阵
    return xa, P                              # 输出分析状态场和分析误差协方差矩阵
```

附录 3-6　Lorenz63 模式中的 EKF 同化试验

```
x0b = np.array([2.0,3.0,4.0])              # 同化试验的初值
np.random.seed(seed=1)                     # 设置随机种子
xb = np.zeros([3,nt+1]); xb[:,0] = x0b     # 控制试验结果存在 xb 中
for k in range(nt):                        # 模式积分循环
    xb[:,k+1] = RK4(Lorenz63,xb[:,k],dt,sigma,beta,rho)    # 不加同化的自由积分结果
```

```
sig_b= 0.1                                        # 设定初始的背景误差
B = sig_b**2*np.eye(3)                            # 初始背景误差协方差矩阵
Q = 0.0*np.eye(3)                                 # 设置模式误差（若假设完美模式则取 0）
xa = np.zeros([3,nt+1]); xa[:,0] = x0b            # 同化试验结果存在 xa 中
km = 0                                            # 同化次数计数
for k in range(nt):                               # 模式积分循环
    xa[:,k+1] = RK4(Lorenz63,xa[:,k],dt,sigma,beta,rho)          # 用非线性模式积分
    DM = JRK4(Lorenz63,JLorenz63,xa[:,k],dt,sigma,beta,rho)  # 使用切线模式积分
    B = DM @ B @ DM.T + Q                                        # 积分过程协方差更新
    if (km<nt_m) and (k+1==ind_m[km]):                           # 当有观测时，使用 EKF 同化
        xa[:,k+1],B = EKF(xa[:,k+1],yo[:,km],h,Dh,R,B)  #调用 EKF，更新状态和协方差
        km = km+1
# EKF 结果画图
plt.figure(figsize=(10,8))
lbs = ['x','y','z']
for j in range(3):
    plt.subplot(4,1,j+1)
    plt.plot(t,xTrue[j],'b-',lw=2,label='真值')
    plt.plot(t,xb[j],'--',color='orange',lw=2,label='背景')
    plt.plot(t_m,yo[j],'go',ms=8,markerfacecolor='white',label='观测')
    plt.plot(t,xa[j],'-.',color='red',lw=2,label='分析')
    plt.ylabel(lbs[j],fontsize=16)
    plt.xticks(fontsize=16);plt.yticks(fontsize=16)
    if j==0:
        plt.legend(ncol=4, loc=9,fontsize=16)
        plt.title("EKF 同化试验",fontsize=16)
RMSEb = np.sqrt(np.mean((xb-xTrue)**2,0))
RMSEa = np.sqrt(np.mean((xa-xTrue)**2,0))
plt.subplot(4,1,4)
plt.plot(t,RMSEb,color='orange',label='背景均方根误差')
plt.plot(t,RMSEa,color='red',label='分析均方根误差')
plt.legend(ncol=2, loc=9,fontsize=16)
plt.text(1,9,'背景误差平均 = %0.2f' %np.mean(RMSEb),fontsize=14)
plt.text(1,4,'分析误差平均 = %0.2f' %np.mean(RMSEa),fontsize=14)
plt.ylabel('均方根误差',fontsize=16)
plt.xlabel('时间（TU）',fontsize=16)
plt.xticks(fontsize=16);plt.yticks(fontsize=16)
```

第 4 章

集合卡尔曼滤波器

4.1 集合卡尔曼滤波器的基本思想

1994 年，Evensen 发表了题为《使用蒙特卡罗方法预报误差统计的非线性准地转模式的顺序数据同化研究》（*Sequential data assimilation with a nonlinear quasi-geostrophic model using Monte Carlo methods to forecast error statistics*）的论文，首次发展了集合卡尔曼滤波器（EnKF）。EnKF 的发展动机源于 Evensen 在 1992 年和 1993 年的工作（Evensen，1992，1993）。在那两篇论文中，他将扩展卡尔曼滤波器（EKF）应用于多层准地转海洋模式的数据同化。试验的结果表明，以 EKF 为代表的顺序数据同化算法在这种非线性准地转模式中表现出良好的效果，通过对模式预报误差估计能力的改进明显提高了模拟水平。

在这些研究中，他还发现误差协方差的演化方程中还存在一个封闭问题。Evensen（1994）指出，EKF 的算法需要采用一种封闭方案来截断高阶项，但与此同时也丢弃了误差协方差演化方程中的三阶和更高阶的矩。EKF 采用的简单封闭格式是线性化中忽略高阶矩造成的，这导致了误差方差的无限增长问题。

这些发现激发 Evensen 发展了一种基于蒙特卡罗思想的卡尔曼滤波器，这种方法后来被称为 EnKF。自从最初的 EnKF 发展以来，已经出现了许多种不同的版本，包括集合平滑器和集合最优插值（ensemble optimal interpolation，EnOI）等。现在，针对各种复杂的地球物理模式，也已经有了多种不同版本的 EnKF 可供选择。

EnKF 的基本思想是使用概率空间内的点表示状态变量的一种可能。在这一思想下，EnKF 最革命性的工作是使用集合来估计预报误差协方差矩阵。如果将离散时间点 t_k 上的系统状态场 $\boldsymbol{\psi}(t_k)$ 表示为 $\boldsymbol{x}_k$，首先要引入一个维度为 $n\times N$ 的矩阵 $\boldsymbol{X}$ 来存储每个集合成员的地球物理模式状态（Evensen and van Leeuwen，1996），其中 n 是状态变量的数量，N 是集合成员的数量。如果将时间步 k 的集合预报表示为 $\boldsymbol{X}_k^{\mathrm{f}}=\left[\boldsymbol{x}_{k,1}^{\mathrm{f}},\boldsymbol{x}_{k,2}^{\mathrm{f}},\cdots,\boldsymbol{x}_{k,N}^{\mathrm{f}}\right]$，其中 $\boldsymbol{x}_{k,i}^{\mathrm{f}}$ 代表预报集合的第 i 个成员，那

么可以通过

$$\boldsymbol{P}_{\mathrm{e},k}^{\mathrm{f}} \equiv \frac{1}{N-1}\sum_{i=1}^{N}\left(\boldsymbol{x}_{k,i}^{\mathrm{f}}-\overline{\boldsymbol{x}_{k}^{\mathrm{f}}}\right)\left(\boldsymbol{x}_{k,i}^{\mathrm{f}}-\overline{\boldsymbol{x}_{k}^{\mathrm{f}}}\right)^{\mathrm{T}}$$
$$=\frac{1}{N-1}\left(\boldsymbol{X}_{k}^{\mathrm{f}}-\overline{\boldsymbol{X}_{k}^{\mathrm{f}}}\right)\left(\boldsymbol{X}_{k}^{\mathrm{f}}-\overline{\boldsymbol{X}_{k}^{\mathrm{f}}}\right)^{\mathrm{T}} \tag{4-1}$$

来近似计算时间步 k 的集合预报误差协方差矩阵 $\boldsymbol{P}_k^{\mathrm{f}}$，其中 $\overline{\boldsymbol{X}_k^{\mathrm{f}}}$ 也是一个 $n\times N$ 的矩阵，每列的元素都是预报集合的均值 $\overline{\boldsymbol{x}_k^{\mathrm{f}}}$。式（4-1）中使用的下标 e 代表其所求的只是 $\boldsymbol{P}_k^{\mathrm{f}}$ 的近似值。应注意到，误差协方差矩阵 $\boldsymbol{P}_k^{\mathrm{f}}$ 的秩将小于或等于 N。

由于 EKF 只涉及使用最高二阶的统计中心矩（即误差协方差矩阵），因此可以使用式（4-1）来代替 EKF 计算公式中涉及的误差协方差矩阵。已知 EKF 的预报和分析误差协方差分别表示为

$$\boldsymbol{P}_k^{\mathrm{f}} = \mathbb{E}\left[\left(\boldsymbol{x}_k^{\mathrm{f}} - \boldsymbol{x}_k^{\mathrm{tr}}\right)\left(\boldsymbol{x}_k^{\mathrm{f}} - \boldsymbol{x}_k^{\mathrm{tr}}\right)^{\mathrm{T}}\right] \tag{4-2a}$$

$$\boldsymbol{P}_k^{\mathrm{a}} = \mathbb{E}\left[\left(\boldsymbol{x}_k^{\mathrm{a}} - \boldsymbol{x}_k^{\mathrm{tr}}\right)\left(\boldsymbol{x}_k^{\mathrm{a}} - \boldsymbol{x}_k^{\mathrm{tr}}\right)^{\mathrm{T}}\right] \tag{4-2b}$$

式中，$\boldsymbol{x}_k^{\mathrm{tr}}$ 表示真实状态场。而在实际数据同化中，并不知道真实的误差协方差。所以在 EnKF 中，一般使用围绕集合均值 $\overline{\boldsymbol{x}_k}$ 计算的集合误差协方差矩阵替代真实的误差协方差矩阵。因此，可以通过

$$\boldsymbol{P}_k^{\mathrm{f}} \approx \boldsymbol{P}_{\mathrm{e},k}^{\mathrm{f}} = \mathbb{E}\left[\left(\boldsymbol{x}_k^{\mathrm{f}} - \overline{\boldsymbol{x}_k^{\mathrm{f}}}\right)\left(\boldsymbol{x}_k^{\mathrm{f}} - \overline{\boldsymbol{x}_k^{\mathrm{f}}}\right)^{\mathrm{T}}\right] \tag{4-3a}$$

$$\boldsymbol{P}_k^{\mathrm{a}} \approx \boldsymbol{P}_{\mathrm{e},k}^{\mathrm{a}} = \mathbb{E}\left[\left(\boldsymbol{x}_k^{\mathrm{a}} - \overline{\boldsymbol{x}_k^{\mathrm{a}}}\right)\left(\boldsymbol{x}_k^{\mathrm{a}} - \overline{\boldsymbol{x}_k^{\mathrm{a}}}\right)^{\mathrm{T}}\right] \tag{4-3b}$$

近似表示式（4-2a）和式（4-2b）。以下如非必要，不再强调真实误差协方差和样本误差协方差的差异，统一使用记号 $\boldsymbol{P}_k^{\mathrm{f}}$ 和 $\boldsymbol{P}_k^{\mathrm{a}}$ 来表示 EnKF 算法中的误差协方差矩阵。需要注意的是，在大型模式中，秩的不足可能导致计算稳定性问题，Evensen 和 van Leeuwen（1996）提出了一种方法来克服这个问题，并提高了计算效率。

4.2 集合卡尔曼滤波器算法

4.2.1 基于扰动观测的传统 EnKF 方法

最早的 EnKF 算法中需要对观测数据进行随机扰动，所以其也被称为基于扰动观测的 EnKF（Burgers et al.，1998），其出发点来自式（4-3a）和式（4-3b）的预报和分析误差协方差矩阵的集合估计值。回顾卡尔曼滤波器中的分析误差协方差推导公式，如果忽略代表时间的下标 k，可得

$$P^{a}=\left(\mathbf{I}-KH\right)P^{f}\left(\mathbf{I}-KH\right)^{T}+KRK^{T}=\left(\mathbf{I}-KH\right)P^{f} \tag{4-4}$$

如果 EnKF 使用相同的观测数据更新每一个集合成员，即

$$x_i^{a}=x_i^{f}+K\left(y-Hx_i^{f}\right) \tag{4-5}$$

那么根据式（4-3b），分析集合的误差协方差为

$$\begin{aligned}P_{e}^{a}&=\mathbb{E}\left[\left(x^{a}-\overline{x^{a}}\right)\left(x^{a}-\overline{x^{a}}\right)^{T}\right]\\&=\frac{1}{N-1}\sum_{i=1}^{N}\left(x_i^{a}-\overline{x^{a}}\right)\left(x_i^{a}-\overline{x^{a}}\right)^{T}\\&=\frac{1}{N-1}\sum_{i=1}^{N}\left(\mathbf{I}+KH\right)\left(x_i^{f}-\overline{x^{f}}\right)\left(x_i^{f}-\overline{x^{f}}\right)^{T}\left(\mathbf{I}+KH\right)^{T}\\&=\left(\mathbf{I}-KH\right)P_{e}^{f}\left(\mathbf{I}-KH\right)^{T}\end{aligned} \tag{4-6}$$

可以发现，式（4-6）中不会出现式（4-4）中 KRK^{T} 这一项。这就导致了分析得到的集合误差协方差相比于式（4-4）多了 $\left(\mathbf{I}-KH\right)^{T}$ 这一项。对比可以发现，哪怕 P_{e}^{f} 已经能够很好地近似 P^{f}，分析集合得到的误差协方差 P_{e}^{f} 也会略小于 EKF 公式得到的 P^{a}。这会导致每次同化后的分析误差协方差被系统性地低估，若干次同化之后，整个系统的不确定性被大大低估，从而过分信任模式的结果，即观测的结果在分析中的作用变得微不足道，失去同化效果。

因此，Burgers 等（1998）提出生成一个观测值集合，将观测值作为随机变量来处理。这个集合是由平均值等于观测值，协方差等于 R 的一个分布生成的，观测集合的成员是

$$y_i=\overline{y}+\varepsilon_i^{o} \tag{4-7}$$

式中，i=1,2,⋯,N。于是，EnKF 的分析步骤更新为

$$x_i^{a}=x_i^{f}+K_{e}\left(y_i-Hx_i^{f}\right) \tag{4-8}$$

式中，集合估计的卡尔曼矩阵 K_{e} 为

$$K_{e}=P_{e}^{f}H^{T}\left(HP_{e}^{f}H^{T}+R\right)^{-1} \tag{4-9}$$

然后可以用预报的平均状态、观测和模式代表来表示分析的平均状态，即

$$\overline{x^{a}}=\overline{x^{f}}+K_{e}\left(y-H\overline{x^{f}}\right) \tag{4-10}$$

其中，由于式（4-7）中对观测的扰动，可得

$$x_i^{a}-\overline{x^{a}}=\left(\mathbf{I}-K_{e}H\right)\left(x_i^{f}-\overline{x^{f}}\right)+K_{e}\left(y_i-\overline{y}\right) \tag{4-11}$$

然后可以计算集合分析误差协方差矩阵，得

$$P_{e}^{a}=\mathbb{E}\left[\left(x^{a}-\overline{x^{a}}\right)\left(x^{a}-\overline{x^{a}}\right)^{T}\right]=\left(\mathbf{I}-K_{a}H\right)P_{a}^{f} \tag{4-12}$$

这里需要注意的一个重要特征是，观测的扰动不会影响对分析集合平均的更新，

因为这个项不在式（4-10）中。

此外，在模式积分阶段需要注意，每个集合成员都是使用同一个模式来演化的，即

$$\boldsymbol{x}_{k+1,i} = \mathcal{M}\left(\boldsymbol{x}_{k,i}\right) + \boldsymbol{w}_k \tag{4-13}$$

式中，$\boldsymbol{w}_k$ 是一个随机强迫，代表来自均值为零矢量、协方差为 $\boldsymbol{Q}$ 的概率分布的模式误差。集合平均使用如下的方程演化：

$$\overline{\boldsymbol{x}_{k+1}} = \overline{\mathcal{M}\left(\boldsymbol{x}_k\right)} = \mathcal{M}\left(\overline{\boldsymbol{x}_k}\right) + \text{N.L.T.} \tag{4-14}$$

式中，N.L.T.是 non-linear term 的简称，表示非线性项。

然而，很快就发现，对观测值进行扰动会引入采样误差（Whitaker and Hamil，2002）。相应地，Whitaker 和 Hamil（2002）介绍了 EnKF 的一种新形式，这将带来一套新的基于集合的卡尔曼滤波器，被称为集合平方根滤波器（ensemble square root filter，EnSRF），将在第 6 章详细介绍。

4.2.2 针对非线性观测算子的 EnKF 算法

上一节针对非线性动力模式 $\mathcal{M}$ 和线性观测算子矩阵 $\boldsymbol{H}$ 的状态空间模式介绍了 EnKF 算法，其主要的计算公式概括如下：

$$\boldsymbol{x}_k^{\mathrm{f}} = \mathcal{M}(\boldsymbol{x}_{k-1}^{\mathrm{a}})$$

$$\boldsymbol{x}_k^{\mathrm{a}} = \boldsymbol{x}_k^{\mathrm{f}} + \boldsymbol{K}_k\left(y_k - \boldsymbol{H}\boldsymbol{x}_k^{\mathrm{f}}\right)$$

$$\boldsymbol{K}_k = \boldsymbol{P}_k^{\mathrm{f}}\boldsymbol{H}^{\mathrm{T}}\left(\boldsymbol{H}\boldsymbol{P}_k^{\mathrm{f}}\boldsymbol{H}^{\mathrm{T}} + \boldsymbol{R}\right)^{-1} \tag{4-15}$$

$$\boldsymbol{P}_k^{\mathrm{f}} = \frac{1}{N-1}\sum_{i=1}^{N}\left(\boldsymbol{x}_{k,i}^{\mathrm{f}} - \overline{\boldsymbol{x}_k^{\mathrm{f}}}\right)\left(\boldsymbol{x}_{k,i}^{\mathrm{f}} - \overline{\boldsymbol{x}_k^{\mathrm{f}}}\right)^{\mathrm{T}} \tag{4-16}$$

EnKF 的主要思想是通过式（4-16）使用集合成员来估计预报误差协方差矩阵 $\boldsymbol{P}_k^{\mathrm{f}}$，这样避免了 EKF 中需要对非线性模式进行线性化来进行 $\boldsymbol{P}_k^{\mathrm{f}}$ 的储存和演化。然而，从式（4-15）可看出，计算增益矩阵 $\boldsymbol{K}_k$ 依赖于使用线性观测算子 $\boldsymbol{H}$，也就是说，如果观测算子是非线性的，必须对其进行线性化处理。这对一些复杂的非线性观测算子，如辐射传输模式，在技术上极具挑战。为解决这一问题，Houtekamer 和 Mitchell（2001）提出了新的公式来直接使用非线性观测算子计算增益矩阵 $\boldsymbol{K}_k$。

假设观测模式使用非线性算子：

$$\boldsymbol{y}_k = h\left(\boldsymbol{x}_k\right) + \boldsymbol{v}_k \tag{4-17}$$

那么式（4-15）中的 $\boldsymbol{P}_k^{\mathrm{f}}\boldsymbol{H}^{\mathrm{T}}$ 和 $\boldsymbol{H}\boldsymbol{P}_k^{\mathrm{f}}\boldsymbol{H}^{\mathrm{T}}$ 分别可以使用下列公式表示：

$$\boldsymbol{P}_k^{\mathrm{f}}\boldsymbol{H} \equiv \frac{1}{N-1}\sum_{i=1}^{N}\left(\boldsymbol{x}_{k,i}^{\mathrm{f}} - \overline{\boldsymbol{x}_k^{\mathrm{f}}}\right)\left[h\left(\boldsymbol{x}_{k,i}^{\mathrm{f}}\right) - \overline{h\left(\boldsymbol{x}_k^{\mathrm{f}}\right)}\right]^{\mathrm{T}} \tag{4-18}$$

$$\boldsymbol{H}\boldsymbol{P}_k^{\mathrm{f}}\boldsymbol{H} \equiv \frac{1}{N-1}\sum_{i=1}^{N}\left[h\left(\boldsymbol{x}_{k,i}^{\mathrm{f}}\right)-\overline{h\left(\boldsymbol{x}_k^{\mathrm{f}}\right)}\right]\left[h\left(\boldsymbol{x}_{k,i}^{\mathrm{f}}\right)-\overline{h\left(\boldsymbol{x}_k^{\mathrm{f}}\right)}\right]^{\mathrm{T}} \tag{4-19}$$

式中，$\overline{h\left(\boldsymbol{x}_k^{\mathrm{f}}\right)}=\frac{1}{N}\sum_{i=1}^{N}h\left(\boldsymbol{x}_{k,i}^{\mathrm{f}}\right)$。式（4-18）和式（4-19）使得在计算增益矩阵过程中非线性算子能直接将模式状态向量投影到非线性观测算子 $h(\cdot)$ 上。但是，式(4-18)和式（4-19）并没有在数学上得到严格证明。在 Houtekamer 和 Mitchell（2001）的原始论文中，也只是使用了“≡”，而不是“=”。Tang 等（2014）认为，当且仅当 $\overline{h\left(\boldsymbol{x}^{\mathrm{f}}\right)}=h\left(\overline{\boldsymbol{x}^{\mathrm{f}}}\right)$，同时 $\boldsymbol{x}_i^{\mathrm{f}}-\overline{\boldsymbol{x}^{\mathrm{f}}}$（$i=1,2,\cdots,N$）足够小时，式(4-18)和式(4-19)近似成立。在这些条件下，Tang 等（2014）进一步认为，式（4-18）和式（4-19）实际上将非线性观测算子 h 线性化成了 $\boldsymbol{H}$。因此，直接在式（4-18）和式（4-19）中应用非线性观测算子实际上隐含了使用集合对非线性观测算子进行线性化的过程。下面，我们将在更严格的数学框架下对式（4-18）和式（4-19）进行修改。

卡尔曼增益的一般形式不包含线性测量算子，由 Julier 等（1995）在开发无迹卡尔曼滤波器（可参考第7章）时首次提出，并得到了广泛应用（Simon，2006）。

考虑无偏估计的情况，分析变量和分析误差分别如下：

$$\tilde{\boldsymbol{x}}_{\mathrm{a}}=\tilde{\boldsymbol{x}}_{\mathrm{f}}-\boldsymbol{K}\tilde{\boldsymbol{y}} \tag{4-20}$$

$$\begin{aligned}\boldsymbol{P}^{\mathrm{a}} &= \mathbb{E}\left(\tilde{\boldsymbol{x}}_{\mathrm{a}}\tilde{\boldsymbol{x}}_{\mathrm{a}}^{\mathrm{T}}\right)\\ &= \mathbb{E}\left[\left(\tilde{\boldsymbol{x}}_{\mathrm{f}}-\boldsymbol{K}\tilde{\boldsymbol{y}}\right)\left(\tilde{\boldsymbol{x}}_{\mathrm{f}}-\boldsymbol{K}\tilde{\boldsymbol{y}}\right)^{\mathrm{T}}\right]\\ &= \boldsymbol{P}_{\tilde{x}_{\mathrm{f}}\tilde{x}_{\mathrm{f}}}-\boldsymbol{P}_{\tilde{x}_{\mathrm{f}}\tilde{y}}\boldsymbol{K}^{\mathrm{T}}-\boldsymbol{K}\boldsymbol{P}_{\tilde{y}\tilde{x}_{\mathrm{f}}}+\boldsymbol{K}\boldsymbol{P}_{\tilde{y}\tilde{y}}\boldsymbol{K}^{\mathrm{T}}\end{aligned} \tag{4-21}$$

式中，$\tilde{\boldsymbol{x}}_{\mathrm{f}}$ 为预报误差；$\tilde{\boldsymbol{y}}$ 为观测误差；$\boldsymbol{P}_{\tilde{x}_{\mathrm{f}}\tilde{x}_{\mathrm{f}}}$ 为预报误差协方差矩阵；$\boldsymbol{P}_{\tilde{x}_{\mathrm{f}}\tilde{y}}$ 为预报误差和观测误差的协方差矩阵；$\boldsymbol{P}_{\tilde{y}\tilde{y}}$ 为观测误差协方差矩阵。$\tilde{\boldsymbol{x}}_{\mathrm{a}}=\boldsymbol{x}_k^{\mathrm{a}}-\boldsymbol{x}_k^{\mathrm{tr}}$，$\tilde{\boldsymbol{x}}_{\mathrm{f}}=\boldsymbol{x}_k^{\mathrm{f}}-\boldsymbol{x}_k^{\mathrm{tr}}$，$\tilde{\boldsymbol{y}}=\boldsymbol{y}_k-\boldsymbol{y}_k^{\mathrm{tr}}$，其中 $\boldsymbol{x}_k^{\mathrm{tr}}$ 和 $\boldsymbol{y}_k^{\mathrm{tr}}$ 分别为 k 时刻的模式状态和观测状态的真值，且 $\boldsymbol{P}_{\tilde{y}\tilde{x}}=\boldsymbol{P}_{\tilde{x}\tilde{y}}$。为了得到最优估计结果，要求 $\boldsymbol{P}^{\mathrm{a}}$ 的迹最小，即

$$\frac{\partial\left[\operatorname{trace}\left(\boldsymbol{P}^{\mathrm{a}}\right)\right]}{\partial\boldsymbol{K}}=\boldsymbol{0} \tag{4-22}$$

$$-\boldsymbol{P}_{\tilde{x}_{\mathrm{f}}\tilde{y}}-\boldsymbol{P}_{\tilde{y}\tilde{x}_{\mathrm{f}}}+2\boldsymbol{K}\boldsymbol{P}_{\tilde{y}\tilde{y}}=\boldsymbol{0} \tag{4-23}$$

$$\boldsymbol{K}=\boldsymbol{P}_{\tilde{x}_{\mathrm{f}}\tilde{y}}\boldsymbol{P}_{\tilde{y}\tilde{y}}^{-1} \tag{4-24}$$

$$\boldsymbol{P}^{\mathrm{a}}=\boldsymbol{P}_{\tilde{x}_{\mathrm{f}}\tilde{x}_{\mathrm{f}}}-\boldsymbol{K}\boldsymbol{P}_{\tilde{x}_{\mathrm{f}}\tilde{y}} \tag{4-25}$$

在无偏且集合大小 L 为无限大时可以使用集合平均代替 k 时刻状态变量的真值 $\boldsymbol{x}_k^{\mathrm{tr}}$ 和观测变量的真值 $\boldsymbol{y}_k^{\mathrm{tr}}$：

$$\boldsymbol{x}_k=\mathbb{E}\left[\boldsymbol{x}_{k,i}^{\mathrm{f}}\right]=\overline{\boldsymbol{x}_k^{\mathrm{f}}}+\boldsymbol{\eta}_k \tag{4-26}$$

$$\boldsymbol{y}_k=h\left(\overline{\boldsymbol{x}_k^{\mathrm{f}}}\right)+\boldsymbol{\varepsilon}_k \tag{4-27}$$

式中，i 表示第 i 个集合成员；k 表示第 k 个时间步；上横线表示所有集合成员的平均。由于在真实状态中加入了随机分量，$\boldsymbol{P}_{\tilde{\boldsymbol{x}}_\mathrm{f}\tilde{\boldsymbol{y}}}$ 可以表示为

$$\begin{aligned}\boldsymbol{P}_{\tilde{\boldsymbol{x}}_\mathrm{f}\tilde{\boldsymbol{y}}}&=\mathbb{E}\left[\left(\boldsymbol{x}_{k,i}^\mathrm{f}-\boldsymbol{x}_k^\mathrm{tr}\right)\left(\boldsymbol{y}_{k,i}-\boldsymbol{y}_k^\mathrm{tr}\right)^\mathrm{T}\right]\\&=\mathbb{E}\left\{\left[\boldsymbol{x}_{k,i}^\mathrm{f}-\mathbb{E}\left(\boldsymbol{x}_{k,i}^\mathrm{f}\right)-\boldsymbol{\eta}_k\right]\right\}\left\{\left[\boldsymbol{y}_{k,i}-h\left(\mathbb{E}\left(\boldsymbol{x}_{k,i}^\mathrm{f}\right)\right)-\boldsymbol{\varepsilon}_k\right]\right\}^\mathrm{T}\end{aligned}\tag{4-28}$$

对于集合成员数无限大的系统，且 $\boldsymbol{\eta}_k$ 与 $\boldsymbol{\varepsilon}_k$ 无关，$\boldsymbol{P}_{\tilde{\boldsymbol{x}}_\mathrm{f}\tilde{\boldsymbol{y}}}$ 可以表示为

$$\boldsymbol{P}_{\tilde{\boldsymbol{x}}_\mathrm{f}\tilde{\boldsymbol{y}}}=\frac{1}{L-1}\sum_{i=1}^{L}\left(\boldsymbol{x}_{k,i}^\mathrm{f}-\overline{\boldsymbol{x}_k^\mathrm{f}}\right)\left[h\left(\boldsymbol{x}_{k,i}^\mathrm{f}\right)-h\left(\overline{\boldsymbol{x}_k^\mathrm{f}}\right)\right]^\mathrm{T}\tag{4-29}$$

类似地，$\boldsymbol{P}_{\tilde{\boldsymbol{x}}_\mathrm{f}\tilde{\boldsymbol{x}}_\mathrm{f}}$ 和 $\boldsymbol{P}_{\tilde{\boldsymbol{y}}\tilde{\boldsymbol{y}}}$ 分别可以写为

$$\begin{aligned}\boldsymbol{P}_{\tilde{\boldsymbol{x}}_\mathrm{f}\tilde{\boldsymbol{x}}_\mathrm{f}}&=\mathbb{E}\left[\left(\boldsymbol{x}_{k,i}^\mathrm{f}-\boldsymbol{x}_k^\mathrm{tr}\right)\left(\boldsymbol{x}_{k,i}^\mathrm{f}-\boldsymbol{x}_k^\mathrm{tr}\right)^\mathrm{T}\right]\\&=\mathbb{E}\left\{\left[\boldsymbol{x}_{k,i}^\mathrm{f}-\mathbb{E}\left(\boldsymbol{x}_{k,i}^\mathrm{f}\right)-\boldsymbol{\eta}_k\right]\right\}\left\{\left[\boldsymbol{x}_{k,i}^\mathrm{f}-\mathbb{E}\left(\boldsymbol{x}_{k,i}^\mathrm{f}\right)-\boldsymbol{\eta}_k\right]\right\}^\mathrm{T}\\&=\frac{1}{L-1}\sum_{i=1}^{L}\left(\boldsymbol{x}_{k,i}^\mathrm{f}-\overline{\boldsymbol{x}_k^\mathrm{f}}\right)\left(\boldsymbol{x}_{k,i}^\mathrm{f}-\overline{\boldsymbol{x}_k^\mathrm{f}}\right)^\mathrm{T}+\boldsymbol{Q}\end{aligned}\tag{4-30}$$

$$\begin{aligned}\boldsymbol{P}_{\tilde{\boldsymbol{y}}\tilde{\boldsymbol{y}}}&=\mathbb{E}\left[\left(\boldsymbol{y}_{k,i}-\boldsymbol{y}_k^\mathrm{tr}\right)\left(\boldsymbol{y}_{k,i}-\boldsymbol{y}_k^\mathrm{tr}\right)^\mathrm{T}\right]\\&=\mathbb{E}\left[h\left(\boldsymbol{x}_{k,i}^\mathrm{f}\right)-h\left(\overline{\boldsymbol{x}_k^\mathrm{f}}\right)\right]\left[h\left(\boldsymbol{x}_{k,i}^\mathrm{f}\right)-h\left(\overline{\boldsymbol{x}_k^\mathrm{f}}\right)\right]^\mathrm{T}\\&=\mathbb{E}\left[h\left(\boldsymbol{x}_{k,i}^\mathrm{f}\right)-h\left(\overline{\boldsymbol{x}_k^\mathrm{f}}\right)-\boldsymbol{\varepsilon}_k\right]\left[h\left(\boldsymbol{x}_{k,i}^\mathrm{f}\right)-h\left(\overline{\boldsymbol{x}_k^\mathrm{f}}\right)-\boldsymbol{\varepsilon}_k\right]^\mathrm{T}\\&=\frac{1}{L-1}\sum_{i=1}^{L}\left[h\left(\boldsymbol{x}_{k,i}^\mathrm{f}\right)-h\left(\overline{\boldsymbol{x}_k^\mathrm{f}}\right)\right]\left[h\left(\boldsymbol{x}_{k,i}^\mathrm{f}\right)-h\left(\overline{\boldsymbol{x}_k^\mathrm{f}}\right)\right]^\mathrm{T}+\boldsymbol{R}\end{aligned}\tag{4-31}$$

式中，$\boldsymbol{\eta}_k$ 和 $\boldsymbol{\varepsilon}_k$ 的协方差矩阵分别为 $\boldsymbol{Q}$ 和 $\boldsymbol{R}$。式（4-8）表示集合成员估计的预报误差协方差。与标准 EnKF 相比，式（4-30）中多了一项 $\boldsymbol{Q}$。标准 EnKF 算法中没有 $\boldsymbol{Q}$ 是因为预报误差是根据集合均值而不是真实状态来定义的。因此，真实状态的随机性被忽略了。标准 EnKF 往往系统性地低估误差协方差，所以需要协方差膨胀方案来“调整”估计的误差协方差。式（4-18）和式（4-19）与式（4-29）和式(4-29)的比较揭示了如果 $\overline{h\left(\boldsymbol{x}^\mathrm{f}\right)}=h\left(\overline{\boldsymbol{x}^\mathrm{f}}\right)$ 成立，它们就是完全等价的。式(4-29)和式（4-31）修正后的卡尔曼增益矩阵更有普适性，因为它们不需要任何线性化假设。

4.2.3 EnKF 在大型系统中的实施算法

在实际大型模式中应用 EnKF 会产生较大的计算成本。除了积分模式的必要

部分，主要的计算量集中在形成大型矩阵，以及求解线性方程组的运算。在大型矩阵的计算方法中，直接求逆是一种非常不明智的处理方法，因为它有可能因为较大的矩阵条件数而产生明显误差。因此，在 EnKF 的实际应用中，需要采用奇异值分解（SVD）等方法减少计算量并提高结果的稳定性，从实施层面改进算法（Evensen，2003）。

本小节针对 EnKF 中使用的分析公式，进行如下优化（由于只讨论分析过程，为简化符号，这里忽略关于时间的下标 k）。

首先，引入状态变量异常值的矩阵 $\boldsymbol{A} \in \mathbb{R}^{n \times N}$，有

$$\boldsymbol{A} = \left[\boldsymbol{x}_1 - \bar{\boldsymbol{x}}, \boldsymbol{x}_2 - \bar{\boldsymbol{x}}, \cdots, \boldsymbol{x}_N - \bar{\boldsymbol{x}}\right] \tag{4-32}$$

式中，$\bar{\boldsymbol{x}}$ 是集合 $\{\boldsymbol{x}_i, i = 1, 2, \cdots, N\}$ 的平均值。此时，误差协方差矩阵可以表示为

$$\boldsymbol{P} = \frac{1}{N-1}\boldsymbol{A}\boldsymbol{A}^{\mathrm{T}} \tag{4-33}$$

即观测的维数为 m，并且将对 m 维观测向量 $\boldsymbol{y}^{\mathrm{o}}$ 的所有扰动量 $\{\epsilon_i, i = 1, 2, \cdots, N\}$ 构成的矩阵记为 $\boldsymbol{Y}$，那么样本估计的观测误差协方差可以表示为

$$\boldsymbol{R} = \frac{1}{N-1}\boldsymbol{Y}\boldsymbol{Y}^{\mathrm{T}} \tag{4-34}$$

如果使用矩阵 $\boldsymbol{X}^{\mathrm{f}} \in \mathbb{R}^{n \times N}$ 和 $\boldsymbol{X}^{\mathrm{a}} \in \mathbb{R}^{n \times N}$ 分别代表预报集合和分析集合，使用 $\boldsymbol{D} = \left[\boldsymbol{y}^{\mathrm{o}} + \epsilon_1, \boldsymbol{y}^{\mathrm{o}} + \epsilon_2, \cdots, \boldsymbol{y}^{\mathrm{o}} + \epsilon_N\right] \in \mathbb{R}^{m \times N}$ 代表扰动后的观测集合，那么由状态更新公式可得

$$\boldsymbol{X}^{\mathrm{a}} = \boldsymbol{X}^{\mathrm{f}} + \boldsymbol{A}\boldsymbol{A}^{\mathrm{T}}\boldsymbol{H}^{\mathrm{T}}\left(\boldsymbol{H}\boldsymbol{A}\boldsymbol{A}^{\mathrm{T}}\boldsymbol{H}^{\mathrm{T}} + \boldsymbol{R}\right)^{-1}\boldsymbol{D}' \tag{4-35}$$

式中，定义 $\boldsymbol{D}' = \boldsymbol{D} - \boldsymbol{H}\boldsymbol{X}^{\mathrm{f}}$。在实际执行中，一般通过对 $m \times m$ 的对称正定矩阵应用特征值分解方法解决式（4-35）中的矩阵求逆问题，令

$$\boldsymbol{H}\boldsymbol{A}\boldsymbol{A}^{\mathrm{T}}\boldsymbol{H}^{\mathrm{T}} + \boldsymbol{R} = \boldsymbol{U}_0\boldsymbol{\Lambda}\boldsymbol{U}_0^{\mathrm{T}} \tag{4-36}$$

此时，对应的逆为

$$\left(\boldsymbol{H}\boldsymbol{A}\boldsymbol{A}^{\mathrm{T}}\boldsymbol{H}^{\mathrm{T}} + \boldsymbol{R}\right)^{-1} = \boldsymbol{U}_0\boldsymbol{\Lambda}^{-1}\boldsymbol{U}_0^{\mathrm{T}}$$

特征值分解的计算成本与 m^2 成正比，这对于观测数量非常大的系统来说是难以承受的。在实际同化中，集合成员数 $N \ll m$。因为 $\boldsymbol{A}\boldsymbol{A}^{\mathrm{T}}$ 的秩 p 小于或等于 N，所以 $\boldsymbol{\Lambda}$ 将有 N 个或更少的非零特征值，直接求逆会造成奇点。因此，需要使用一种更有效的特征值分解算法，只计算和存储 $\boldsymbol{U}_0$ 的前 N 列。

针对较大的观测数量 m，可以对算法进行以下改进。假设观测扰动和集合异常值是互不相关的，即有

$$\boldsymbol{H}\boldsymbol{A}\boldsymbol{Y}^{\mathrm{T}} = 0 \tag{4-37}$$

那么，以下等式成立：

$$\left(\boldsymbol{H}\boldsymbol{A} + \boldsymbol{Y}\right)\left(\boldsymbol{H}\boldsymbol{A} + \boldsymbol{Y}\right)^{\mathrm{T}} = \boldsymbol{H}\boldsymbol{A}\boldsymbol{A}^{\mathrm{T}}\boldsymbol{H}^{\mathrm{T}} + \boldsymbol{R}$$

通过 SVD：

$$\boldsymbol{HA}+\boldsymbol{Y}=\boldsymbol{U\Sigma V}^{\mathrm{T}} \tag{4-38}$$

可得

$$\boldsymbol{HAA}^{\mathrm{T}}\boldsymbol{H}^{\mathrm{T}}+\boldsymbol{R}=\boldsymbol{U\Sigma V}^{\mathrm{T}}\boldsymbol{V\Sigma}^{\mathrm{T}}\boldsymbol{U}^{\mathrm{T}}=\boldsymbol{U\Sigma\Sigma}^{\mathrm{T}}\boldsymbol{U}^{\mathrm{T}}$$

$\boldsymbol{\Sigma\Sigma}^{\mathrm{T}}$恰好等于式（4-36）中$\boldsymbol{\Lambda}$矩阵的左上$N\times N$块，对应$\boldsymbol{\Lambda}$的$N$个非零特征值。此外，$\boldsymbol{U}$中包含的$N$个奇异向量也与$\boldsymbol{U}_0$中的前$N$个特征向量相同。不妨仍然记$\boldsymbol{\Lambda}=\boldsymbol{\Sigma\Sigma}^{\mathrm{T}}$。使用 SVD 算法的计算量与$m\times N$成正比，当$m$很大时，使用特征值分解有巨大的优势。该算法允许大多数实际情况下有效地计算矩阵的逆。

进一步将 SVD 应用到式（4-35），得

$$\boldsymbol{X}^{\mathrm{a}}=\boldsymbol{X}^{\mathrm{f}}+\boldsymbol{A}\left(\boldsymbol{HA}\right)^{\mathrm{T}}\boldsymbol{U\Lambda}^{-1}\boldsymbol{U}^{\mathrm{T}}\boldsymbol{D}' \tag{4-39}$$

矩阵$\boldsymbol{\Lambda}^{-1}$只在对角线上有非零元素，而且由于逆矩阵的秩$p\leqslant N$，实践中可以对$\boldsymbol{\Lambda}$求伪逆，即只对达到解释一定方差百分比（如 99%）的若干个特征值求逆，避免奇点的出现。整个算法的流程及计算量可以简单概括如下：先应用式（4-38）进行 SVD，记$\boldsymbol{\Lambda}=\boldsymbol{\Sigma\Sigma}^{\mathrm{T}}$，然后令

$$\boldsymbol{X}_1=\boldsymbol{\Lambda}^{-1}\boldsymbol{U}^{\mathrm{T}}\in\mathbb{R}^{N\times m},mp \tag{4-40}$$

$$\boldsymbol{X}_2=\boldsymbol{X}_1\boldsymbol{D}'\in\mathbb{R}^{N\times N},mNp \tag{4-41}$$

$$\boldsymbol{X}_3=\boldsymbol{U}\boldsymbol{X}_2\in\mathbb{R}^{m\times N},mNp \tag{4-42}$$

$$\boldsymbol{X}_4=\left(\boldsymbol{HA}\right)^{\mathrm{T}}\boldsymbol{X}_3\in\mathbb{R}^{N\times N},mN^2 \tag{4-43}$$

$$\boldsymbol{X}^{\mathrm{a}}=\boldsymbol{X}^{\mathrm{f}}+\boldsymbol{A}\boldsymbol{X}_4\in\mathbb{R}^{n\times N},nN^2 \tag{4-44}$$

每个公式中$\mathbb{R}$的上标和最后的数字分别表示计算得到的矩阵的维数和计算所需的浮点运算次数。由于$p\leqslant N$和$m\ll n$几乎符合所有的实际应用，该算法最主要的计算成本是由式（4-44）表示的最后一次计算，计算量正比于nN^2，与观测数量m无关。其他所有的步骤包括 SVD，其计算成本都是与观测数量呈现线性关系，对于较多观测的情况具有一定的优势。

此外，由于观测误差协方差不一定是对角阵，如果在计算中使用满秩的矩阵而非扰动矩阵$\boldsymbol{R}$，那么就只能使用式（4-36）的特征值分解而非式（4-38）的 SVD。特征值分解的计算量是$O(m^2)$，远大于现在的$O(m)$。所以使用扰动观测估计的观测误差协方差在一定程度上也可以减少计算量。

式（4-40）～式（4-44）的算法是针对观测数量远大于集合成员数，即$m\gg N$的情况而优化的。在$m\ll N$的情况下，只需对上述公式进行很小的修改。需要注意到，虽然式（4-36）中的特征值分解变得比式（4-38）中的 SVD 的计算量更小，但构造完整的$\boldsymbol{HAA}^{\mathrm{T}}\boldsymbol{H}^{\mathrm{T}}$矩阵运算成本更高（需要$m^2N$的浮点运算）。因此，对观测误差使用集合表示法仍然是有益的。此外，由于主要的计算量在于式（4-44）的更新（计算量正比于nN^2），可以通过对式（4-39）中的乘法进行重新排序来

降低这一运算成本。在计算完 $\boldsymbol{X}_3$ 后，该方程为

$$\boldsymbol{X}^{\mathrm{a}} = \boldsymbol{X}^{\mathrm{f}} + \boldsymbol{A}(\boldsymbol{HA})^{\mathrm{T}}\boldsymbol{X}_3$$

其中最后一项的矩阵大小可以写成 $(n\times N)(N\times m)(m\times N)$。从左到右计算矩阵乘法需要 $2nmN$ 的操作，而从右到左计算乘法需要 $(m+n)N^2$ 的操作。因此，对于少量的观测，当 $2nmN < (m+n)N^2$ 时，更有效率的是先计算 $\boldsymbol{A}(\boldsymbol{HA})^{\mathrm{T}} = \hat{\boldsymbol{P}}\boldsymbol{H}^{\mathrm{T}}$，再用 $\boldsymbol{X}_3$ 中包含的系数将其添加到预报集合中。

最后，对于 EnKF 的实质进行讨论。注意到式（4-44）可以进一步写为

$$\boldsymbol{X}^{\mathrm{a}} = \boldsymbol{X}^{\mathrm{f}} + \left(\boldsymbol{X}^{\mathrm{f}} - \overline{\boldsymbol{X}^{\mathrm{f}}}\right)\boldsymbol{X}_4 = \boldsymbol{X}^{\mathrm{f}} + \boldsymbol{X}^{\mathrm{f}}(\mathbf{I} - \mathbf{1}_N)\boldsymbol{X}_4 = \boldsymbol{X}^{\mathrm{f}}(\mathbf{I} + \boldsymbol{X}_4) = \boldsymbol{X}^{\mathrm{f}}\boldsymbol{X}_5 \quad (4\text{-}45)$$

式中，矩阵 $\mathbf{1}_N$ 是一个全部由 $1/N$ 构成的 $N\times N$ 矩阵。式（4-45）可以利用 $\mathbf{1}_N\boldsymbol{X}_4 = \mathbf{0}$ 的关系推导得到。如果把 $N\times N$ 的矩阵 $\boldsymbol{X}_5$ 看作一个线性变换，那么可以推论出分析集合是由预报集合通过线性变换得到的。更进一步，利用 $\boldsymbol{X}_5$ 的 SVD，即 $\boldsymbol{X}_5 = \boldsymbol{U}'\boldsymbol{\Sigma}'\boldsymbol{V}'^{\mathrm{T}}$，可得

$$\boldsymbol{X}^{\mathrm{a}}\boldsymbol{V}' = \boldsymbol{X}^{\mathrm{f}}\boldsymbol{U}'\boldsymbol{\Sigma}'$$

考虑到对角阵 $\boldsymbol{\Sigma}'$ 可以被视为对 $\boldsymbol{X}^{\mathrm{f}}\boldsymbol{U}'$ 的每列的组合系数，那么根据该公式，可以揭示 EnKF 同化的本质——将预报集合投影到一个秩为 N 的子空间上，然后对其进行重新组合，再从该空间投影回到状态空间，最终得到分析集合。所以，本质上分析集合是预报集合的重新组合（是加入观测信息的重新组合）。因此，无论是集合的大小 N，还是预报集合的离散度，对于同化的效果都具有很大影响。

4.2.4　集合最优插值

EnKF 使用一系列状态集合的成员来估计卡尔曼滤波器中的预报误差协方差矩阵，避免了线性化数值模式的复杂性和积分误差协方差矩阵带来的高昂运算成本，同时还能实现背景误差协方差的时间依赖性，这种特性也被称为流依赖性。EnKF 的代价在于需要积分一个成员数为 N 的预报集合。相应地，模式预报的计算量是积分单份模式的 N 倍。虽然可以通过使用并行化的方法来提高计算效率，但是较大的计算量还是不可避免的。

如果数值模式具有非常高的分辨率，那么开展集合预报和同化的代价是巨大的。因此，一些实际应用就采用了只积分单份模式的 EnOI，它可以被视为 EnKF 的一个简化版本。

传统的最优插值方案利用模式气候态或者从长时间积分过程中采样的模式状态集合来估计或给定背景误差协方差。通常情况下，估计的背景误差协方差被拟合为简单的函数形式，在整个模式网格中被均匀地使用。而集合最优插值在模式状态的静态集合（如长时间的模式积分）所展开的空间中计算背景误差协方差矩

阵，并在同化阶段使用。

EnOI 的分析场可以从一个和式（4-39）类似的公式得到，为

$$\boldsymbol{x}^{\mathrm{a}} = \boldsymbol{x}^{\mathrm{f}} + \alpha \boldsymbol{A}\left(\boldsymbol{H}\boldsymbol{A}\right)^{\mathrm{T}} \boldsymbol{U}\boldsymbol{\Lambda}^{-1}\boldsymbol{U}^{\mathrm{T}}\left(\boldsymbol{y}^{\mathrm{o}} - \boldsymbol{H}\boldsymbol{x}^{\mathrm{f}}\right) \tag{4-46}$$

现在只对一个单一的模式状态进行分析，并引入一个参数 $\alpha \in (0,1]$ 以允许对集合与观测设置不同的权重。自然情况下，一个由长期积分的模式状态组成的集合会有一个气候态方差。但这个方差太大，不能代表模式预报的实际误差，α 被引入使方差减小到符合实际的水平。

在实际操作中，式（4-38）的 SVD 可以替换为

$$\sqrt{\alpha}\boldsymbol{H}\boldsymbol{A} + \boldsymbol{Y} = \boldsymbol{U}\boldsymbol{\Sigma}\boldsymbol{V}^{\mathrm{T}} \tag{4-47}$$

然后式（4-45）中的系数矩阵 $\boldsymbol{X}_4$ 需要在计算 $\boldsymbol{X}_5$ 前进一步用 α 放缩。

EnOI 允许像 EnKF 一样进行多变量分析并保持模式的动力平衡。此外，EnOI 的背景误差协方差通过静态的集合成员得到。虽然这个静态集合不随着模式的积分而更新，意味着 EnOI 中的背景误差协方差矩阵没有流依赖性，但是足够多的集合样本及数值积分上节约的大量计算成本，使得 EnOI 仍是一种有竞争力的算法（Evensen，2003）。

4.3 Lorenz63 模式中的集合卡尔曼滤波器同化试验

本节使用 Lorenz63 模式的孪生试验来展示 EnKF 的代码，并进行孪生试验以验证 EnKF 的效果。附录 4-1 是 Lorenz63 模式的定义，以及孪生试验观测模拟过程的代码，这部分和第 3 章的相应内容相同。

不像 EKF，EnKF 不需要使用 Lorenz63 模式的切线性算子，EnKF 的分析算法见附录 4-2。因此，虽然积分多份模式带来了一定的额外计算成本，但是这个计算成本是可控的。正如 Evensen（1994）指出的，当集合成员数 N 增加时，PDF 解的误差将以 $1/\sqrt{N}$ 的速率趋近于零，当集合规模达到几百时，误差将主要受到统计噪声的影响，而非动力学误差。因此，即使对于较大型的模式，集合成员数 N 也只是数十到几百的规模。相应地，EKF 中积分切线模式的计算量正比于 $O\left(n^2\right)$，其中 n 代表状态空间维数。当模式的规模较大（如 n～10^6）时，这个计算量是难以承担的。当然在 Lorenz63 模式中这个问题并不显著，然而 EnKF 不使用截断格式的特性仍然具有较大优势。

附录 4-3 给出了使用 EnKF 开展同化试验的代码，其方式基本上与使用 EKF 类似，不同之处在于需要在起始阶段生成初始集合，并积分集合中的所有成员直到有观测的时刻。然后再利用整个集合的统计特性，进行卡尔曼滤波，更新所有

集合成员。循环执行模式集合积分与集合同化这两步，直到完成整个同化试验流程。同化的结果如图 4-1 所示，如果和前一章中的 EKF 结果相比较，可以发现 EnKF 得到了更准确的状态场结果。这是因为 EnKF 中不使用线性化过程截断模式算子的高阶矩，因此可以得到更准确的背景误差协方差，改进分析的效果，从而整体改善了同化表现。

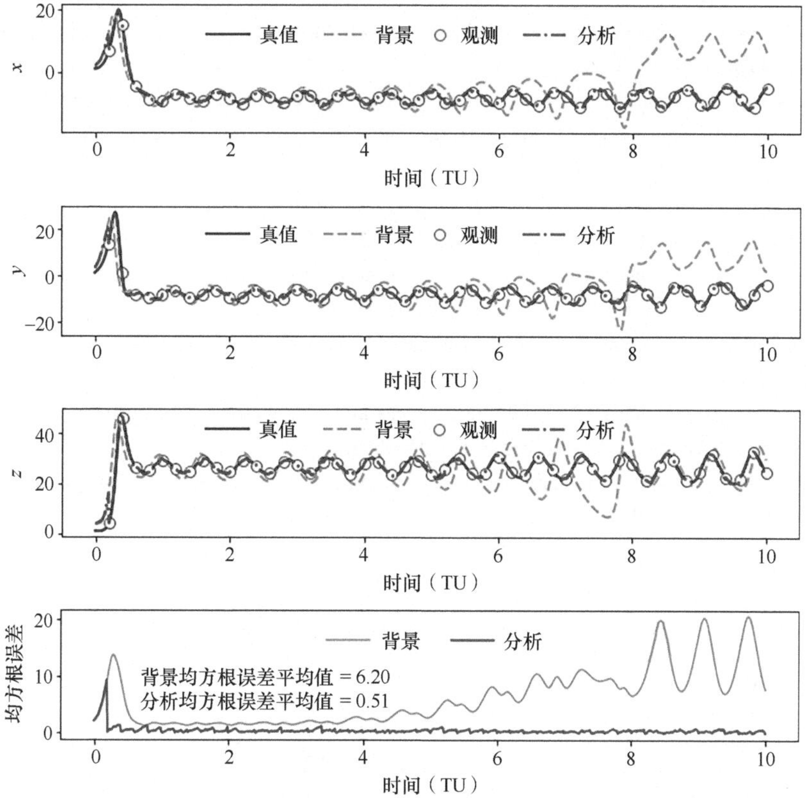

图 4-1　Lorenz63 模式中利用 EnKF 同化获取的分析结果与自由积分的比较

从上到下为三个变量及均方根误差，红色为 EnKF 结果，橘色为自由积分结果

附录 4-4 提供了 4.2.3 小节中 EnKF 的实施代码，比较适用于高维数的数值模式。在数值试验中可在附录 4-3 的试验中替换掉调用的 EnKF 分析格式，然后得到与图 4-1 相似的同化结果（因数值计算的精度和误差积累问题，不可能完全相同）。

参 考 文 献

Burgers G, van Leeuwen P, Evensen E. 1998. Analysis schemes in the ensemble Kalman filter. Monthly Weather Review, 126: 1719-1724.

Evensen G. 1992. Using the extended Kalman filter with a multi-layer quasi-geostrophic ocean model. Journal of Geophysical Research: Oceans, 97: 17905-17924.

Evensen G. 1993. Open boundary conditions for the extended Kalman filter with a quasi-geostrophic model. Journal of Geophysical Research: Oceans, 98: 16529-16546.

Evensen G. 1994. Data assimilation with a non-linear quasi-geostrophic model using Monte-Carlo methods to forecast error statistics. Journal of Geophysical Research: Oceans, 99(C5): 10143-10162.

Evensen G. 2003. The ensemble Kalman filter: theoretical formulation and practical implementation. Ocean Dynamics, 53: 343-367.

Evensen G, van Leeuwen P. 1996. Assimilation of Geosat altimeter data for the Agulhas current using the ensemble Kalman filter with a quasigeostrophic model. Monthly Weather Review, 124: 85-96.

Houtekamer P, Mitchell H. 2001. A sequential ensemble Kalman filter for atmospheric data assimilation. Monthly Weather Review, 129(1): 123-137.

Julier S, Uhlmann J, Durrant-Whyte H. 1995. A new approach for filtering nonlinear systems. Proceedings of 1995 American Control Conference, 3: 1628-1632.

Simon D. 2006. Optimal State Estimation: Kalman, H_∞, and Nonlinear Approaches. New York: John Wiley & Sons: 318-320.

Tang Y, Ambandan J, Chen D. 2014. Nonlinear measurement function in the ensemble Kalman filter. Advances in Atmospheric Sciences, 31(3): 551-558.

Whitaker J, Hamil T. 2002. Ensemble data assimilation without perturbed observations. Monthly Weather Review, 130: 1913-1924.

相关 python 代码

附录 4-1　Lorenz63 模式代码和孪生试验的观测模拟过程（同第 3 章）

```
import numpy as np                # 导入 numpy 工具包
def Lorenz63(state,*args):        # 此函数定义 Lorenz63 模式右端项
    sigma = args[0]
    beta = args[1]
    rho = args[2]                 # 输入 σ,β 和 ρ 三个模式参数
    x, y, z = state               # 输入矢量的三个分量分别为方程式中的 x,y,z
    f = np.zeros(3)               # f 定义为右端
    f[0] = sigma * (y - x)        # （方程 1）
    f[1] = x * (rho - z) - y      # （方程 2）
    f[2] = x * y - beta * z       # （方程 3）
    return f
def RK4(rhs,state,dt,*args):      # 此函数提供 Runge-Kutta 积分格式
    k1 = rhs(state,*args)
    k2 = rhs(state+k1*dt/2,*args)
    k3 = rhs(state+k2*dt/2,*args)
    k4 = rhs(state+k3*dt,*args)
```

```
    new_state = state + (dt/6)*(k1+2*k2+2*k3+k4)
    return new_state
# 以下代码构造孪生试验的观测真实解和观测数据
sigma = 10.0; beta = 8.0/3.0; rho = 28.0       # 模式参数值
dt = 0.01                                       # 模式积分步长
n = 3                                           # 状态维数
m = 3                                           # 观测数
tm = 10                                         # 同化试验窗口
nt = int(tm/dt)                                 # 总积分步数
t = np.linspace(0,tm,nt+1)                      # 模式时间网格

x0True = np.array([1,1,1])                      # 真值的初值
np.random.seed(seed=1)                          # 设置随机种子
sig_m= 0.15                                     # 观测误差标准差
R = sig_m**2*np.eye(n)                          # 观测误差协方差矩阵

dt_m = 0.2                    # 观测之间的时间间隔（可见为 20 模式步）
tm_m = 10                     # 最大观测时间（可小于模式积分时间）
nt_m = int(tm_m/dt_m)         # 进行同化的总次数

ind_m = (np.linspace(int(dt_m/dt),int(tm_m/dt),nt_m)).astype(int)
# 观测网格在时间网格中的指标
t_m = t[ind_m]                # 观测网格
def h(x):                     # 定义观测算子
    H = np.eye(n)             # 观测矩阵为单位阵
    yo = H@x                  # 单位阵乘以状态变量
    return yo
def Dh(x):                    # 观测算子的线性观测矩阵
    n = len(x)
    D = np.eye(n)
    return D
xTrue = np.zeros([n,nt+1])        # 真值保存在 xTrue 变量中
xTrue[:,0] = x0True               # 初始化真值
km = 0                            # 观测计数
yo = np.zeros([3,nt_m])           # 观测保存在 yo 变量中
for k in range(nt):               # 按模式时间网格开展模式积分循环
    xTrue[:,k+1] = RK4(Lorenz63,xTrue[:,k],dt,sigma,beta,rho)       # 真值积分
    if (km<nt_m) and (k+1==ind_m[km]):                           # 用指标判断是否进行观测
        yo[:,km] = h(xTrue[:,k+1]) + np.random.normal (0,sig_m, [3,])
                                  #采样造观测
        km = km+1                 # 观测计数
```

附录 4-2　集合卡尔曼滤波器的分析算法

```
def EnKF(xbi,yo,ObsOp,JObsOp,R):
# 输入变量依次为预报集合、观测、观测算子、切线观测算子、观测误差协方差
```

```
    n,N = xbi.shape           # n-状态维数，N-集合成员数
    m = yo.shape[0]           # m-观测维数
    xb = np.mean(xbi,1)       # 计算预报集合平均
    Dh = JObsOp(xb)           # 利用切线性观测算子得到观测阵 H
    B = (1/(N-1)) * (xbi - xb.reshape(-1,1)) @ (xbi - xb.reshape(-1,1)).T
#背景误差协方差
    D = Dh@B@Dh.T + R
    K = B @ Dh.T @ np.linalg.inv(D)    #计算卡尔曼增益矩阵

    yoi = np.zeros([m,N])          # 预分配空间，保存扰动后的观测集合
    xai = np.zeros([n,N])          # 预分配空间，保存分析集合
    for i in range(N):
        yoi[:,i] = yo + np.random.multivariate_normal(np.zeros(m), R)
# 随机扰动观测
        xai[:,i] = xbi[:,i] + K @ (yoi[:,i]-ObsOp(xbi[:,i]))
# 更新每个成员

    return xai
# 输出集合成员。不同于 EKF，不需要输出分析误差协方差
```

附录 4-3　集合卡尔曼滤波器同化试验及结果

```
n = 3                                  # 状态维数
m = 3                                  # 观测数
x0b = np.array([2.0,3.0,4.0])          # 同化试验的初值
np.random.seed(seed=1)                 # 初始化随机种子，便于重复结果

xb = np.zeros([n,nt+1]); xb[:,0] = x0b
for k in range(nt):                    # xb 得到的是不加同化的自由积分结果
    xb[:,k+1] = RK4(Lorenz63,xb[:,k],dt,sigma,beta,rho)

sig_b= 0.1
B = sig_b**2*np.eye(n)                 # 初始时刻背景误差协方差，设为对角阵
Q = 0.0*np.eye(n)                      # 模式误差（若假设完美模式则取 0）

N = 20                                 # 设定集合成员数
xai = np.zeros([3,N])                  # 设定集合，保存在 xai 中
for i in range(N):
    xai[:,i] = x0b + np.random.multivariate_normal(np.zeros(n), B)
# 通过对预报初值进行随机扰动构造初始集合

xa = np.zeros([n,nt+1]); xa[:,0] = x0b  #保存每步的集合均值作为分析场，存在 xa
km = 0                        # 对同化次数进行计数
for k in range(nt):           # 时间积分
    for i in range(N):        # 对每个集合成员积分
        xai[:,i] = RK4(Lorenz63,xai[:,i],dt,sigma,beta,rho) \
```

```
                + np.random.multivariate_normal(np.zeros(n), Q)
        # 积分每个集合成员得到预报集合
    if (km<nt_m) and (k+1==ind_m[km]):      # 当有观测的时刻，使用 EnKF 同化
        xai = EnKF(xai,yo[:,km],h,Dh,R)      # 调用 EnKF 同化
        km = km+1
    xa[:,k+1] = np.mean(xai,1)    #非同化时刻使用预报平均，同化时刻分析平均
# EnKF 结果画图
import matplotlib.pyplot as plt
plt.rcParams['font.sans-serif'] = ['Songti SC']
plt.rcParams['axes.unicode_minus']=False    # 用来正常显示负号
plt.figure(figsize=(10,8))
lbs = ['x','y','z']
for j in range(3):
    plt.subplot(4,1,j+1)
    plt.plot(t,xTrue[j],'b-',lw=2,label='真值')
    plt.plot(t,xb[j],'--',color='orange',lw=2,label='背景')
    plt.plot(t_m,yo[j],'go',ms=8,markerfacecolor='white',label='观测')
    plt.plot(t,xa[j],'-.',color='red',lw=2,label='分析')
    plt.ylabel(lbs[j],fontsize=15)
    plt.xticks(fontsize=16);plt.yticks(fontsize=16)
    if j==0:
        plt.legend(ncol=4, loc=9,fontsize=15)
        plt.title("EnKF 同化试验",fontsize=16)
RMSEb = np.sqrt(np.mean((xb-xTrue)**2,0))
RMSEa = np.sqrt(np.mean((xa-xTrue)**2,0))
plt.subplot(4,1,4)
plt.plot(t,RMSEb,color='orange',label='背景均方根误差')
plt.plot(t,RMSEa,color='red',label='分析均方根误差')
plt.legend(ncol=2, loc=9,fontsize=16)
plt.text(1,9,'背景误差平均 = %0.2f' %np.mean(RMSEb),fontsize=14)
plt.text(1,4,'分析误差平均 = %0.2f' %np.mean(RMSEa),fontsize=14)
plt.ylabel('均方根误差',fontsize=16)
plt.xlabel('时间 (TU) ',fontsize=16)
plt.xticks(fontsize=16);plt.yticks(fontsize=16)
```

附录 4-4　集合卡尔曼滤波器高维格式的代码

```
def EnKFhe(xbi,yo,ObsOp,JObsOp,R):
    from numpy.linalg import svd
    n,N = xbi.shape           # n-状态维数，N-集合成员数
    m = yo.shape[0]           # m-观测维数
    xb = np.mean(xbi,1)       # 预报集合平均
    Dh = JObsOp(xb)           # 切线性观测算子
    Y = np.zeros([m,N])       # 观测扰动量保存于 Y 中
    hxbi = np.zeros([m,N])    # 集合成员投影
    for i in range(N):
```

```
        Y[:,i] = np.random.multivariate_normal(np.zeros(m), R)
        hxbi[:,i] = ObsOp(xbi[:,i])      #投影到观测空间
    Dp = Y+yo.reshape(-1,1)-hxbi         #更新量
    A = xbi - xb.reshape(-1,1)           # 集合异常

    U,Sig,V = svd(Dh@A+Y)                # 做SVD分解
    Lam_m1 = np.diag(1/Sig**2)           # 奇异值平方的倒数
    X1 = Lam_m1@U.T                      # 公式 (4-40)
    X2 = X1@Dp                           # 公式 (4-41)
    X3 = U@X2                            # 公式 (4-42)
    X4 = (Dh@A).T@X3                     # 公式 (4-43)
    xai = xbi + A@X4                     # 公式 (4-44)
    return xai
```

第5章

集合卡尔曼滤波器实际应用中的问题

前面介绍的集合卡尔曼滤波器（EnKF）是一种强大的数据同化工具，它提供了一种可扩展、高效和灵活的方式来结合模型预测和观测。EnKF 的重要性主要体现在以下几个方面。

（1）可扩展性：EnKF 可以扩展到高维度系统，适用于许多地球科学应用，如天气预报和海洋学。

（2）效率：EnKF 在计算上是高效的，因为它不需要求解误差协方差矩阵的逆。

（3）灵活性：EnKF 可以处理非高斯和非线性误差，比传统的卡尔曼滤波器更具灵活性。

（4）不确定性量化：EnKF 提供了可能的系统状态集合，可以用来量化系统状态的不确定性。

然而，EnKF 也存在一些限制，主要包括以下几个方面。

（1）高斯假设：EnKF 假设模型和观测中的误差都服从正态分布。虽然这个假设简化了数学和计算，但在实际的系统中，这个假设可能并不总是成立。如果误差有非高斯分布，EnKF 可能会提供次优或偏差的估计。

（2）线性假设：EnKF 假设系统和观测模型是线性的，或者至少在模型的时间步长上近似线性。对于高度非线性的系统，EnKF 可能表现不佳，其他方法如粒子滤波器可能更合适。

（3）采样误差：EnKF 通过模式状态的集合来表示误差协方差。如果集合大小太小（在实践中常常是这样，因为计算资源的约束），集合可能无法充分采样误差协方差。这可能导致采样误差，并降低 EnKF 的性能。

（4）模式误差：像所有的数据同化方法一样，EnKF 假设模式除了一些添加的噪声，是系统动态的完美表示。如果模式存在系统误差，EnKF 的估计可能会存在偏差。

（5）计算成本：虽然 EnKF 在计算上比需要求解完整误差协方差矩阵的方法更有效率，但对于复杂模式和大型集合，它仍然可能在计算上成本较高。

总的来说，虽然 EnKF 是一种强大且灵活的数据同化工具，但在处理非高斯和非线性误差、集合较小、模式误差和计算约束时，它确实存在一些限制。在选择和实施数据同化方法时，需要考虑这些限制。

在 EnKF 的实施中，采样误差是当集合成员数（也称为集合尺寸）过小，无法充分代表误差协方差时产生的，这可能导致次优或偏差的估计。减小采样误差的最直接方法当然是增加集合成员数，更大的集合将更好地代表误差协方差。然而，这也会增加计算成本，因此需要在准确性和计算效率之间进行权衡。当然，也有一些特殊的技术可以减小 EnKF 中的采样误差：局地化和协方差膨胀。以下首先介绍局地化。

5.1 局 地 化

5.1.1 局地化的理论和方法

在 EnKF 中，局地化是一种用于减小采样误差并改善滤波器在高维系统中的性能的技术，它通过减少远离每个模型网格点的观测对更新的影响来实现。Houtekamer 和 Mitchell（1998）首次提出局地化方法，他们使用了一种对偶集合卡尔曼滤波器，即运行了一对成员数都为 N 的集合，在每次同化中都使用一个集合计算的误差协方差来将观测数据同化到另一个集合中。两个 EnKF 对第一猜测场进行不同的扰动，得到不同的初始集合来估计预报误差和获取分析误差。在这种方案中，他们采用了一种独创的处理方式——使用一个截断半径（cut-off radius）来进行数据筛选。具体来说，对于同一个空间点不同高度上的每一列分析点，他们设定在给定的水平距离 r_{max} 以内的所有数据被同化，而 r_{max} 以外的所有数据不被同化。这种截止方案在卡尔曼滤波器中并不常见，但在最优插值算法中曾被采用。这种方法可以有效消除与分析点只有微弱相关性的观测数据。而根据 Houtekamer 和 Mitchell（1998）的研究，如果不采用截断半径，可能需要成千上万的集合成员来准确解决该问题。该论文是集合滤波器中采用局地化的最初尝试。

Houtekamer 和 Mitchell（2001）引入了一种集合预报误差的局地化方法。该方法主要用于滤去较小集合导致的预报场和误差的微小相关——这些相关并不是实际存在的，而是欠采样问题导致的虚假相关。这些微小的虚假相关可能会影响预报误差协方差的准确性。他们通过应用舒尔（Schur）乘积［也被称为阿达马（Hadamard）乘积，是一个逐元素的矩阵乘积］来实现这种局地化，该乘积是由集合计算的预报误差协方差和具有局部支集的相关函数组成的。

具体来说，Houtekamer 和 Mitchell（2001）将集合卡尔曼增益矩阵 $\boldsymbol{K}$ 重新定义为

$$\boldsymbol{K}=\left[\left(\boldsymbol{\rho}\circ\boldsymbol{P}^{\mathrm{f}}\right)\boldsymbol{H}^{\mathrm{T}}\right]\left[\boldsymbol{H}\left(\boldsymbol{\rho}\circ\boldsymbol{P}^{\mathrm{f}}\right)\boldsymbol{H}^{\mathrm{T}}+\boldsymbol{R}\right]^{-1} \tag{5-1}$$

式中，$\boldsymbol{\rho}$ 为局地化矩阵，通过与预报误差协方差矩阵 $\boldsymbol{P}^{\mathrm{f}}$ 的舒尔乘积来消除远距离的虚假相关。通过互换观测投影和舒尔乘积的顺序，可得

$$\boldsymbol{K}=\left[\boldsymbol{\rho}\circ\left(\boldsymbol{P}^{\mathrm{f}}\boldsymbol{H}^{\mathrm{T}}\right)\right]\left[\boldsymbol{\rho}\circ\left(\boldsymbol{H}\boldsymbol{P}^{\mathrm{f}}\boldsymbol{H}^{\mathrm{T}}\right)+\boldsymbol{R}\right]^{-1} \tag{5-2}$$

其中

$$\boldsymbol{P}^{\mathrm{f}}\boldsymbol{H}^{\mathrm{T}}=\frac{1}{N-1}\sum_{i=1}^{N}\left(\boldsymbol{x}_i^{\mathrm{f}}-\overline{\boldsymbol{x}^{\mathrm{f}}}\right)\left(\boldsymbol{H}\boldsymbol{x}_i^{\mathrm{f}}-\boldsymbol{H}\overline{\boldsymbol{x}^{\mathrm{f}}}\right) \tag{5-3}$$

$$\boldsymbol{H}\boldsymbol{P}^{\mathrm{f}}\boldsymbol{H}^{\mathrm{T}}=\frac{1}{N-1}\sum_{i=1}^{N}\left(\boldsymbol{H}\boldsymbol{x}_i^{\mathrm{f}}-\boldsymbol{H}\overline{\boldsymbol{x}^{\mathrm{f}}}\right)\left(\boldsymbol{H}\boldsymbol{x}_i^{\mathrm{f}}-\boldsymbol{H}\overline{\boldsymbol{x}^{\mathrm{f}}}\right) \tag{5-4}$$

矩阵 $\boldsymbol{\rho}$ 一般使用一些具备特殊性质的相关函数来生成，相关函数的选择比较宽泛。Houtekamer 和 Mitchell（2001）使用了一个五阶紧支集的分段有理函数，该函数来自 Gaspari 和 Cohn（1999）的研究，也被称为 Gaspari-Cohn 函数（G-C 函数），表达式如下：

$$\Omega(d;c)=\begin{cases}-\frac{1}{4}\left(\frac{d}{c}\right)^5+\frac{1}{2}\left(\frac{d}{c}\right)^4+\frac{5}{8}\left(\frac{d}{c}\right)^3-\frac{5}{3}\left(\frac{d}{c}\right)^2+1, & 0\leqslant d\leqslant c\\ \frac{1}{12}\left(\frac{d}{c}\right)^5-\frac{1}{2}\left(\frac{d}{c}\right)^4+\frac{5}{8}\left(\frac{d}{c}\right)^3-\frac{5}{3}\left(\frac{d}{c}\right)^2-5\left(\frac{d}{c}\right)+4-\frac{2}{3}\left(\frac{d}{c}\right)^{-1}, & c\leqslant d\leqslant 2c\\ 0, & d\geqslant 2c\end{cases} \tag{5-5}$$

式中，$d=\|x-y\|$ 为模式变量和观测的距离；c 是一个控制参数。可以发现 G-C 函数值随着模式变量与观测的距离的增加而光滑衰减，且在距离超过 $2c$ 之后衰减为 0。G-C 函数是具有紧支集的函数，即超过一定距离（这里是 $2c$）后，其数值变为 0。紧支性的优点在于它可以完全消除一定距离以外的变量相关，而且 c 是一个可以调整的局地化参数，能够有效控制变量的影响范围。G-C 函数也被 Hamil 等（2001）应用。G-C 函数图像如图 5-1 所示，容易看出其衰减效果。

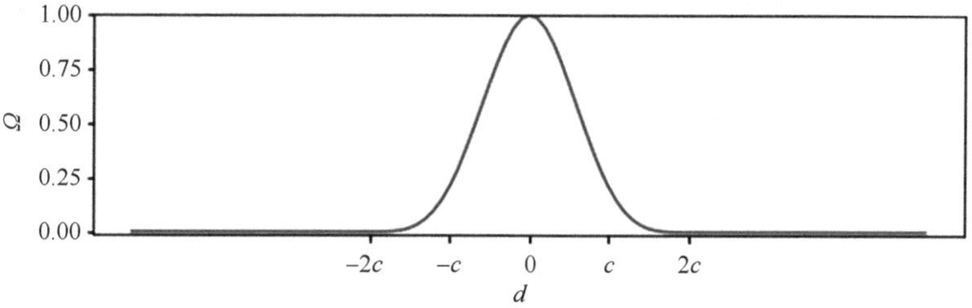

图 5-1　G-C 函数图像

此外，Gaspari 和 Cohn（1999）详细介绍了产生局地化矩阵的相关函数的数学基础。基本上，这些相关函数需要具备径向对称性（radial symmetry）、均质性

（homogeneity）和各向同性（isotropy），并且具有紧支集和一定的光滑性。Gaspari 和 Cohn（1999）还定义了一系列用于局地化的紧支集二阶自回归型［second-order autoregressive (SOAR)-like］和三阶自回归型［third-order autoregressive (TOAR)-like］相关函数。

值得注意的是，我们在式（5-1）中首先利用局地化矩阵修改卡尔曼增益的定义，然后又通过交换舒尔乘积和观测投影算子的顺序得到了式（5-2）。严格地说，式（5-1）的舒尔乘积直接应用于预报误差协方差矩阵，然后再将修改后的预报误差协方差矩阵代入卡尔曼增益矩阵的表达式。所以式（5-1）代表的局地化方案被称为状态空间局地化（P-localization），通过应用局地化矩阵消除不同位置的模式状态变量之间的虚假相关。

式（5-2）的舒尔乘积分别应用于式（5-3）和式（5-4）得到的相关矩阵，这相当于在观测空间进行局地化（R-localization）。特别地，式（5-3）代表状态变量和它在观测点的投影之间的协相关矩阵，式（5-4）代表观测投影之间的协相关矩阵。所以，式（5-2）应该被修改为

$$\boldsymbol{K}=\left[\boldsymbol{\rho}_{o1}\circ\left(\boldsymbol{P}^{f}\boldsymbol{H}^{T}\right)\right]\left[\boldsymbol{\rho}_{o2}\circ\left(\boldsymbol{H}\boldsymbol{P}^{f}\boldsymbol{H}^{T}\right)+\boldsymbol{R}\right]^{-1} \tag{5-6}$$

意味着 $\boldsymbol{\rho}_{o1}$ 和 $\boldsymbol{\rho}_{o2}$ 是观测空间的不同局地化矩阵。具体来说，如果状态空间维数记为 n，观测数记为 p，那么状态空间局地化中的 $\boldsymbol{\rho}$ 是一个 $n\times n$ 矩阵，$\boldsymbol{\rho}_{o1}$ 是一个 $n\times p$ 矩阵，每一列对应一个观测和所有状态向量的局地化函数，$\boldsymbol{\rho}_{o2}$ 是一个 $p\times p$ 矩阵，每一列对应一个观测和所有观测的局地化函数。$\boldsymbol{\rho}_{o1}$ 和 $\boldsymbol{\rho}_{o2}$ 可以通过从状态局地化矩阵 $\boldsymbol{\rho}$ 中选取相应的行和列来得到。当然，两者不一定要被同时使用，很多实际应用中只使用两者之一。观测空间和状态空间的局地化从公式上是不等价的，两者的效果也因问题而异。

正如前面提到的，局地化函数有一个参数 c，通常被称为局地化半径，用于控制局地化的范围。在局地化半径内的观测对更新有重要影响，而在局地化半径外的观测则影响减小或忽略不计。在诸如大气和海洋等高维系统中，局地化可以显著提高 EnKF 的性能。然而，它引入的这个额外参数——局地化半径，需要仔细选择。如果局地化半径太小，滤波器可能无法从所有可用的观测中受益；如果局地化半径太大，滤波器可能会受到采样误差引起的虚假相关的影响。选择适当的局地化半径对 EnKF 的性能至关重要。

以下提供了一些确定局地化半径的策略。

1. 经验性调整

一种常见的方法是根据滤波器的实际效能调整局地化半径。该方法涉及使用不同的局地化半径运行滤波器，并选择使性能最佳（如最小均方根误差）的半径

值。这种方法虽然可能在计算上需付出较高代价，但通常可以得到满意的结果。

2. 物理因素的考虑

局地化半径也可以基于物理因素来选择。例如，在大气或海洋应用中，可根据被模拟过程的典型空间尺度来选择局地化半径。由于观测值与较远的物理状态的相关性较低，因此选择一个与系统空间尺度匹配的局地化半径才是合理的。

3. 交叉验证

交叉验证是一种可以用来选择局地化半径的统计方法。该方法将数据分为训练集和验证集。滤波器在训练集上运行并测试不同的局地化半径，然后选择在验证集上表现最佳的半径值。

4. 自适应方法

自适应方法依据系统和观测的特性动态调整局地化半径。例如，在不确定性较高的区域，可以增加局地化半径，而在不确定性较低的区域，可以减小局地化半径。尽管自适应方法可能相较其他方法更复杂，但可能带来更佳的性能。自适应局地化是一个热门的研究领域，许多研究者已经提出了多种方法，如 Anderson（2007）、Lei 和 Bickel（2011）、Miyoshi 和 Kunii（2012）及 Greybush 等（2011）。

5.1.2 局地化方法在 Lorenz96 模式中的应用

由于 Lorenz63 模式只包含三个变量，且没有位置和距离的概念，因此我们使用另外一个模式来说明局地化在 EnKF 中的影响。

Lorenz96 模式被广泛用于数据同化的理论研究中。Lorenz96 最初由 Lorenz（1996）提出，用来模拟一个非特别指定的气象变量的多尺度中纬度大气动力过程。一个纬度圈被划分为 $K=36$ 个扇区，每个扇区中的变量 X_j 跨越的经度为 10°，且由下列方程控制：

$$\mathrm{d}X_j/\mathrm{d}t=\left(X_{j+1}-X_{j-2}\right)X_{j-1}-X_j+F,\quad i=1,2,\cdots,36 \tag{5-7}$$

该方程应用循环边界条件，即 $X_{-1}=X_{35}$、$X_0=X_{36}$ 及 $X_1=X_{37}$。按照 Lorenz 和 Emanuel（1998）的方法，该模型采用四阶龙格-库塔方案，时间步长为 0.01 个无量纲时间单位（TU）。外强迫 F 被固定为 8.0，这使得模型呈现混沌行为。在 $F=8.0$ 的情况下，就系统的误差增长率而言，单位时间对应于 5d。

附录 5-1 提供了 Lorenz96 模式的积分算子和观测算子，附录 5-2 提供了真值积分和观测模拟。除了模式的定义不同，其他流程和 Lorenz63 模式的试验非常类似。Lorenz96 模式有 36 个变量，积分步长 0.01 大约相当于 1.2h，同化间隔为 20 步，即每天同化一次。观测算子设置为每 4 个变量观测一个，即经度每 40° 有一个观测。通过孪生试验，用 Lorenz96 模式探讨局地化在 EnKF 同化中的重要性。

附录 5-3 给出了 G-C 函数和局地化矩阵的代码。第一个函数可以通过输入距离和局地化参数 c 输出 G-C 函数的相应数值。第二个函数使用局地化参数 c，按照距离 0, 1, 2, ⋯构造局地化矩阵 $\boldsymbol{\rho}$，即 $\boldsymbol{\rho}$ 是一个托普利兹（Toeplitz）矩阵——同一条对角线上的元素相等，且有

$$\boldsymbol{\rho}=\begin{pmatrix} \Omega(0,c) & \Omega(1,c) & & \Omega(n-1,c) & \Omega(n,c) \\ \Omega(1,c) & \Omega(0,c) & \cdots & & \Omega(n-1,c) \\ \vdots & & \ddots & & \vdots \\ \Omega(n-1,c) & & & \Omega(0,c) & \Omega(1,c) \\ \Omega(n,c) & \Omega(n-1,c) & \cdots & \Omega(1,c) & \Omega(0,c) \end{pmatrix}$$

附录 5-4 给出了加入局地化的 EnKF 代码，如果采用式（5-2）进行局地化，只需要对 EnKF 的同化格式进行简单修改，输入根据附录 5-3 产生的局地化矩阵并对预报误差协方差作用上和该矩阵的舒尔乘积即可。

使用附录 5-5 中的代码开展了含有局地化的 EnKF 同化试验，其中使用了 $c=4$ 的局地化参数，图 5-2 展示了其结果。可以看出，加入局地化之后，Lorenz96 模式可以实现使用 30 个集合成员的 EnKF 同化。但是如果使用不恰当的局地化参数，结果会有很大不同。

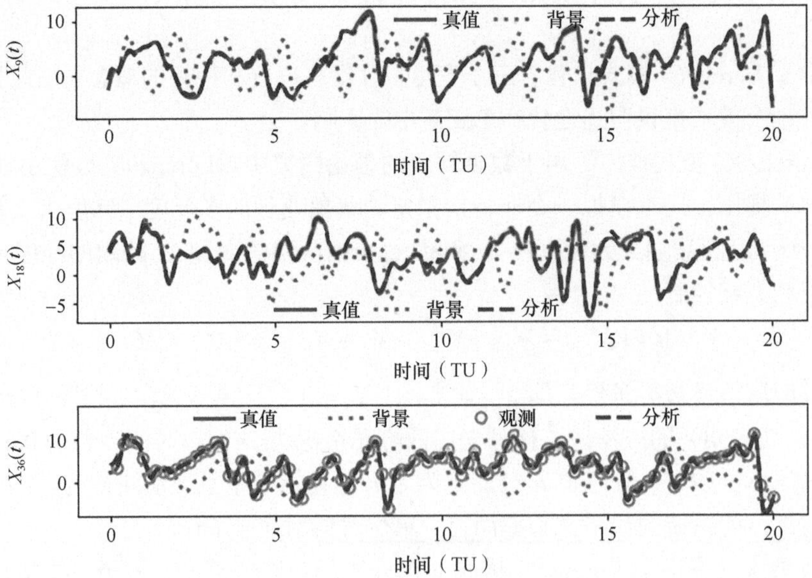

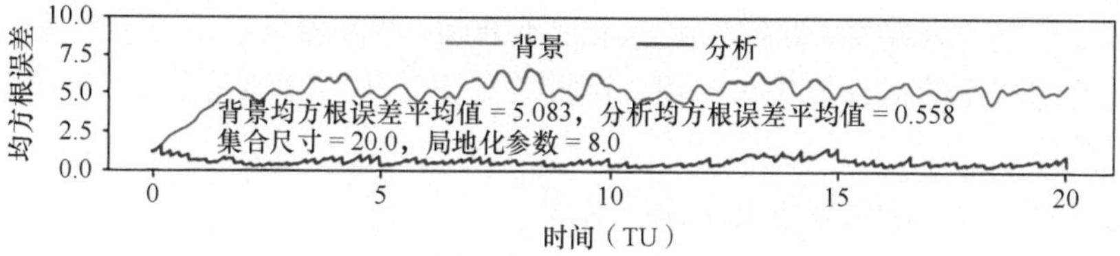

图 5-2　Lorenz96 模式中利用 EnKF 同化获取的分析集合平均结果与自由积分的比较

从上到下为三个变量及均方根误差，红色为 EnKF 结果，橘色为自由积分结果

如果重复附录 5-5 中的试验，但是使用不同的局地化参数，均方根误差会有很大的不同。图 5-3 显示了 Lorenz96 模式中不同局地化参数对于同化结果均方根误差的影响。所有的试验使用相同的初始集合和观测数据，只改变局地化参数。其中，局地化参数 $c=1000$ 相对于状态变量数 36 来说是一个非常大的数，此时局地化矩阵的几乎所有元素都为 1，这种情况可以被视为没有加入局地化方法。从均方根误差的比较可以看到，不加入局地化的情况，由于虚假相关严重，算法非常不稳定，容易造成模式崩溃（即出现 NaN 值），其同化效果甚至差于自由积分试验。图 5-3 中的结果也验证，在以上几个选择中，$c=4$ 或 8 是相对更好的选择，这和状态空间维数 $n=36$ 及集合成员数 $N=30$ 有关，也和观测的空间分布（每 4 个变量观测 1 个）有关。

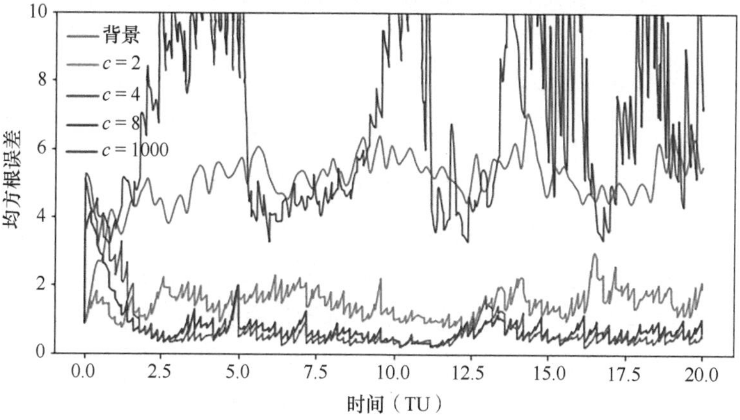

图 5-3　Lorenz96 模式中不同局地化参数对于同化结果均方根误差的影响

5.2　协方差膨胀

协方差膨胀是另一种在 EnKF 中常用的技术，用于防止滤波器所估计的预报误差协方差过小，即防止集合成员的离散度偏小，从而避免滤波器对新的观测数据反应不足，以及滤波器的性能下降及滤波器发散。

滤波器发散是一种容易发生在以卡尔曼滤波器和集合卡尔曼滤波器为代表的递归估计方法中的现象。它指的是，随着时间的推移，滤波器的估计值与系统的真实状态产生很大偏差，导致预测越来越不准确。滤波器发散是一个严重的问题，它可以使滤波器的估计值失去作用。因此，如果发现有滤波器发散的迹象，要采取纠正措施。

滤波器发散可能由以下几个原因造成。

（1）模式误差：如果数值模式存在较大的系统性误差，滤波器的估计值就会逐渐偏离真实状态。

（2）观测误差：如果观测值或者观测算子包含较大的误差，会导致滤波器发散。

（3）非线性：如果系统或观测算子是高度非线性的，卡尔曼滤波等线性滤波就会出现发散。

（4）对不确定性的低估：如果滤波器低估了系统状态或观测的不确定性，它就会对其估计值过于自信。这是 EnKF 中出现发散的一个典型原因，需要通过协方差膨胀等技术来缓解。

协方差膨胀的工作原理是人为地增加集合成员（代表系统状态的样本）的离散度（也就是误差协方差矩阵），从而增加系统状态不确定性的估计。通过协方差膨胀增加这种不确定性，使滤波器对其估计的确定性降低，对观测数据的反应增强。

从 EnKF 的公式来看，

$$\boldsymbol{x}_i^{\mathrm{a}} = \boldsymbol{x}_i^{\mathrm{f}} + \boldsymbol{K}\left(\boldsymbol{y}_i - \boldsymbol{H}\boldsymbol{x}_i^{\mathrm{f}}\right) \tag{5-8}$$

$$\boldsymbol{K} = \left(\boldsymbol{P}^{\mathrm{f}}\boldsymbol{H}^{\mathrm{T}}\right)\left(\boldsymbol{H}\boldsymbol{P}^{\mathrm{f}}\boldsymbol{H}^{\mathrm{T}} + \boldsymbol{R}\right)^{-1} \tag{5-9}$$

如果式（5-9）中 $\boldsymbol{P}^{\mathrm{f}}$ 的估计值小于其真实值，意味着滤波器对于其给出的估计过度确信，那么 $\boldsymbol{K}$ 的值会小于其最优值，从而导致观测的效果变差。而协方差膨胀正好是一种尝试增大误差协方差的手段。协方差膨胀的对象并不局限于预报（先验）误差协方差。因为前一步膨胀过的分析（后验）误差协方差通过模式积分也能增加下一步的预报误差协方差，所以先验协方差膨胀和后验协方差膨胀都是可行的，当然二者的效果并不等价。

协方差膨胀的形式主要有两种。一是加法膨胀：这种方法涉及向集合成员添加小的随机扰动，这些扰动通常从均值为零的正态分布中抽取，扰动的标准差控制膨胀的量。二是乘法膨胀：这种方法涉及将集合扰动乘以一个大于 1 的因子，这会增大集合成员相对于集合平均值的偏离程度，从而增加集合的离散度，膨胀因子通常略大于 1。

协方差膨胀是一种强大的工具，可以改善 EnKF 的性能，但需要谨慎使用。过度的膨胀可能导致集合过度分散（系统的不确定性太大），也会降低滤波器的性能，而膨胀不足可能导致集合离散度不足，导致滤波器发散。

协方差膨胀的概念由 Anderson J L 和 Anderson S L（1999）提出。他们提出了一种乘法膨胀方案，将预报误差协方差矩阵的集合近似值乘以一个常数因子 γ，通过因子人为地扩大先验集合的离散度并防止它过度收缩。

类似于局地化系数，协方差膨胀系数也是 EnKF 中的一个关键参数，用于控制协方差膨胀的程度。选择恰当的协方差膨胀系数对 EnKF 的性能至关重要。确定协方差膨胀系数的策略类似于确定局地化参数的策略，包括经验性调整、交叉验证及自适应方法等。

自适应方法协方差膨胀是一个热门的研究领域，许多研究者正在开发新的方法和算法来改进自适应协方差膨胀。例如，Anderson（2007）提出了一种自适应膨胀算法，该算法根据滤波器的性能动态地调整膨胀系数。这种方法可以在运行时自动调整协方差膨胀系数，使滤波器能够适应各种不确定性水平。Li 等（2009）提出了一种双向膨胀方法，该方法同时考虑了增加和减小协方差膨胀系数。这种方法可以在滤波器过度确定（集合离散度偏小）或过度不确定（集合离散度偏大）时自动调整协方差膨胀系数。Song 等（2014）提出了一种基于观测的膨胀方法，该方法根据观测数据的特性调整协方差膨胀系数。这种方法可以在观测数据稀疏或噪声大时自动增加协方差膨胀系数。最近，一些研究者开始探索使用机器学习方法来自适应地调整协方差膨胀系数，这些方法通常使用深度学习或强化学习算法来学习最佳的膨胀策略（Moosavi et al.，2019）。

5.3　初始扰动的产生和初始误差的处理

EnKF 为基础的集合滤波数据同化方法，使用多个集合成员估计系统状态的均值和方差，因此初始集合对同化效果有重要的影响。如何更合理地构造初始集合是集合滤波数据同化系统设计的一个关键技术问题。本节将介绍几种产生初始集合的方法，同时结合我们在耦合地球系统模式数据同化研究中的经验，讨论初始条件对同化结果的影响。

5.3.1　初始集合构造方法

目前构造初始集合的方法大致可以分为两类，一类是对某一时刻的模式状态加上扰动产生集合，另一类是使用不同时刻的模式状态组成初始集合。

1. 状态扰动方法

在第一类方法中，对模式状态加上的扰动可以是随机或伪随机的，也可以是带有物理特征的扰动，以下给出三种产生初始扰动的方法。

1）随机扰动

随机扰动是一种简单但实用的初始扰动方法，即在初始场叠加一个非常小的扰动量，可由下式表示：

$$\boldsymbol{T}^{\text{pert}} = (1+\alpha\beta)\boldsymbol{T}^{\text{init}} \tag{5-10}$$

式中，α 控制扰动的量级；β 一般为服从正态分布的随机数；$\boldsymbol{T}^{\text{init}}$ 和 $\boldsymbol{T}^{\text{pert}}$ 分别表示扰动前和扰动后的模式变量。该方法的实现较为简单，能够方便地产生所需要的集合数量。因为是完全随机的，所以扰动没有考虑空间上的相关性和物理上的关联性，这样集合之间产生的协方差常常很小，容易导致滤波器退化，使同化失败。

2）伪随机扰动

Evensen（1994）认为，集合之间的协方差也应反映系统的真实尺度，因此提出通过构造伪随机场的方式来产生初始集合。该方法先对海表面物理量进行扰动，再通过垂直相关投影到下层海洋。由于结合了快速傅里叶展开，这种扰动考虑了空间上的关联性，使用该方法生成的扰动场在空间上是平滑的，同时变量间的相关随距离的增加而减小，也削弱了一些远距离的虚假相关。附录 5-6 提供了使用该方法产生伪随机场的代码。详细的推导过程可以参考 Evensen（1994）的研究。

在得到海表面物理量的伪随机场后，接着就要用这个二维随机场投影到海表面以下，得到一个三维随机场。考虑到混合层温度的相关性，有

$$\boldsymbol{T}_k^{\text{pert}} = \alpha\boldsymbol{T}_{k-1}^{\text{pert}} + \sqrt{1-\alpha^2}\,\boldsymbol{T}_1^{\text{pert}} \tag{5-11}$$

式中，k 表示模式中的第 k 层；k–1 表示模式中的第 k–1 层；$\boldsymbol{T}_1^{\text{pert}}$ 表示没有考虑垂直相关的随机场，即为海表面随机场；$\boldsymbol{T}_k^{\text{pert}}$ 表示考虑了垂直相关的随机场；α 为垂直相关系数，且 $\alpha = \mathrm{e}^{-1.0/r_{\mathrm{v}}}$，其中 r_{v} 为总层数。

3）经验正交函数扰动

Hoteit 等（2008）认为，在初始集合中加入带有主要模式变量物理特征的经验正交函数（empirical orthogonal function，EOF）扰动，可以加快同化向真实状态的收敛，从而改善滤波器在同化初始阶段的效果，具体的公式为

$$\boldsymbol{T}^{\text{pert}} = \boldsymbol{T}^{\text{init}} + \sqrt{N}\boldsymbol{L}_0\boldsymbol{\sigma}_i^{\mathrm{T}} \tag{5-12}$$

式中，$\boldsymbol{T}^{\text{init}}$ 和 $\boldsymbol{T}^{\text{pert}}$ 分别表示扰动前和扰动后的集合；N 表示集合成员数；$\boldsymbol{L}_0$ 表示 $M\times(N-1)$ 的矩阵（M 为提取得到的 EOF 模态的数量）；$\boldsymbol{\sigma}_i^{\mathrm{T}}$ 表示 $M\times(N-1)$ 的随机正交矩阵。

Deng 等（2022）使用上述方法得到了标准化后的 3 种扰动模态。结果显示，随机扰动模态没有空间上的相关，伪随机扰动模态更为平滑且表现出空间上的相关，EOF 扰动模态则表现出明显的气候模态，如赤道东太平洋冷舌。Deng 等（2022）

基于通用地球系统模式（CESM）和 EAKF 同化方法，设计了观测系统模拟试验（OSSE）来比较不同扰动策略对同化结果的影响。他们首先在初始场上分别叠加上面提到的 3 种方法得到的扰动集合，然后将扰动得到的集合先积分一年，构成同化所需的初始集合。图 5-4 展示了基于不同扰动策略的海表温度同化试验结果。可以看到，不同的初始集合构建策略确实在同化初始产生了不同的影响。其中，使用伪随机方法产生扰动并积分一年的集合构建策略（图 5-4 中 EvensenT1y）能够得到更大的集合离散度，并取得最佳的同化效果。然而，随着同化时间的增加，不同初始集合构建策略对同化的影响逐渐减小，同化得到的分析场趋于一致。其主要原因在于这些试验都是在 OSSE 框架下进行，在不考虑模式误差的情况下，不同扰动策略的影响随着同化的进行不断减小。此外，Deng 等（2022）的试验仅同化海表温度，且只对上层 100m 的海温进行扰动，而真实海洋的不确定性不仅局限于上层海洋，因此可能无法较好地体现不同扰动策略的差别。然而，在真实观测数据同化试验中，受初始条件误差、模式误差及观测网络不确定性等因素的影响，不同的初始集合构造方法可能对同化结果产生重要的影响，并且即使通过长时间的同化也很难消除。

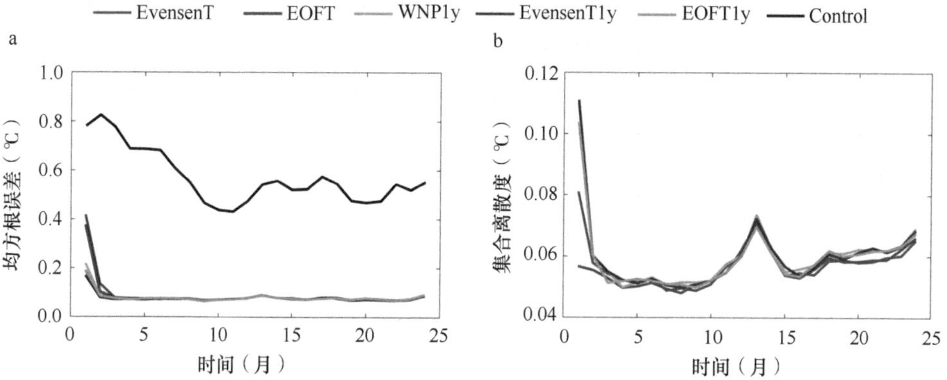

图 5-4　基于不同扰动策略的海表温度同化试验结果

图中叠加了 5 种不同方案产生的扰动，分别为 1.使用 Evensen(2003)的方案产生空间相关的随机扰动；2.使用经验正交函数的模态作为扰动；3.使用白噪声作为扰动；4.同方案 1 但额外积分了 1 年；5.同方案 2 但额外积分 1 年。将这些方案同化的结果与控制实验（Control）进行比较，具体细节参考论文 Deng(2022)。

2. 异步状态方法

第二类产生初始集合的方法使用不同时刻的模式状态来构建集合。该类方法一般基于已有的资源，并没有统一的方案。例如，Zhang 等（2007）在构建一个集合耦合同化系统时，初始集合成员由一段历史情景模拟中不同时刻的模式状态组成，其大气和陆地状态来自 1964～1987 年每年 1 月 1 日的模式输出，海洋和海冰状态均使用 1976 年 1 月 1 日的模式输出，组成 24 个初始集合成员。Counillon 等（2014）对一段 290 年的模式自由积分每隔 10 年进行取样，组成 30 个初始集合成员。ECMWF

自其第四代海洋再分析系统（ORAS4）开始（Balmaseda et al.，2013），也采用了类似的方法来产生初始集合，首先，使用气候态的条件积分模式一段时间，在此基础上同化真实海洋观测资料，同化时间范围为 1958～1980 年，最后，对 1960～1980 年的同化结果每隔 5 年进行取样，得到 5 个集合成员，组成 ORAS4 的初始集合。

总体来说，目前构建初始集合的方法主要就是以上介绍的两类方法。第一类方法的优点在于初始集合能够代表模式的瞬时状态，但由于使用的扰动方法的局限性，产生的扰动可能并不能准确地表达初始集合的不确定性，因此初始集合离散度往往较小。第二类方法产生的初始集合往往具有更大的集合离散度，表明初始集合能够在更大程度上反映气候系统的不确定性，但可能在集合中引入一些虚假的时间上的相关，从而不能准确地代表气候系统在某一时刻的状态。在实际的同化试验中，应根据具体的问题和已有的资源来设计合理的初始集合构建方案。

5.3.2 初始条件对同化的影响

目前为同化提供初始条件的方法大致有两类，一类是使用再分析资料作为初始条件，这类方法的优点在于再分析资料更加接近真实情况，但是由于再分析资料使用的数值模式往往和研究使用的数值模式不同，再分析资料作为初始条件可能会导致模式动力过程的不平衡，从而在模式积分的初始阶段产生强烈的调整，引入虚假的信号，即所谓的初始冲击。Tang 等（2003）对使用再分析资料进行初始化的问题进行了讨论，他们比较了直接将再分析资料插值到模式网格进行厄尔尼诺-南方涛动（ENSO）预报和先同化再分析资料再进行 ENSO 预报的区别，结果显示，前者预报技巧明显降低（差于未同化再分析资料的控制试验），而后者则有明显改进。该结果也表明，初始条件除了要尽可能准确，还需要和模式本身的动力框架相匹配。另一类为同化提供初始条件的方法是使用模式自由积分作为初始条件，这类方法的优点在于不会造成对模式的初始冲击，但模式自由积分往往带有较大的误差，因此可能导致较低的同化效率。

和初始集合构造方法的影响类似，初始条件的影响也会随着同化的进行而减小，但当初始误差较大时，初始条件的影响可能会一直存在于同化分析场中，导致分析场质量下降。利用 EAKF 同化方法，Chen 等（2022）比较了 CESM 同化真实观测资料时不同初始条件对同化的影响。他们发现，当使用模式自由积分作为初始场时，同化的效果十分不理想。其原因主要是耦合地球系统模式存在较大的系统性偏差，导致通过自由积分得到的初始条件也存在较大的误差，特别是在一些观测稀少且低频变率占主导的区域，如深层海洋，即使通过很长时间的同化，也很难消除这些由初始条件引入的误差。此外，由于 EAKF 方法通过线性回归的方式对状态变量进行更新，较大的初始误差也会影响同化的效率。然而，使用再分析资料作为初始条件又会导致强烈的初始冲击，破坏模式自身的动力过程。因此，能否通过结合模式自由积分和再分析资料的方式来为同化提供初始条件？为了回答这个问题，Chen 等（2022）提出通过同化气候态的观测资料来为耦合模式数据同化提供初始条件。具体来说，他们的研究比较了 3 种同化初始条件的产生方案：方案 0 使用模式自由积分作为初始条件；方案 1 使用再分析资料作为初始条件，但为了减小初始冲击对模式的影响，首先将它自由积分 4 年，达到稳定后再开始真实观测资料的同化试验；方案 2 使用耦合模式自由积分作为初始条件，但使用类似最优插值的同化方法，先同化气候态的温盐资料 4 年，然后再开始同化真实观测资料。不论是方案 1 还是方案 2，其目的都是为了在再分析资料和模式自由积分之间寻找一个平衡点，使得初始条件既不会对模式产生较大冲击，又能更加接近真实情况，从而改善同化效果。

图 5-5 对基于不同初始条件的同化试验进行了比较。可以看到，使用模式自

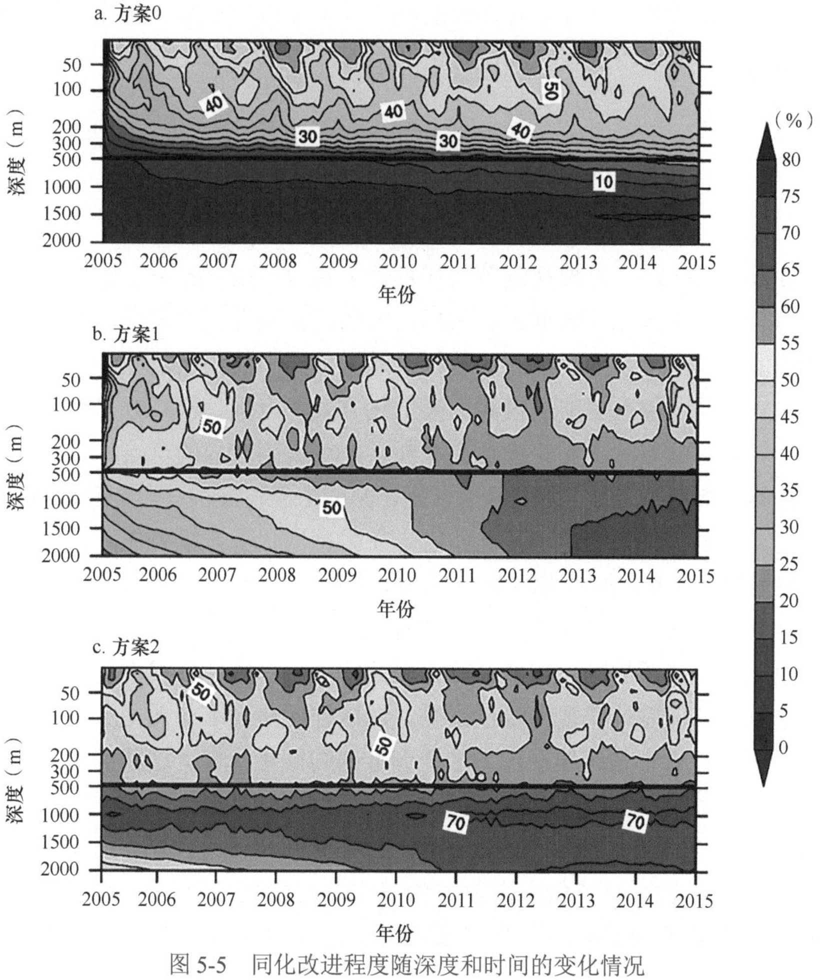

图 5-5　同化改进程度随深度和时间的变化情况

填色表示的是同化试验中海温 RMSE 相对未同化试验减小的百分比

由积分作为初始条件的方案 0 同化效率较低，经过很长时间的同化，改进程度仍然很低。这也体现了真实观测数据同化试验和 OSSE 的区别，即真实观测数据同化试验需要考虑模式误差及初始条件误差。当模式误差较大时，初始条件的影响不容忽视。从图 5-5 还可以看到，同化对初始条件十分敏感，通过对初始误差进行一定的矫正，能够显著提高同化效率，从而提高分析场质量。其中，方案 1 较方案 0 有明显改进；方案 2 通过同化气候态资料，在初始阶段及在深度较大区域的分析场质量相对方案 1 又有显著提高。该结果和 Tang 等（2003）的结论一致，表明初始条件除了要接近真值，还需要尽可能和模式匹配。对其他指标和变量的评估结果表明，对模式初始条件进行矫正时，还需考虑不同变量之间的相互作用，仅对某些变量进行矫正可能导致同化变量和未同化变量之间的不平衡，而这种不平衡也可能引入同化难以消除的误差。通过先同化一段时间的气候态资料，能够使得同化变量达到一个接近真值的状态。同时，未同化变量也能在模式自身动力框架的约束下调整到一个准确且协调的状态。基于这种初始状态开始真实观测资料的同化，是一个比较合理的构建同化初始条件的方案。

5.4 模式系统偏差

通过数据同化，可以把观测数据和预报模式数据结合起来，以估计系统的真实状态。但是无论是观测数据还是预报模式数据都是存在误差的，其中模式误差包含系统偏差和随机误差。模式的随机误差由模式中的随机过程导致，通常不可避免。模式的系统偏差可能是模式的参数化方案不合理、模式分辨率存在一定局限性、计算时积分方法不完美或存在截断误差等原因造成的，这种系统偏差往往不是随机的，均值不为 0。系统偏差可能在空间上是可变的，可能存在季节特征、昼夜循环，甚至其特征可能视情况而定。在数据同化中，需要先给出先验的背景误差协方差矩阵（$\boldsymbol{B}$）和观测误差方差矩阵（$\boldsymbol{R}$）的特征，二者决定了增益算子 $\boldsymbol{K}$ 矩阵的特征，对数据同化的效果有重要的影响。

前面章节中介绍的同化方法都是无偏估计，无法考虑模式中的系统偏差，只是简单地将系统偏差一律视为随机误差。在这样的假设下，无论卡尔曼增益矩阵 $\boldsymbol{K}$ 如何调整，分析都是有偏的，无法得到准确的同化分析，这就需要提出新的方法来估计订正系统偏差。

为了处理模式的系统偏差，Dee 和 da Silva（1998）提出了一种偏差感知同化方法，假设在估计系统状态之前对偏差进行合理估计，从而能够有效减少系统偏差对状态估计的影响。在实现系统偏差估计和偏差订正之前，需要对系统偏差的特征进行一些假设。一方面，系统偏差应该归因于特定的来源，另一方面，需要一组定义良好的参数来表示系统偏差。正确的误差归因对偏差估计来说是十分重要的，因为错误的归因会使模式产生更大的偏差，将原本因观测数据不准确产生的偏差归咎于模式误差，错误地调整模式误差（Balmaseda et al.，2007；Dee，2005；Dee and da Silva，1998）。如果系统偏差的来源尚不清楚，最稳妥的办法就是采用普通的同化方法。一般来说，偏差估计需要知道系统偏差随时间积分是如何演变的，这常常需要做一些假设（Balmaseda et al.，2007；Tang and Deng，2010）。

5.4.1　两步法

在实际应用中，系统偏差估计常常是将系统偏差作为一个新的变量扩展到状态变量中。其中，$\boldsymbol{x}_k$ 代表离散时间 t_k 上的状态变量场，$\boldsymbol{\beta}_k$ 代表离散时间 t_k 上的系统偏差变量场。定义 $b(\boldsymbol{\beta}_k)$ 是系统误差空间到状态向量空间的投影，也就是所谓的观测算子。根据 Dee（2005）的研究，EnKF 的同化系统中 t_k 时刻的偏差和状态分析分别表示为

$$\boldsymbol{\beta}_{k,i}^{\mathrm{a}} = \boldsymbol{\beta}_{k,i}^{\mathrm{f}} - \boldsymbol{K}_k^{\beta}\left[\boldsymbol{y}_{k,i}^{\mathrm{o}} - \boldsymbol{H}\left(\boldsymbol{x}_{k,i}^{\mathrm{f}} - \boldsymbol{b}_{k,i}^{\mathrm{f}}\right)\right] \tag{5-13}$$

$$\boldsymbol{x}_{k,i}^{\mathrm{a}} = \left(\boldsymbol{x}_{k,i}^{\mathrm{f}} - \boldsymbol{b}_{k,i}^{\mathrm{a}}\right) - \boldsymbol{K}_k^{x}\left[\boldsymbol{y}_{k,i}^{\mathrm{o}} - \boldsymbol{H}\left(\boldsymbol{x}_{k,i}^{\mathrm{f}} - \boldsymbol{b}_{k,i}^{\mathrm{a}}\right)\right] \tag{5-14}$$

式中，上标 f 和 a 分别代表预测步和分析步；下标 i 代表第 i 个集合成员；k 表示第 k 个同化循环；$\boldsymbol{y}^{\mathrm{o}}$ 为观测向量；$\boldsymbol{K}_k^{\beta}$ 和 $\boldsymbol{K}_k^{x}$ 分别为偏差估计和状态估计的增益矩阵；$\boldsymbol{b}_k^{\mathrm{a}}$ 和 $\boldsymbol{b}_k^{\mathrm{f}}$ 分别是 $b\left(\boldsymbol{\beta}_k^{\mathrm{a}}\right)$ 和 $b\left(\boldsymbol{\beta}_k^{\mathrm{f}}\right)$ 的简写。在投影算子 $b(.)$ 为线性算子的情况下：

$$\boldsymbol{b}_{k,i}^{\mathrm{a}} = b\left(\boldsymbol{\beta}_{k,i}^{\mathrm{a}}\right) = \boldsymbol{L}\boldsymbol{\beta}_{k,i}^{\mathrm{a}} \tag{5-15}$$

式中，$\boldsymbol{L}$ 表示线性观测投影算子。

假设观测是无偏的，则预报误差和观测误差不相关。状态估计和偏差估计的增益矩阵 $\boldsymbol{K}_k^{x}$ 和 $\boldsymbol{K}_k^{\beta}$ 分别可以表示为

$$\boldsymbol{K}_k^{\beta} = \boldsymbol{B}_k^{\beta}\boldsymbol{L}^{\mathrm{T}}\boldsymbol{H}^{\mathrm{T}}\left[\boldsymbol{H}\left(\boldsymbol{B}_k^{x} + \boldsymbol{L}\boldsymbol{B}_k^{\beta}\boldsymbol{L}^{\mathrm{T}}\right)\boldsymbol{H}^{\mathrm{T}} + \boldsymbol{R}\right]^{-1} \tag{5-16}$$

$$\boldsymbol{K}_k^{x} = \boldsymbol{B}_k^{x}\boldsymbol{H}^{\mathrm{T}}\left[\boldsymbol{H}\boldsymbol{B}_k^{\beta}\boldsymbol{H}^{\mathrm{T}} + \boldsymbol{R}\right]^{-1} \tag{5-17}$$

式中，$\boldsymbol{B}_k^{x}$ 和 $\boldsymbol{B}_k^{\beta}$ 分别为无偏状态估计的误差协方差矩阵和系统偏差估计的误差协方差矩阵；$\boldsymbol{R}$ 为观测误差协方差矩阵。考虑更特殊的情况，状态估计与系统偏差估计为同一物理变量时，$\boldsymbol{L}$ 可用单位矩阵 $\mathbf{I}$ 表示。为简化公式以下均考虑 $\boldsymbol{L} = \mathbf{I}$ 的特殊情况。

在偏差感知的同化系统中，完成一次分析循环需要两个步骤，一步用于偏差估计，另一步用于状态估计，这种方法被称为两步法偏差估计方法。

5.4.2 一步法

假设系统偏差随时间变化很小，且偏差误差协方差矩阵与预报误差协方差矩阵成正比，其比例常数γ远小于 1，则“两步法”偏差估计可以简化为“一步法”偏差估计（Balmaseda et al.，2007；Tang and Deng，2010）：

$$\boldsymbol{B}_k^{\beta} = \gamma \boldsymbol{B}_k^{x} \tag{5-18}$$

$$\boldsymbol{K}_k^{\beta} = \gamma \boldsymbol{K}_k^{x} \tag{5-19}$$

$$\left\| \boldsymbol{B}_k^{\beta} \right\| \ll \left\| \boldsymbol{B}_k^{x} \right\| \tag{5-20}$$

因为假设系统偏差随时间缓慢变化，所以

$$\boldsymbol{\beta}_k^{\mathrm{f}} \approx \boldsymbol{\beta}_{k-1}^{\mathrm{a}}\text{，}\ \boldsymbol{b}_k^{\mathrm{f}} \approx \boldsymbol{b}_{k-1}^{\mathrm{a}} \tag{5-21}$$

则式（5-13）和式（5-14）可以用一步法偏差估计近似为

$$\boldsymbol{x}_{k,i}^{\mathrm{a}} = (\boldsymbol{x}_{k,i}^{\mathrm{f}} - \boldsymbol{b}_{k,i}^{\mathrm{f}}) - \boldsymbol{K}_k^{x}\left[\boldsymbol{y}_{k,i}^{o} - \boldsymbol{H}(\boldsymbol{x}_{k,i}^{\mathrm{f}} - \boldsymbol{b}_{k,i}^{\mathrm{f}})\right] \tag{5-22}$$

$$\boldsymbol{\beta}_{k,i}^{\mathrm{a}} = \boldsymbol{\beta}_{k,i}^{\mathrm{f}} - \gamma \boldsymbol{K}_k^{x}\left[\boldsymbol{y}_{k,i}^{o} - \boldsymbol{H}(\boldsymbol{x}_{k,i}^{\mathrm{f}} - \boldsymbol{b}_{k,i}^{\mathrm{f}})\right] \tag{5-23}$$

即不再需要通过同化系统单独计算偏差增益矩阵$\boldsymbol{K}_k^{\beta}$。

状态变量在模式网格上的偏差值可以定义为相邻区域的平均差值（Chu et al.，2004；Colby，1998）。我们用分析与观测的差值来定义第k步分析完成后的偏差：

$$\boldsymbol{\beta}_k = \frac{1}{N_k} \sum_{|\mathrm{d}x|<l_x,|\mathrm{d}y|<l_y} \left(\boldsymbol{H}\overline{\boldsymbol{x}_k^{\mathrm{a}}} - \boldsymbol{y}_k^{\mathrm{o}}\right) \tag{5-24}$$

式中，$|\mathrm{d}x|<l_x$、$|\mathrm{d}y|<l_y$定义为模型网格点周围的矩形邻域；l_x和l_y分别为矩形邻域在经向和纬向的长度；$|\mathrm{d}x|$、$|\mathrm{d}y|$分别为模型网格点和观测点在经向和纬向的距离；N_k为t_k时刻区域内的观测数量；$\boldsymbol{H}$为观测算子；$\overline{\boldsymbol{x}_k^{\mathrm{a}}}$为分析状态$\boldsymbol{x}_k^{\mathrm{a}}$的均值；$\boldsymbol{y}_k^{\mathrm{o}}$为观测向量。

然而，在第k个同化周期结束之前，由于无法获得$\boldsymbol{x}_k^{\mathrm{a}}$，因此无法计算偏差。为了解决这一问题，我们根据偏差变化缓慢的事实，利用其在前一步同化时的值来近似偏差。由于偏差是平均误差，可以进一步假设，与偏差均值的大小相比，集合成员之间偏差的差别要小得多。因此，我们可以近似第 k 个同化步骤的偏差：

$$\boldsymbol{\beta}_{k,i}^{\mathrm{f}} \approx \overline{\boldsymbol{\beta}_k^{\mathrm{f}}} \approx \boldsymbol{\beta}_{k-1} = \frac{1}{N_{k-1}} \sum_{|\mathrm{d}x|<l_x,|\mathrm{d}y|<l_y} \left(\boldsymbol{H}\overline{\boldsymbol{x}_{k-1}^{\mathrm{a}}} - \overline{\boldsymbol{y}_{k-1}^{\mathrm{o}}}\right) \tag{5-25}$$

所以每个集合偏差估计可以近似为

$$\boldsymbol{\beta}_{k,i}^{\mathrm{a}} \approx \overline{\boldsymbol{\beta}_k^{\mathrm{a}}} \approx \boldsymbol{\beta}_{k-1} - \gamma \boldsymbol{K}_k^{x}\left[\boldsymbol{y}_k^{\mathrm{o}} - \boldsymbol{H}\left(\overline{\boldsymbol{x}_k^{\mathrm{f}}} - \boldsymbol{\beta}_{k-1}\right)\right] \tag{5-26}$$

新的第i个集合成员可以表示为

$$\boldsymbol{x}_{k,i}^{\mathrm{e}} = \boldsymbol{x}_{k,i}^{\mathrm{f}} - \boldsymbol{\beta}_{k,i}^{\mathrm{a}} \tag{5-27}$$

EnKF 同化的更新公式变为

$$\boldsymbol{x}_{k,i}^{\mathrm{a}} = \boldsymbol{x}_{k,i}^{\mathrm{e}} + \boldsymbol{K}_k^x \left(\boldsymbol{y}_{k,i}^{\mathrm{o}} - \boldsymbol{H}\boldsymbol{x}_{k,i}^{e} \right) \tag{5-28}$$

5.5　观 测 误 差

除了模式误差，数据同化中对观测误差的估计也是十分重要的。观测误差按照误差的来源可以分为与测量过程相关的测量误差和与模型和数据同化相关的代表误差。本节重点讨论在同化过程中涉及的代表误差，也会介绍一些对观测误差整体进行估计的方法。

在数据同化过程中遇到的困难之一是离散地球物理模型不能表示观测到的地球物理状态的所有空间和时间尺度，也不能表示所有的物理过程，需要额外的近似来等效观测。因此，即使在没有任何测量（或仪器）误差的情况下，先验估计也可能与观测值存在很大差异，这就需要给出准确的误差估计，以便正确地更新先验估计，而真实观测在模型中的表示与实际观测的差异即为代表误差（Janjić et al.，2018；Karspeck，2016；Oke and Sakov，2008；Tandeo et al.，2020）。

代表误差主要由三个部分组成。一是由于观测值与模拟场之间尺度的不匹配而产生的误差。一些尺度的物理过程可以通过观测检测到，但不能通过数值模式模拟得到。例如，粗分辨率全球海洋模式不能模拟密度锋和海洋中尺度涡旋。因此，在锋面区或中尺度变率活跃的地区，代表误差可能是总观测误差的主要成分。二是来自观测算子的误差，通常情况下观测变量不是状态变量本身或与状态变量的空间分布（或网格位置）不一致，这时需要用观测算子将状态变量投影到观测变量空间，这个过程也会产生代表误差。三是观察结果的质量控制或预处理会引入另一种类型的代表误差（Janjić et al.，2018）。

代表误差的统计特征通常是模式依赖、空间依赖，也是与变量相关的。在大多数应用中，一般假设代表误差在时间上是稳定的。在早期的研究中，为了简化问题，假设观测误差都是空间均匀的（Oke et al.，2005；Rogel et al.，2005）。之后的研究中，才开始采用非均匀的观测误差协方差膨胀（Oke and Sakov，2008；Schiller et al.，2008）。一些研究使用了状态相关的代表误差估计方法，刻画了与变量相关的代表误差的特征（Köhl and Stammer，2008）。

接下来先从数学定义上来区分不同来源的代表误差（Janjić et al.，2018）。首先需要定义一些数学符号，与前面的章节一样，将观测误差定义为$\boldsymbol{\epsilon}^{\mathrm{o}}$，它包含测量误差$\boldsymbol{\epsilon}^{\mathrm{m}}$和代表误差$\boldsymbol{\epsilon}^{\mathrm{R}}$；模型的状态变量为$\boldsymbol{x}$；观测值为$\boldsymbol{y}$；观测算子为$h(\cdot)$。假设存在一个真值$\boldsymbol{x}^{\mathrm{tr}}$，对真值进行观测，观测的操作用一个算子$h^{\mathrm{o}}(\cdot)$来表示，观测过程中还会有测量误差$\boldsymbol{\epsilon}^{\mathrm{m}}$。之后还需要对观测结果进行预处理，会引入预处理带来的误差，定义为ϵ'''。Janjić 等（2018）的研究中给出了由真值得到观测值的过程，可以表示为

$$\boldsymbol{y}=h^{\mathrm{o}}\left(\boldsymbol{x}^{\mathrm{tr}}\right)+\epsilon^{\mathrm{m}}+\epsilon''' \tag{5-29}$$

根据 Janjić 等（2018）的研究，观测误差可以表示为

$$\begin{aligned}\epsilon^{\mathrm{o}}&=\boldsymbol{y}-h(\boldsymbol{x})\\&=h^{\mathrm{o}}\left(\boldsymbol{x}^{\mathrm{tr}}\right)+\epsilon^{\mathrm{m}}+\epsilon'''-h(\boldsymbol{x})\\&=\epsilon'''+h^{\mathrm{o}}\left(\boldsymbol{x}^{\mathrm{tr}}\right)-h^{\mathrm{o}}(\boldsymbol{x})+h^{\mathrm{o}}(\boldsymbol{x})-h(\boldsymbol{x})+\epsilon^{\mathrm{m}}\\&=\epsilon'+\epsilon''+\epsilon'''+\epsilon^{\mathrm{m}}\end{aligned} \tag{5-30}$$

其中

$$\epsilon'\equiv h^{\mathrm{o}}\left(\boldsymbol{x}^{\mathrm{tr}}\right)-h^{\mathrm{o}}(\boldsymbol{x}) \tag{5-31}$$

这一部分是观测值的尺度与模拟场之间的不匹配而产生的误差，只要我们不能完全描述所观测到的整个动力系统，这种误差就会存在。另一部分误差为

$$\epsilon''\equiv h^{\mathrm{o}}(\boldsymbol{x})-h(\boldsymbol{x}) \tag{5-32}$$

即为观测算子引入的误差。

测量误差基本取决于观测过程，这里我们主要关注观测误差中的代表误差，讨论如何订正观测误差，以得到更好的同化效果。下面我们将介绍几种具有代表性的观测误差订正方法。

5.5.1 基于观测数据的观测误差估计方法

在基于观测数据的观测误差估计方法中，认为高精度的观测就是真实状态，所以其只能考虑由模型分辨率与观测不匹配带来的代表误差。简单来讲，就是根据模型的网格分辨率对高精度观测进行平均，将平均场作为网格上的真实状态，原始数据和平均场的差即认为是代表误差（Forget and Wunsch，2007；Oke and Sakov，2008）。

应用基于观测数据的观测误差估计方法需要满足两个假设条件：①观测数据的分辨率一定要高于模型分辨率；②观测数据能够解析所有尺度的物理过程。

针对不同的观测数据，具体处理方法可以分为两类，Oke 和 Sakov（2008）给出了这两类估计方法。针对网格观测数据的代表误差，具体步骤如下。

（1）对于给定的时间段，取观测$\boldsymbol{y}$，这里假设其分辨率为（1/3）°，将其视为对实际情况最好的估计。将这个最好的估计通过方框平均滤波器（Boxcar）平均得到模式网格上估计，称为$\overline{\boldsymbol{y}}$，假设其分辨率为1°。

（2）使用观测算子$\boldsymbol{H}$将平均的观测$\overline{\boldsymbol{y}}$（分辨率为1°）插值回（1/3）°网格，得到插值的观测$\boldsymbol{y}_i$，将其视为一个重新定义的真值，只包含我们希望分析的那

些尺度。

（3）计算原始观测 $\boldsymbol{y}$ 和插值的观测 $\boldsymbol{y}_i$ 之间的差值，将其结果视为该时间点的代表误差估计值。

如果观测是卫星的沿轨数据，具体步骤如下。

（1）对于给定的时间窗口，确定每个网格单元内的所有沿轨观测，并计算均值。假设每个单元格内都有充分多的观测，并且观测能够跨越多个单元格。这样得到的均值被认为是包含我们需要尺度的真值。

（2）计算原始观测值与上面计算的单元格平均值之间的差值，将其看作这个网格单元在这个特定时间点的代表误差估计值。

（3）如果网格单元中有足够的观测值，则计算上述差值的标准差，将其视为这个网格单元在这个特定时间点的代表误差估计值。

该方法是依赖模式网格的，是为同化系统量身定制的处理方法，有很大的局限性。它只是在模式网格上对观测进行平均，并没有真正考虑平均处理后的观测值是否能够真正代表粗网格中的大尺度运动（Karspeck，2016）。

5.5.2　基于模式的观测误差估计方法

与 5.5.1 小节中的方法一样，基于模式的观测误差估计方法假设代表误差全部来源于观测值的尺度与模拟场之间的不匹配。如果我们认为数据同化产生的预报值足够准确，那么预报值就可以代表在模式尺度上的真实观测，那么它与实际观测的差值就可以表示现实观测中模式未解析的尺度，即为代表误差（Dee and da Silva，1999；Hollingsworth and Lönnberg，1986；Daley，1993；Dee，1995）。但实际上同化系统的预报也存在预报误差，所以短期预报与现实观测的差值（简称为观测减去预报残差）包含模型可分辨的预报误差和不可分辨的观测误差的组合。要将两者分离开来，就需要假设误差源的时间空间尺度（以及它们的协方差特征）有足够的不同，并且有足够的数据来进行联合估计（Karspeck，2016）。此外，由于使用的是短期预报，因此预报误差的来源与初始条件密切相关，这使得分离代表误差更为困难。

为了规避短期预报中初始条件的影响并实现分离代表误差，一些研究在估计代表误差之前先对模式误差进行初步订正。这种方法多采用现实观测减去由观测大气强迫的海洋模式模拟（简称为观测减去模拟残差）来表示代表误差（Karspeck，2016）。模式模拟可以看作简单的预测，因为其已经积分了足够长的时间，所以边界强迫和内部变率的影响占主导地位。因此，模拟误差主要是模式误差导致的，而非初始条件带来的误差。这样我们就可以使用模式集合来估计模拟误差，从而实现将观测减去模拟残差中的模拟误差和代表误差分离（Karspeck，2016）。

假设有一组随时间变化的观测值，总数为n，并以i为索引，表示为$\boldsymbol{y}_i$。利用观测矩阵$\boldsymbol{H}_i$可以将模式模拟的每个集合成员j映射到任何观测的时间和空间位置。Karspeck（2016）给出了观测误差的表达式：

$$\boldsymbol{R}=\frac{1}{n}\sum_{i=1}^{n}\left(\boldsymbol{y}_i-\left\langle\boldsymbol{H}_i\boldsymbol{x}_i\right\rangle\right)^2-\frac{1}{n}\sum_{i=1}^{n}\frac{k+1}{k}\sum_{j=1}^{k}\left(\boldsymbol{H}_i\boldsymbol{x}_{i,j}-\left\langle\boldsymbol{H}_i\boldsymbol{x}_i\right\rangle\right)^2 \tag{5-33}$$

式中，$\left\langle\boldsymbol{H}_i\boldsymbol{x}_i\right\rangle$表示全部$k$个集合成员在时间和空间位置$i$处的平均值。式（5-33）等号右端第一项代表观测值与投影到观测空间的集合平均值之差的均方根。实质上，这一项包含了观测误差方差和模式模拟误差方差的贡献。式（5-33）等号右端第二项表示集合的样本方差，它基本上是模式模拟误差的样本估计。这样就实现了模式误差和观测误差的分离。

5.5.3 新息诊断方法

新息诊断方法由 Desroziers 等（2005）提出，它基于观测、预报和分析之间的增量统计特征来估计观测误差，其所有的计算都是在观测空间进行的。与上述方法略有不同的是，该方法是对观测误差整体的估计，而不是仅限于代表误差。在数据同化中，分析场$\boldsymbol{x}_k^{\mathrm{a}}$和卡尔曼增益矩阵$\boldsymbol{K}$可以分别表示为

$$\begin{gathered}\boldsymbol{x}_k^{\mathrm{a}}=\boldsymbol{x}_k^{\mathrm{f}}+\boldsymbol{K}\left[\boldsymbol{y}^{\mathrm{o}}-h\left(\boldsymbol{x}_k^{\mathrm{f}}\right)\right]\\ \boldsymbol{K}=\boldsymbol{B}\boldsymbol{H}^{\mathrm{T}}\left(\boldsymbol{H}\boldsymbol{B}\boldsymbol{H}^{\mathrm{T}}+\boldsymbol{R}\right)^{-1}\end{gathered} \tag{5-34}$$

其中观测增量$\boldsymbol{d}_{\mathrm{f}}^{\mathrm{o}}$可以表示为

$$\boldsymbol{d}_{\mathrm{f}}^{\mathrm{o}}=\boldsymbol{y}^{\mathrm{o}}-h\left(\boldsymbol{x}_k^{\mathrm{f}}\right)=\boldsymbol{y}^{\mathrm{o}}-h\left(\boldsymbol{x}_k^{\mathrm{tr}}\right)+h\left(\boldsymbol{x}_k^{\mathrm{tr}}\right)-h\left(\boldsymbol{x}_k^{\mathrm{f}}\right)\approx\boldsymbol{\epsilon}^{0}-\boldsymbol{H}\boldsymbol{\epsilon}^{\mathrm{f}} \tag{5-35}$$

则分析场$\boldsymbol{x}_k^{\mathrm{a}}$可以表示为

$$\boldsymbol{x}_k^{\mathrm{a}}=\boldsymbol{x}_k^{\mathrm{f}}+\boldsymbol{K}\boldsymbol{d}_{\mathrm{f}}^{\mathrm{o}} \tag{5-36}$$

式中，$h(\cdot)$为非线性观测算子；$\boldsymbol{H}$为h的线性化矩阵；$\boldsymbol{x}_k^{\mathrm{tr}}$为未知的真值；$\boldsymbol{\epsilon}^{\mathrm{o}}$为观测误差向量；$\boldsymbol{\epsilon}^{\mathrm{f}}$为背景误差向量。所以观测增量的协方差为

$$\mathrm{E}\left[\boldsymbol{d}_{\mathrm{f}}^{\mathrm{o}}\left(\boldsymbol{d}_{\mathrm{f}}^{\mathrm{o}}\right)^{\mathrm{T}}\right]=\mathrm{E}\left[\boldsymbol{\epsilon}^{\mathrm{o}}\left(\boldsymbol{\epsilon}^{\mathrm{o}}\right)^{\mathrm{T}}\right]+\boldsymbol{H}\mathrm{E}\left[\boldsymbol{\epsilon}^{\mathrm{b}}\left(\boldsymbol{\epsilon}^{\mathrm{b}}\right)^{\mathrm{T}}\right]\boldsymbol{H}^{\mathrm{T}} \tag{5-37}$$

假设$\boldsymbol{\epsilon}^{\mathrm{o}}$和$\boldsymbol{\epsilon}^{\mathrm{b}}$是无关的，则全局的$\boldsymbol{B}$和$\boldsymbol{R}$的联合估计为

$$\mathrm{E}\left[\boldsymbol{d}_{\mathrm{f}}^{\mathrm{o}}\left(\boldsymbol{d}_{\mathrm{f}}^{\mathrm{o}}\right)^{\mathrm{T}}\right]=\boldsymbol{R}+\boldsymbol{H}\boldsymbol{B}\boldsymbol{H}^{\mathrm{T}} \tag{5-38}$$

通过类似的处理还可以得到背景误差协方差估计和观测误差协方差估计。可以定义观测空间中分析场和预报场的差为$\boldsymbol{d}_{\mathrm{f}}^{\mathrm{a}}$，其表示为

$$\boldsymbol{d}_{\mathrm{f}}^{\mathrm{a}}=h\left(\boldsymbol{x}_k^{\mathrm{a}}\right)-h\left(\boldsymbol{x}_k^{\mathrm{f}}\right)\approx\boldsymbol{H}\left(\boldsymbol{x}_k^{\mathrm{a}}-\boldsymbol{x}_k^{\mathrm{f}}\right)=\boldsymbol{H}\boldsymbol{K}\boldsymbol{d}_{\mathrm{f}}^{\mathrm{o}} \tag{5-39}$$

$\boldsymbol{d}_{\mathrm{f}}^{\mathrm{a}}$和$\boldsymbol{d}_{\mathrm{f}}^{\mathrm{o}}$的协方差矩阵可以表示为

$$\mathbb{E}\left[\boldsymbol{d}_{\mathrm{f}}^{\mathrm{a}}\left(\boldsymbol{d}_{\mathrm{f}}^{\mathrm{o}}\right)^{\mathrm{T}}\right]=\boldsymbol{HK}\mathbb{E}\left[\boldsymbol{d}_{\mathrm{f}}^{\mathrm{o}}\left(\boldsymbol{d}_{\mathrm{f}}^{\mathrm{o}}\right)^{\mathrm{T}}\right]$$
$$=\boldsymbol{HBH}^{\mathrm{T}}\left(\boldsymbol{HBH}^{\mathrm{T}}+\boldsymbol{R}\right)^{-1}\mathbb{E}\left[\boldsymbol{d}_{\mathrm{f}}^{\mathrm{o}}\left(\boldsymbol{d}_{\mathrm{f}}^{\mathrm{o}}\right)^{\mathrm{T}}\right]$$
$$=\boldsymbol{HBH}^{\mathrm{T}} \tag{5-40}$$

式（5-40）即为观测空间中背景误差协方差单独的一致性检查。

另外，还可以定义观测空间中观测和分析场的差为 $\boldsymbol{d}_{\mathrm{a}}^{\mathrm{o}}$，其可以表示为

$$\boldsymbol{d}_{\mathrm{f}}^{\mathrm{o}}=y^{\mathrm{o}}-h\left(x_{\mathrm{k}}^{\mathrm{f}}+\boldsymbol{K}\boldsymbol{d}_{\mathrm{f}}^{\mathrm{o}}\right)\approx\boldsymbol{y}^{\mathrm{o}}-h\left(\boldsymbol{x}_{\mathrm{k}}^{\mathrm{f}}\right)-\boldsymbol{HK}\boldsymbol{d}_{\mathrm{f}}^{\mathrm{o}}$$
$$=\left(\mathbf{I}-\boldsymbol{HK}\right)\boldsymbol{d}_{\mathrm{f}}^{\mathrm{o}}=\boldsymbol{R}\left(\boldsymbol{HBH}^{\mathrm{T}}+\boldsymbol{R}\right)^{-1}\boldsymbol{d}_{\mathrm{f}}^{\mathrm{o}} \tag{5-41}$$

则 $\boldsymbol{d}_{\mathrm{a}}^{\mathrm{o}}$ 和 $\boldsymbol{d}_{\mathrm{f}}^{\mathrm{o}}$ 的协方差矩阵可以表示为

$$\mathrm{E}\left[\boldsymbol{d}_{\mathrm{a}}^{\mathrm{o}}\left(\boldsymbol{d}_{\mathrm{f}}^{\mathrm{o}}\right)^{\mathrm{T}}\right]=\boldsymbol{R}\left(\boldsymbol{HBH}^{\mathrm{T}}+\boldsymbol{R}\right)^{-1}\mathrm{E}\left[\boldsymbol{d}_{\mathrm{a}}^{\mathrm{o}}\left(\boldsymbol{d}_{\mathrm{f}}^{\mathrm{o}}\right)^{\mathrm{T}}\right]=\boldsymbol{R} \tag{5-42}$$

式（5-42）为观测空间中观测误差协方差单独的一致性检查。该方法计算代价小，并且可以应用于所有的同化系统（Desroziers et al.，2005；Tandeo et al.，2020）。

5.5.4　基于似然估计的集合观测误差估计方法

基于似然估计方法的思想是通过最大化给定的观测似然函数，来确定观测误差 $\boldsymbol{R}$ 或模式误差 $\boldsymbol{Q}$ 的最优统计参数。该方法与 5.4.3 小节的方法一样，也是对观测误差整体进行估计。一般来讲，为了更好地约束误差估计，似然函数会考虑几个同化循环内随时间分布的观测值，而非单个时间点的观测。本质上，就是将观测误差的参数扩展为状态变量的一部分进行更新估计。在贝叶斯框架中协方差矩阵（$\boldsymbol{R}$ 或 $\boldsymbol{Q}$）都是在同化前根据假设人为给定的先验分布，很难得到这些协方差矩阵的真实分布（Stroud et al.，2018；Stroud and Bengtsson，2007；Tandeo et al.，2020）。只能通过概率密度函数来描述这些误差协方差，Stroud 等（2018）的研究中用 θ 来表示相应的参数，θ 可以决定任意时刻的观测误差协方差 $\boldsymbol{R}_k\left(\theta_k\right)$，当然也可以联合估计模式误差 $\boldsymbol{Q}_k\left(\theta_k\right)$。

假设在如下的状态空间：

$$\boldsymbol{x}_{k+1}=f\left(\boldsymbol{x}_k\right)+\boldsymbol{\eta}_k \tag{5-43}$$
$$\boldsymbol{y}_k=h\left(\boldsymbol{x}_k\right)+\boldsymbol{\zeta}_k \tag{5-44}$$

模式误差 $\boldsymbol{\eta}_k$ 和观测误差 $\boldsymbol{\zeta}_k$ 满足如下正态分布：

$$\boldsymbol{\eta}_k\sim\mathcal{N}\left[0,\boldsymbol{Q}_k\left(\theta_k\right)\right]$$
$$\boldsymbol{\zeta}_k\sim\mathcal{N}\left[0,\boldsymbol{R}_k\right] \tag{5-45}$$

这种方法依赖于将状态和参数的联合后验分布分解为两项：在给定参数时状态的条件后验分布和参数的边缘后验分布（即给定观测后参数的后验概率分布）：

$$p\left[\boldsymbol{x}(k),\theta \middle| \boldsymbol{y}(1:k)\right]=p\left[\boldsymbol{x}(k) \middle| \boldsymbol{y}(1:k),\theta\right] p\left[\theta \middle| \boldsymbol{y}(1:k)\right] \tag{5-46}$$

而式（5-46）右边第二项通过贝叶斯定理可以写为

$$p\left[\theta \middle| \boldsymbol{y}(1:k)\right] \propto p\left[\boldsymbol{y}(k) \middle| \theta,\boldsymbol{y}(1:k-1)\right] p\left[\theta \middle| \boldsymbol{y}(1:k-1)\right] \tag{5-47}$$

式中，$p\left[\boldsymbol{y}(k) \middle| \boldsymbol{y}(1:k),\theta\right]$为观测增量的似然，如果忽略掉$\boldsymbol{y}(1:k-1)$，式（5-47）表示的就是贝叶斯定理$p\left[\theta \middle| \boldsymbol{y}(k)\right] \propto p\left[\boldsymbol{y}(k) \middle| \theta\right] p[\theta]$。但是对于高维系统直接用式（5-47）计算是无法实现的，需要进一步处理，为了节省计算资源，在计算观测增量的似然时仅使用当前观测值附近的时间窗口内的观测值$\boldsymbol{y}(k-l:k-1)$，$1<l<k-1$，其中l为选取的时间窗的起始时间（Stroud et al.，2018）。这里我们只介绍该方法的思想，不再具体讨论高维系统的计算方法，具体细节可以参考Stroud等（2018）、Stroud和Bengtsson（2007）的研究。

基于EnKF的计算步骤具体如下。

首先定义一个参数θ的先验分布$\theta_i \sim p\left[\theta \middle| \boldsymbol{y}_0\right]$，并根据先验分布进行初始化。每个同化循环执行以下操作。

（1）计算预报的状态向量$\boldsymbol{x}_{k+1,i}=f\left(\boldsymbol{x}_{k,i}\right)$，其中$i$=1, 2, ⋯, N。

（2）使用先验集合近似似然函数$p\left[\boldsymbol{y}(k) \middle| \theta,\boldsymbol{y}(1:k-1)\right]$，具体表达形式和处理方法可以参考Stroud等（2018）的研究。

（3）更新参数θ的分布，$p\left[\theta \middle| \boldsymbol{y}(1:k)\right] \propto p\left[\boldsymbol{y}(k) \middle| \theta,\boldsymbol{y}(1:k-1)\right] p\left[\theta \middle| \boldsymbol{y}(1:k-1)\right]$。从更新的后验分布中提取参数$\theta_i \sim p\left[\theta \middle| \boldsymbol{y}(1:k)\right]$。

（4）生成预报集合$\boldsymbol{x}_{k,i}^{\mathrm{f}} \sim \mathcal{N}\left[0,\boldsymbol{Q}_k\right]$。

（5）根据更新的参数θ_i，生成后验集合$\boldsymbol{x}_{k,i}^{\mathrm{a}}=\boldsymbol{x}_{k,i}^{\mathrm{f}}+\boldsymbol{K}\left[\boldsymbol{y}^{\mathrm{o}}+\zeta_{k,i}-h\left(\boldsymbol{x}_{k,i}^{\mathrm{f}}\right)\right]$,其中$\zeta_k \sim \mathcal{N}\left[0,\boldsymbol{R}_k\left(\theta_{k,i}\right)\right]$。

该方法主要有两个优点：一是可以考虑参数的不确定性；二是参数在时间上演变的信息可以由概率框架很好地结合起来。但是该方法应用于高维模型需要很大的计算量，才能实现对参数θ的更新，所以目前仅能在一定的时间窗口内进行计算（Tandeo et al.，2020）。

5.6 预报误差

通过前两节介绍的方法，可以对数据同化系统中的模式误差和观测误差进行估计，一定程度上能够提高数据同化系统的性能。但是所介绍的诸多方法是在一定假设条件下才成立的，所以使用同化系统得到的再分析数据和预报结果不可避免地还是会有一定的误差。虽然对这些误差的估计不能够直接改进同化系统的性能（EnKF的同化方法中预报误差协方差$\boldsymbol{P}^{\mathrm{f}}$是通过集合成员计算的），但是准确地估计预报误差协方差，对评估和分析同化系统的性能是至关重要的（Peña and Toth，2014）。本节将简单介绍估计预报误差的方法。

在大多数研究中，评估数值预报同化系统主要通过三种方法。一是将观测看作真值，其与预报场（或分析场）进行对比，这种方法需要有充足的观测。但是观测必须是独立的，没有被同化系统使用过的，而同化过程又要尽可能多地使用观测数据，所以这种方法很难在业务化的过程中使用。此外，并非所有的变量都是可观测变量，这也局限了该方法的使用。二是通过同化系统本身对预报误差进行估计，如 EnKF 同化方法。理想情况下，分析误差的估计应该独立于所使用的数据分析方案。同时，这样的预报误差估计严重依赖于预报的滞后时间和初始集合的扰动。三是使用再分析数据作为真值的代表来估计预报误差，但是预报误差不仅是分析误差的函数，还受到数值模型公式中的误差和近似的影响（Feng et al.，2017；Peña and Toth，2014）。

自从数据同化出现之后，越来越多的研究开始使用分析场作为真值，来估计数值预报的预报误差。这种情况下都是假设分析场没有误差或误差可以忽略不计。但是在短期预报中，分析场和预报场的误差大小是相当的，这种假设不再成立。考虑到这种情况，Simmons 和 Hollingsworth（2002）提出了一种可以考虑分析误差和预报误差之间相关性的方法。Peña 和 Toth（2014）进一步使用预报场和分析场之间的差异，称为“感知误差”（perceived error），估计预报误差，这被认为是对真实误差的良好和无偏估计。计算感知误差的细节可以参考 Peña 和 Toth（2014）的研究。

参考文献

Anderson J L. 2007. Exploring the need for localization in ensemble data assimilation using a hierarchical ensemble filter. Physica D: Nonlinear Phenomena, 230(1-2): 99-111.

Anderson J L, Anderson S L. 1999. A Monte Carlo implementation of the nonlinear filtering problem to produce ensemble assimilations and forecasts. Monthly Weather Review, 127: 2741-2758.

Balmaseda M, Dee D, Vidard A, et al. 2007. A multivariate treatment of bias for sequential data assimilation: application to the tropical oceans. Quarterly Journal of the Royal Meteorological Society, 133(622): 167-179.

Balmaseda M, Mogensen K, Weaver A. 2013. Evaluation of the ECMWF ocean reanalysis system ORAS4. Quarterly Journal of the Royal Meteorological Society, 139(674): 1132-1161.

Chen Y, Shen Z, Tang Y. 2022. On oceanic initial state errors in the ensemble data assimilation for a coupled general circulation model. Journal of Advances in Modeling Earth Systems, 14: e2022MS003106.

Chu P, Guihua W, Fan C. 2004. Evaluation of the U.S. Navy's Modular Ocean Data Assimilation System (MODAS) using South China Sea Monsoon Experiment (SCSMEX) data. Journal of

Oceanography, 60(6): 1007-1021.
Colby F. 1998. A preliminary investigation of temperature errors in operational forecasting models. Weather and Forecasting, 13(1): 187-205.
Counillon F, Bethke I, Keenlyside N, et al. 2014. Seasonal-to-decadal predictions with the ensemble Kalman filter and the Norwegian Earth system model: a twin experiment. Tellus, 66(1): 21074.
Daley R. 1993. Estimating observation error statistics for atmospheric data assimilation. Annales Geophysicae, 11: 634-647.
Dee D. 1995. On-line estimation of error covariance parameters for atmospheric data assimilation. Monthly Weather Review, 123: 1128-1145.
Dee D. 2005. Bias and data assimilation. Quarterly Journal of the Royal Meteorological Society, 131(613): 3323-3343.
Dee D, da Silva A. 1998. Data assimilation in the presence of forecast bias. Quarterly Journal of the Royal Meteorological Society, 124(545): 269-295.
Dee D, da Silva A. 1999. Maximum-likelihood estimation of forecast and observation error covariance parameters. Part Ⅰ: methodology. Monthly Weather Review, 127(8): 1822-1834.
Deng S, Shen Z, Chen S, et al. 2022. Comparison of perturbation strategies for the initial ensemble in ocean data assimilation with a fully coupled Earth system model. Journal of Marine Science and Engineering, 10(3): 412.
Deng Z, Tang Y, Howard J, et al. 2011. Evaluation of several model error schemes in the EnKF assimilation: applied to Argo profiles in the Pacific Ocean. Journal of Geophysical Research, 116: C09027.
Desroziers G, Berre L, Chapnik B, et al. 2005. Diagnosis of observation, background and analysis-error statistics in observation space. Quarterly Journal of the Royal Meteorological Society, 131(613): 3385-3396.
Evensen G. 1994. Sequential data assimilation with a nonlinear quasi-geostrophic model using Monte Carlo methods to forecast error statistics. Journal of Geophysical Research, 99(C5): 10143-10162.
Feng J, Toth Z, Peña M. 2017. Spatially extended estimates of analysis and short-range forecast error variances. Tellus A: Dynamic Meteorology and Oceanography, 69(1): 1325301.
Forget G, Wunsch C. 2007. Estimated global hydrographic variability. Journal of Physical Oceanography, 37(8): 1997-2008.
Gaspari G, Cohn S. 1999. Construction of correlation functions in two and three dimensions. Quarterly Journal of the Royal Meteorological Society, 125: 723-757.
Greybush S, Kalnay E, Miyoshi T, et al. 2011. Balance and ensemble Kalman filter localization techniques. Monthly Weather Review, 139(2): 511-522.
Hamil T, Whitaker J, Snyder C. 2001. Distance-dependent filtering of background error covariance estimates in an ensemble Kalman filter. Monthly Weather Review, 129: 2776-2790.
Hollingsworth A, Lönnberg P. 1986. The statistical structure of short-range forecast errors as determined from radiosonde data. Part Ⅰ: the wind field. Tellus A, 38A(2): 111-136.
Hoteit I, Pham D, Triantafyllou G, et al. 2008. A new approximate solution of the optimal nonlinear filter for data assimilation in meteorology and oceanography. Monthly Weather Review, 136(1): 317-334.
Houtekamer P, Mitchell H. 1998. Data assimilation using an ensemble Kalman filter technique. Monthly Weather Review, 126: 796-811.

Houtekamer P, Mitchell H. 2001. A sequential ensemble Kalman filter for atmospheric data assimilation. Monthly Weather Review, 129: 123-137.

Janjić T, Bormann N, Bocquet M, et al. 2018. On the representation error in data assimilation. Quarterly Journal of the Royal Meteorological Society, 144(713): 1257-1278.

Karspeck A. 2016. An ensemble approach for the estimation of observational error illustrated for a nominal 1° global ocean model. Monthly Weather Review, 144(5): 1713-1728.

Köhl A, Stammer D. 2008. Decadal sea level changes in the 50-year GECCO ocean synthesis. Journal of Climate, 21(9): 1876-1890.

Lei L, Bickel P. 2011. A moment matching ensemble filter for nonlinear non-Gaussian data assimilation. Monthly Weather Review, 139(12): 3964-3973.

Li H, Kalnay E, Miyoshi T. 2009. Simultaneous estimation of covariance inflation and observation errors within an ensemble Kalman filter. Quarterly Journal of the Royal Meteorological Society, 135(639): 523-533.

Lorenz E. 1996. Predictability: a problem partly solved. Proc. Seminar on Predictability, 1(1): 1-18.

Lorenz E, Emanuel K. 1998. Optimal sites for supplementary weather observations: simulation with a small model. Journal of the Atmospheric Sciences, 55: 16.

Miyoshi T, Kunii M. 2012. The local ensemble transform Kalman filter with the weather research and forecasting model: experiments with real observations. Pure and Applied Geophysics, 169(3): 321-333.

Moosavi A, Attia A, Sandu A. 2019. Tuning covariance localization using machine learning. IFaro: Computational Science-ICCS 2019: 19th International Conference.

Oke P, Sakov P. 2008. Representation error of oceanic observations for data assimilation. Journal of Atmospheric and Oceanic Technology, 25(6): 1004-1017.

Oke P, Schiller A, Griffin D, et al. 2005. Ensemble data assimilation for an eddy-resolving ocean model of the Australian region. Quarterly Journal of the Royal Meteorological Society, 131(613): 3301-3311.

Peña M, Toth Z. 2014. Estimation of analysis and forecast error variances. Tellus A: Dynamic Meteorology and Oceanography, 66(1): 21767.

Rogel P, Weaver A, Daget N, et al. 2005. Ensembles of global ocean analyses for seasonal climate prediction: impact of temperature assimilation. Tellus A: Dynamic Meteorology and Oceanography, 57(3): 375.

Schiller A, Oke P, Brassington G, et al. 2008. Eddy-resolving ocean circulation in the Asian-Australian region inferred from an ocean reanalysis effort. Progress in Oceanography, 76(3): 334-365.

Simmons A, Hollingsworth A. 2002. Some aspects of the improvement in skill of numerical weather prediction. Quarterly Journal of the Royal Meteorological Society, 128(580): 647-677.

Song H, Hoteit I, Cornuelle B, et al. 2014. An adaptive approach to mitigate background covariance limitations in the ensemble Kalman filter. Monthly Weather Review, 142(3): 1295-1313.

Stroud J, Bengtsson T. 2007. Sequential state and variance estimation within the ensemble Kalman filter. Monthly Weather Review, 135(9): 3194-3208.

Stroud J, Katzfuss M, Wikle C. 2018. A Bayesian adaptive ensemble Kalman filter for sequential state and parameter estimation. Monthly Weather Review, 146(1): 373-386.

Tandeo P, Ailliot P, Bocquet M, et al. 2020. A review of innovation-based methods to jointly estimate model and observation error covariance matrices in ensemble data assimilation. Monthly

Weather Review, 148(10): 3973-3994.

Tang Y, Deng Z. 2010. Tropical Pacific upper ocean heat content variations and ENSO predictability during the period from 1881-2000. Advances in Geosciences, 18: 87-108.

Tang Y, Kleeman R, Moore A, et al. 2003. The use of ocean reanalysis products to initialize ENSO predictions. Geophysical Research Letters, 30(13): 1694.

Zhang S, Harrison M, Rosati A, et al. 2007. System design and evaluation of coupled ensemble data assimilation for global oceanic climate studies. Monthly Weather Review, 135(10): 3541-3564.

相关 python 代码

附录 5-1　Lorenz96 模式的积分算子和观测算子

```
import numpy as np
def Lorenz96(state,*args):                      # 定义 Lorenz96 模式右端项
    x = state                                   # 模式状态记为 x
    F = args[0]                                 # 输入外强迫
    n = len(x)                                  # 状态空间维数
    f = np.zeros(n)
    f[0] = (x[1] - x[n-2]) * x[n-1] - x[0]          # 处理三个边界点：i=0,1,N-1
    f[1] = (x[2] - x[n-1]) * x[0] - x[1]            # 导入周期边界条件
    f[n-1] = (x[0] - x[n-3]) * x[n-2] - x[n-1]
    for i in range(2, n-1):
        f[i] = (x[i+1] - x[i-2]) * x[i-1] - x[i]    # 内部点符合方程（9）
    f = f + F                                   # 加上外强迫
    return f

def RK4(rhs,state,dt,*args):                    # 使用 Runge-Kutta 方法求解（同 L63）
    k1 = rhs(state,*args)
    k2 = rhs(state+k1*dt/2,*args)
    k3 = rhs(state+k2*dt/2,*args)
    k4 = rhs(state+k3*dt,*args)
    new_state = state + (dt/6)*(k1+2*k2+2*k3+k4)
    return new_state

def h(x):                                       # 观测算子(假设只观测部分变量)
    n= x.shape[0]                               # 状态维数
    m= 9                                        # 总观测数
    H = np.zeros((m,n))                         # 设定观测算子
    di = int(n/m)                               # 两个观测之间的空间距离
    for i in range(m):
        H[i,(i+1)*di-1] = 1                     # 通过设置观测位置给出观测矩阵
    z = H @ x                                   # 左乘观测矩阵得到观测算子
    return z
# 以下求出的线性化观测算子实际上就是输出观测矩阵。
```

```
def Dh(x):
    n= x.shape[0]
    m= 9
    H = np.zeros((m,n))
    di = int(n/m)
    for i in range(m):
        H[i,(i+1)*di-1] = 1
    return H
```

附录 5-2　Lorenz96 模式的真值积分和观测模拟

```
n = 36                        # 状态空间维数
F = 8                         # 外强迫项
dt = 0.01                     # 积分步长
# 1. spinup 获取真实场初值：从 t=-20 积分到 t = 0 以获取试验初值
x0 = F * np.ones(n)           # 初值
x0[19] = x0[19] + 0.01  # 在第 20 个变量上增加微小扰动
x0True = x0
nt1 = int(20/dt)
for k in range(nt1):
    x0True = RK4(Lorenz96,x0True,dt,F)    #从 t=-20 积分到 t=0
# 2. 真值试验和观测的信息
tm = 20                         # 试验窗口长度
nt = int(tm/dt)                 # 积分步数
t = np.linspace(0,tm,nt+1)
np.random.seed(seed=1)
m = 9                         # 观测变量数
dt_m = 0.2                    # 两次观测之间的时间
tm_m = 20                     # 最大观测时间
nt_m = int(tm_m/dt_m)         # 同化次数
ind_m = (np.linspace(int(dt_m/dt),int(tm_m/dt),nt_m)).astype(int)
t_m = t[ind_m]

sig_m= 0.1                    # 观测误差标准差
R = sig_m**2*np.eye(m)        # 观测误差协方差
# 3. 造真值和观测
xTrue = np.zeros([n,nt+1])
xTrue[:,0] = x0True
km = 0
yo = np.zeros([m,nt_m])
for k in range(nt):
    xTrue[:,k+1] = RK4(Lorenz96,xTrue[:,k],dt,F)     # 真值
    if (km<nt_m) and (k+1==ind_m[km]):
        yo[:,km] = h(xTrue[:,k+1]) + np.random.normal(0,sig_m,[m,])
# 加噪声得到观测
        km = km+1
```

附录 5-3　G-C 函数和局地化矩阵

```
def comp_cov_factor(z_in,c):
    z=abs(z_in);              # 输入距离和局地化参数，输出局地化因子的数值
    if z<=c:                  # 分段函数的各个条件
        r = z/c;
        cov_factor=((( -0.25*r +0.5)*r +0.625)*r -5.0/3.0)*r**2 + 1.0;
    elif z>=c*2.0:
        cov_factor=0.0;
    else:
        r = z / c;
        cov_factor = ((((r/12.0 -0.5)*r +0.625)*r +5.0/3.0)*r -5.0)*r + 4.0 - 2.0\
/ (3.0 * r);
    return cov_factor

def Rho(localP,size):
    from scipy.linalg import toeplitz
    rho0 = np.zeros(size)
    for j in range(size):
        rho0[j]=comp_cov_factor(j,localP)
    Loc = toeplitz(rho0,rho0)
    return Loc
```

附录 5-4　使用输入的局地化矩阵的 EnKF 同化方法

```
def EnKF(xbi,yo,ObsOp,JObsOp,R,RhoM):
    n,N = xbi.shape           # n-状态维数，N-集合成员数
    m = yo.shape[0]           # m-观测维数
    xb = np.mean(xbi,1)       # 预报集合平均
    Dh = JObsOp(xb)           # 切线性观测算子
    B = (1/(N-1)) * (xbi - xb.reshape(-1,1)) @ (xbi - xb.reshape(-1,1)).T
 # 样本协方差
    B = RhoM * B             # !!!Shur 积局地化
    D = Dh@B@Dh.T + R
    K = B @ Dh.T @ np.linalg.inv(D)     # 求卡尔曼增益矩阵
    yoi = np.zeros([m,N])
    xai = np.zeros([n,N])
    for i in range(N):
        yoi[:,i] = yo + np.random.multivariate_normal(np.zeros(m), R)
# 扰动观测
        xai[:,i] = xbi[:,i] + K @ (yoi[:,i]-ObsOp(xbi[:,i]))     # 卡尔曼滤波更新
    return xai
```

附录 5-5　Lorenz96 模式使用含有局地化的 EnKF 的同化试验

```
sig_b= 1
x0b = x0True + np.random.normal(0,sig_b,[n,])       # 初值
B = sig_b**2*np.eye(n)                               # 初始误差协方差
```

```
sig_p= 0.1
Q = sig_p**2*np.eye(n)                                    # 模式误差

xb = np.zeros([n,nt+1]); xb[:,0] = x0b
for k in range(nt):
    xb[:,k+1] = RK4(Lorenz96,xb[:,k],dt,F)               # 控制试验

N = 30                                                    # 集合成员数
xai = np.zeros([n,N])
for i in range(N):
    xai[:,i] = x0b + np.random.multivariate_normal(np.zeros(n), B)  # 初始集合

np.random.seed(seed=1)
localP = 4; rhom = Rho(localP ,n)          # !!!产生局地化矩阵

xa = np.zeros([n,nt+1]); xa[:,0] = x0b
km = 0
for k in range(nt):
    for i in range(N):                 # 集合预报
        xai[:,i] = RK4(Lorenz96,xai[:,i],dt,F) \
                   + np.random.multivariate_normal(np.zeros(n), Q)
    xa[:,k+1] = np.mean(xai,1)
    if (km<nt_m) and (k+1==ind_m[km]):  # 开始同化
        xai = EnKF(xai,yo[:,km],h,Dh,R,rhom)
        xa[:,k+1] = np.mean(xai,1)
        km = km+1
RMSEb = np.sqrt(np.mean((xb-xTrue)**2,0))
RMSEa = np.sqrt(np.mean((xa-xTrue)**2,0))
mRMSEb = np.mean(RMSEb)
mRMSEa = np.mean(RMSEa)
## 画图相关代码
import matplotlib.pyplot as plt
plt.rcParams['font.sans-serif'] = ['Songti SC']
plt.figure(figsize=(10,7))
plt.subplot(4,1,1)
plt.plot(t,xTrue[8,:], label='真值', linewidth = 3, color='C0')
plt.plot(t,xb[8,:], ':', label='背景', linewidth = 3, color='C1')
plt.plot(t,xa[8,:], '--', label='分析', linewidth = 3, color='C3')
plt.ylabel(r'$X_{9}(t)$',labelpad=7,fontsize=16)
plt.xticks(range(0,20,5),[],fontsize=16);plt.yticks(fontsize=16)
plt.title("Lorenz96 模式的局地化 EnKF 同化",fontsize=16)
plt.legend(loc=9,ncol=4,fontsize=15)

plt.subplot(4,1,2)
```

```
plt.plot(t,xTrue[17,:], label='真值', linewidth = 3, color='C0')
plt.plot(t,xb[17,:], ':', label='背景', linewidth = 3, color='C1')
plt.plot(t,xa[17,:], '--', label='分析', linewidth = 3, color='C3')
plt.ylabel(r'$X_{18}(t)$', labelpad=7,fontsize=16)
plt.xticks(range(0,20,5),[],fontsize=16);plt.yticks(fontsize=16)
plt.legend(loc=9,ncol=4,fontsize=15)
plt.subplot(4,1,3)
plt.plot(t,xTrue[35,:], label='真值', linewidth = 3, color='C0')
plt.plot(t,xb[35,:], ':', label='背景', linewidth = 3, color='C1')
plt.plot(t[ind_m],yo[8,:], 'o', fillstyle='none', \
         label='观测', markersize = 8, markeredgewidth = 2, color='C2')
plt.plot(t,xa[35,:], '--', label='分析', linewidth = 3, color='C3')
plt.ylim(-8,18)
plt.ylabel(r'$X_{36}(t)$', labelpad=7,fontsize=16)
plt.xticks(range(0,20,5),[],fontsize=16);plt.yticks(fontsize=16)
plt.legend(loc=9,ncol=4,fontsize=15)

plt.subplot(4,1,4)
plt.plot(t,RMSEb,color='C1',label='背景均方根误差')
plt.plot(t,RMSEa,color='C3',label='分析均方根误差')
plt.text(2,1.5,'集合尺寸 = %.1f'%N + ', 局地化参数 = %0.1f'%localP,fontsize=13)
plt.text(2,3.5,' 背 景 误 差 平 均 值  = %.3f'%mRMSEb +', 分 析 误 差 平 均 值 \
= %.3f'%mRMSEa,fontsize=13)
plt.ylim(0,10)
plt.ylabel('均方根误差',labelpad=7,fontsize=16);
plt.xlabel('时间 (TU) ',fontsize=16)
plt.legend(loc=9,ncol=2,fontsize=15)
plt.xticks(range(0,20,5),fontsize=16);plt.yticks(fontsize=16)
plt.show()
```

附录 5-6　伪随机场产生代码

```
def func(sig2,rh,kappa,gamma):
    # 求解函数得到 sig2
    import numpy as np
    [Kappa,Gamma] = np.meshgrid(kappa,gamma)
    ekr = np.exp(-2*(Kappa**2+Gamma**2)/sig2)
    ekr_cos = ekr*np.cos(Kappa*rh)
    output = np.exp(-1) - np.sum(ekr_cos)/np.sum(ekr)
    return output

def generateQ(Nlon,Mlat,rh):
    #依据 Evensen(1994)附录中的方法使用快速傅里叶
    #转换方法，得到空间上平滑的伪随机场
    #N 和 M 为奇数
    #Nlon = 361; Mlat = 181; rh=2
```

```
import numpy as np
N = Nlon; M = Mlat
x = np.linspace(0,360,N)#表示经度
y = np.linspace(-90,90,M)#表示纬度
dx = x[1]-x[0]; dy = y[1]-y[0]#网格大小

kappa = 2*np.pi*(np.arange(1,1+N)-N//2-1)/(N*dx)
gamma = 2*np.pi*(np.arange(1,1+M)-M//2-1)/(M*dy)
dk = (2*np.pi)**2/(M*N*dx*dy)

from scipy.optimize import fsolve
sig2 = fsolve(lambda x:func(x,rh,kappa,gamma),1)

Kappa,Gamma = np.meshgrid(kappa,gamma)
ekr_sig2 = np.exp(-2*(Kappa**2+Gamma**2)*sig2)
c2 = 1/dk/np.sum(ekr_sig2)
c = np.sqrt(c2)

Phi = -np.random.rand(M,N)
for i in range(M//2):
    Phi[i] = -Phi[-i-1][-1::-1]
Phi[M//2][range(N//2)] = -Phi[M//2][-1:N//2:-1]
Phi[M//2][N//2]=0

qhat = np.exp(2j*np.pi*Phi-(Kappa**2+Gamma**2)/sig2)*c/np.sqrt(dk)
Q = np.fft.ifft2(np.fft.ifftshift(qhat))
Qr = np.real(Q)
return Qr,x,y
```

第 6 章

集合卡尔曼滤波器的衍生方法

正如前面介绍的，卡尔曼滤波器是一种高效的数据同化方法，它能够利用一系列观测数据估计动态系统的状态。在地球科学中，这些数据包括卫星、遥感、雷达、海洋潜浮标、气象观测站等多源观测数据。这些数据通常包含了大量的噪声和不确定性，卡尔曼滤波器可以有效地处理这些问题，提供更准确的状态估计。

卡尔曼滤波器的主要优点是它是一种递归滤波器，这意味着它不需要存储所有的历史数据，只需要当前的状态估计和新的观测数据就可以进行更新。这使得卡尔曼滤波器在处理大量数据时非常高效。然而，卡尔曼滤波器也有一些限制。例如，标准的卡尔曼滤波器假设系统是线性的，这意味着系统的状态转移和观测算子都包含线性化假设。然而，实际上许多系统都是非线性的，这就需要我们使用一些方法来处理非线性问题。

扩展卡尔曼滤波器（EKF）是处理非线性问题的一种常用方法。它的基本思想是在每个时间步都对系统进行线性化，然后使用这个线性化的模式来进行预报和更新。这个线性化的过程通常通过泰勒级数展开来实现。

然而，由于线性化中截断了高阶项，EKF 中的误差协方差演化方程存在一个封闭问题，导致同化的效果对于强非线性问题有一定的限制。同时，EKF 中需要保存和传播的误差协方差矩阵也带来了巨大的计算成本，使得其难以被用于高维、复杂系统。为解决这些问题，Evensen（1994）发展了基于蒙特卡罗思想的集合卡尔曼滤波器（EnKF）。EnKF 采用一系列的集合成员来估计状态场的统计信息，使用非线性动力模式积分这些集合成员，并在分析过程中使用集合成员来逼近预报误差协方差矩阵。EnKF 在处理非线性和非高斯问题时具有优势，因为它能够更准确地捕捉到系统状态的概率分布。EnKF 的另一个优点是它可以很容易地进行并行计算，因为每个样本的预报和更新都是独立的，所以可以在多个处理器上并行处理，这对于解决大规模的问题非常有利。

不过，正如第 4 章所指出的，原始的 EnKF 算法中需要对观测数据进行随机扰动，否则由集合逼近的分析误差协方差会被系统性地低估，从而导致滤波器的性能降低，甚至退化。但如 Whitaker 和 Hamil（2002）指出的那样，对观测值进行扰动会引入采样误差，影响算法的稳定性。因此，有必要引入使用确定观测的确定性 EnKF，避免扰动观测造成的采样误差。Whitaker 和 Hamil（2002）提出的 EnKF 的衍生格式被称为集合平方根滤波器（EnSRF），第 4 章已简单介绍。差不多同时，Anderson（2001）提出了集合调整卡尔曼滤波器（EAKF），Bishop 等（2001）提出了集合转换卡尔曼滤波器（ensemble transform Kalman filter，ETKF）。Tippet 等（2003）对这一系列基于平方根滤波器思想的集合方法进行了总结，并综合对比了上述算法的公式和差异。在本章中，我们先按照 Tippet 等（2003）的总结介绍一系列的 EnSRF，然后再具体介绍 ETKF 和 EAKF 等被普遍使用的方法。

6.1 集合平方根滤波器

如第 3 章介绍的，平方根滤波器（SRF）是在 20 世纪 60 年代 KF 和 EKF 最初被提出时就发展的一种方法。正如前面所介绍的，它处理的状态空间模式是

$$\boldsymbol{x}_k = \mathcal{M}_k\left(\boldsymbol{x}_{k-1}\right) \tag{6-1}$$

$$\boldsymbol{y}_k = h_k\left(\boldsymbol{x}_k\right) \tag{6-2}$$

式中，$\mathcal{M}_k$ 和 h_k 分别代表从 $k-1$ 时刻到 k 时刻的模式积分算子及状态空间投影到观测空间的观测算子，它们往往是非线性的。EKF 的更新公式为

$$\boldsymbol{x}_k^{\mathrm{f}} = \mathcal{M}_k(\boldsymbol{x}_{k-1}^{\mathrm{a}}) \tag{6-3}$$

$$\boldsymbol{P}_k^{\mathrm{f}} = \boldsymbol{M}_k \boldsymbol{P}_{k-1}^{\mathrm{a}} \boldsymbol{M}_k^{\mathrm{T}} + \boldsymbol{Q}_k \tag{6-4}$$

$$\boldsymbol{K}_k = \boldsymbol{P}_k^{\mathrm{f}} \boldsymbol{H}_k^{\mathrm{T}} \left(\boldsymbol{H}_k \boldsymbol{P}_k^{\mathrm{f}} \boldsymbol{H}_k^{\mathrm{T}} + \boldsymbol{R}_k\right)^{-1} \tag{6-5}$$

$$\boldsymbol{x}_k^{\mathrm{a}} = \boldsymbol{x}_k^{\mathrm{f}} + \boldsymbol{K}_k\left[\boldsymbol{y}_k - h_k\left(\boldsymbol{x}_k^{\mathrm{f}}\right)\right] \tag{6-6}$$

$$\boldsymbol{P}_k^{\mathrm{a}} = \left(\mathbf{I} - \boldsymbol{K}_k \boldsymbol{H}_k\right)\boldsymbol{P}_k^{\mathrm{f}} \tag{6-7}$$

式中，$\boldsymbol{M}_k$ 是 $\mathcal{M}_k(\cdot)$ 在 $\boldsymbol{x}_{k-1}^{\mathrm{a}}$ 处的切线算子（雅克比矩阵）；$\boldsymbol{H}_k$ 是 $h_k(\cdot)$ 在 $\boldsymbol{x}_k^{\mathrm{f}}$ 处的切线算子。在 EKF 的公式中，由于预报和分析误差协方差矩阵是正定的，它们可以分别表示为 $\boldsymbol{P}_k^{\mathrm{f}} = \boldsymbol{Z}_k^{\mathrm{f}} \boldsymbol{Z}_k^{\mathrm{fT}}$ 和 $\boldsymbol{P}_k^{\mathrm{a}} = \boldsymbol{Z}_k^{\mathrm{a}} \boldsymbol{Z}_k^{\mathrm{aT}}$，其中矩阵 $\boldsymbol{Z}_k^{\mathrm{f}}$ 和 $\boldsymbol{Z}_k^{\mathrm{a}}$ 分别为预报和分析误差协方差矩阵的矩阵平方根。假设预报模式是完美的，即模式误差的协方差矩阵 $\boldsymbol{Q}_k = \mathbf{0}$，然后式（6-4）中的协方差更新可以写成平方根格式：

$$\boldsymbol{Z}_k^{\mathrm{f}} = \boldsymbol{M}_k \boldsymbol{Z}_{k-1}^{\mathrm{a}} \tag{6-8}$$

将 $\boldsymbol{P}_k^{\mathrm{f}}$ 和 $\boldsymbol{P}_k^{\mathrm{a}}$ 的分解形式及卡尔曼增益的式（6-5）代入式（6-7）可得

$$\begin{aligned}
\boldsymbol{P}_k^{\mathrm{a}} = \boldsymbol{Z}_k^{\mathrm{a}} \boldsymbol{Z}_k^{\mathrm{aT}} &= \left[\mathbf{I} - \boldsymbol{P}_k^{\mathrm{f}} \boldsymbol{H}_k^{\mathrm{T}} \left(\boldsymbol{H}_k \boldsymbol{P}_k^{\mathrm{f}} \boldsymbol{H}_k^{\mathrm{T}} + \boldsymbol{R}_k\right)^{-1} \boldsymbol{H}_k\right] \boldsymbol{P}_k^{\mathrm{f}} \\
&= \boldsymbol{Z}_k^{\mathrm{f}} \left[\mathbf{I} - \boldsymbol{Z}_k^{\mathrm{fT}} \boldsymbol{H}_k^{\mathrm{T}} \left(\boldsymbol{H}_k \boldsymbol{Z}_k^{\mathrm{f}} \boldsymbol{Z}_k^{\mathrm{fT}} \boldsymbol{H}_k^{\mathrm{T}} + \boldsymbol{R}_k\right)^{-1} \boldsymbol{H}_k \boldsymbol{Z}_k^{\mathrm{f}}\right] \boldsymbol{Z}_k^{\mathrm{fT}}
\end{aligned}$$

$$= \boldsymbol{Z}_k^{\mathrm{f}} \left(\mathbf{I} - \boldsymbol{V}_k \boldsymbol{D}_k^{-1} \boldsymbol{V}_k^{\mathrm{T}} \right) \boldsymbol{Z}_k^{\mathrm{fT}} \tag{6-9}$$

式中，$\boldsymbol{V}_k \equiv \left(\boldsymbol{H}_k \boldsymbol{Z}_k^{\mathrm{f}} \right)^{\mathrm{T}}$ 且 $\boldsymbol{D}_k \equiv \boldsymbol{V}_k^{\mathrm{T}} \boldsymbol{V}_k + \boldsymbol{R}_k$。于是，我们可以把分析误差协方差矩阵的平方根写为

$$\boldsymbol{Z}_k^{\mathrm{a}} = \boldsymbol{Z}_k^{\mathrm{f}} \boldsymbol{X}_k \boldsymbol{U}_k \tag{6-10}$$

式中，$\boldsymbol{X}_k$ 符合 $\boldsymbol{X}_k \boldsymbol{X}_k^{\mathrm{T}} = \mathbf{I} - \boldsymbol{V}_k \boldsymbol{D}_k^{-1} \boldsymbol{V}_k^{\mathrm{T}}$ 的属性；$\boldsymbol{U}_k$ 是一个任意的正交矩阵。也就是说，$\boldsymbol{X}_k$ 是 $\mathbf{I} - \boldsymbol{V}_k \boldsymbol{D}_k^{-1} \boldsymbol{V}_k^{\mathrm{T}}$ 的矩阵平方根。

综上，平方根滤波器使用原始格式进行状态场的预报和分析［式（6-3），式（6-5），式（6-6）］，同时使用平方根格式进行协方差的传播［式（6-8）］和更新［式（6-10）］。平方根滤波器相比于 EKF 的优点在于其算法更稳定，因为它可以避免由数值不稳定而导致的误差协方差矩阵变得非正定（即有负的特征值）的问题。

如第 4 章介绍的，EnKF 避免了误差协方差矩阵的传播和更新过程。在每一次分析过程中，利用 N 个集合成员计算近似的卡尔曼增益矩阵 $\boldsymbol{K}_{\mathrm{e}}$ 如下：

$$\boldsymbol{K}_{\mathrm{e}} = \boldsymbol{P}_{\mathrm{e}}^{\mathrm{f}} \boldsymbol{H}^{\mathrm{T}} \left(\boldsymbol{H} \boldsymbol{P}_{\mathrm{e}}^{\mathrm{f}} \boldsymbol{H}^{\mathrm{T}} + \boldsymbol{R} \right)^{-1} \tag{6-11}$$

$$\boldsymbol{P}_{\mathrm{e}}^{\mathrm{f}} = \frac{1}{N-1} \sum_{i=1}^{N} \left(\boldsymbol{x}_i^{\mathrm{f}} - \overline{\boldsymbol{x}^{\mathrm{f}}} \right) \left(\boldsymbol{x}_i^{\mathrm{f}} - \overline{\boldsymbol{x}^{\mathrm{f}}} \right)^{\mathrm{T}} \tag{6-12}$$

引入状态变量异常值的矩阵 $\boldsymbol{A} \in \mathbb{R}^{n \times N}$：

$$\boldsymbol{A} = \left[\boldsymbol{x}_1 - \bar{\boldsymbol{x}}, \boldsymbol{x}_2 - \bar{\boldsymbol{x}}, \cdots, \boldsymbol{x}_N - \bar{\boldsymbol{x}} \right] \tag{6-13}$$

式中，$\bar{\boldsymbol{x}}$ 是集合 $\{\boldsymbol{x}_i, i = 1,2,\cdots,N\}$ 的平均值，这里状态空间的维数用 n 表示，即 $\boldsymbol{x}_i \in \Re^n$。此时，样本近似的误差协方差矩阵 $\boldsymbol{P}_{\mathrm{e}}$ 可以表示为

$$\boldsymbol{P}_{\mathrm{e}} = \frac{1}{N-1} \boldsymbol{A} \boldsymbol{A}^{\mathrm{T}} \tag{6-14}$$

那么，自然可以得到预报误差协方差矩阵的平方根 $\boldsymbol{Z}^{\mathrm{f}} = \boldsymbol{A}^{\mathrm{f}} / \sqrt{N-1}$ 和分析误差协方差矩阵的平方根 $\boldsymbol{Z}^{\mathrm{a}} = \boldsymbol{A}^{\mathrm{a}} / \sqrt{N-1}$。

前面介绍过，EnKF 中扰动观测的必要性来自分析误差协方差矩阵可能被系统性低估。如果使用未扰动的观测更新每个集合成员，即

$$\boldsymbol{x}_i^{\mathrm{a}} = \boldsymbol{x}_i^{\mathrm{f}} + \boldsymbol{K}_{\mathrm{e}} \left(\boldsymbol{y}^{\mathrm{o}} - \boldsymbol{H} \boldsymbol{x}_i^{\mathrm{f}} \right) \tag{6-15}$$

那么集合估计的分析误差协方差为

$$\boldsymbol{P}_{\mathrm{e}}^{\mathrm{a}} = \left(\mathbf{I} - \boldsymbol{K}_{\mathrm{e}} \boldsymbol{H} \right) \boldsymbol{P}_{\mathrm{e}}^{\mathrm{f}} \left(\mathbf{I} - \boldsymbol{K}_{\mathrm{e}} \boldsymbol{H} \right)^{\mathrm{T}} \tag{6-16}$$

相比于卡尔曼滤波器公式提供的理论公式 $\boldsymbol{P}^{\mathrm{a}} = \left(\mathbf{I} - \boldsymbol{K}_{\mathrm{e}} \boldsymbol{H} \right) \boldsymbol{P}_{\mathrm{e}}^{\mathrm{f}}$，式（6-16）显然低估了 $\boldsymbol{P}^{\mathrm{a}}$。这种情况下即使 $\boldsymbol{P}_{\mathrm{e}}^{\mathrm{f}}$ 已经将 $\boldsymbol{P}^{\mathrm{f}}$ 逼近得非常好，得到的 $\boldsymbol{P}_{\mathrm{e}}^{\mathrm{a}}$ 也会明显低于真实值。

处理这种低估问题的方法除了第 4 章介绍的对观测进行随机扰动，还可以利用式（6-10）对集合平方根进行更新，具体步骤如下。

（1）使用未扰动的观测 $\boldsymbol{y}^{\mathrm{o}}$ 更新集合平均 $\overline{\boldsymbol{x}^{\mathrm{f}}}=\sum_{i=1}^{N}\boldsymbol{x}_i^{\mathrm{f}}$，得到分析集合的平均值：

$$\overline{\boldsymbol{x}^{\mathrm{a}}}=\overline{\boldsymbol{x}^{\mathrm{f}}}+\boldsymbol{K}_{\mathrm{e}}\left(\boldsymbol{y}^{\mathrm{o}}-\boldsymbol{H}\overline{\boldsymbol{x}^{\mathrm{f}}}\right) \tag{6-17}$$

式中，$\boldsymbol{K}_{\mathrm{e}}$ 由式（6-11）和式（6-12）计算。

（2）根据预报集合的异常值，$\boldsymbol{A}^{\mathrm{f}}=\left[\boldsymbol{x}_1^{\mathrm{f}}-\overline{\boldsymbol{x}^{\mathrm{f}}},\boldsymbol{x}_2^{\mathrm{f}}-\overline{\boldsymbol{x}^{\mathrm{f}}},\cdots,\boldsymbol{x}_N^{\mathrm{f}}-\overline{\boldsymbol{x}^{\mathrm{f}}}\right]$，计算 $\boldsymbol{P}_{\mathrm{e}}^{\mathrm{f}}$ 的矩阵平方根 $\boldsymbol{Z}^{\mathrm{f}}=\boldsymbol{A}^{\mathrm{f}}/\sqrt{N-1}$。

（3）使用 $\mathbf{I}-\boldsymbol{V}_k\boldsymbol{D}_k^{-1}\boldsymbol{V}_k^{\mathrm{T}}$ 的矩阵平方根 $\boldsymbol{X}$ 来更新 $\boldsymbol{Z}^{\mathrm{f}}$，可得

$$\boldsymbol{Z}^{\mathrm{a}}=\boldsymbol{Z}^{\mathrm{f}}\boldsymbol{X}\boldsymbol{U} \tag{6-18}$$

式中，$\boldsymbol{U}$ 是一个任意的正交矩阵。

（4）在 $\overline{\boldsymbol{x}^{\mathrm{a}}}$ 上叠加 $\boldsymbol{A}^{\mathrm{a}}=\boldsymbol{Z}^{\mathrm{a}}\sqrt{N-1}$，得到分析集合，即 $\boldsymbol{x}_i^{\mathrm{a}}=\overline{\boldsymbol{x}^{\mathrm{a}}}+\boldsymbol{a}_i^{\mathrm{a}}$，其中 $\boldsymbol{a}_i^{\mathrm{a}}$ 是 $\boldsymbol{A}^{\mathrm{a}}$ 第 i 列元素。

基于上述算法，得到的分析集合的离散度不会被系统性低估，同时也避免了对观测的随机扰动带来的采样误差，因此 EnSRF 属于确定性的 EnKF。

值得注意的是第 3 步，在典型的地球科学数据同化应用中，状态维数 n 和观测数（以下用 p 表示，即 $\boldsymbol{y}^{\mathrm{o}}\in\mathbb{R}^p$）都很大，计算 $\mathbf{I}-\boldsymbol{V}_k\boldsymbol{D}_k^{-1}\boldsymbol{V}_k^{\mathrm{T}}$ 矩阵平方根的方法也必须相应设计，从而更有效地更新分析扰动集合 $\boldsymbol{Z}^{\mathrm{f}}$。Tippet 等（2003）总结了已有的 4 种 EnSRF，这些方法的主要区别在于如何求解矩阵平方根。

以下具体介绍如何使用不同的方法求解 $\mathbf{I}-\boldsymbol{V}_k\boldsymbol{D}_k^{-1}\boldsymbol{V}_k^{\mathrm{T}}$ 的矩阵平方根，并产生相应的平方根滤波器。

6.1.1 直接分解方法

一种直接的方法是先求解关于 $p\times N$ 矩阵 $\boldsymbol{Y}$ 的线性系统 $\boldsymbol{D}\boldsymbol{Y}=\boldsymbol{H}\boldsymbol{Z}^{\mathrm{f}}$，即

$$\left(\boldsymbol{H}\boldsymbol{P}^{\mathrm{f}}\boldsymbol{H}^{\mathrm{T}}+\boldsymbol{R}\right)\boldsymbol{Y}=\boldsymbol{H}\boldsymbol{Z}^{\mathrm{f}} \tag{6-19}$$

然后，形成 $N\times N$ 矩阵 $\mathbf{I}-\boldsymbol{V}\boldsymbol{D}^{-1}\boldsymbol{V}^{\mathrm{T}}=\mathbf{I}-\left(\boldsymbol{H}\boldsymbol{Z}^{\mathrm{f}}\right)^{\mathrm{T}}\boldsymbol{Y}$，计算其矩阵平方根 $\boldsymbol{X}$ 并应用于式（6-18）中。这种方法可以实现平方根滤波，但是基于计算量和效果的考虑，在一些大型模式的应用中鲜有使用直接分解方法的 EnSRF 情况。

6.1.2 串行集合平方根滤波器

假设观测误差互不相关（即 $\boldsymbol{R}$ 是一个对角阵），那么可以将观测向量 $\boldsymbol{y}^{\mathrm{o}}$ 中的所有观测逐个顺次地进行同化。也就是说，可以依次将观测向量 $\boldsymbol{y}^{\mathrm{o}}$ 中的每个标量同化到状态场中，同化前一个标量观测得到的分析场作为同化下一个标量观测的预报场，直到 $\boldsymbol{y}^{\mathrm{o}}$ 中所有的标量观测被同化完成。

因此，可以针对 $p=1$ 的特殊情况推导滤波器公式。当 $p=1$ 时，$\boldsymbol{V}$ 是列向量，$\boldsymbol{V}^{\mathrm{T}}\boldsymbol{V}$ 和 D 都是标量。由于标量可以与向量计算相交换，可以写为

$$\mathbf{I}-\boldsymbol{V}D^{-1}\boldsymbol{V}^{\mathrm{T}}=\mathbf{I}-D^{-1}\boldsymbol{V}\boldsymbol{V}^{\mathrm{T}}=\mathbf{I}-a\boldsymbol{V}\boldsymbol{V}^{\mathrm{T}}\boldsymbol{V}\boldsymbol{V}^{\mathrm{T}}$$

式中，系数 $a=D^{-1}/\boldsymbol{V}^{\mathrm{T}}\boldsymbol{V}$ 也会是一个标量。我们可以假设 $\mathbf{I}-\boldsymbol{V}D^{-1}\boldsymbol{V}^{\mathrm{T}}$ 的矩阵平方根是 $\mathbf{I}-\beta\boldsymbol{V}\boldsymbol{V}^{\mathrm{T}}$ 的形式，并求出待定标量系数 β，即

$$\mathbf{I}-D^{-1}\boldsymbol{V}\boldsymbol{V}^{\mathrm{T}}=\left(\mathbf{I}-\beta\boldsymbol{V}\boldsymbol{V}^{\mathrm{T}}\right)\left(\mathbf{I}-\beta\boldsymbol{V}\boldsymbol{V}^{\mathrm{T}}\right)^{\mathrm{T}} \tag{6-20}$$

然后利用标量的性质展开右边，得

$$\mathbf{I}-D^{-1}\boldsymbol{V}\boldsymbol{V}^{\mathrm{T}}=\mathbf{I}-2\beta\boldsymbol{V}\boldsymbol{V}^{\mathrm{T}}+\beta^{2}\boldsymbol{V}\boldsymbol{V}^{\mathrm{T}}\boldsymbol{V}\boldsymbol{V}^{\mathrm{T}}=\mathbf{I}-\left(\beta^{2}\boldsymbol{V}^{\mathrm{T}}\boldsymbol{V}-2\beta\right)\boldsymbol{V}\boldsymbol{V}^{\mathrm{T}}$$

对比可得一个关于 β 的一元二次方程 $\beta^{2}\boldsymbol{V}^{\mathrm{T}}\boldsymbol{V}-2\beta+D^{-1}=0$，使用求根公式，并且代入 $D=\boldsymbol{V}^{\mathrm{T}}\boldsymbol{V}+R$（$R$ 为标量），可以得到 $\beta=\left[D\pm(RD)^{1/2}\right]^{-1}$。因此，$p=1$ 情况下的分析集合更新为

$$\boldsymbol{Z}^{\mathrm{a}}=\boldsymbol{Z}^{\mathrm{f}}\left(\mathbf{I}-\beta\boldsymbol{V}\boldsymbol{V}^{\mathrm{T}}\right) \tag{6-21}$$

在上式两端同时左乘 $\boldsymbol{H}$，并且利用 $\boldsymbol{V}\equiv\left(\boldsymbol{H}\boldsymbol{Z}^{\mathrm{f}}\right)^{\mathrm{T}}$ 的定义可得，在观测位置分析误差集合与预报误差集合的相关为 $\boldsymbol{H}\boldsymbol{Z}^{\mathrm{a}}=\left(1-\beta\boldsymbol{V}^{\mathrm{T}}\boldsymbol{V}\right)\boldsymbol{H}\boldsymbol{Z}^{\mathrm{f}}$。根据同化算法的要求（后验协方差小于先验协方差），标量因子 $\left(1-\beta\boldsymbol{V}^{\mathrm{T}}\boldsymbol{V}\right)$ 的绝对值应小于或等于 1，故在 β 定义中应该选择"+"。

这个结果与 Whitaker 和 Hamill（2002）提出的集合平方根滤波器（EnSRF）是等价的，他们假设使用如下公式计算分析集合更新：

$$\boldsymbol{Z}^{\mathrm{a}}=\left(\mathbf{I}-\tilde{\boldsymbol{K}}\boldsymbol{H}\right)\boldsymbol{Z}^{\mathrm{f}} \tag{6-22}$$

式中，矩阵 $\tilde{\boldsymbol{K}}$ 是如下非线性方程的解：

$$\left(\mathbf{I}-\tilde{\boldsymbol{K}}\boldsymbol{H}\right)\boldsymbol{P}_{\mathrm{e}}^{\mathrm{f}}\left(\mathbf{I}-\tilde{\boldsymbol{K}}\boldsymbol{H}\right)^{\mathrm{T}}=\boldsymbol{P}_{\mathrm{e}}^{\mathrm{a}}=\left(\mathbf{I}-\boldsymbol{K}\boldsymbol{H}\right)\boldsymbol{P}_{\mathrm{e}}^{\mathrm{f}} \tag{6-23}$$

对于单点观测的情况，$\boldsymbol{H}$ 是一个行向量，$\boldsymbol{H}\boldsymbol{P}^{\mathrm{f}}\boldsymbol{H}^{\mathrm{T}}+\boldsymbol{R}$ 及 $\dfrac{\boldsymbol{H}\boldsymbol{P}^{\mathrm{f}}\boldsymbol{H}^{\mathrm{T}}}{\boldsymbol{H}\boldsymbol{P}^{\mathrm{f}}\boldsymbol{H}^{\mathrm{T}}+\boldsymbol{R}}$ 都是标量，$\boldsymbol{K}=\boldsymbol{P}^{\mathrm{f}}\boldsymbol{H}^{\mathrm{T}}\left(\boldsymbol{H}\boldsymbol{P}^{\mathrm{f}}\boldsymbol{H}^{\mathrm{T}}+\boldsymbol{R}\right)^{-1}$ 是一个列向量。将式（6-23）两边展开得

$$\boldsymbol{P}_{\mathrm{e}}^{\mathrm{f}}-\tilde{\boldsymbol{K}}\boldsymbol{H}\boldsymbol{P}_{\mathrm{e}}^{\mathrm{f}}-\boldsymbol{P}_{\mathrm{e}}^{\mathrm{f}}\boldsymbol{H}^{\mathrm{T}}\tilde{\boldsymbol{K}}^{\mathrm{T}}+\tilde{\boldsymbol{K}}\boldsymbol{H}\boldsymbol{P}_{\mathrm{e}}^{\mathrm{f}}\boldsymbol{H}^{\mathrm{T}}\tilde{\boldsymbol{K}}^{\mathrm{T}}=\boldsymbol{P}_{\mathrm{e}}^{\mathrm{f}}-\boldsymbol{K}\boldsymbol{H}\boldsymbol{P}_{\mathrm{e}}^{\mathrm{f}}$$

由于 $\boldsymbol{P}_{\mathrm{e}}^{\mathrm{f}}\boldsymbol{H}^{\mathrm{T}}=\boldsymbol{K}\left(\boldsymbol{H}\boldsymbol{P}^{\mathrm{f}}\boldsymbol{H}^{\mathrm{T}}+\boldsymbol{R}\right)=\left(\boldsymbol{H}\boldsymbol{P}^{\mathrm{f}}\boldsymbol{H}^{\mathrm{T}}+\boldsymbol{R}\right)\boldsymbol{K}$，可得 $\boldsymbol{H}\boldsymbol{P}_{\mathrm{e}}^{\mathrm{f}}=\left(\boldsymbol{P}_{\mathrm{e}}^{\mathrm{f}}\boldsymbol{H}^{\mathrm{T}}\right)^{\mathrm{T}}=\left(\boldsymbol{H}\boldsymbol{P}^{\mathrm{f}}\boldsymbol{H}^{\mathrm{T}}+\boldsymbol{R}\right)\boldsymbol{K}^{\mathrm{T}}$，代入二者可得

$$\frac{\boldsymbol{H}\boldsymbol{P}^{\mathrm{f}}\boldsymbol{H}^{\mathrm{T}}}{\boldsymbol{H}\boldsymbol{P}^{\mathrm{f}}\boldsymbol{H}^{\mathrm{T}}+\boldsymbol{R}}\tilde{\boldsymbol{K}}\tilde{\boldsymbol{K}}^{\mathrm{T}}-\boldsymbol{K}\tilde{\boldsymbol{K}}^{\mathrm{T}}-\tilde{\boldsymbol{K}}\boldsymbol{K}^{\mathrm{T}}+\boldsymbol{K}\boldsymbol{K}^{\mathrm{T}}=\mathbf{0}$$

假设 $\tilde{\boldsymbol{K}}$ 为 $\boldsymbol{K}$ 乘上一个标量 α，即 $\tilde{\boldsymbol{K}}=\alpha\boldsymbol{K}$，可以得到关于 α 的一元二次方程：

$$\frac{\boldsymbol{H}\boldsymbol{P}^{\mathrm{f}}\boldsymbol{H}^{\mathrm{T}}}{\boldsymbol{H}\boldsymbol{P}^{\mathrm{f}}\boldsymbol{H}^{\mathrm{T}}+\boldsymbol{R}}\alpha^{2}-2\alpha+1=0$$

其解为$\alpha = \left(1+\sqrt{\dfrac{\boldsymbol{R}}{\boldsymbol{H}\boldsymbol{P}^{\mathrm{f}}\boldsymbol{H}^{\mathrm{T}}+\boldsymbol{R}}}\right)^{-1}$，相当于

$$\tilde{\boldsymbol{K}} = \left[1+(\boldsymbol{R}/\boldsymbol{D})^{1/2}\right]^{-1}\boldsymbol{K} = \beta\boldsymbol{Z}^{\mathrm{f}}\boldsymbol{V} \tag{6-24}$$

式中，正号根据β的定义取得。相应的分析扰动集合更新为

$$\boldsymbol{Z}^{\mathrm{a}} = \left(\mathbf{I}-\tilde{\boldsymbol{K}}\boldsymbol{H}\right)\boldsymbol{Z}^{\mathrm{f}} = \left(\mathbf{I}-\beta\boldsymbol{Z}^{\mathrm{f}}\boldsymbol{V}\boldsymbol{H}\right)\boldsymbol{Z}^{\mathrm{f}} = \boldsymbol{Z}^{\mathrm{f}}\left(\mathbf{I}-\beta\boldsymbol{V}\boldsymbol{V}^{\mathrm{T}}\right) \tag{6-25}$$

和式（6-21）的形式相同。

串行 EnSRF 先使用未扰动观测进行平均值的更新，然后在协方差更新的步骤中对观测矢量的元素进行循环，逐个顺次地使用式（6-25）同化每个观测元素。

6.1.3　集合转换卡尔曼滤波器

计算$\mathbf{I}-\boldsymbol{V}\boldsymbol{D}^{-1}\boldsymbol{V}^{\mathrm{T}}$的矩阵平方根的另一种方法是使用谢尔曼-莫里森-伍德伯里（Sherman-Morrison-Woodbury）恒等式（Golub and van Loan，1996），利用该恒等式可得

$$\mathbf{I}-\boldsymbol{V}\boldsymbol{D}^{-1}\boldsymbol{V}^{\mathrm{T}} = \left(\mathbf{I}+\boldsymbol{V}\boldsymbol{R}^{-1}\boldsymbol{V}^{\mathrm{T}}\right)^{-1} \tag{6-26}$$

当观测误差协方差矩阵可以求逆得到$\boldsymbol{R}^{-1}$时，式（6-26）右侧的$N\times N$矩阵可有效计算。首先对$\boldsymbol{V}\boldsymbol{R}^{-1}\boldsymbol{V}^{\mathrm{T}}$进行特征值分解，即$\boldsymbol{V}\boldsymbol{R}^{-1}\boldsymbol{V}^{\mathrm{T}}=\boldsymbol{C}\boldsymbol{\Gamma}\boldsymbol{C}^{\mathrm{T}}$，其中$\boldsymbol{\Gamma}$是对角阵，其所有元素是实对称矩阵$\boldsymbol{V}\boldsymbol{R}^{-1}\boldsymbol{V}^{\mathrm{T}}$的所有实特征值，$\boldsymbol{C}$是对应的特征向量矩阵，是一个正交矩阵，即符合性质$\boldsymbol{C}\boldsymbol{C}^{\mathrm{T}}=\mathbf{I}$。利用正交矩阵的性质，有如下等式成立：

$$\mathbf{I}-\boldsymbol{V}\boldsymbol{D}^{-1}\boldsymbol{V}^{\mathrm{T}} = \left(\mathbf{I}+\boldsymbol{C}\boldsymbol{\Gamma}\boldsymbol{C}^{\mathrm{T}}\right)^{-1} = \boldsymbol{C}\left(\mathbf{I}+\boldsymbol{\Gamma}\right)^{-1}\boldsymbol{C}^{\mathrm{T}}$$

自然可以得到$\mathbf{I}-\boldsymbol{V}\boldsymbol{D}^{-1}\boldsymbol{V}^{\mathrm{T}}$的矩阵平方根$\boldsymbol{C}\left(\boldsymbol{\Gamma}+\mathbf{I}\right)^{-1/2}$。所以对应的平方根滤波器公式为

$$\boldsymbol{Z}^{\mathrm{a}} = \boldsymbol{Z}^{\mathrm{f}}\boldsymbol{C}\left(\boldsymbol{\Gamma}+\mathbf{I}\right)^{-1/2} \tag{6-27}$$

其被称为集合转换卡尔曼滤波器（ETKF）（Bishop et al.，2001）。值得注意的是，正交特征向量的矩阵$\boldsymbol{C}$不是唯一确定的。

ETKF 的原始格式根据式（6-27）得到。为了更有效地引入局地化和提高计算效率，后续出现了一系列改进的 ETKF 算法，详见 6.2 节。

6.1.4　集合调整卡尔曼滤波器

另一种平方根滤波器是集合调整卡尔曼滤波器（EAKF）（Anderson，2001）。在 EAKF 中，集合平方根的更新方式为

$$\boldsymbol{Z}^{\mathrm{a}} = \boldsymbol{A}\boldsymbol{Z}^{\mathrm{f}} \tag{6-28}$$

式中，$\boldsymbol{A}$ 为集合调整矩阵，可以从 ETKF 的公式中推导过来。假设对称矩阵 $\boldsymbol{P}^{\mathrm{f}}$ 的特征值分解为 $\boldsymbol{P}^{\mathrm{f}}=\boldsymbol{F}\boldsymbol{G}^2\boldsymbol{F}^{\mathrm{T}}$，由于可以保证 $\boldsymbol{G}^{-1}\boldsymbol{F}^{\mathrm{T}}\boldsymbol{Z}^{\mathrm{f}}$ 是一个正交矩阵，可以在式（6-27）右端乘上该正交矩阵，得

$$\boldsymbol{Z}^{\mathrm{a}}=\boldsymbol{Z}^{\mathrm{f}}\boldsymbol{C}\left(\mathbf{I}+\boldsymbol{\Gamma}\right)^{-1/2}\boldsymbol{G}^{-1}\boldsymbol{F}^{\mathrm{T}}\boldsymbol{Z}^{\mathrm{f}}$$

对照式（6-28），可以得到 $\boldsymbol{A}$ 的定义如下：

$$\boldsymbol{A}=\boldsymbol{Z}^{\mathrm{f}}\boldsymbol{C}\left(\mathbf{I}+\boldsymbol{\Gamma}\right)^{-1/2}\boldsymbol{G}^{-1}\boldsymbol{F}^{\mathrm{T}} \tag{6-29}$$

式中，$\boldsymbol{\Gamma}$ 和 $\boldsymbol{C}$ 仍然分别是 $\boldsymbol{V}\boldsymbol{R}^{-1}\boldsymbol{V}^{\mathrm{T}}$ 的特征值对角阵和特征向量矩阵；$\boldsymbol{F}$ 和 $\boldsymbol{G}$ 也分别是 $\boldsymbol{Z}^{\mathrm{f}}$ 的左奇异向量矩阵和奇异值对角阵，即 $\boldsymbol{Z}^{\mathrm{f}}=\boldsymbol{F}\boldsymbol{G}\boldsymbol{U}^{\mathrm{T}}$ 对某个正交矩阵 $\boldsymbol{U}$ 成立。

值得注意的是，通常情况下的 $\left(\mathbf{I}+\boldsymbol{\Gamma}\right)$ 是 $N\times N$ 对角阵，$\boldsymbol{G}$ 是 $m\times m$ 对角阵，直接的矩阵乘法是不可行的。但是，由于 $\boldsymbol{V}\boldsymbol{R}^{-1}\boldsymbol{V}^{\mathrm{T}}$ 的秩不会超过 m，因此 $\boldsymbol{\Gamma}$ 中大于 0 的特征值不会超过 m 个，$\left(\mathbf{I}+\boldsymbol{\Gamma}\right)^{-1/2}$ 真正对于更新起作用的只有最前面的 m 列，所以为了使 $\boldsymbol{A}$ 的计算高效、可行，可以使用如下方法扩充 $\boldsymbol{G}$：

$$\tilde{\boldsymbol{G}}=\left[\boldsymbol{G}^{-1};\mathbf{0}\right]^{\mathrm{T}} \tag{6-30}$$

这里的 $\mathbf{0}$ 代表 $m\times\left(N-m\right)$ 的零矩阵，得到的 $\tilde{\boldsymbol{G}}$ 维数为 $N\times m$，由此得到可以执行的集合调整矩阵计算公式：

$$\boldsymbol{A}=\boldsymbol{Z}^{\mathrm{f}}\boldsymbol{C}\left(\mathbf{I}+\boldsymbol{\Gamma}\right)^{-1/2}\tilde{\boldsymbol{G}}\boldsymbol{F}^{\mathrm{T}} \tag{6-31}$$

附录 6-1 的代码提供了上述的 EAKF 算法。然而，在实际应用中，一般会使用一种串行的 EAKF 方法以减少计算成本，并同时降低内存需求，这部分在 6.3 节详细介绍。

可以发现，这里将 $\boldsymbol{Z}^{\mathrm{a}}=\boldsymbol{A}\boldsymbol{Z}^{\mathrm{f}}$ 的同化格式称为 EAKF，因为矩阵 $\boldsymbol{A}$ 作为集合调整矩阵可以将集合异常 $\boldsymbol{Z}^{\mathrm{f}}$ 进行重新排列组合得到 $\boldsymbol{Z}^{\mathrm{a}}$，而将 $\boldsymbol{Z}^{\mathrm{a}}=\boldsymbol{Z}^{\mathrm{f}}\boldsymbol{T}$ 的格式称为集合转移矩阵的主要原因是 $\boldsymbol{T}=\boldsymbol{C}\left(\mathbf{I}+\boldsymbol{\Gamma}\right)^{-1/2}$ 中的正交矩阵 $\boldsymbol{C}$ 在相空间中代表了旋转，对角阵 $\left(\mathbf{I}+\boldsymbol{\Gamma}\right)^{-1/2}$ 对应了各个特征方向的放缩，这表示集合成员在相空间中的转移。

在实际的同化系统中，除直接方法以外的三种平方根滤波器都有着广泛的应用。附录 6-1 至附录 6-4 分别给出了前面提到的 4 种方法，即直接 EnSRF、串行 EnSRF、ETKF 和 EAKF。它们可以被用于附录 4-1 和附录 4-3 所定义的集合同化试验中，只需要把调用的 EnKF 换成对应的平方根滤波器算法。

6.2 局地集合转换卡尔曼滤波器

ETKF 是基于集合变换方法和卡尔曼滤波理论得出的一种卡尔曼滤波方案。

它与其他 EnKF 方案的不同之处在于：ETKF 利用集合变换和无量纲化的思想求解与观测有关的预报误差协方差矩阵。ETKF 通过集合异常值来计算误差协方差，在集合空间进行特征值分解并计算相关的变换矩阵，不需要显式求解预报误差协方差矩阵。由于整个计算过程都在集合空间进行，在实际问题中，集合空间的维度远远小于模式空间的维度，因此 ETKF 同化的计算量极大地减少，在实际地球系统科学中更具有实用性。

尽管 ETKF 具有独特的优势，但在实际应用中，考虑到欠采样带来的问题，局地集合转换卡尔曼滤波器（LETKF）得到了更广泛的应用。LETKF 是由马里兰大学开发的（Ott et al.，2004；Hunt et al.，2007），现在仍在许多不同的地球物理模式中有着广泛的应用。以下先从经典卡尔曼滤波器出发，遵循 Hunt 等（2007）对 ETKF 算法给出的详细推导，然后介绍基于 ETKF 的局地化分析，并给出算法流程。

6.2.1　公式推导

在经典卡尔曼滤波器中，假设给定 k 时刻的预报状态 $\boldsymbol{x}_k^{\mathrm{f}}$ 和观测值 $\boldsymbol{y}_k^{\mathrm{o}}$ 组合，寻求分析值 $\boldsymbol{x}_k^{\mathrm{a}}$ 的最优估计，分析步骤如下：

$$\boldsymbol{P}_k^{\mathrm{a}}=\left(\mathbf{I}-\boldsymbol{K}_k\boldsymbol{H}\right)\boldsymbol{P}_k^{\mathrm{f}} \tag{6-32}$$

$$\boldsymbol{K}_k=\boldsymbol{P}_k^{\mathrm{f}}\boldsymbol{H}^{\mathrm{T}}\left(\boldsymbol{H}\boldsymbol{P}_k^{\mathrm{f}}\boldsymbol{H}^{\mathrm{T}}+\boldsymbol{R}\right)^{-1} \tag{6-33}$$

$$\boldsymbol{x}_k^{\mathrm{a}}=\boldsymbol{x}_k^{\mathrm{f}}+\boldsymbol{K}_k\left(\boldsymbol{y}_k^{\mathrm{o}}-\boldsymbol{H}\boldsymbol{x}_k^{\mathrm{f}}\right) \tag{6-34}$$

式中，$\boldsymbol{P}_k^{\mathrm{a}}$ 为分析误差协方差矩阵；$\boldsymbol{K}_k$ 通常称为卡尔曼增益矩阵；$\boldsymbol{P}_k^{\mathrm{f}}$ 为预报误差协方差矩阵；$\boldsymbol{R}$ 为观测误差协方差矩阵；$\boldsymbol{H}$ 为观测算子；$\mathbf{I}$ 为单位矩阵。在每一次更新过程中，为书写简便，我们接下来忽略代表时间的下标 k。

在经典卡尔曼滤波器中，协方差矩阵式（6-32）的计算代价与模式维数的平方成比例，这在高维系统中是难以承受的。因此，Evensen（1994，2003，2009）提出了基于集合的 EnKF，经典卡尔曼滤波器中使用的单一预报状态向量被一组 N 个预报状态集合$\{\boldsymbol{x}_i^{\mathrm{f}}, i=1, 2, \cdots, N\}$所取代。假设真实状态（在考虑观测之前）的最佳估计值是集合数学期望：

$$\overline{\boldsymbol{x}^{\mathrm{f}}}=N^{-1}\sum_{i=1}^{N}\boldsymbol{x}_i^{\mathrm{f}} \tag{6-35}$$

定义预报异常值矩阵 $\boldsymbol{A}^{\mathrm{f}}$，它的第 i 列为 $\boldsymbol{x}_i^{\mathrm{f}}-\overline{\boldsymbol{x}^{\mathrm{f}}}$，即 $\boldsymbol{A}^{\mathrm{f}}$ 的每一列都是去除集合数学期望的集合成员。因此，预报误差协方差矩阵记为

$$\boldsymbol{P}^{\mathrm{f}}=\left(N-1\right)^{-1}\boldsymbol{A}^{\mathrm{f}}\left(\boldsymbol{A}^{\mathrm{f}}\right)^{\mathrm{T}} \tag{6-36}$$

经过一个同化时间步后，返回一个分析集合$\{\boldsymbol{x}_i^{\mathrm{a}}, i=1, 2, \cdots, N\}$。分析的集合均值

和误差协方差矩阵分别为

$$\overline{\boldsymbol{x}^{\mathrm{a}}} = N^{-1}\sum_{i=1}^{N}\boldsymbol{x}_i^{\mathrm{a}} \tag{6-37}$$

$$\boldsymbol{P}^{\mathrm{a}} = (N-1)^{-1}\boldsymbol{A}^{\mathrm{a}}\left(\boldsymbol{A}^{\mathrm{a}}\right)^{\mathrm{T}} \tag{6-38}$$

同样地，$\boldsymbol{A}^{\mathrm{a}}$ 为分析异常值矩阵，它的第 i 列为 $\boldsymbol{x}_i^{\mathrm{a}} - \overline{\boldsymbol{x}^{\mathrm{a}}}$ 。将预报误差协方差的定义式（6-36）代入卡尔曼增益矩阵定义式（6-33)，得到新的卡尔曼增益矩阵:

$$\boldsymbol{K} = (N-1)^{-1}\boldsymbol{X}^{\mathrm{f}}\left(\boldsymbol{H}\boldsymbol{A}^{\mathrm{f}}\right)^{\mathrm{T}}\left[(N-1)^{-1}\boldsymbol{H}\boldsymbol{A}^{\mathrm{f}}\left(\boldsymbol{H}\boldsymbol{A}^{\mathrm{f}}\right)^{\mathrm{T}} + \boldsymbol{R}\right]^{-1} \tag{6-39}$$

式中，$\boldsymbol{H}\boldsymbol{A}^{\mathrm{f}}$ 为预报异常值矩阵在观测空间的投影，接下来我们将它记为 $\boldsymbol{Y}^{\mathrm{f}}$ 。令 $\boldsymbol{P} = (N-1)^{-\frac{1}{2}}\boldsymbol{Y}^{\mathrm{f}}$ ，并且有 $\boldsymbol{P}^{\mathrm{T}}\left(\boldsymbol{P}\boldsymbol{P}^{\mathrm{T}} + \boldsymbol{Q}\right)^{-1} = \left(\mathbf{I} + \boldsymbol{P}^{\mathrm{T}}\boldsymbol{Q}^{-1}\boldsymbol{P}\right)^{-1}\boldsymbol{Q}^{-1}\boldsymbol{P}^{\mathrm{T}}$ ，则式（6-39）的卡尔曼增益矩阵可写为

$$\boldsymbol{K} = (N-1)^{-1}\boldsymbol{X}^{\mathrm{f}}\left[\mathbf{I} + (N-1)^{-1}\left(\boldsymbol{Y}^{\mathrm{f}}\right)^{\mathrm{T}}\boldsymbol{R}^{-1}\boldsymbol{Y}^{\mathrm{f}}\right]^{-1}\left(\boldsymbol{Y}^{\mathrm{f}}\right)^{\mathrm{T}}\boldsymbol{R}^{-1} \tag{6-40}$$

为求得分析误差协方差矩阵 $\boldsymbol{P}^{\mathrm{a}}$，将卡尔曼增益矩阵式（6-40）和预报误差协方差矩阵式（6-36）代入式（6-32），得

$$\boldsymbol{P}^{\mathrm{a}} = (N-1)^{-1}\boldsymbol{A}^{\mathrm{f}}\left\{\mathbf{I} - \left[(N-1)^{-1}\left[\mathbf{I} + (N-1)^{-1}\left(\boldsymbol{Y}^{\mathrm{f}}\right)^{\mathrm{T}}\boldsymbol{R}^{-1}\boldsymbol{Y}^{\mathrm{f}}\right]^{-1}\left(\boldsymbol{Y}^{\mathrm{f}}\right)^{\mathrm{T}}\boldsymbol{R}^{-1}\right]\boldsymbol{Y}^{\mathrm{f}}\right\}\left(\boldsymbol{A}^{\mathrm{f}}\right)^{\mathrm{T}} \tag{6-41}$$

由于 $\mathbf{I} - (\mathbf{I} + \boldsymbol{P})^{-1}\boldsymbol{P} = (\mathbf{I} + \boldsymbol{P})^{-1}$ ，另记 $\boldsymbol{P} = (N-1)^{-1}\left(\boldsymbol{Y}^{\mathrm{f}}\right)^{\mathrm{T}}\boldsymbol{R}^{-1}\boldsymbol{Y}^{\mathrm{f}}$ ，则式（6-41）的分析误差协方差矩阵可以写为

$$\boldsymbol{P}^{\mathrm{a}} = \boldsymbol{A}^{\mathrm{f}}\left[(N-1)\mathbf{I} + \left(\boldsymbol{Y}^{\mathrm{f}}\right)^{\mathrm{T}}\boldsymbol{R}^{-1}\boldsymbol{Y}^{\mathrm{f}}\right]^{-1}\left(\boldsymbol{A}^{\mathrm{f}}\right)^{\mathrm{T}} \tag{6-42}$$

令 $\widetilde{\boldsymbol{P}^{\mathrm{a}}} = \left[(N-1)\mathbf{I} + \left(\boldsymbol{Y}^{\mathrm{f}}\right)^{\mathrm{T}}\boldsymbol{R}^{-1}\boldsymbol{Y}^{\mathrm{f}}\right]^{-1}$ ，则式（6-42）可进一步简写为

$$\boldsymbol{P}^{\mathrm{a}} = \boldsymbol{A}^{\mathrm{f}}\widetilde{\boldsymbol{P}^{\mathrm{a}}}\left(\boldsymbol{A}^{\mathrm{f}}\right)^{\mathrm{T}} \tag{6-43}$$

同样地，式（6-40）可简写为

$$\boldsymbol{K} = \boldsymbol{A}^{\mathrm{f}}\widetilde{\boldsymbol{P}^{\mathrm{a}}}\left(\boldsymbol{Y}^{\mathrm{f}}\right)^{\mathrm{T}}\boldsymbol{R}^{-1} \tag{6-44}$$

将式（6-44）代入式（6-34）并取平均，得

$$\overline{\boldsymbol{x}^{\mathrm{a}}} = \overline{\boldsymbol{x}^{\mathrm{f}}} + \boldsymbol{A}^{\mathrm{f}}\widetilde{\boldsymbol{P}^{\mathrm{a}}}\left(\boldsymbol{Y}^{\mathrm{f}}\right)^{\mathrm{T}}\boldsymbol{R}^{-1}\left(\boldsymbol{y}^{\mathrm{o}} - \overline{\boldsymbol{y}^{\mathrm{f}}}\right) \tag{6-45}$$

令 $\boldsymbol{w}^{\mathrm{a}} = \widetilde{\boldsymbol{P}^{\mathrm{a}}}\left(\boldsymbol{Y}^{\mathrm{f}}\right)^{\mathrm{T}}\boldsymbol{R}^{-1}\left(\boldsymbol{y}^{\mathrm{o}} - \overline{\boldsymbol{y}^{\mathrm{f}}}\right)$，定义了观测空间的分析增量。因此分析的平均值为

$$\overline{\boldsymbol{x}^{\mathrm{a}}} = \overline{\boldsymbol{x}^{\mathrm{f}}} + \boldsymbol{A}^{\mathrm{f}}\boldsymbol{w}^{\mathrm{a}} \tag{6-46}$$

令 $\boldsymbol{W}^{\mathrm{a}} = \left[(N-1)\widetilde{\boldsymbol{P}^{\mathrm{a}}}\right]^{\frac{1}{2}}$，根据式（6-38）和式（6-43）中分析误差协方差矩阵

的表达式，得到分析异常值矩阵：

$$\boldsymbol{A}^{\mathrm{a}} = \boldsymbol{A}^{\mathrm{f}}\boldsymbol{W}^{\mathrm{a}} \tag{6-47}$$

因此，状态分析（更新）集合成员为

$$\boldsymbol{x}^{\mathrm{a}} = \overline{\boldsymbol{x}^{\mathrm{f}}} + \boldsymbol{A}^{\mathrm{a}} \tag{6-48}$$

上述推导过程中用到对称平方根的形式，即 $\boldsymbol{W}^{\mathrm{a}} = \left[(N-1)\widetilde{\boldsymbol{P}^{\mathrm{a}}}\right]^{\frac{1}{2}}$，则 $\widetilde{\boldsymbol{P}^{\mathrm{a}}} = (N-1)^{-1}\boldsymbol{W}^{\mathrm{a}}\left(\boldsymbol{W}^{a}\right)^{\mathrm{T}}$，因此式（6-43）可记为

$$\boldsymbol{P}^{\mathrm{a}} = \boldsymbol{A}^{\mathrm{f}}\left[(N-1)^{-\frac{1}{2}}\boldsymbol{W}^{\mathrm{a}}\right]\left[(N-1)^{-\frac{1}{2}}\boldsymbol{W}^{\mathrm{a}}\right]^{\mathrm{T}}\left(\boldsymbol{A}^{\mathrm{f}}\right)^{\mathrm{T}} \tag{6-49}$$

使用对称平方根的形式，一方面确保 $\boldsymbol{X}^{\mathrm{a}}$ 中列的和为 0，使得分析集合具有正确的样本均值（Wang et al.，2004）；另一方面确保 $\boldsymbol{W}^{\mathrm{a}}$ 持续地依赖于 $\widetilde{\boldsymbol{P}^{\mathrm{a}}}$，使得具有轻微不同的 $\widetilde{\boldsymbol{P}^{\mathrm{a}}}$ 的相邻网格点尽可能不会产生非常不同的分析集合（Hunt et al.，2007）。

6.2.2　局地化分析

前面提到，尽管 ETKF 具有独特的优势，但它的缺点也非常明显。同其他 EnKF 一样，有限的集合成员数仍然是 ETKF 的本质性问题。当前，大气、海洋模式的状态空间维度远远大于实际采用的集合成员数，这就造成了信息的欠采样问题，从而导致同化过程中的伪相关、协方差低估问题，进而引起滤波发散等一系列问题。为了有效解决欠采样造成的一系列问题，集合同化中常使用的是局地化思想（Anderson，2003，2007）。

局地化方法主要分为两类：协方差局地化（Houtekamer and Mitchell，2001）和局地化分析（Sakov and Bertino，2011）。虽然协方差局地化方法应用广泛，但它并不适用于所有的集合方案，而局地化分析方法适用于任何独立的集合同化方案，也常用于 ETKF 方案。局地化分析方法通过建立局地化窗口，并设置在分析过程中只有在这个窗口中的观测才会被纳入同化来更新状态变量，使得分析可以在每个局地化窗口内分别进行，从而得到状态变量预报误差协方差的局部更新值。由于分析是分窗口进行的，因此这种方法会使得窗口边界出现不连续的现象。为了解决这个问题，Hunt 等（2007）提出了 LETKF 方案，采用局地化分析方法，并且人为将窗口边缘的观测误差协方差增大以弱化观测权重。

根据上一节的推导，总结 LETKF 状态的集合平均、异常值及分析误差协方差矩阵分别如下：

$$\overline{\boldsymbol{x}^{\mathrm{a}}} = \overline{\boldsymbol{x}^{\mathrm{f}}} + \boldsymbol{A}^{\mathrm{f}}\boldsymbol{w}^{\mathrm{a}} \tag{6-50}$$

$$\boldsymbol{A}^{\mathrm{a}} = \boldsymbol{A}^{\mathrm{f}}\boldsymbol{W}^{\mathrm{a}} \tag{6-51}$$

$$\boldsymbol{P}^{\mathrm{a}}=\boldsymbol{A}^{\mathrm{f}}\widetilde{\boldsymbol{P}^{\mathrm{a}}}\left(\boldsymbol{A}^{\mathrm{f}}\right)^{\mathrm{T}} \tag{6-52}$$

其中，

$$\widetilde{\boldsymbol{P}^{\mathrm{a}}}=\left[(N-1)\mathbf{I}+\left(\boldsymbol{Y}^{\mathrm{f}}\right)^{\mathrm{T}}\boldsymbol{R}^{-1}\boldsymbol{Y}^{\mathrm{f}}\right]^{-1} \tag{6-53}$$

$$\boldsymbol{W}^{\mathrm{a}}=\left[(N-1)\widetilde{\boldsymbol{P}^{\mathrm{a}}}\right]^{\frac{1}{2}} \tag{6-54}$$

$$\boldsymbol{w}^{\mathrm{a}}=\widetilde{\boldsymbol{P}^{\mathrm{a}}}\left(\boldsymbol{Y}^{\mathrm{f}}\right)^{\mathrm{T}}\boldsymbol{R}^{-1}\left(\boldsymbol{y}^{\mathrm{o}}-\overline{\boldsymbol{y}^{\mathrm{f}}}\right) \tag{6-55}$$

LETKF 通过局地化分析来减小分析的空间维度，每个格点独立计算，更有利于并行计算。自 LETKF 方案被提出以来，该方案在地球系统模式中得到了广泛的应用。Sluka 等（2016）使用 LETKF 方案发展了一个中等复杂程度的海气耦合模式的强耦合同化系统，允许同化大气观测数据直接对海洋状态进行更新，从而减小了海洋的分析误差。Elvidge 和 Angling（2019）利用 LETKF 方案建立了热层电离层电动力学环流模式的同化系统，在测试中减小了系统总电子含量的均方根误差。Kang（2009）和 Kang 等（2011，2012）在观测系统模拟试验框架内利用 LETKF 对地表 CO_2 通量、大气 CO_2 浓度和气象变量进行同步数据同化，并与集合最优插值进行比较，结果表明 LETKF 方案得到了更为精确的地表 CO_2 通量空间分布和季节变化。除了状态估计的应用方面，LETKF 还常用于模式参数的估计。Ruiz 等（2013a，2013b）在一个快速模式中使用 LETKF 来估计参数的不确定性，并比较了同时估计和单独估计状态和参数之间的差异。Ruckstuhl 和 Janjic（2020）基于 LETKF 方案同化地面风来估计粗糙度长度参数，结果表明参数估计通过动量通量能够更有效地预报云和降水。Gao 等（2021）基于 LETKF 方案发展了新的膨胀方案进行泽比亚克-凯思（Zebiak-Cane，Z-C）模式关键参数估计，减小了模式误差，提高了模式对 ENSO 的预报技巧。

6.2.3 算法流程

基于在地球系统科学中的应用，现在更多地考虑 ETKF 的衍生方法——LETKF，基本计算步骤如下。

（1）使用初始状态集合（非初始步为分析状态集合）积分模式至下一个分析时刻，此时得到预报状态集合 $\boldsymbol{x}^{\mathrm{f}}$ 。

（2）将观测算子作用到预报状态集合 $\boldsymbol{x}^{\mathrm{f}}$ ，生成观测空间的投影 $\boldsymbol{y}^{\mathrm{f}}$ ，去掉其集合均值，得到观测空间的集合异常值 $\boldsymbol{Y}^{\mathrm{f}}$ 。

（3）计算预报集合均值 $\overline{\boldsymbol{x}^{\mathrm{f}}}$ 和集合异常值 $\boldsymbol{A}^{\mathrm{f}}$ 。

（4）划分局地化窗口，使得局部区域与每个格点关联，窗口内的变量分别记

为 $\overline{\boldsymbol{x}_l^f}$ 、 $\boldsymbol{A}_l^f$ 、 $\overline{\boldsymbol{y}_l^f}$ 和 $\boldsymbol{Y}_l^f$ ，并确定相应的需要同化的观测量 $\boldsymbol{y}_l^o$ 和观测误差协方差矩阵 $\boldsymbol{R}_l$ 。

（5）在每个局部低维子空间内，按照式（6-50）～式（6-55）进行数据同化，得到每个局部区域的分析均值和误差协方差矩阵。

（6）由局部分析均值和误差协方差矩阵，更新局部窗口内的分析状态集合。

（7）由以上的局部分析状态集合生成全局分析状态集合。

（8）完成数据同化，回到第一步。

根据以上计算步骤，LETKF 的算法流程可表示为图 6-1。

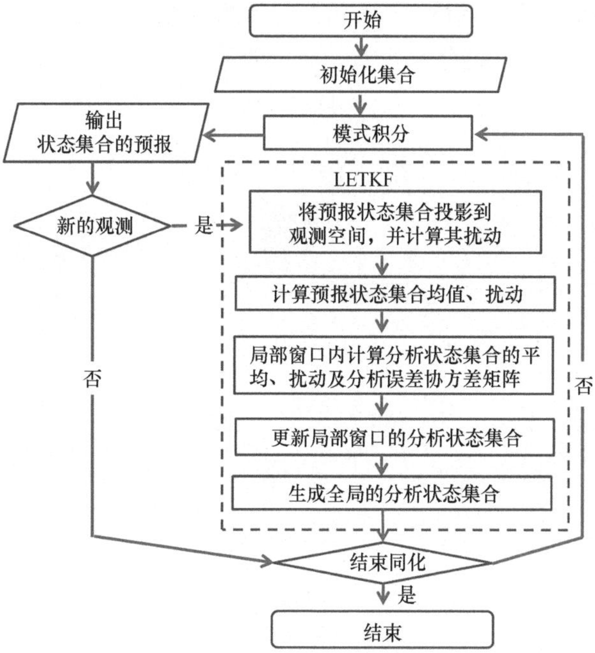

图 6-1　LETKF 算法流程图

6.2.4　Lorenz63 模式中的应用及程序

本小节使用的模式依然是 Lorenz63 模式（Lorenz，1963），控制方程为

$$\frac{\mathrm{d}x}{\mathrm{d}t}=\sigma\left(y-x\right)$$

$$\frac{\mathrm{d}y}{\mathrm{d}t}=\rho x-y-xz$$

$$\frac{\mathrm{d}z}{\mathrm{d}t}=xy-\beta z$$

第 3 章已给出了模式的介绍，本小节简单交代 x 、y 和 z 代表模式状态，而 σ 、ρ 和 β 是模式参数，其数值一般分别设置为 10、28、8/3。

本小节的试验首先根据状态变量的初始值(x_0, y_0, z_0)=(2.046 570, –1.531 271, 25.460 910)，参数默认值(σ,ρ,β)=(10, 28, 8/3)，积分步长为 0.01，积分时间长度为 40，产生“真实”状态。从“真实”状态中每隔 25 个时间步选取 x、y、z 的值作为观测。简单起见，本小节对模式状态变量 x、y、z 进行估计。同化试验中状态初始值设为(x_0, y_0, z_0)=(1.546 570, –1.188 671, 23.202 110)，集合成员数为 30。由于 Lorenz63 模式仅有三个变量，因此我们使用式（6-50）～式（6-55）进行同化分析，程序代码见附录 6-5。图 6-2 展示了 Lorenz63 模式状态变量的真值、观测值及基于 LETKF 的背景值和分析值的时间序列。可以看到，改变初始值后变量背景值偏离真值较大，经过同化观测资料，分析值与真值非常接近。通过计算，变量均方根误差（RMSE）的平均值在同化前为 11.708，同化后为 0.616，下降了约 94.74%。

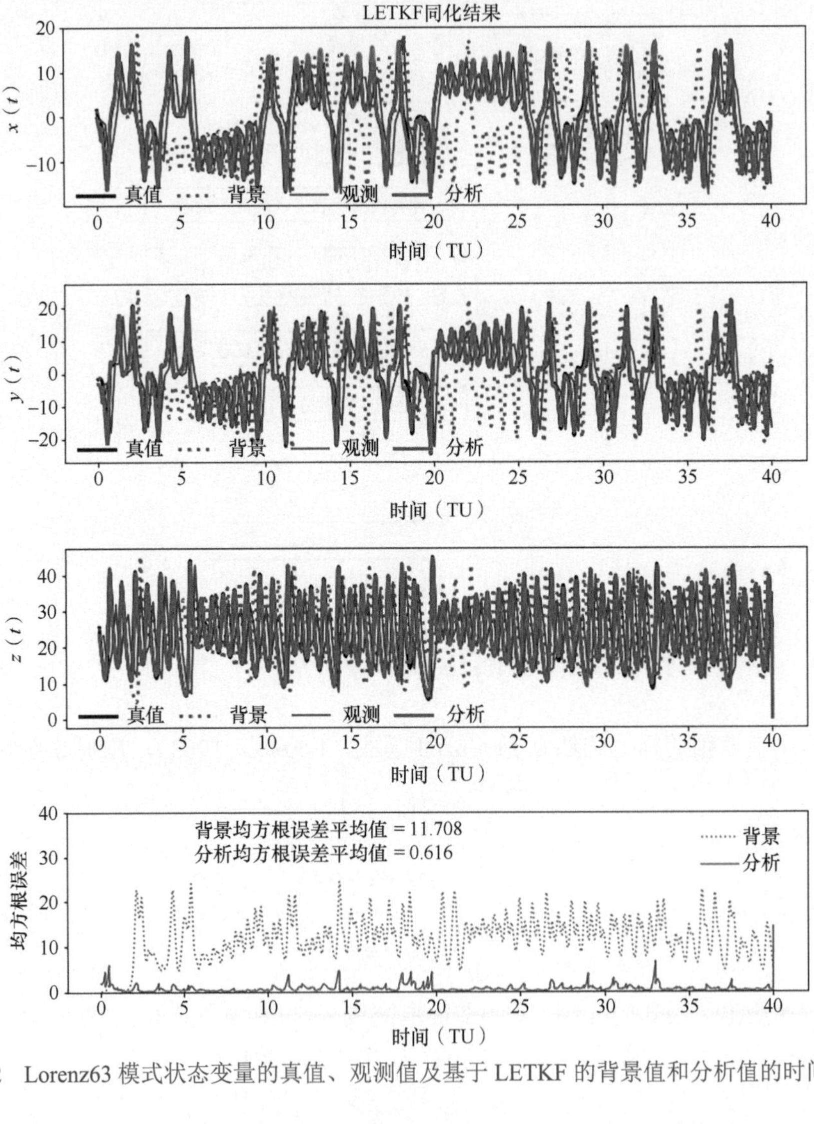

图 6-2 Lorenz63 模式状态变量的真值、观测值及基于 LETKF 的背景值和分析值的时间序列

6.3 集合调整卡尔曼滤波器的最小二乘格式

在集合数据同化中，假设观测误差互不相关，或者说每一个观测的误差都是相互独立的，那么观测误差协方差矩阵 $\boldsymbol{R}$ 将是一个对角阵。此时可以将观测向量 $\boldsymbol{y}^{\mathrm{o}}$ 中的每个标量元素对应的观测逐个顺次地进行同化，即在同化时刻构造迭代循环，每步迭代只同化一个标量观测，将同化的结果作为下一迭代的先验场，一直循环直到所有的观测都被同化进去。前面已经简要介绍了串行 EnSRF 的算法公式，以下具体介绍串行 EAKF。

在针对每个标量观测的同化中，串行 EAKF 算法对观测变量和模式状态变量的先验分布之间的关系作出（局部）最小二乘假设。在这种情况下，分析过程可以分为两部分进行：第一，通过应用针对标量的集合滤波器，为观测变量的每个先验集合计算更新增量；第二，执行每个状态变量对观测变量先验集合样本的线性回归，以根据相应的观测增量计算每个状态变量集合成员的更新增量，具体算法如下。

串行 EAKF 算法首先将标量观测算子 h 应用于状态的每个集合样本，从而产生观测投影的先验集合：

$$\boldsymbol{y}_i^{\mathrm{f}} = h\left(\boldsymbol{x}_i^{\mathrm{f}}\right), \quad i = 1, 2, \cdots, N \tag{6-56}$$

然后利用集合样本计算观测投影的先验估计的样本均值 $\overline{\boldsymbol{y}^{\mathrm{f}}}$ 和样本方差 σ_{f}^2，即

$$\overline{\boldsymbol{y}^{\mathrm{f}}} = \frac{1}{N}\sum_{i=1}^{N}\boldsymbol{y}_i^{\mathrm{f}} \tag{6-57}$$

$$\sigma_{\mathrm{f}}^2 = \frac{1}{N-1}\sum_{i=1}^{N}\left(\boldsymbol{y}_i^{\mathrm{f}} - \overline{\boldsymbol{y}^{\mathrm{f}}}\right)\left(\boldsymbol{y}_i^{\mathrm{f}} - \overline{\boldsymbol{y}^{\mathrm{f}}}\right)^{\mathrm{T}} \tag{6-58}$$

给定（标量）观测值 y^{o} 和观测误差方差 σ_{o}^2，先验值和似然值的乘积产生一个更新的估计，其方差为

$$\sigma_{\mathrm{a}}^2 = \left[\left(\sigma_{\mathrm{f}}^2\right)^{-1} + \left(\sigma_{\mathrm{o}}^2\right)^{-1}\right]^{-1} \tag{6-59}$$

均值为

$$\overline{\boldsymbol{y}^{\mathrm{a}}} = \sigma_{\mathrm{a}}^2\left(\overline{\boldsymbol{y}^{\mathrm{f}}}\big/\sigma_{\mathrm{f}}^2 + \boldsymbol{y}^{\mathrm{o}}\big/\sigma_{\mathrm{o}}^2\right) \tag{6-60}$$

那么在观测空间里面的 $\boldsymbol{y}$ 的后验集合为

$$\boldsymbol{y}_i^{\mathrm{a}} = \left(\sigma_{\mathrm{a}}/\sigma_{\mathrm{f}}\right)\left(\boldsymbol{y}_i^{\mathrm{f}} - \overline{\boldsymbol{y}^{\mathrm{f}}}\right) + \overline{\boldsymbol{y}^{\mathrm{a}}} \tag{6-61}$$

式中，每个集合成员 $\boldsymbol{y}_i^{\mathrm{a}}$ 通过移动平均值并对先验集合成员进行线性收缩来构成。平移和收缩的操作使得后验样本均值为 $\overline{\boldsymbol{y}^{\mathrm{a}}}$，方差精确为 σ_{a}^2。观测空间的增量集

合定义为$\Delta \boldsymbol{y}_i = \boldsymbol{y}_i^{\mathrm{a}} - \boldsymbol{y}_i^{\mathrm{f}}$。图 6-3 展示了五个成员的 EAKF 算法在观测空间的部分。在图 6-3a 中，绿色星号表示先验估计集合在观测空间的投影，通过对五个状态向量应用观测算子得到。绿色实线为观测投影拟合的高斯分布，然后与观测似然函数（红色）相乘。观测似然函数也是一个高斯函数，其平均值为观测值，方差为观测误差方差。得到的乘积为后验分布（蓝色）。图 6-3b 显示了如何先平移先验集合成员，然后进行线性收缩，使样本均值和方差与后验分布的结果一致。

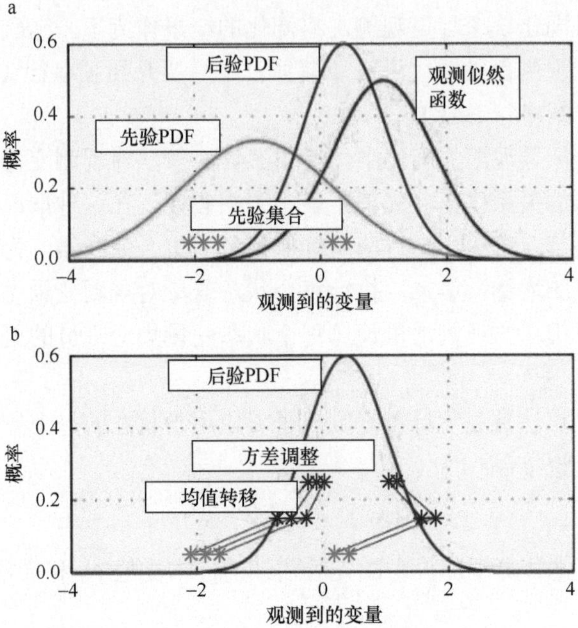

图 6-3　五个成员的 EAKF 算法在观测空间部分的示意图（Anderson et al.，2009）

串行 EAKF 通过使用先验的联合集合样本统计关系将新息回归到状态向量分量上，独立计算每个状态向量元素的增量：

$$\Delta \boldsymbol{x}_{j,i} = \left(\sigma_{x_j,y} \big/ \sigma_{\mathrm{f}}^2\right) \Delta \boldsymbol{y}_i, \quad j = 1, 2, \cdots, n \tag{6-62}$$

式中，j 是状态向量每个元素的指标；n 是状态空间维数，即 $\boldsymbol{x} = [\boldsymbol{x}_1, \boldsymbol{x}_2, \cdots, \boldsymbol{x}_j, \cdots, \boldsymbol{x}_n]^{\mathrm{T}}$。如果用 $x_{j,i}$ 代表关于 $\boldsymbol{x}_j$ 集合的第 i 个集合成员，那么式(6-62)中的$\Delta x_{j,i}$ 代表其同化增量，而$\sigma_{x_j,y}$ 是状态向量元素 $\boldsymbol{x}_j$ 和标量观测 $\boldsymbol{y}$ 的先验样本协方差。式（6-62）中的项$\sigma_{x_j,y} \big/ \sigma_{\mathrm{f}}^2$ 是卡尔曼增益在串行 EAKF 中的形式。

图 6-4 说明了集合滤波器中观测增量对状态变量的影响方式。方框内绘制了五个成员的集合滤波器（绿色星号）的观测值和未观测的状态变量分量的联合样本分布。其中，红线是先验样本的最小二乘拟合。观测到的变量的理想边缘先验值（绿色星号）和后验值（蓝色星号）及增量显示在下方矩形框中。这些增量将投影到联合空间中的最小二乘线（方框中的蓝线）上，然后投影到未观测的模式

状态变量的边缘分布上（左侧矩形框），将边缘中的增量乘以样本相关性，以获得每个状态变量集合成员的最终增量（左侧矩形框中的粗蓝线）。对于特定的组合成员，该过程在下部和中部附图中突出显示。

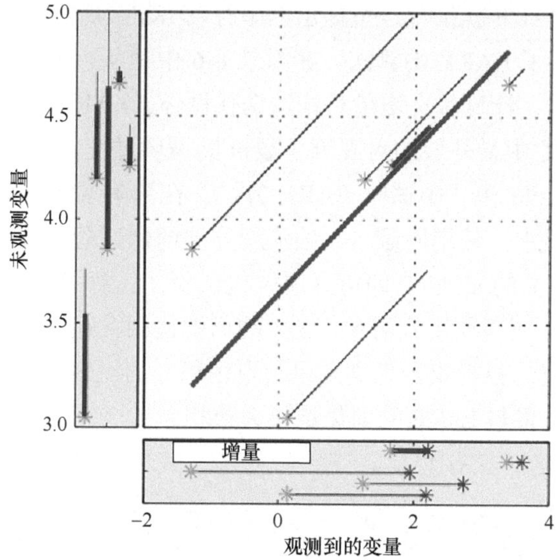

图 6-4　集合滤波器中观测增量对状态变量的影响方式（Anderson et al.，2009）

将由式（6-62）得到的 $\Delta x_{j,i}$ 加到 $x_{j,i}^{\mathrm{f}}$ 上就得到了分析场 $x_{j,i}^{\mathrm{a}}$，从而实现一次迭代。与 EnKF 类似，在 EAKF 的执行中也需要加入局地化算法，一方面用于抑制集合成员数不足造成的远距离虚假相关，另一方面也可以大大提高计算效率。为了适应串行方法，EAKF 使用观测空间局地化。参考前一章中提出的观测空间局地化公式：

$$\boldsymbol{K}=\left[\boldsymbol{\rho}_{\mathrm{o}1}\circ\left(\boldsymbol{P}^{\mathrm{f}}\boldsymbol{H}^{\mathrm{T}}\right)\right]\left[\boldsymbol{\rho}_{\mathrm{o}2}\circ\left(\boldsymbol{H}\boldsymbol{P}^{\mathrm{f}}\boldsymbol{H}^{\mathrm{T}}\right)+\boldsymbol{R}\right]^{-1} \tag{6-63}$$

串行 EAKF 采用的是只使用 $\boldsymbol{\rho}_{\mathrm{o}1}$ 的局地化方案。由于算法不产生完整的 $\boldsymbol{K}$，因此也需要使用观测空间局地化的串行版本。具体来说，针对每个标量观测，当利用式（6-56）～式（6-63）求出增量 $\Delta x_{j,i}$ 之后，可以使用一个局地化因子乘上增量，然后再加到 $x_{j,i}^{\mathrm{f}}$ 上，即

$$x_{j,i}^{\mathrm{a}}=x_{j,i}^{\mathrm{f}}+\rho_{x_j,y}\Delta x_{j,i}\qquad j=1,2,\cdots n \tag{6-64}$$

式中，$\rho_{x_j,y}$ 是变量 x_{mj} 和矢量观测 $\boldsymbol{y}^{\mathrm{o}}$ 两者对应位置的距离得出来的局地化因子，对应上面观测空间局地化矩阵 $\boldsymbol{\rho}_{\mathrm{o}1}$ 中的相应元素。使用观测空间的局地化还有另一个好处，就是可以只对局地化因子 $\rho_{x_j,y}$ 大于零的指标应用式（6-64），可以大大减少计算量。

式（6-56）～式（6-62）及式（6-64）提供了针对一个标量观测进行同化的算法，由于使用了最小二乘框架把观测空间的增量回归到模式状态空间中，该算法

不需要形成完整的卡尔曼增益矩阵，只需要每次使用 2×2 的小矩阵进行增量的投影，大大节约了计算内存。以上的两步式算法一次只处理一个观测，前一次的结果作为后一次的先验场，以完成整个串行算法的分析步骤。以下如果没有特殊强调，后面的术语 EAKF 就指代这里提出的串行 EAKF。

附录 6-6 提供了 EAKF 的算法。在附录 6-6 中，从上到下的三个子程序分别用于计算观测增量、计算状态增量和构造迭代循环。EAKF 方法的串行特性主要体现在 sEAKF 函数中最外层的对观测总数 m 的循环过程。

以下在 Lorenz96 模式中试验 EAKF 方法。在由附录 5-1 和附录 5-2 定义的 Lorenz96 模式试验中，使用附录 5-5 的流程开展同化试验，并将其中的 EnKF 替换为附录 6-6 中定义的 sEAKF 即可开展同化试验（注意 sEAKF 不需要调用切线观测算子）。其中，还需要用到附录 5-3 中的局地化相关矩阵。Lorenz96 模式中利用 EAKF 同化获取的分析集合平均结果与自由积分的比较如图 6-5 所示，可以看到 EAKF 的同化结果与 EnKF 的同化结果大致相当。

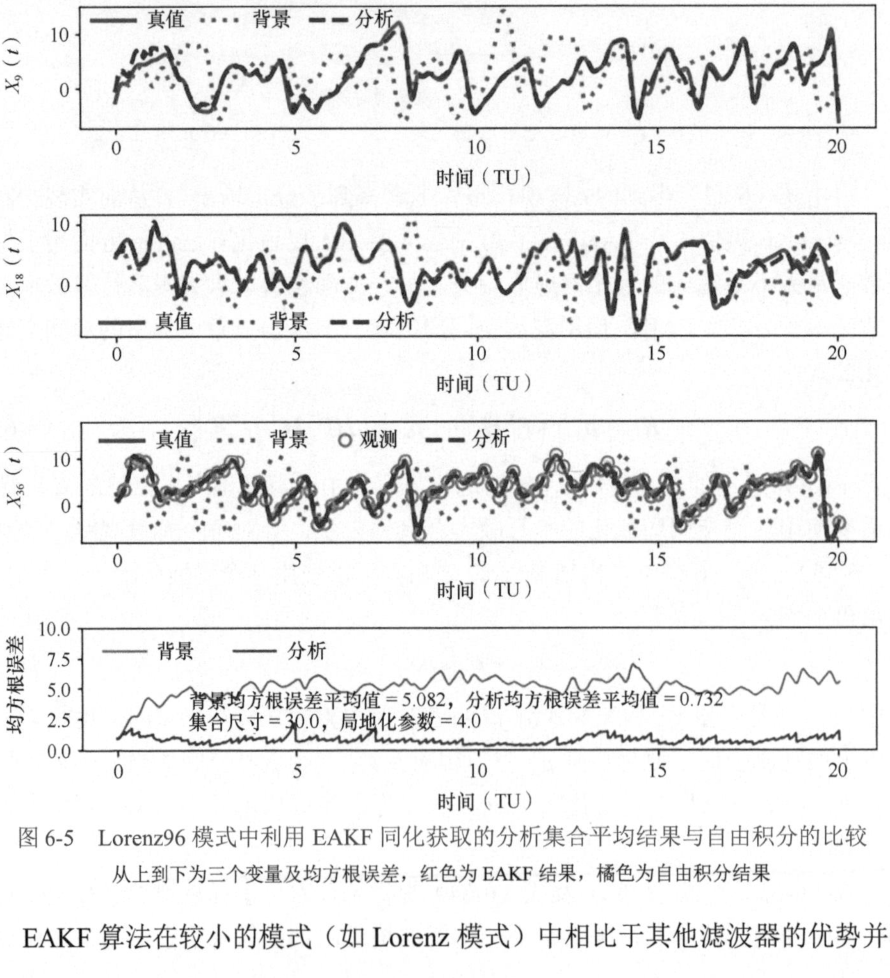

图 6-5　Lorenz96 模式中利用 EAKF 同化获取的分析集合平均结果与自由积分的比较
从上到下为三个变量及均方根误差，红色为 EAKF 结果，橘色为自由积分结果

EAKF 算法在较小的模式（如 Lorenz 模式）中相比于其他滤波器的优势并不

显著。但是针对大型的复杂模式，如状态空间的维数达到 $O(10^6)$及以上量级的大气海洋动力模式，EAKF 不需要产生整个卡尔曼增益矩阵的特性使得它效率更高。特别是局地化的加入，使得对每个观测只需要更新局地化范围内的所有网格点，大大减少了计算量。以 Lorenz96 模式为例，试验中 l=36 个变量，如果局地化参数选择 c=2，那么距离大于 3 的点的局地化因子 $\rho = 0$，所以 0 位置的观测只需要更新 0、±1、±2 位置的状态变量即可。此时，式（6-61）只需要执行 5 步，而不是 36 步。

上述特性使得 EAKF 在一些大型模式中得到了很好的应用，Anderson 等（2009）开发了一个数据同化研究测试平台（data assimilation research testbed，DART），其基础算法就是 EAKF。DART 已经被成功用于很多的大气、海洋、海冰模式的数据同化，甚至在耦合的地球系统模式中也有大量应用。

参考文献

Anderson J, Hoar T, Raeder K, et al. 2009. The data assimilation research testbed: a community facility. Bulletin of the American Meteorological Society, 90(9): 1283-1296.

Anderson J L. 2001. An ensemble adjustment Kalman filter for data assimilation. Monthly Weather Review, 129(12): 2884-2903.

Anderson J L. 2003. A local least squares framework for ensemble filtering. Monthly Weather Review, 131: 634-642.

Anderson J L. 2007. Exploring the need for localization in ensemble data assimilation using a hierarchical ensemble filter. Physica D: Nonlinear Phenomena, 230: 99-111.

Bishop C, Etherton B, Majumdar S. 2001. Adaptive sampling with the ensemble transform Kalman filter. Part I: theoretical aspects. Monthly Weather Review, 129(3): 420-436.

Elvidge S, Angling M J. 2019. Using the local ensemble transform Kalman filter for upper atmospheric modeling. Journal of Space Weather and Climate, 9: A30.

Evensen G. 1994. Sequential data assimilation with a nonlinear quasigeostrophic model using Monte Carlo methods to forecast error statistics. Journal of Geophysical Research, 99(C5): 10143.

Evensen G. 2003. The ensemble Kalman filter: theoretical formulation and practical implementation. Ocean Dynamics, 53: 343-367.

Evensen G. 2009. Data Assimilation, the Ensemble Kalman Filter. 2nd ed. Heidelberg: Springer-Verlag.

Gao Y Q, Tang Y M, Song X S, et al. 2021. Parameter estimation based on a local ensemble transform Kalman filter applied to El Niño-Southern Oscillation ensemble prediction. Remote Sensing, 13: 3923.

Golub G H, van Loan C F. 1996. Matrix Computations. third ed. Baltimore: The John Hopkins University Press.

Houtekamer P L, Mitchell H L. 1998. Data assimilation using an ensemble Kalman filter technique. Monthly Weather Review, 126: 796-811.

Houtekamer P L, Mitchell H L. 2001. A sequential ensemble Kalman filter for atmospheric data assimilation. Monthly Weather Review, 129: 123-137.

Hunt B R, Kostelich E J, Szunyogh I. 2007. Efficient data assimilation for spatiotemporal chaos: a local ensemble transform Kalman filter. Physica D: Nonlinear Phenomena, 230(1-2): 112-126.

Kang J S. 2009. Carbon cycle data assimilation using a coupled atmosphere vegetation model and the local ensemble transform Kalman filter. Park: University of Maryland.

Kang J S, Kalnay E, Liu J, et al. 2011. "Variable localization" in an ensemble Kalman filter: application to the carbon cycle data assimilation. Geophysical Research Letters, 116(D9): D09110.

Kang J S, Kalnay E, Liu J, et al. 2012. Estimation of surface carbon fluxes with an advanced data assimilation methodology. Journal of Geophysical Research, 117: D24101.

Lorenz E. 1963. Deterministic nonperiodic flow. Journal of the Atmospheric Sciences, 20: 130-141.

Ott E, Hunt B, Szunyogh I, et al. 2004. A local ensemble Kalman filter for atmospheric data assimilation. Tellus, 56: 415-428.

Ruckstuhl Y, Janjic T. 2020. Combined state-parameter estimation with the LETKF for convective-scale weather forecasting. Monthly Weather Review, 148: 1607-1628.

Ruiz J, Pulido M, Miyoshi T. 2013a. Estimating model parameters with ensemble-based data assimilation: a review. Journal of the Meteorological Society Japan, 91(2): 79-99.

Ruiz J, Pulido M, Miyoshi T. 2013b. Estimating model parameters with ensemble-based data assimilation: parameter covariance treatment. Journal of the Meteorological Society Japan, 91(4): 453-469.

Sakov P, Bertino L. 2011. Relation between two common localization methods for the EnKF. Climate Dynamics, 15: 225-237.

Sluka T, Penny S, Kalnay E, et al. 2016. Assimilating atmospheric observations into the ocean using strongly coupled ensemble data assimilation. Geophysical Research Letters, 43(2): 752-759.

Tippett M K, Anderson J L, Bishop C H, et al. 2003. Ensemble square root filters. Monthly Weather Review, 131(7): 1485-1490.

Wang X, Bishop C H, Julier S J. 2004. Which is better, an ensemble of positive-negative pairs or a centered spherical simplex ensemble? Monthly Weather Review, 132: 1590-1605.

Whitaker J, Hamill T. 2002. Ensemble data assimilation without perturbed observations. Monthly Weather Review, 130(7): 1913-1924.

相关 python 代码

附录 6-1　集合平方根滤波器（直接法）

```
def EnSRF(xbi,yo,ObsOp,JObsOp,R):
    from scipy.linalg import sqrtm
    n,N = xbi.shape                    # n-状态维数, N-集合成员数
    m = yo.shape[0]                    # m-观测维数
    xb = np.mean(xbi,1)                # 预报集合平均
    Dh = JObsOp(xb)                    # 切线观测算子
    B = (1/(N-1)) * (xbi - xb.reshape(-1,1)) @ (xbi - xb.reshape(-1,1)).T
```

```
    D = Dh@B@Dh.T + R
    K = B @ Dh.T @ np.linalg.inv(D)          # !!!以上与 EnKF 一致
    xa = xb + K @ (yo-ObsOp(xb))             # 用确定性格式更新集合平均

    A = xbi - xb.reshape(-1,1)               # 集合异常
    Z = A/np.sqrt(N-1)                       # 标准化集合异常值
    Y = np.linalg.inv(D)@Dh@Z
    X = sqrtm(np.eye(N)-(Dh@Z).T@Y)          # 矩阵平方根
    X = np.real(X)                           # 保证矩阵平方根为实数

    Z = Z@X                                  # 更新集合异常值
    A = Z*np.sqrt(N-1)
    xai = xa.reshape(-1,1)+A                 # 用集合平均和集合异常计算集合成员
    return xai
```

附录 6-2 集合平方根卡尔曼滤波器（串行格式）

```
def sEnSRF(xbi,yo,ObsOp,JObsOp,R):
    n,N = xbi.shape                          # n-状态维数，N-集合成员数
    m = yo.shape[0]                          # m-观测维数
    xb = np.mean(xbi,1)                      # 预报集合平均
    Dh = JObsOp(xb)                          # 切线观测算子
    B = (1/(N-1)) * (xbi - xb.reshape(-1,1)) @ (xbi - xb.reshape(-1,1)).T
    D = Dh@B@Dh.T + R
    K = B @ Dh.T @ np.linalg.inv(D)          # !!!以上与 EnKF 一致
    xa = xb + K @ (yo-ObsOp(xb))             # 用确定性格式更新集合平均

    A = xbi - xb.reshape(-1,1)               # 集合异常
    Z = A/np.sqrt(N-1)                       # 标准化集合异常值
    V = (Dh@Z).T
    for j in range(m):                       # 根据每个观测循环
        Dj = V[:,j].T @ V[:,j] + R[j,j]
        betaj = 1/(Dj+np.sqrt(R[j,j]*Dj))
        Z = Z@(np.eye(N)-betaj*V[:,j]@V[:,j].T)    # 集合异常更新公式
    A = Z*np.sqrt(N-1)
    xai = xa.reshape(-1,1)+A                 # 用集合平均和集合异常计算集合成员
    return xai
```

附录 6-3 集合转换卡尔曼滤波器

```
def ETKF(xbi,yo,ObsOp,JObsOp,R):
    n,N = xbi.shape                          # n-状态维数，N-集合成员数
    m = yo.shape[0]                          # m-观测维数
    xb = np.mean(xbi,1)                      # 预报集合平均
    Dh = JObsOp(xb)                          # 切线观测算子
    B = (1/(N-1)) * (xbi - xb.reshape(-1,1)) @ (xbi - xb.reshape(-1,1)).T
    D = Dh@B@Dh.T + R
```

```
    K = B @ Dh.T @ np.linalg.inv(D)          # !!!以上与 EnKF 一致
    xa = xb + K @ (yo-ObsOp(xb))             # 用确定性格式更新集合平均

    A = xbi - xb.reshape(-1,1)               # 集合异常
    Z = A/np.sqrt(N-1)                       # 标准化集合异常值
    V = (Dh@Z).T
    CTC = V@np.linalg.inv(R)@V.T
    Gamma, C = np.linalg.eig(CTC)
    Gamma = np.real(Gamma);C = np.real(C)
    Z = Z@C@np.diag((Gamma+1)**(-0.5))  # 集合异常更新公式 (6-26)
    A = Z*np.sqrt(N-1)
    xai = xa.reshape(-1,1)+A                 # 用集合平均和集合异常计算集合成员
    return xai
```

附录 6-4　集合调整卡尔曼滤波器

```
def EAKF(xbi,yo,ObsOp,JObsOp,R):
    n,N = xbi.shape                          # n-状态维数, N-集合成员数
    m = yo.shape[0]                          # m-观测维数
    xb = np.mean(xbi,1)                      # 预报集合平均
    Dh = JObsOp(xb)                          # 切线观测算子
    B = (1/(N-1)) * (xbi - xb.reshape(-1,1)) @ (xbi - xb.reshape(-1,1)).T
    D = Dh@B@Dh.T + R
    K = B @ Dh.T @ np.linalg.inv(D)     # !!!以上与 EnKF 一致
    xa = xb + K @ (yo-ObsOp(xb))        # 用确定性格式更新集合平均

    A = xbi - xb.reshape(-1,1)          # 集合异常
    Z = A/np.sqrt(N-1)                  # 标准化集合异常值
    V = (Dh@Z).T
    CTC = V@np.linalg.inv(R)@V.T
    Gamma, C = np.linalg.eig(CTC)
    Gamma = np.real(Gamma);C = np.real(C)
    F,G,U = np.linalg.svd(Z)
    IG2 = np.diag((Gamma+1)**(-0.5))
    Gtilde = np.concatenate([np.diag(1/G),np.zeros([N-m,m])],0)
    # !!!公式 (6-29)
    Adj = Z@C@IG2@Gtilde@F.T                        # !!!公式 (6-30)
    Z = Adj@Z                                       # 公式 (6-27)
    A = Z*np.sqrt(N-1)
    xai = xa.reshape(-1,1)+A            # 用集合平均和集合异常计算集合成员
    return xai
```

附录 6-5　局地集合转换卡尔曼滤波器算法应用代码

```
# 导入所需工具包
import numpy as np
import matplotlib.pyplot as plt
```

```
from scipy import linalg
import scipy

# Runge-Kutta 格式求解 Lorenz 63 模式 dX/dt = f(t,X)
def RK4(rhs,state,dt,*args):
    k1 = rhs(state,*args)
    k2 = rhs(state+k1*dt/2,*args)
    k3 = rhs(state+k2*dt/2,*args)
    k4 = rhs(state+k3*dt,*args)
    new_state = state + (dt/6)*(k1+2*k2+2*k3+k4)
    return new_state

# Lorenz 63 模式
def Lorenz63(state,*args):
     # 三个模式参数
    sigma = args[0][0]
    beta = args[0][1]
    rho = args[0][2]
    q=args[1]
    x, y, z = state                    #状态变量分量
    f = np.zeros(3)                    #定义右端项
    # Lorenz 63 模式方程
    f[0] = sigma * (y - x)
    f[1] = x * (rho - z) - y
    f[2] = x * y - beta * z
    f=f+q
    return f

def h(u):                              # 观测算子
    H=np.eye(3)
    w=H@u
    return w
# 生成真值
delta_t=0.01                           #积分步长
tm = 40                                #积分时间
nt = int(tm/delta_t)
T= np.linspace(0,tm,nt+1)
# Lorenz63 参数设置
sigma = 10.0
beta = 8.0/3.0
rho = 28.0

param=np.zeros(3)
param[0]=sigma
param[1]=beta
param[2]=rho
```

```
q0=np.zeros(3)                          #真值
qb=np.random.randn(3)                    #模式误差
x0 = [1.508870,  -1.531271,  25.46091]  #初始条件

X = np.zeros((3,4001))
Xb = np.zeros((3,4001))
X[:,0]=x0
Xb[:,0]=x0
for j in range(np.size(X,1)-1):
    X[:,j+1] = RK4(Lorenz63, X[:,j] ,delta_t ,param,q0)      #模式积分
    Xb[:,j+1] = RK4(Lorenz63, Xb[:,j] ,delta_t ,param,qb)

# 生成观测
Tobs=T[np.arange(25,4025,25)]
Yobs = np.zeros((3,161))
q_obs = np.random.randn(1,161)
Yobs = X [:,0:4025:25]+q_obs

from numpy.matlib import repmat
from scipy.linalg import sqrtm
x = x0 + qb                           #初始值
N = 30                                #集合成员数

q_ensemble=np.sqrt(3)*np.random.randn(3,N)
E = repmat(x,N,1).T+q_ensemble #初始集合：以 x 为元素，堆叠成 1×N 的大矩阵
Xa=np.zeros(X.shape)
R = np.eye(3)   #观测误差方差
var_modelerr=0.01
Ide=np.eye(N)
q_pro=np.sqrt(var_modelerr)*np.random.randn(3)

# 循环积分模式
for k in range(4000):
    for j in range(N):
          E[:,j]=RK4(Lorenz63, E[:,j] ,delta_t ,param,q_pro)
    # 如果有观测，进行分析
    if k%25==0:
          y=Yobs[:,round(k/25)]
          xbb= np.nanmean(E,1).reshape(3,1)
          H1=h(E)
          H2=h(xbb)
          Hp=np.zeros((3,N))
          for j in range(N):
                Hp[:,j]=H1[:,j]-H2.T
          P1=Hp.T @ np.linalg.inv(R) @ Hp + (N-1) * Ide;
          Pa=np.linalg.inv(P1)
```

```
            xbp=np.zeros((3,N))
            for j in range(N):
                  xbp[:,j]=E[:,j]-xbb[:,0]
            K=xbp @ Pa @ Hp.T @ np.linalg.inv(R)
            xab=xbb + (K @ (y-H2.T).T).reshape(3,1)
            xap=xbp @ sqrtm((N-1)*Pa)
            for j in range(N):
                  E[:,j]=xab[:,0]+xap[:,j]   #更新状态
    Xa[:,k]=np.nanmean(E,1)
#计算集合平均，作为分析值：每一行 N 个计算平均，得到列向量

# 计算均方根误差
RMSEb = np.sqrt(np.mean((Xb-X)**2,0))
RMSEa = np.sqrt(np.mean((Xa-X)**2,0))
mRMSEb = np.mean(RMSEb)
mRMSEa = np.mean(RMSEa)
print('mRMSEb=%.5f'%mRMSEb)
print('mRMSEa=%.5f'%mRMSEa)

# 画图展示结果
import matplotlib as mpl
import matplotlib.pyplot as plt
plt.rcParams['font.sans-serif'] = ['Songti SC']
plt.rcParams['axes.unicode_minus']=False   # 用来正常显示负号

fig2 = plt.figure(figsize=(10,11))
ylabel=['x(t)','y(t)','z(t)']

for k in range(3):
    ax = plt.subplot(4,1,k+1)
    ax.plot(T[0:4000],X[k,0:4000], label='真值', linewidth = 3,color='k')
    ax.plot(T[0:4000],Xb[k,0:4000], ':', label='背景', linewidth = 3)
    ax.plot(Tobs,Yobs[k,0:160], fillstyle='none', \
              label='观测', markersize = 8, markeredgewidth = 2,color='r')
    ax.plot(T,Xa[k,0:4001], label='分析', linewidth = 3,color='g')
    ax.set_ylabel(r'$'+ylabel[k]+'$', labelpad=10, fontsize=16)
    plt.xticks(fontsize=16);plt.yticks(fontsize=16)
    if k==0:
        ax.set_title('LETKF 同化结果',fontsize=16)
        ax.legend(loc="center", bbox_to_anchor=(0.5,0.9),ncol =4,fontsize=16)

ax4 = plt.subplot(4,1,4)
ax4.plot(T,RMSEb,':',label='背景')
ax4.plot(T,RMSEa,label='分析',color='g')
ax4.legend(loc="upper right",fontsize=16)
ax4.text(6,35,'背景的平均均方根误差 = %.3f'%mRMSEb,fontsize=16)
```

```
ax4.text(6,30,'分析的平均均方根误差  = %.3f'%mRMSEa,fontsize=16)
ax4.set_xlabel('时间',fontsize=16)
ax4.set_ylabel('均方根误差',fontsize=16)
ax4.set_ylim(0,40)
plt.xticks(fontsize=16);plt.yticks(fontsize=16)
plt.tight_layout()
```

附录 6-6 串行集合调整卡尔曼滤波器

```
def obs_increment_eakf(ensemble, observation, obs_error_var): # 1: 计算新息
    prior_mean = np.mean(ensemble);
    prior_var = np.var(ensemble);
    if prior_var >1e-6:          # 用于避免退化的先验集合造成错误更新
        post_var = 1.0 / (1.0 / prior_var + 1.0 / obs_error_var);
        post_mean  =  post_var  *  (prior_mean  /  prior_var  +  observation  /\
obs_error_var);
    else:
        post_var = prior_var; post_mean = prior_mean;
    updated_ensemble = ensemble - prior_mean + post_mean;
    var_ratio = post_var / prior_var;
    updated_ensemble = np.sqrt(var_ratio) * (updated_ensemble - post_mean) +
post_mean;
    obs_increments = updated_ensemble - ensemble;
    return obs_increments
def get_state_increments(state_ens, obs_ens, obs_incs):
# 2 将观测增量回归到状态增量
    covar = np.cov(state_ens, obs_ens);
    state_incs = obs_incs * covar[0,1]/covar[1,1];
    return state_incs

def sEAKF(xai,yo,ObsOp, R, RhoM):
    n,N = xai.shape;                # 状态维数
    m = yo.shape[0];                # 观测数
    Loc = ObsOp(RhoM)               # 观测空间局地化
    for i in range(m):              # 针对每个标量观测的循环
        hx = ObsOp(xai);            # 投影到观测空间
        hxi = hx[i];                  # 投影到对应的矢量观测, 公式 (6-56)
        obs_inc = obs_increment_eakf(hxi,yo[i],R[i,i]);
        for j in range(n):                # 针对状态变量的每个元素的循环
            state_inc = get_state_increments(xai[j], hxi,obs_inc)  # 获取状态增量
            cov_factor=Loc[i,j]          # 使用局地化矩阵的相应元素
            if cov_factor>1e-6:          # 在局地化范围内加增量
                xai[j]=xai[j]+cov_factor*state_inc;     # 公式 (6-64)
    return xai
```

第 7 章

sigma 点卡尔曼滤波器

7.1 sigma 点的概念和 SPKF 的算法

标准卡尔曼滤波器（KF）是在贝叶斯框架下，对线性系统的状态进行最优估计，对于非线性系统，KF 是不适用的。常用的处理是使用扩展卡尔曼滤波器（EKF）——卡尔曼滤波器的非线性扩展。已有很多尝试将 EKF 用于天气或气候模式，并取得了一些成功。然而，EKF 需要对非线性模式进行线性化，从而得到雅可比矩阵或切线模式（tangent linear model，TLM）。现实中的地球系统模式都是高维、复杂的，其线性化极其困难。这很大程度上限制了 EKF 在地球系统模式中的应用。EKF 的另一个主要缺点是，它只使用非线性函数泰勒展开的一阶项（TLM 或者切线性观测算子），而忽略了二阶及二阶以上的项。显然，这种近似在误差协方差估计中会引入很大的误差（Miller et al.，1994）。换句话说，由于非线性模式的线性化，均值和误差协方差的估计都有很大程度的不准确性。

在集合卡尔曼滤波器（EnKF）中，误差协方差是利用模式的集合来近似估计。EnKF 的主要思想是，如果模式被表达为随机微分方程，那么由福克尔-普朗克（Fokker-Planck）方程描述的误差统计量可以通过蒙特卡罗方法来估计，也就是可以通过一系列的集合来估计（Evensen，1994，1997），这避免了非线性模式线性化，也克服了 EKF 在计算误差协方差时忽略高阶统计矩贡献的缺陷。EnKF 的主要优点包括以下三点：①不需要计算 TLM 或非线性模式的雅克比矩阵；②协方差矩阵通过完全非线性模式方程及时传播（不需要使用 EKF 中的线性近似）；③非常适用于现代计算机的并行计算。EnKF 已得到了广泛应用，这在前面已做了介绍。

影响 EnKF 性能的一个关键因素是集合成员数。理论上，集合成员越多，统计矩的估计就越精确。然而，有限的计算资源又往往限制了集合成员数，特别是复杂的大气、海洋模式，甚至全球环流模式，较大的集合规模在计算上更是一个挑战。因此，EnKF 面临的一个挑战性的问题就是，对于一个预报系统，多大的集合成员数能精确估计平均值和误差协方差？或者说，给定一个集合成员数，其估计的一阶和二阶统计矩有多高的精度？因为我们不知道这些统计矩的真值，所以理论上 EnKF 是无法回答这个问题的。

本章介绍的 sigma 点卡尔曼滤波器（SPKF）却能回答这个问题。SPKF 是一种顺序最优估计方法，像 EnKF 一样，它也是使用集合成员来估计统计矩，因此也无须对非线性模式进行线性化。它与 EnKF 的主要差别包括：①集合成员的产生，EnKF 一般是通过随机扰动来产生集合成员，而 SPKF 是通过确定性方法产生集合成员；②EnKF 使用集合成员计算统计矩时，每个集合成员是等权重的，而 SPKF 是不同权重；③EnKF 无法知道所估计的统计矩精度如何，但 SPKF 已被证明，其确定性方法产生的集合成员能以 100%的精度估计一阶和二阶统计矩；④EnKF 的推导是在线性框架下进行的，因此理论上是线性滤波器，而 SPKF 的推导没有线性系统的限制，因此在非线性系统的数据同化中具有很大的潜力。

本节将详细解释 sigma 点的概念和 SPKF 算法。所谓的 SPKF 算法是基于对状态分布的确定性抽样来估计误差协方差矩阵。SPKF 算法包括无迹卡尔曼滤波器（unscented Kalman filter，UKF）（Julier et al.，1995；Wan and van der Merwe，2000）、中心差分卡尔曼滤波器（central difference Kalman filter，CDKF）（Ito and Xiong，2000）及它们的平方根版本（van der Merwe and Wan，2001a，2001b）。SPKF 算法的另一种解释是，它通过加权统计线性回归（weighted statistical linear regression，WSLR）计算协方差矩阵，隐含地对非线性模式进行了统计线性化。在 SPKF 中，模式的线性化是通过从随机变量的先验分布中抽取的若干个点（称为 sigma 点）之间的线性回归完成的，而不是通过单点的截断泰勒级数展开（van der Merwe et al.，2004）完成，这种线性回归比截断的泰勒级数线性化要准确得多。

针对一个非线性的状态空间模式：

$$\boldsymbol{x}_{k+1} = f\left(\boldsymbol{x}_k, \boldsymbol{\eta}_k\right) \tag{7-1}$$

$$\boldsymbol{y}_k = h\left(\boldsymbol{x}_k, \boldsymbol{\zeta}_k\right) \tag{7-2}$$

式中，$\boldsymbol{x}_k$ 表示时刻 k 的系统状态向量；$f(\cdot)$ 是状态的非线性函数；$\boldsymbol{\eta}_k$ 是随机白噪声模式误差；$\boldsymbol{y}_k$ 是观测到的状态；$h(\cdot)$ 是观测算子；$\boldsymbol{\zeta}_k$ 是零均值的随机观测噪声。EKF 和 EnKF 提供的求解方法已经在第 3 章详细介绍。一方面，EKF 给出的解为

$$\boldsymbol{x}_{k+1}^{\mathrm{f}} = f\left(\boldsymbol{x}_k^{\mathrm{a}}\right) \tag{7-3}$$

$$\boldsymbol{P}_{k+1}^{\mathrm{f}} = \boldsymbol{M}\boldsymbol{P}_k^{\mathrm{a}}\boldsymbol{M}^{\mathrm{T}} + \boldsymbol{Q} \tag{7-4}$$

$$\boldsymbol{K} = \boldsymbol{P}_k^{\mathrm{f}}\boldsymbol{H}^{\mathrm{T}}\left(\boldsymbol{H}\boldsymbol{P}_k^{\mathrm{f}}\boldsymbol{H}^{\mathrm{T}} + \boldsymbol{R}\right)^{-1} \tag{7-5}$$

$$\boldsymbol{x}_k^{\mathrm{a}} = \boldsymbol{x}_k^{\mathrm{f}} + \boldsymbol{K}\left(\boldsymbol{y}^{\mathrm{o}} - \boldsymbol{y}_k\right) \tag{7-6}$$

$$\boldsymbol{P}_k^{\mathrm{a}} = \left(\mathbf{I} - \boldsymbol{K}\boldsymbol{H}\right)\boldsymbol{P}_k^{\mathrm{f}} \tag{7-7}$$

式中，$\boldsymbol{y}_k = h\left(\boldsymbol{x}_k^{\mathrm{f}}\right)$代表预报状态的观测空间投影。在 EKF 中，状态误差协方差通过式（7-4）更新。更新误差协方差矩阵代表了观测对预报误差协方差的修正。

另一方面，EnKF 的求解公式为

$$\boldsymbol{x}_{k+1,i} = f\left(\boldsymbol{x}_{k,i}\right), \quad i = 1,2,\cdots,N \tag{7-8}$$

$$\hat{\boldsymbol{P}}_k^{\mathrm{f}} = \frac{1}{N-1}\sum_{i=1}^{N}\left(\boldsymbol{x}_{k,i}^{\mathrm{f}} - \overline{\boldsymbol{x}_k^{\mathrm{f}}}\right)\left(\boldsymbol{x}_{k,i}^{\mathrm{f}} - \overline{\boldsymbol{x}_k^{\mathrm{f}}}\right)^{\mathrm{T}} \tag{7-9}$$

$$\boldsymbol{K} = \hat{\boldsymbol{P}}_k^{\mathrm{f}}\boldsymbol{H}^{\mathrm{T}}\left(\boldsymbol{H}\hat{\boldsymbol{P}}_k^{\mathrm{f}}\boldsymbol{H}^{\mathrm{T}} + \boldsymbol{R}\right)^{-1} \tag{7-10}$$

$$\boldsymbol{x}_{k,i}^{\mathrm{a}} = \boldsymbol{x}_{k,i}^{\mathrm{f}} + \boldsymbol{K}\left[\boldsymbol{y}_i^{\mathrm{o}} - h\left(\boldsymbol{x}_{k,i}^{\mathrm{f}}\right)\right], \quad i = 1,2,\cdots,N \tag{7-11}$$

EnKF 的实现不需要误差协方差的更新［式（7-4）］，因为它可以用式（7-9）直接从一组集合计算出更新的误差协方差矩阵，而 SPKF 利用重新表述的误差协方差来更新方程，并以确定的方式选择集合成员，使其能够准确捕捉非线性模式的统计矩。换句话说，误差协方差公式是使用确定选择的样本（称为 sigma 点）计算的。从广义上来讲，SPKF 算法隐含地使用先验协方差更新方程（或分析误差协方差矩阵）来计算预报误差协方差。因此，SPKF 与 KF 的时间更新和观测更新表述完全一致。以下以 sigma 点无迹卡尔曼滤波器（SP-UKF）为例介绍 SPKF 方法。

7.2 sigma 点无迹卡尔曼滤波器

SP-UKF（Julier et al.，1995；Wan and van der Merwe，2000）是一种 SPKF，可以通过一种被称为缩放无迹变换（scaled unscented transformation，SUT）（Julier and Uhlmann，2002）的方法来捕捉模式状态的统计特性。

无迹变换（unscented transformation，UT）是一种随机变量统计量非线性变换的方法。我们通过一个简单的非线性变换 $\boldsymbol{y} = g\left(\boldsymbol{x}\right)$ 来引入 UT。假设 n 维的向量 $\boldsymbol{x}$ 有平均值 $\bar{\boldsymbol{x}}$ 和协方差 $\boldsymbol{P}_x$。为了使用 UT 计算变换后的向量 $\boldsymbol{y}$ 的统计量(前两阶矩)，操作步骤如下。首先，确定地选择一组共计 $2L+1$ 个加权样本，称为 sigma 点（记为 $\boldsymbol{\mathcal{X}}_i$），其中 L 为扩充状态向量维数，假设这些 sigma 点具有相应的权重 w_i，以便它们完全捕捉先验随机变量 $\boldsymbol{x}$ 的真实平均值和协方差，记 $\boldsymbol{S}_i = \left\{w_i, \boldsymbol{\mathcal{X}}_i\right\}$。满足这一要求的选择方案是

$$\boldsymbol{\mathcal{X}}_0 = \bar{\boldsymbol{x}} \qquad w_0 = \frac{\kappa}{L+\kappa} \qquad i = 0$$

$$\mathcal{X}_i = \bar{\boldsymbol{x}} + \left(\sqrt{(L+\kappa)\boldsymbol{P}_{\boldsymbol{x}}}\right)_i \quad w_i = \frac{1}{2(L+\kappa)} \quad i = 1,2,\cdots,L$$
$$\mathcal{X}_i = \bar{\boldsymbol{x}} - \left(\sqrt{(L+\kappa)\boldsymbol{P}_{\boldsymbol{x}}}\right)_i \quad w_i = \frac{1}{2(L+\kappa)} \quad i = L+1,L+2,\cdots,2L \tag{7-12}$$

式中，$\bar{\boldsymbol{x}}$ 为状态的集合平均；w_i 是与第 i 个 sigma 点相关的权重，且有 $\sum_{i=0}^{2L} w_i = 1$；κ 是一个尺度化参数；$\left(\sqrt{(L+\kappa)\boldsymbol{P}_{\boldsymbol{x}}}\right)_i$ 是加权协方差矩阵 $(L+\kappa)\boldsymbol{P}_{\boldsymbol{x}}$ 的矩阵平方根的第 i 列（或行）。数值上高效的楚列斯基（Cholesky）分解法通常被用来计算矩阵平方根。由于正定矩阵的平方根不是唯一的，因此 sigma 点集经过任何正交旋转得到的集合也是一个有效的 sigma 点集合。图 7-1 为二维高斯随机变量（RV）的加权 sigma 点，显示了二维高斯随机变量生成的典型 sigma 点集的位置和权重。

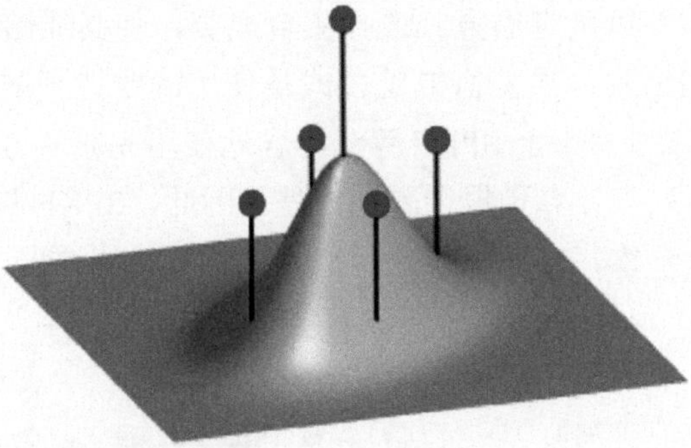

图 7-1　二维高斯随机变量的加权 sigma 点（van der Merwe et al.，2004）

这些 sigma 点位于 RV 协方差矩阵的主要特征轴上，完全捕捉到 RV 的一阶和二阶统计。每个 sigma 点的高度表示其相对权重。在这个例子中，κ=1

然后，每个 sigma 点都使用非线性函数传播：

$$\mathcal{Y}_i = \mathrm{g}(\mathcal{X}_i), \quad i = 0,1,\cdots,2L \tag{7-13}$$

就可以得到 $\boldsymbol{y}$ 的近似平均值、协方差和交叉协方差的近似值，如下：

$$\bar{\boldsymbol{y}} \approx \sum_{i=0}^{2L} w_i \mathcal{Y}_i \tag{7-14}$$

$$\boldsymbol{P}_y \approx \sum_{i=0}^{2L} w_i (\mathcal{Y}_i - \bar{\boldsymbol{y}})(\mathcal{Y}_i - \bar{\boldsymbol{y}})^{\mathrm{T}} \tag{7-15}$$

$$\boldsymbol{P}_{xy} \approx \sum_{i=0}^{2L} w_i (\mathcal{X}_i - \bar{\boldsymbol{x}})(\mathcal{Y}_i - \bar{\boldsymbol{y}})^{\mathrm{T}} \tag{7-16}$$

这些对均值和协方差的估计精确到任何非线性函数 $g(\boldsymbol{x})$ 的泰勒级数展开的二阶（对于高斯分布来说是三阶）。误差只存在于三阶矩和更高阶矩中，但也能被参

数 κ 的选择所抑制。相比之下，EKF 只精确计算后验均值（一阶矩），所有高阶矩都被截断。

为了避免 sigma 点过于集中围绕在均值周围，需要调整参数 κ 对于 sigma 点进行缩放，为了防止 κ 的一些选择导致的权重小于 0 问题，在 UT 基础上又发展了 SUT，引入一个新的参数 $\lambda=\alpha^2\left(L+\kappa\right)-L$，并令 sigma 点为

$$\begin{aligned} &\boldsymbol{\mathcal{X}}_0=\bar{\boldsymbol{x}} && i=0 \\ &\boldsymbol{\mathcal{X}}_i=\bar{\boldsymbol{x}}+\left(\sqrt{\left(L+\lambda\right)\boldsymbol{P}_x}\right)_i && i=1,2,\cdots,L \\ &\boldsymbol{\mathcal{X}}_i=\bar{\boldsymbol{x}}-\left(\sqrt{\left(L+\lambda\right)\boldsymbol{P}_x}\right)_i && i=L+1,L+2,\cdots,2L \end{aligned} \tag{7-17}$$

对应的权重分别是

$$w_0^{(\mathrm{m})}=\frac{\lambda}{L+\lambda},\quad w_0^{(\mathrm{c})}=\frac{\lambda}{L+\lambda}+\left(1-\alpha^2+\beta\right)\quad i=0 \tag{7-18}$$

$$w_i^{(\mathrm{m})}=w_i^{(\mathrm{c})}=\frac{1}{2\left(L+\lambda\right)}\quad i=1,2,\cdots,2L \tag{7-19}$$

第 0 个 sigma 点的加权能够直接影响对称先验分布的四阶及以上的误差大小。因此，引入第三个参数 β 来改进计算协方差的第 0 个 sigma 点的权重。如果有关于 $\boldsymbol{x}$ 分布的先验信息（如峰度等），可以使高阶误差最小化。综上，SUT 的流程如下（van der Merwe et al.，2004）。

（1）选择参数 κ、α 和 β。选择 $\kappa\geqslant0$ 以保证协方差矩阵的半正定性。κ 的具体数值并不关键，所以一个好的选择是 $\kappa=0$。选择 $0\leqslant\alpha\leqslant1$ 和 $\beta\geqslant0$，其中 α 控制 sigma 点分布的“大小”，最好是一个小数，以避免在非线性很强时出现非局部效应，而 β 是一个非负的加权项，可以用来纳入分布的高阶矩信息。对于高斯先验分布，最佳选择是 $\beta=2$。

（2）计算 $2L+1$ 个尺度化的 sigma 点和权重 $\boldsymbol{S}=\left\{w_i,\boldsymbol{\mathcal{X}}_i;i=0,1,\cdots,2L\right\}$，有 $\lambda=\alpha^2\left(L+\kappa\right)-L$，并使用式（7-14）～式（7-19）的组合选择缩放方案。

（3）利用非线性变换传播每个 sigma 点，如式（7-13）。

图 7-2 显示了 SUT 与 EKF 所使用的线性化方法的性能对比。假设从高斯先验中抽取 5000 个样本，通过一个任意的非线性函数传播，计算出真实的后验样本平均值和协方差，如图 7-2a 所示。图 7-2b 显示了通过 EKF 使用线性化方法计算的后验随机变量的统计量，可以清晰地看到这些结果的误差。图 7-2c 显示的是通过 SUT 计算的估计值结果。在均值的估计中几乎没有偏置误差，估计的协方差也更接近真实的协方差。SUT 方法的优越性能是显而易见的。值得注意的是，对于线性系统，SUT 方法计算的后验统计量的近似值都是精确的。

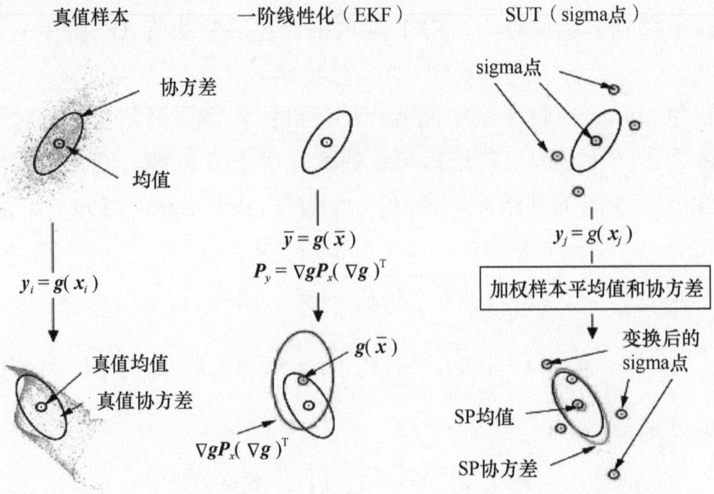

图 7-2　对非线性传播算子分别使用 EKF 中的线性化方法和 sigma 点卡尔曼滤波器中的 SUT 得到结果的不同均值和协方差（van der Merwe et al.，2004）

所以，SP-UKF 的重点就是利用 SUT，在非线性模式积分和非线性观测算子投影的过程中都使用 sigma 点构成的集合，而在分析过程中只对其加权平均值和加权协方差进行公式更新，用以产生下一阶段的 sigma 点。具体来说，SUT 被用来近似 EKF 中的协方差矩阵和卡尔曼增益矩阵，其中状态随机变量被重新定义，包括模式状态、模式噪声及观测噪声，即

$$\boldsymbol{x}_k^{(\mathrm{a})} = \begin{bmatrix} \boldsymbol{x}_k \\ \boldsymbol{\eta}_k \\ \boldsymbol{\zeta}_k \end{bmatrix} \tag{7-20}$$

因此，这个扩充状态向量的维数是 $L = n + n_{\mathrm{v}} + n_{\mathrm{n}}$，其中 n 是原本的状态空间维数，而 n_{v} 和 n_{n} 分别是模式误差和观测误差的维数。类似地，扩充状态的误差协方差矩阵如下：

$$\boldsymbol{P}^{(\mathrm{a})} = \begin{bmatrix} \boldsymbol{P}_x & \boldsymbol{0} & \boldsymbol{0} \\ \boldsymbol{0} & \boldsymbol{R}_{\mathrm{v}} & \boldsymbol{0} \\ \boldsymbol{0} & \boldsymbol{0} & \boldsymbol{R}_{\mathrm{n}} \end{bmatrix} \tag{7-21}$$

当然 $\boldsymbol{R}_{\mathrm{v}}$ 和 $\boldsymbol{R}_{\mathrm{n}}$ 分别是模式噪声和观测噪声的协方差矩阵，在我们的例子中也可以分别记为 $\boldsymbol{Q}$ 和 $\boldsymbol{R}$。

SP-UKF 的算法如下。

●初始化：提供初始值 $\boldsymbol{x}_0$ 和预报误差协方差矩阵 $\boldsymbol{P}$，构成扩充向量 $\boldsymbol{x}_0^{(\mathrm{a})} = [\boldsymbol{x}_0\ \boldsymbol{0}\ \boldsymbol{0}]^{\mathrm{T}}$ 和扩充协方差矩阵 $\boldsymbol{P}^{(\mathrm{a})} = \begin{bmatrix} \boldsymbol{P} & \boldsymbol{0} & \boldsymbol{0} \\ \boldsymbol{0} & \boldsymbol{Q} & \boldsymbol{0} \\ \boldsymbol{0} & \boldsymbol{0} & \boldsymbol{R} \end{bmatrix}$。

●对于 $k=1,\cdots,\infty$

（1）计算 sigma 点：

$$\boldsymbol{\mathcal{X}}_{k-1}^{(\mathrm{a})}=\left[\begin{array}{lll}\boldsymbol{x}_{k-1}^{(\mathrm{a})} & \boldsymbol{x}_{k-1}^{(\mathrm{a})}+\gamma\sqrt{\boldsymbol{P}_{k-1}^{(\mathrm{a})}} & \boldsymbol{x}_{k-1}^{(\mathrm{a})}-\gamma\sqrt{\boldsymbol{P}_{k-1}^{(\mathrm{a})}}\end{array}\right]$$

（2）时间积分步：

$$\boldsymbol{\mathcal{X}}_{k}^{x}=f\left(\boldsymbol{\mathcal{X}}_{k-1}^{x},\boldsymbol{\eta}_{k-1}^{\mathrm{v}}\right)$$

$$\boldsymbol{x}_{k}^{\mathrm{f}}=\sum_{i=0}^{2L}w_i^{(\mathrm{m})}\boldsymbol{\mathcal{X}}_{i,k}^{x}$$

$$\boldsymbol{P}_{\boldsymbol{x}_k}^{\mathrm{f}}=\sum_{i=0}^{2L}w_i^{(\mathrm{c})}\left(\boldsymbol{\mathcal{X}}_{i,k}^{x}-\boldsymbol{x}_{k}^{\mathrm{f}}\right)\left(\boldsymbol{\mathcal{X}}_{i,k}^{x}-\boldsymbol{x}_{k}^{\mathrm{f}}\right)^{\mathrm{T}}$$

（3）观测更新步：

$$\boldsymbol{\mathcal{Y}}_{k}=h\left(\boldsymbol{\mathcal{X}}_{k}^{x},\boldsymbol{\mathcal{X}}_{k-1}^{\mathrm{n}}\right)$$

$$\boldsymbol{y}_{k}=\sum_{i=0}^{2L}w_i^{(\mathrm{m})}\boldsymbol{\mathcal{Y}}_{i,k}$$

$$\boldsymbol{P}_{\boldsymbol{y}_k}=\sum_{i=0}^{2L}w_i^{(\mathrm{c})}\left(\boldsymbol{\mathcal{Y}}_{i,k}-\boldsymbol{y}_{k}\right)\left(\boldsymbol{\mathcal{Y}}_{i,k}-\boldsymbol{y}_{k}\right)^{\mathrm{T}}$$

$$\boldsymbol{P}_{\boldsymbol{x}_k\boldsymbol{y}_k}=\sum_{i=0}^{2L}w_i^{(\mathrm{c})}\left(\boldsymbol{\mathcal{X}}_{i,k}^{x}-\boldsymbol{x}_{k}^{\mathrm{f}}\right)\left(\boldsymbol{\mathcal{Y}}_{i,k}-\boldsymbol{y}_{k}\right)^{\mathrm{T}}$$

$$\boldsymbol{K}_k=\boldsymbol{P}_{\boldsymbol{x}_k\boldsymbol{y}_k}\boldsymbol{P}_{\boldsymbol{y}_k}^{-1}$$

$$\boldsymbol{x}_{k}^{\mathrm{a}}=\boldsymbol{x}_{k}^{\mathrm{f}}+\boldsymbol{K}_k\left(\boldsymbol{y}^{\mathrm{o}}-\boldsymbol{y}_k\right)$$

$$\boldsymbol{P}_{\boldsymbol{x}_k}^{\mathrm{a}}=\boldsymbol{P}_{\boldsymbol{x}_k}^{\mathrm{f}}\boldsymbol{K}_k\boldsymbol{P}_{\boldsymbol{y}_k}\boldsymbol{K}_k^{\mathrm{T}}$$

（4）其中的参数为：$\boldsymbol{x}^{(\mathrm{a})}=\left[\boldsymbol{x}^{\mathrm{T}}\ \boldsymbol{v}^{\mathrm{T}}\ \boldsymbol{n}^{\mathrm{T}}\right]^{\mathrm{T}}$，$\boldsymbol{\mathcal{X}}^{(\mathrm{a})}=\left[\left(\boldsymbol{\mathcal{X}}^{x}\right)^{\mathrm{T}}\left(\boldsymbol{\mathcal{X}}^{\mathrm{v}}\right)^{\mathrm{T}}\left(\boldsymbol{\mathcal{X}}^{\mathrm{n}}\right)^{\mathrm{T}}\right]^{\mathrm{T}}$，$\gamma=\sqrt{L+\lambda}$，$\lambda=\alpha^2\left(L+\kappa\right)-L$。

SPKF 在 Lorenz63 模式中的应用如下。值得注意的是，与 EnKF 不同，为了得到更精确的误差协方差估计，SPKF 需要在每一次同化完成后再次产生新的 sigma 点，在之后的预报阶段使用。以 sigma 点作为初始条件，进行模式积分，并通过加权得到平均值，应用到下一个同化循环。因此，SPKF 算法需要兼顾预报和分析两个方面。附录 7-2 提供的 UKF 代码包含两个子程序，分别用于产生 sigma 点，以及在分析阶段更新均值和方差。同化的结果如图 7-3 所示（由附录 7-2 及附录 7-3 计算绘制）。Lorenz63 模式使用非线性的模式积分和线性的观测算子，SPKF 的同化结果相比 EKF 有一定的优势。

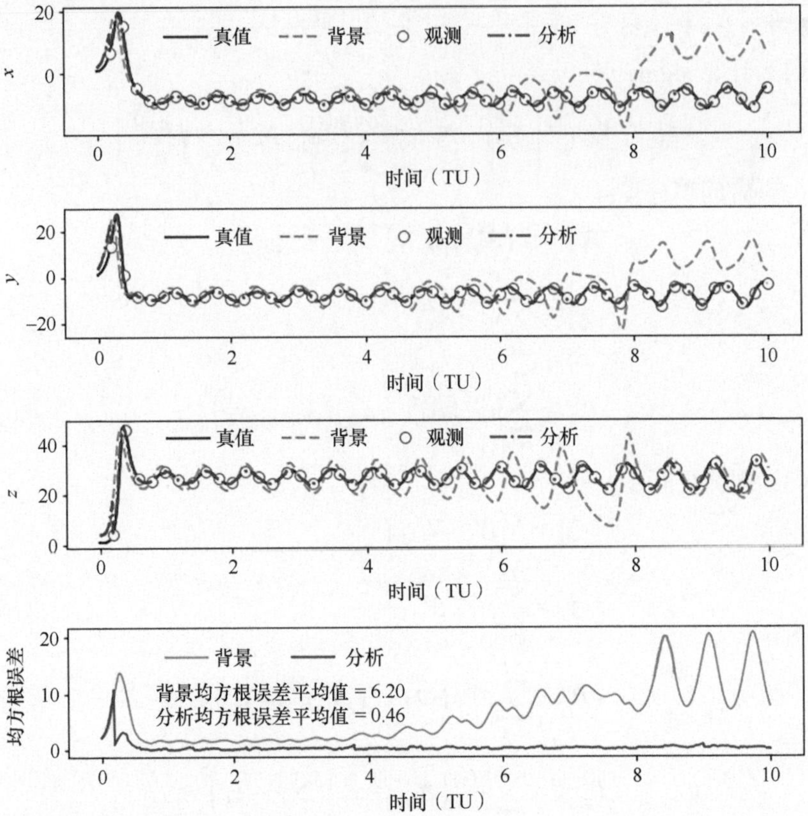

图 7-3　Lorenz63 模式中利用 SP-UKF 同化获取的分析结果与自由积分的比较

从上到下为三个变量及均方根误差，红色为 SP-UKF 结果，橘色为自由积分结果

7.3　sigma 点中心差分卡尔曼滤波器

除了 SP-UKF，SPKF 这一大类方法还包括 sigma 点中心差分卡尔曼滤波器（SP-CDKF）及平方根版本的 UKF 和 CDKF。CDKF 是一种基于斯特林（Sterling）多项式插值公式提出来的非求导的卡尔曼滤波器。CDKF 与 UKF 的主要差别在于 sigma 点的提供方式不同，其整体同化流程与 UKF 基本相同。CDKF 的原理为利用斯特林多项式逼近非线性方程，采用中心差分的格式替代了泰勒展开，避免了复杂的求导运算（Stirling，2003；van der Merwe et al.，2004）。CDKF 比 UKF 逼近的速度更快，并且可以取得与 UKF 相当的估计效果，具体推导过程可参考 van der Merwe 等（2004）及 Ambadan 和 Tang（2009）等。平方根版本的 UKF 和 CDKF 在本书中不再详细介绍，感兴趣的读者可以参考 van der Merwe 和 Wan（2001a，2001b）的研究。

SP-CDKF 的 sigma 点由先验状态的均值加上/减去先验状态协方差矩阵的平

方根构成：

$$\begin{aligned}
&\mathcal{X}_0=\bar{\boldsymbol{x}} && w_0^{(\mathrm{m})}=\frac{d^2-n-n_v}{d^2} && i=0\\
&\mathcal{X}_i=\bar{\boldsymbol{x}}+\left(d\sqrt{\boldsymbol{P}_x}\right)_i && w_i^{(\mathrm{m})}=\frac{1}{2d^2} && i=1,2,\cdots,2L\\
&\mathcal{X}_i=\bar{\boldsymbol{x}}-\left(d\sqrt{\boldsymbol{P}_x}\right)_i && w_i^{(\mathrm{C}_1)}=\frac{1}{4d^2} && i=1,2,\cdots,2L\\
& && w_i^{(\mathrm{C}_2)}=\frac{d^2-1}{4d^2} && i=1,2,\cdots,2L
\end{aligned}\tag{7-22}$$

式中，d 为中心差分步长，通常大于 1，在高斯分布的问题中一般取 $\sqrt{3}$；n 为状态变量的维数；n_{v} 为模式误差的维数。根据 sigma 点，可以计算先验状态 $\boldsymbol{x}$ 的误差协方差：

$$\boldsymbol{P}_x\approx\sum_{i=1}^{L}w_i^{(\mathrm{C}_1)}\left(\mathcal{X}_{i,k}-\mathcal{X}_{L+i,k}\right)+w_i^{(\mathrm{C}_2)}\left(\mathcal{X}_{i,k}-\mathcal{X}_{L+i,k}-2\mathcal{X}_{0,k}\right)\tag{7-23}$$

同样，每个 sigma 点使用非线性函数传播：

$$\mathcal{Y}_i=g\left(\mathcal{X}_i\right),\quad i=0,1,\cdots,2L\tag{7-24}$$

然后可以得到 $\boldsymbol{y}$ 的近似平均值、协方差和交叉协方差近似值，分别如下：

$$\overline{\boldsymbol{y}_k}\approx\sum_{i=1}^{2L}w_i^{(\mathrm{m})}\mathcal{Y}_{i,k}\tag{7-25}$$

$$\boldsymbol{P}_y\approx\sum_{i=1}^{L}w_i^{(\mathrm{C}_1)}\left(\mathcal{Y}_{i,k}-\mathcal{Y}_{L+i,k}\right)+w_i^{(\mathrm{C}_2)}\left(\mathcal{Y}_{i,k}-\mathcal{Y}_{L+i,k}-2\mathcal{Y}_{0,k}\right)\tag{7-26}$$

$$\boldsymbol{P}_{xy}\approx\sum_{i=1}^{L}w_i^{(\mathrm{m})}\left(\mathcal{X}_{i,k}-\overline{\boldsymbol{x}_k}\right)\left(\mathcal{Y}_{i,k}-\overline{\boldsymbol{y}_k}\right)^{\mathrm{T}}=\sqrt{w_i^{(\mathrm{C}_1)}\boldsymbol{P}_x}\left(\mathcal{Y}_{1:L,k}-\mathcal{Y}_{L+1:2L,k}\right)^{\mathrm{T}}\tag{7-27}$$

式中，$\boldsymbol{L}$ 为扩充状态向量维数。通过斯特林插值得到的随机变量相关方程采用的非线性变换与 UKF 方法中的 SUT 是相同的，所以这两种方法本质上是相同的，仅对应的权重有所差别。斯特林插值的方法通过中心差分步长 d 这个参数即可控制生成 sigma 点，相比于 SUT 方法的实现更为容易。为了节省计算成本两者均舍弃了高阶项。

与 SP-UKF 一样，SP-CDKF 也是在非线性模式积分和非线性观测算子投影的过程中使用 sigma 点构成集合，而在分析过程中只对其加权平均值和加权协方差进行公式更新。但是由于使用的权重不同，非线性模式积分和非线性观测算子投影的 sigma 点要分两次生成。在模式积分过程中随机变量定义为原始状态及模式噪声的拼接，即

$$\boldsymbol{x}_k^{(\mathrm{a}_1)}=\begin{bmatrix}\boldsymbol{x}_k\\ \boldsymbol{\eta}_k\end{bmatrix}\tag{7-28}$$

协方差矩阵扩充为

$$\boldsymbol{P}^{(\mathrm{a}_1)}=\begin{bmatrix}\boldsymbol{P}_x & \boldsymbol{0}\\ \boldsymbol{0} & \boldsymbol{R}_{\mathrm{v}}\end{bmatrix} \tag{7-29}$$

在非线性观测算子投影过程中随机变量定义为原始状态及观测噪声的拼接结果，即

$$\boldsymbol{x}_k^{(\mathrm{a}_2)}=\begin{bmatrix}\boldsymbol{x}_k\\ \boldsymbol{\zeta}_k\end{bmatrix} \tag{7-30}$$

协方差矩阵扩充为

$$\boldsymbol{P}^{(\mathrm{a}_2)}=\begin{bmatrix}\boldsymbol{P}_x & \boldsymbol{0}\\ \boldsymbol{0} & \boldsymbol{R}_{\mathrm{n}}\end{bmatrix} \tag{7-31}$$

同样，$\boldsymbol{R}_{\mathrm{v}}$ 和 $\boldsymbol{R}_{\mathrm{n}}$ 分别是模式噪声和观测噪声的协方差矩阵，可以分别记为 $\boldsymbol{Q}$ 和 $\boldsymbol{R}$。

SP-CDKF 算法的实现步骤如下。

●时间积分步初始化：提供初始值 $\boldsymbol{x}_0$ 和预报误差协方差 $\boldsymbol{P}$，构成扩充向量 $\boldsymbol{x}_0^{(\mathrm{a})}=[\boldsymbol{x}_0\ \ \boldsymbol{0}]^{\mathrm{T}}$ 和扩充协方差矩阵：

$$\boldsymbol{P}^{(\mathrm{a}_1)}=\begin{bmatrix}\boldsymbol{P} & \boldsymbol{0}\\ \boldsymbol{0} & \boldsymbol{Q}\end{bmatrix}$$

●对于 k=1, …, ∞

（1）计算时间积分步的 sigma 点：

$$\boldsymbol{\mathcal{X}}_{k-1}^{(\mathrm{a})}=\left[\boldsymbol{x}_{k-1}^{(\mathrm{a})}\quad \boldsymbol{x}_{k-1}^{(\mathrm{a})}+d\sqrt{\boldsymbol{P}_{k-1}^{(\mathrm{a}_1)}}\quad \boldsymbol{x}_{k-1}^{(\mathrm{a})}-d\sqrt{\boldsymbol{P}_{k-1}^{(\mathrm{a}_1)}}\right]$$

（2）时间积分步：

$$\boldsymbol{\mathcal{X}}_k^x=f\left(\boldsymbol{\mathcal{X}}_{k-1}^x,\boldsymbol{\mathcal{X}}_{k-1}^{\mathrm{v}}\right)$$

$$\boldsymbol{x}_k^{\mathrm{f}}=\sum_{i=0}^{2L}w_i^{(\mathrm{m})}\boldsymbol{\mathcal{X}}_{i,k}^x$$

$$\boldsymbol{P}_{\boldsymbol{x}_k}^{\mathrm{f}}=\sum_{i=0}^{2L}w_i^{(\mathrm{C}_1)}\left(\boldsymbol{\mathcal{X}}_{i,k}^x-\boldsymbol{\mathcal{X}}_{L+i,k}^x\right)+w_i^{(\mathrm{C}_2)}\left(\boldsymbol{\mathcal{X}}_{i,k}^x-\boldsymbol{\mathcal{X}}_{L+i,k}^x-2\boldsymbol{\mathcal{X}}_{0,k}^x\right)$$

（3）观测投影步初始化：提供 $km-1$ 时刻的预报场作为初始值（km 为有观测的时间节点）和预报误差协方差 $\boldsymbol{P}$，构成扩充向量 $\boldsymbol{x}_{k-1}^{(\mathrm{a})}=[\boldsymbol{x}_{k-1}\ \ \boldsymbol{0}]^{\mathrm{T}}$ 和扩充协方差矩阵：

$$\boldsymbol{P}^{(\mathrm{a}_2)}=\begin{bmatrix}\boldsymbol{P} & \boldsymbol{0}\\ \boldsymbol{0} & \boldsymbol{R}\end{bmatrix}$$

（4）计算观测投影步的 sigma 点：

$$\boldsymbol{\mathcal{X}}_{k-1}^{(\mathrm{a})}=\left[\boldsymbol{x}_{k-1}^{(\mathrm{a})}\quad \boldsymbol{x}_{k-1}^{(\mathrm{a})}+d\sqrt{\boldsymbol{P}_{k-1}^{(\mathrm{a}_2)}}\quad \boldsymbol{x}_{k-1}^{(\mathrm{a})}-d\sqrt{\boldsymbol{P}_{k-1}^{(\mathrm{a}_2)}}\right]$$

（5）观测更新步：

$$\mathcal{Y}_k = h\left(\mathcal{X}_k^x, \mathcal{X}_{k-1}^{\mathrm{n}}\right)$$

$$\boldsymbol{y}_k = \sum_{i=1}^{2L} w_i^{(\mathrm{m})} \mathcal{Y}_{i,k}$$

$$\boldsymbol{P}_{\boldsymbol{y}_k} = \sum_{i=1}^{L} w_i^{(\mathrm{C}_1)} \left(\mathcal{Y}_{i,k} - \mathcal{Y}_{L+i,k}\right) + w_i^{(\mathrm{C}_2)} \left(\mathcal{Y}_{i,k} - \mathcal{Y}_{L+i,k} - 2\mathcal{Y}_{0,k}\right)$$

$$\boldsymbol{P}_{\boldsymbol{x}_k \boldsymbol{y}_k} = \sqrt{w_i^{(\mathrm{C}_1)} \boldsymbol{P}_x} \left(\mathcal{Y}_{1:L,k} - \mathcal{Y}_{L+1:2L,k}\right)^{\mathrm{T}}$$

$$\boldsymbol{K}_k = \boldsymbol{P}_{\boldsymbol{x}_k \boldsymbol{y}_k} \boldsymbol{P}_{\boldsymbol{y}_k}^{-1}$$

$$\boldsymbol{x}_k^{\mathrm{a}} = \boldsymbol{x}_k^{\mathrm{f}} + \boldsymbol{K}_k \left(\boldsymbol{y}^{\mathrm{o}} - \boldsymbol{y}_k\right)$$

$$\boldsymbol{P}_{\boldsymbol{x}_k}^{\mathrm{a}} = \boldsymbol{P}_{\boldsymbol{x}_k}^{\mathrm{f}} - \boldsymbol{K}_k \boldsymbol{P}_{\boldsymbol{y}_k} \boldsymbol{K}_k^{\mathrm{T}}$$

Lorenz63 模式中利用 SP-CDKF 同化获取的分析结果与自由积分的比较如图 7-4 所示（由附录 7-1、附录 7-4、附录 7-5 计算绘制）。根据结果，不难发现 SP-CDKF 和 SP-UKF 的效果大体相当。

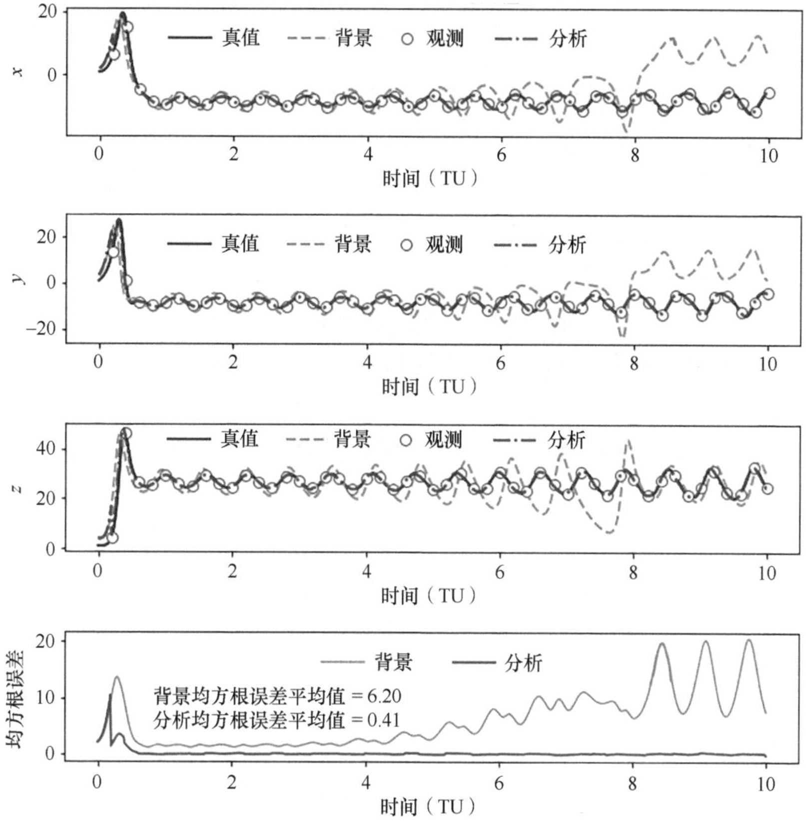

图 7-4　Lorenz63 模式中利用 SP-CDKF 同化获取的分析结果与自由积分的比较
从上到下为三个变量及均方根误差，红色为 CDKF 的结果，橘色为自由积分结果

7.4 高维系统 SPKF 的有效算法

SPKF 的最大特点是它可以使用确定性的方式产生集合成员，并且在非线性传播的过程中保持二阶矩是完全准确的。当然，在实际模式应用中，状态维数 n 的量级往往会在 10^6 以上。因此，巨大的计算量是 SPKF 应用于实际问题的一个主要挑战。一个解决办法是使用截断奇异值分解（truncated singular value decomposition，TSVD）来减少 sigma 点的数量。依据式（7-19）～式（7-21)，sigma 点的数量取决于 $\boldsymbol{P}_x$ 矩阵的大小。对 $\boldsymbol{P}_x^{\mathrm{a}}$ 进行特征值分解，则有

$$\boldsymbol{P}_x^{\mathrm{a}} = \boldsymbol{E}_x \boldsymbol{\Sigma} \left(\boldsymbol{E}_x\right)^{\mathrm{T}} \tag{7-32}$$

式中，$\boldsymbol{\Sigma}$ 是以 $(\sigma^1,\sigma^2,\cdots,\sigma^L)$ 为特征值的对角矩阵，将特征值以降序的方式排列，即 $\sigma^1 \geqslant \sigma^2 \geqslant \cdots \geqslant \sigma^L$；$\boldsymbol{E}_x = \left[\boldsymbol{e}_{x,1}, \boldsymbol{e}_{x,2}, \cdots, \boldsymbol{e}_{x,L}\right]$。截断前 k 个模态来产生 sigma 点可以得到（Tang et al.，2014):

$$\begin{aligned}
&\boldsymbol{\mathcal{X}}_0 = \bar{\boldsymbol{x}}, && i=0 \\
&\boldsymbol{\mathcal{X}}_i = \bar{\boldsymbol{x}} + \sqrt{(L+\lambda)}\sqrt{\sigma^i}\boldsymbol{e}_{x,i} && i=1,2,\cdots,k \\
&\boldsymbol{\mathcal{X}}_i = \bar{\boldsymbol{x}} - \sqrt{(L+\lambda)}\sqrt{\sigma^i}\boldsymbol{e}_{x,i} && i=L+1,L+2,\cdots,2k
\end{aligned} \tag{7-33}$$

于是集合成员数变为 $N = 2k+1$，其中 $N \ll L$。

尽管截断 SPKF 有效地减少了集合成员数，减小了实际应用中所需要的计算量。但对于一些复杂的耦合高维系统来讲，$\boldsymbol{P}_x^{\mathrm{a}}$ 通常是一个非常庞大的矩阵，对 $\boldsymbol{P}_x^{\mathrm{a}}$ 进行特征值分解所需要的内存可能远远超出了计算系统的能力。所以为了在实际的高维大气、海洋模式中应用截断 SPKF 还需要进一步优化与 $\boldsymbol{P}_x^{\mathrm{a}}$ 相关的计算。

为了解决这一难题，Tang 等（2014）提出了一种新的方案，该方案使用一个小矩阵，通过式（7-33）生成 sigma 点，该方案通过两个相关矩阵之间的特征向量关系来减小计算量。该方法可以称作采用集合空间误差协方差矩阵算法的 SPKF（ET-SPKF）。具体来讲，在集合数据同化方法中，状态向量的集合异常值 $\boldsymbol{A}^{\mathrm{f}}$ 的大小为 $m \times N$，其中 m 为模式的网格点数，N 为集合成员数（$N \ll m$）。分析误差协方差为

$$\boldsymbol{P}_x^{\mathrm{a}} = \boldsymbol{A}^{\mathrm{a}} (\boldsymbol{A}^{\mathrm{a}})^{\mathrm{T}} \tag{7-34}$$

所以 $\boldsymbol{P}_x^{\mathrm{a}}$ 的大小为 $m \times m$，在高维大气、海洋模式中，先计算 $\boldsymbol{P}_x^{\mathrm{a}}$ 再对其进行奇异值分解，以现在的计算能力往往是不可能实现的。为减小矩阵维数，方便计算其特征值，该方法不在状态空间计算协方差矩阵，而是在集合空间计算协方差矩阵：

$$\tilde{\boldsymbol{P}}_x^{\mathrm{a}} = (\boldsymbol{A}^{\mathrm{a}})^{\mathrm{T}} \boldsymbol{A}^{\mathrm{a}} \tag{7-35}$$

式中，$\tilde{\boldsymbol{P}}_x^{\mathrm{a}}$ 的大小为 $N \times N$（N 的量级一般小于 10^2），可以比较容易地计算 $\tilde{\boldsymbol{P}}_x^{\mathrm{a}}$ 的

特征值向量和特征向量矩阵：

$$\boldsymbol{\Lambda}=\operatorname{diag}\left(\lambda^{1},\lambda^{2},\cdots,\lambda^{L}\right) \tag{7-36}$$

$$\tilde{\boldsymbol{E}}_{x}=\left[\tilde{\boldsymbol{e}}_{x,1},\tilde{\boldsymbol{e}}_{x,2},\cdots,\tilde{\boldsymbol{e}}_{x,n}\right] \tag{7-37}$$

特征值和特征向量满足如下方程：

$$\left(\tilde{\boldsymbol{P}}_{x}^{\mathrm{a}}\right)\tilde{\boldsymbol{E}}_{x}=\tilde{\boldsymbol{E}}_{x}\boldsymbol{\Lambda} \tag{7-38}$$

$$(\boldsymbol{A}^{\mathrm{a}})^{\mathrm{T}}\boldsymbol{A}^{\mathrm{a}}\tilde{\boldsymbol{E}}_{x}=\tilde{\boldsymbol{E}}_{x}\boldsymbol{\Lambda} \tag{7-39}$$

两边同时乘以$\boldsymbol{A}^{\mathrm{a}}$，可得

$$\boldsymbol{P}_{x}^{\mathrm{a}}\boldsymbol{A}^{\mathrm{a}}\tilde{\boldsymbol{E}}_{x}=\boldsymbol{A}^{\mathrm{a}}\tilde{\boldsymbol{E}}_{x}\boldsymbol{\Lambda} \tag{7-40}$$

对比式（7-40）和式（7-32）就可以得到如下关系：

$$\begin{gathered}\boldsymbol{E}_{x}=\boldsymbol{A}^{\mathrm{a}}\tilde{\boldsymbol{E}}_{x}\\ \boldsymbol{\Lambda}=\boldsymbol{\Sigma}\end{gathered} \tag{7-41}$$

进一步将特征向量进行归一化：

$$\boldsymbol{e}_{x,j}=\frac{\boldsymbol{A}^{\mathrm{a}}\tilde{\boldsymbol{e}}_{x,j}}{\left|\boldsymbol{A}^{\mathrm{a}}\tilde{\boldsymbol{e}}_{x,j}\right|} \tag{7-42}$$

就可以完全由相关矩阵$\tilde{\boldsymbol{P}}_{x}^{\mathrm{a}}$计算得到$\boldsymbol{P}_{x}^{\mathrm{a}}$的特征向量，结合式（7-33）就可以得到sigma点，从而解决ET-SPKF在高维大气、海洋模式中应用的难题。ET-SPKF方法已经成功地被应用来发展全球海洋环流模式同化系统（Tang et al.，2014）。

综上，SPKF是一种相对较新的被引入地球科学中的同化方法，它借助sigma点的概念产生确定性的集合成员，能够在非线性变换中保持精确的二阶统计矩估计，具有一定的优势。但是由于实际同化的模式维数都较高，对于计算量有更高的需求，目前还需要进一步发展以将其推广应用。

参 考 文 献

Ambadan J T, Tang Y. 2009. Sigma-point Kalman filter data assimilation methods for strongly nonlinear systems. Journal of the Atmospheric Sciences, 66(2): 261-285.

Evensen G. 1994. Sequential data assimilation with a nonlinear quasigeostrophic model using Monte Carlo methods to forecast error statistics. Journal of Geophysical Research, 99(C5): 10143-10162.

Evensen G. 1997. Advanced data assimilation for strongly nonlinear dynamics. Monthly Weather Review, 125: 1342-1354.

Ito K, Xiong K. 2000. Gaussian filters for nonlinear filtering problems. IEEE Transactions on Automatic Control, 45: 910-927.

Julier S J, Jeffrey K U, Hugh F D. 1995. A new approach for filtering nonlinear systems. Proceedings of 1995 American Control Conference, 3: 1628-1632.

Julier S J, Uhlmann J. 2002. Reduced sigma-point filters for the propagation of mean and covariances through nonlinear transformations. IEEE, 2: 887-892.

Miller R, Ghil M, Gauthiez F. 1994. Advanced data assimilation in strongly nonlinear dynamical systems. Journal of the Atmospheric Science, 51: 1037-1056.

Stirling J. 2003. Methodus differentialis: sive tractatus de summatione et interpolatione serierum infinitarum. The Differential Method: A Treatise of the Summation and Interpolation of Infinite Series, 1749. London: Springer London.

Tang Y, Deng Z, Manoj K K, et al. 2014. A practical scheme of the sigma-point Kalman filter for high-dimensional systems. Journal of Advances in Modeling Earth Systems, 6(1): 21-37.

van der Merwe R, Doucet A, de Freitas N, et al. 2000. The unscented particle filter. Cambridge: Cambridge University.

van der Merwe R, Wan E A. 2001a. Efficient derivative-free Kalman filters for online learning. Bruges: European Symposium on Artificial Neural Networks.

van der Merwe R, Wan E A. 2001b. The square-root unscented Kalman filter for state and parameter estimation. IEEE, 6: 3461-3464.

van der Merwe R, Wan E A, Julier S I. 2004. Sigma-point Kalman filters for nonlinear estimation and sensor fusion: applications to integrated navigation. Providence: AIAA Guidance, Navigation and Control Conference.

Wan E A, van der Merwe R. 2000. The unscented Kalman filter for nonlinear estimation. Proceedings of the IEEE 2000 Adaptive Systems for Signal Processing, Communications, and Control Symposium (Cat. No.00EX373): 153-158.

相关 python 代码

附录 7-1　Lorenz63 模式代码和孪生试验的观测模拟过程（同第 3 章）

```
import numpy as np                        # 导入 numpy 工具包
def Lorenz63(state,*args):                # 此函数定义 Lorenz63 模式右端项
    sigma = args[0]
    beta = args[1]
    rho = args[2]                         # 输入 σ, β 和 ρ 三个模式参数
    x, y, z = state                       # 输入矢量的三个分量分别为方程式中的 x,y,z
    f = np.zeros(3)                       # f 定义为右端
    f[0] = sigma * (y - x)
    f[1] = x * (rho - z) - y
    f[2] = x * y - beta * z
    return f
def RK4(rhs,state,dt,*args):              # 此函数提供 Runge-Kutta 积分格式
    k1 = rhs(state,*args)
    k2 = rhs(state+k1*dt/2,*args)
    k3 = rhs(state+k2*dt/2,*args)
    k4 = rhs(state+k3*dt,*args)
    new_state = state + (dt/6)*(k1+2*k2+2*k3+k4)
```

```
    return new_state

# 以下代码构造孪生试验的观测真实解和观测数据
sigma = 10.0; beta = 8.0/3.0; rho = 28.0      # 模式参数值
dt = 0.01                                      # 模式积分步长
n = 3                                          # 状态维数
m = 3                                          # 观测数
tm = 10                                        # 同化试验窗口
nt = int(tm/dt)                                # 总积分步数
t = np.linspace(0,tm,nt+1)                     # 模式时间网格

x0True = np.array([1,1,1])                     # 真值的初值
np.random.seed(seed=1)                         # 设置随机种子
sig_m= 0.15                                    # 观测误差标准差
R = sig_m**2*np.eye(n)                         # 观测误差协方差矩阵

dt_m = 0.2                          # 观测之间的时间间隔（可见为 20 模式步）
tm_m = 10                           # 最大观测时间（可小于模式积分时间）
nt_m = int(tm_m/dt_m)                          # 进行同化的总次数

ind_m = (np.linspace(int(dt_m/dt),int(tm_m/dt),nt_m)).astype(int)
# 观测网格在时间网格中的指标
t_m = t[ind_m]                                 # 观测网格
def h(x):                                      # 定义观测算子
    H = np.eye(n)                              # 观测矩阵为单位阵
    yo = H@x                                   # 单位阵乘以状态变量
    return yo
def Dh(x):                                     # 观测算子的线性观测矩阵
    n = len(x)
    D = np.eye(n)
    return D
xTrue = np.zeros([n,nt+1])                     # 真值保存在 xTrue 变量中
xTrue[:,0] = x0True                            # 初始化真值
km = 0                                         # 观测计数
yo = np.zeros([3,nt_m])                        # 观测保存在 yo 变量中
for k in range(nt):                            # 按模式时间网格开展模式积分循环
    xTrue[:,k+1] = RK4(Lorenz63,xTrue[:,k],dt,sigma,beta,rho)     # 真值积分
    if (km<nt_m) and (k+1==ind_m[km]):         # 用指标判断是否进行观测
        yo[:,km] = h(xTrue[:,k+1]) + np.random.normal(0,sig_m,[3,])#采样生成观测
        km = km+1                              # 观测计数
```

附录 7-2　SP-UKF 分析算法

```
def generate_SigmaP(xb,B,Q,R):                 # 生成 sigma 点，构建集合
    import scipy                               #导入 scipy 工具包
    n = xb.shape[0]                            # n-状态维数
```

```
    m = R.shape[0]                                          # m-观测误差维数
    L = 2*n+m;                                              # L-离散空间状态向量维数
    kappa=0;alpha=1;beta0=2                                 # 确定 UKF 的参数 κ、α、β
    lam = alpha**2*(L+kappa)-L
    wm = 0.5/(L+lam)*np.ones(2*L+1)                         # 计算 sigam 点权重
    wm[0] = lam/(L+lam)
    wc = 0.5/(L+lam)*np.ones(2*L+1)                         # 计算 sigam 点权重
    wc[0] = lam/(L+lam)+(1-alpha**2+beta0)

    theta = np.concatenate([xb,np.zeros(n+m)])              # 扩充状态向量
    Pa = scipy.linalg.block_diag(B,Q,R)                     # 计算背景误差协方差
    sqP=np.linalg.cholesky(Pa)
    SigmaP = np.zeros([L,2*L+1])
    SigmaP[:,0] = theta                                     # 生成 sigma 点
    SigmaP[:,1:(L+1)] = theta.reshape(-1, 1) + np.sqrt(L+lam)*sqP
    SigmaP[:,(L+1):(2*L+1)] = theta.reshape(-1, 1) - np.sqrt(L+lam)*sqP
    xbi = SigmaP[0:n,:]; vi = SigmaP[n:2*n,:]; ni = SigmaP[2*n::,:]
    return xbi,vi,ni,wm,wc

def update_SigmaP(xbi,wm,wc,yo,ObsOp,ni):
    n,N = xbi.shape                                         # n-状态维数，N-集合成员数
    m = yo.shape[0]                                         # m-观测维数
    ybi = np.zeros([m,N])                                   # 预分配空间，保存扰动后的观测集合
    for i in range(N):                                      # 将状态集合投影道观测空间，构成观测集合
        ybi[:,i] = ObsOp(xbi[:,i])+ni[:,i]
    xbm = np.sum(xbi*wm,1)                                  # 利用 sigma 点权重计算集合平均
    ybm = np.sum(ybi*wm,1)
    Pxx = (xbi-xbm.reshape(-1,1))*wc@(xbi-xbm.reshape(-1,1)).T
    #计算需要的协方差矩阵
    Pyy = (ybi-ybm.reshape(-1,1))*wc@(ybi-ybm.reshape(-1,1)).T
    Pxy = (xbi-xbm.reshape(-1,1))*wc@(ybi-ybm.reshape(-1,1)).T

    K = Pxy @ np.linalg.inv(Pyy)                            #计算卡尔曼增益矩阵
    xa = xbm + K @ (yo-ybm)                                 # 更新状态变量
    B = Pxx-K @ Pyy @K.T                                    # 计算下一个同化循环需要的背景误差协方差
    return xa,B
```

附录 7-3　SP-UKF 同化试验及结果

```
n = 3                                                       # 状态维数
m = 3                                                       # 观测数
x0b = np.array([2.0,3.0,4.0])                               # 同化试验的初值
np.random.seed(seed=1)                                      # 初始化随机种子，便于重复结果

xb = np.zeros([n,nt+1]); xb[:,0] = x0b
for k in range(nt):                                         # xb 得到的是不加同化的自由积分结果
```

```
    xb[:,k+1] = RK4(Lorenz63,xb[:,k],dt,sigma,beta,rho)

sig_b= 0.1
B = sig_b**2*np.eye(n)                    # 初始时刻背景误差协方差，设为对角阵
Q = 0.1*np.eye(n)                         # 模式误差（若假设完美模式则取 0)

xa = np.zeros([n,nt+1]); xa[:,0] = x0b    #保存每步的集合均值作为分析场，存在 xa
km = 0                                    # 对同化次数进行计数

xbi,vi,ni,wm,wc = generate_SigmaP(xa[:,0], B, Q, R)
#根据初始条件生成 sigma 点构成集合
n,N = xbi.shape                                # N 集合成员数
for k in range(nt):                            # 时间积分
    for i in range(N):                         # 对每个集合成员积分
        xbi[:,i] = RK4(Lorenz63,xbi[:,i],dt,sigma,beta,rho)
# 积分每个集合成员得到预报集合

    xa[:,k] = np.sum(xbi*wm,1)               # 非同化时刻使用预报平均，同化时刻分析平均
    if (km<nt_m) and (k+1==ind_m[km]):        # 当有观测时，使用 SP-UKF 进行更新
        xbi = xbi + vi                        # 在集合成员中加入背景误差
        xa[:,k+1],B = update_SigmaP(xbi, wm, wc, yo[:,km], h, ni)
# 调用 SP-UKF 同化
        xbi,vi,ni,wm,wc = generate_SigmaP(xa[:,k+1], B, Q, R)
# 为下一个同化循环生成集合成员
        km = km+1

# UKF 结果画图
import matplotlib.pyplot as plt
plt.rcParams['font.sans-serif'] = ['Songti SC']
plt.figure(figsize=(10,8))
lbs = ['x','y','z']
for j in range(3):
    plt.subplot(4,1,j+1)
    plt.plot(t,xTrue[j],'b-',lw=2,label='真值')
    plt.plot(t,xb[j],'--',color='orange',lw=2,label='背景')
    plt.plot(t_m,yo[j],'go',ms=8,markerfacecolor='white',label='观测')
    plt.plot(t,xa[j],'-.',color='red',lw=2,label='分析')
    plt.ylabel(lbs[j],fontsize=16)
    plt.xticks(fontsize=16);plt.yticks(fontsize=16)
    if j==0:
        plt.legend(ncol=4, loc=9,fontsize=16)
        plt.title("SP-UKF 同化试验",fontsize=16)
RMSEb = np.sqrt(np.mean((xb-xTrue)**2,0))
RMSEa = np.sqrt(np.mean((xa-xTrue)**2,0))
```

```
plt.subplot(4,1,4)
plt.plot(t,RMSEb,color='orange',label='背景均方根误差')
plt.plot(t,RMSEa,color='red',label='分析均方根误差')
plt.legend(ncol=2, loc=9,fontsize=16)
plt.text(1,9,'背景误差平均 = %0.2f' %np.mean(RMSEb),fontsize=14)
plt.text(1,4,'分析误差平均 = %0.2f' %np.mean(RMSEa),fontsize=14)
plt.ylabel('均方根误差',fontsize=16)
plt.xlabel('时间 (TU) ',fontsize=16)
plt.xticks(fontsize=16);plt.yticks(fontsize=16)
```

附录 7-4 SP-CDKF 分析算法

```
def time_generate_SigmaP(xb,B,Q):                  # 生成时间积分步的 sigma 点
    import scipy                                   # 导入 scipy 工具包
    delta=np.sqrt(3)                               # 确定中心差分步长 h
    n = xb.shape[0]                                # n-状态维数
    m = Q.shape[0]                                 # m-背景误差维数
    Lx = n
    Lv = m
    L=Lx+Lv                                        # L-离散状态空间向量维数
    wm = (1/(2*delta**2))*np.ones(2*L+1)           # 计算 sigma 点权重
    wm[0] = (delta**2-Lx-Lv)/delta**2
    wc1 = (1/(4*delta**2))*np.ones(2*L+1)
    wc2 = ((delta**2-1)/(4*delta**4))*np.ones(2*L+1)

    theta = np.concatenate([xb,np.zeros(m)])  # 扩充状态向量
    Pa = scipy.linalg.block_diag(B,Q)          # 计算协方差矩阵
    sqP=np.linalg.cholesky(Pa)

    SigmaP = np.zeros([L,2*L+1])               # 生成 sigma 点
    SigmaP[:,0] = theta
    SigmaP[:,1:(L+1)] = theta.reshape(-1, 1) + delta*sqP
    SigmaP[:,(L+1):(2*L+1)] = theta.reshape(-1, 1) - delta*sqP
    xbi = SigmaP[0:n,:]; vi = SigmaP[n:n+m,:];
    return xbi,vi,wm,wc1,wc2

def measurement_generate_SigmaP(xb,B,R):          #生成观测更新步的 sigma 点
    import scipy
    delta=np.sqrt(3)                               #确定中心差分步长 h
    n = xb.shape[0]                                #确定状态维数
    m = R.shape[0]
    Lx = n
    Lr = m
    L=Lx+Lr
    wm = (1/(2*delta**2))*np.ones(2*L+1)           #计算 sigma 点权重
    wm[0] = (delta**2-Lx-Lr)/delta**2
```

```
    wc1 = (1/(4*delta**2))*np.ones(2*L+1)
    wc2 = ((delta**2-1)/(4*delta**4))*np.ones(2*L+1)
    theta = np.concatenate([xb,np.zeros(m)])     #扩充状态向量
    Pa = scipy.linalg.block_diag(B,R)                #计算协方差矩阵
    sqP=np.linalg.cholesky(Pa)
    SigmaP = np.zeros([L,2*L+1])                     #生成 sigma 点
    SigmaP[:,0] = theta
    SigmaP[:,1:(L+1)] = theta.reshape(-1, 1) + delta*sqP
    SigmaP[:,(L+1):(2*L+1)] = theta.reshape(-1, 1) - delta*sqP
    xbi = SigmaP[0:n,:] ; ni = SigmaP[n:n+m,:]
    return xbi,ni,wm,wc1,wc2

def time_update_SigmaP(xbi,wm,wc1,wc2):
    n,N = xbi.shape
    xbm = np.sum(xbi*wm,1)
    L=2*n
    Pxx = (xbi[:,1:L+1]-xbi[:,L+1:2*L+1])*wc1[1:L+1]@((xbi[:,1:L+1]-xbi[:,L+\
           1:2*L+1]))).T+(xbi[:,1:L+1]+xbi[:,L+1:2*L+1]-2*xbi[:,0].reshape\
           (-1,1))*wc2[1:L+1]@((xbi[:,1:L+1]+xbi[:,L+1:2*L+1]-2*xbi[:,0].\
           reshape(-1,1))).T
    #计算背景误差协方差
    return xbm, Pxx

def measurement_update_SigmaP(xbi,wm,wc1,wc2,yo,ObsOp,ni,xbm, Pxx ):
    n,N = xbi.shape
    m = yo.shape[0]
    L=n+m
    ybi = np.zeros([m,N])
    for i in range(N):
        ybi[:,i] = ObsOp(xbi[:,i])+ni[:,i]  # 将状态集合投影道观测空间，构成观测集合
    xbm = np.sum(xbi*wm,1)                    # 利用 sigma 点权重计算集合平均
    ybm = np.sum(ybi*wm,1)
    Pyy = (ybi[:,1:L+1]-ybi[:,L+1:2*L+1])*wc1[1:L+1]@((ybi[:,1:L+1]-ybi[:,\
          L+1:2*L+1]))).T+(ybi[:,1:L+1]+ybi[:,L+1:2*L+1]-2*ybi[:,0].reshape\
          (-1,1))*wc2[1:L+1]@((ybi[:,1:L+1]+ybi[:,L+1:2*L+1]-2*ybi[:,0].\
          reshape(-1,1))).T
    # 计算观测误差协方差矩阵

    AA=(xbi[:,1:L+1]-xbi[:,L+1:2*L+1])*(wc1[1:L+1])       #计算协方差矩阵 Pxy
    BB=(xbi[:,1:L+1]+xbi[:,1+L:2*L+1]-2*xbi[:,0].reshape(-1,1))*(wc2[1:L+1])
    temp,Sxx= np.linalg.qr((AA+BB).T,mode='reduced')
    Sxx=Sxx.T
    CC=(ybi[:,1:L+1]-ybi[:,L+1:2*L+1])*(wc1[1:L+1])
    DD=(ybi[:,1:L+1]+ybi[:,1+L:2*L+1]-2*ybi[:,0].reshape(-1,1))*(wc2[1:L+1])
```

```
    temp,Syy= np.linalg.qr((CC+DD).T,mode='reduced')
    Syy=Syy.T
    Pxy=Sxx@CC[:,0:n].T

    K = Pxy @ np.linalg.inv(Syy@Syy.T)        #计算卡尔曼增益矩阵
    xa = xbm + K @ (yo-h(xbm))                 # 更新状态变量
    B = Pxx-K @ Pyy @K.T                       # 计算下一个同化循环需要的背景误差协方差
    return xa,B
```

附录 7-5　SP-CDKF 同化试验及结果

```
n = 3                                                    # 状态维数
m = 3                                                    # 观测数
x0b = np.array([2.0,3.0,4.0])                            # 同化试验的初值
np.random.seed(seed=1)                                   # 初始化随机种子，便于重复结果

xb = np.zeros([n,nt+1]); xb[:,0] = x0b
for k in range(nt):                                      # xb 得到的是不加同化的自由积分结果
    xb[:,k+1] = RK4(Lorenz63,xb[:,k],dt,sigma,beta,rho)

sig_b= 0.1
B = sig_b**2*np.eye(n)                                   # 初始时刻背景误差协方差，设为对角阵
Q = 0.1*np.eye(n)                                        # 模式误差（若假设完美模式则取 0）

xa = np.zeros([n,nt+1]); xa[:,0] = x0b          #保存每步的集合均值作为分析场，存在 xa
km = 0                                                   # 对同化次数进行计数

xbi,vi,wm,wc1,wc2 = time_generate_SigmaP(xa[:,0], B, Q)
 #根据初始条件生成时间积分步的 sigma 点构成集合
n,N = xbi.shape                                          # N 集合成员数
for k in range(nt):                                      # 时间积分
    for i in range(N):                                   # 对每个集合成员积分
        xbi[:,i] = RK4(Lorenz63,xbi[:,i],dt,sigma,beta,rho)
# 积分每个集合成员得到预报集合
    xa[:,k] = np.sum(xbi*wm,1)                   # 非同化时刻使用预报平均，同化时刻分析平均
    if (km<nt_m) and (k+1==ind_m[km]):          # 当有观测时，使用 SP-CDKF 进行更新
        xbi = xbi +vi                            # 在集合成员中加入背景误差
        xbm,Pxx = time_update_SigmaP(xbi,wm,wc1,wc2)  #计算背景误差协方差 Pxx
        xbi,ni,wm,wc1,wc2 = measurement_generate_SigmaP(xa[:,k],Pxx,R)
#生成观测更新步的 sigma 点
        xa[:,k+1],B  =  measurement_update_SigmaP(xbi,wm,wc1,wc2,yo[:,km],h,\
                        ni,xbm, Pxx )
# 调用 SP-CDKF 同化
        xbi,vi,wm,wc1,wc2 = time_generate_SigmaP(xa[:,k+1], B, Q)
                                                 # 为下一个同化循环生成集合成员
        km = km+1
```

```
# CDKF 结果画图
import matplotlib.pyplot as plt
plt.rcParams['font.sans-serif'] = ['Songti SC']
plt.figure(figsize=(10,8))
lbs = ['x','y','z']
for j in range(3):
    plt.subplot(4,1,j+1)
    plt.plot(t,xTrue[j],'b-',lw=2,label='真值')
    plt.plot(t,xb[j],'--',color='orange',lw=2,label='背景')
    plt.plot(t_m,yo[j],'go',ms=8,markerfacecolor='white',label='观测')
    plt.plot(t,xa[j],'-.',color='red',lw=2,label='分析')
    plt.ylabel(lbs[j],fontsize=16)
    plt.xticks(fontsize=16);plt.yticks(fontsize=16)
    if j==0:
        plt.legend(ncol=4, loc=9,fontsize=16)
        plt.title("CDKF 同化试验",fontsize=16)
RMSEb = np.sqrt(np.mean((xb-xTrue)**2,0))
RMSEa = np.sqrt(np.mean((xa-xTrue)**2,0))
plt.subplot(4,1,4)
plt.plot(t,RMSEb,color='orange',label='背景均方根误差')
plt.plot(t,RMSEa,color='red',label='分析均方根误差')
plt.legend(ncol=2, loc=9,fontsize=16)
plt.text(1,9,'背景误差平均 = %0.2f' %np.mean(RMSEb),fontsize=14)
plt.text(1,4,'分析误差平均 = %0.2f' %np.mean(RMSEa),fontsize=14)
plt.ylabel('均方根误差',fontsize=16)
plt.xlabel('时间 (TU) ',fontsize=16)
plt.xticks(fontsize=16);plt.yticks(fontsize=16)
```

第 8 章

粒子滤波器

8.1 粒子滤波器的主要特性

地球科学中的数据同化，是一个逐渐发展的领域。由于问题的规模较大，当前的同化方法仍然面临较大的挑战。通常情况下，全球规模的数值天气预报需要估计超过 10^9 个状态变量，每 6～12h 同化超过 10^7 个观测数据。现有的方法如 4D-Var 不能够提供准确的不确定性估计，也需要有效的预处理方法，而集合卡尔曼滤波器（EnKF）严重依赖某种程度上的经验方案，如局地化和协方差膨胀来寻找准确的估计。

数据同化的主要挑战还是来自问题的非线性，而且随着模型分辨率的提高和观测算子的复杂化，非线性问题越来越多。变分方法和卡尔曼滤波器类的方法都难以处理非线性问题。当变分方法中的代价函数是多模态时，变分方法很容易失败。EnKF 方法假设先验概率密度函数（PDF）和观测的似然函数服从高斯分布，且分析是先验状态和观测值的线性组合，而高斯分布在非线性的系统中很难维持。

图 8-1 提供了一个简单的例子说明非线性和非高斯性之间的关系。我们使用一个典型的非线性模式 Lorenz63 模式对一系列服从高斯分布的随机数值进行积分，随着积分步数的增长，比如说在 30 步积分之后，很容易发现这些集合成员将不再服从高斯分布。这个例子显示了非线性和非高斯性是相生相伴的。可以预想，在一个非线性的系统中使用依赖于高斯假设的方法，其效果会有很大的限制。

卡尔曼滤波器公式采用的一系列假定，实际上限制了该方法的同化效果。只有在保证数值模式为线性，并且预报误差和观测误差都是高斯分布的前提下，卡尔曼滤波器才提供最优的解。卡尔曼滤波器公式本身只包含状态场的平均值和协方差信息，它实际上默认了公式中涉及的所有误差（预报误差和观测误差）都是服从高斯分布的，而基于卡尔曼滤波器的一系列集合方法，也都基于这些假设。在这些假设下，根据贝叶斯定理，后验服从高斯分布。后验分布的均值和协方差都可以直接用卡尔曼更新方程计算出来。EnKF 利用了这一结果，直接从后验 PDF

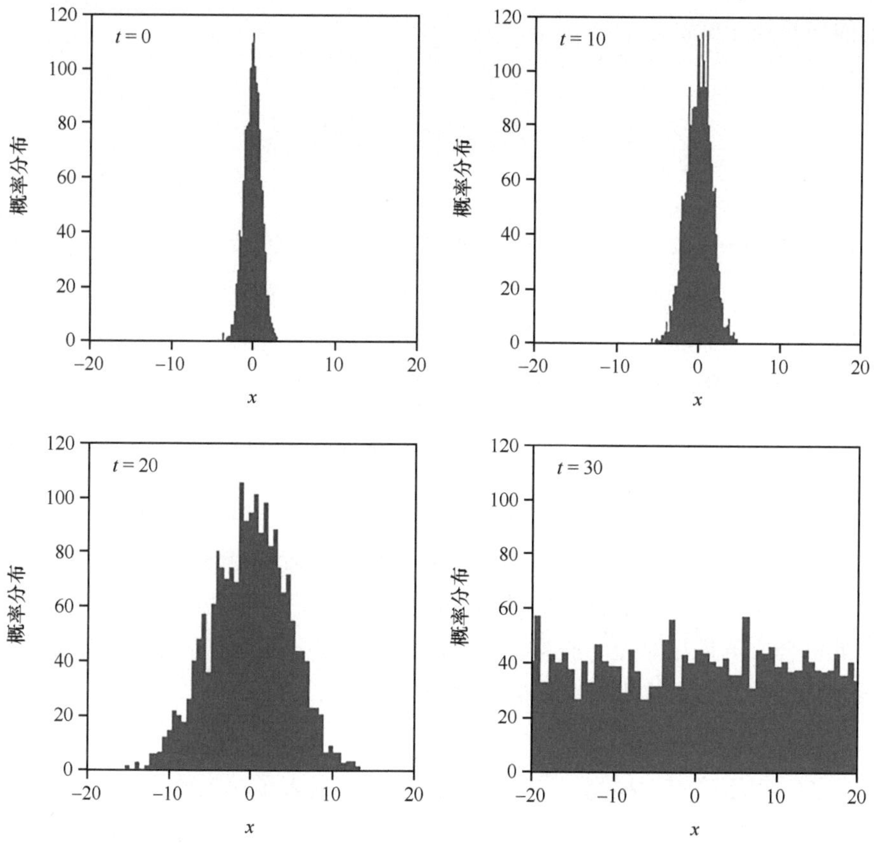

图 8-1　一系列服从高斯分布的集合成员随着非线性模式积分的演变情况

中提取粒子，这就是所有后验粒子在 EnKF 中具有相同权重的原因。从某种意义上来说，EnKF 可以被视为一种始终保持等权重的特殊粒子滤波器。

相比于集合卡尔曼滤波器，粒子滤波器算法不受模型状态变量和误差高斯分布假设的约束，可以用于任意非线性非高斯的动力系统。它通过取样方法近似表示模式状态场的 PDF，能更好地同化非高斯信息。粒子滤波器有希望实现完全的非线性数据同化，而不需要对先验或似然进行任何假设。粒子滤波器从 21 世纪初开始就被广泛应用于地球系统数据同化，并成为一个热门的研究方向。早在 20 世纪 50～60 年代，Hammersley 和 Morton 等（1954）就提出了一种称为序贯重要性取样（SIS）的蒙特卡罗方法，它的基本原理是通过离散的随机样本逼近状态场的 PDF。但是，由于计算复杂性和样本退化的问题，该方法在相当长的一段时间内没有取得多大的进展。直到 Gordon 等（1993）提出了重要性重取样（importance resampling，IR）的概念，在一定程度上克服了算法的退化问题，才出现了第一个真正可行的顺序蒙特卡罗方法。该方法称为自举粒子滤波器（bootstrap particle filter），被公认为现代粒子滤波器的基石。以下先介绍这种标准的自举粒子滤波器。

8.2 标准粒子滤波器

标准粒子滤波器也称自举粒子滤波器，其基本思想描述如下。首先假设已经有了总数为 N 的模型状态 $\boldsymbol{x}_i^k \in \mathbb{R}^{N_x}$，它们被用来代表 k 时刻的先验概率密度分布 $\boldsymbol{p}(\boldsymbol{x}^k)$。在本章中，用 N_x 表示模式空间维数，同时为了方便，表示时刻的 k 在本章被放置在上标中，即

$$\boldsymbol{p}(\boldsymbol{x}^k) \approx \sum_{i=1}^{N} \frac{1}{N} \delta(\boldsymbol{x}^k - \boldsymbol{x}_i^k) \tag{8-1}$$

式中，δ 代表狄拉克 δ 函数，其特性是除零以外的点的函数值都等于零，且在整个定义域上的积分等于 1。式（8-1）使用一系列状态值的组合近似表示状态量的 PDF，这些用于估计 PDF 的状态值也被称为“粒子”——粒子和集合卡尔曼滤波器中的集合成员是相对应的概念。在两次观测之间，每个粒子都从时刻 $k-1$ 向前传播到时刻 k，使用的非线性模型方程为

$$\boldsymbol{x}^k = f(\boldsymbol{x}^{k-1}) + \boldsymbol{\beta}^k \tag{8-2}$$

式中，$f(\cdot)$ 表示确定性模型；$\boldsymbol{\beta}^k$ 是随机外强迫，代表了缺失的物理过程、离散化操作等带来的模式误差。一般情况下，假设这种模式误差是可以累加的，同时假设 $\boldsymbol{\beta}^k$ 的 PDF 是已知的——通常是高斯分布 $N(\boldsymbol{0}, \boldsymbol{Q})$。在观测时刻，真值通过观测算子投影到观测空间：

$$\boldsymbol{y}^k = \boldsymbol{H}(\boldsymbol{x}_{\mathrm{tr}}^k) + \boldsymbol{\varepsilon}^k \tag{8-3}$$

式中，观测误差 $\boldsymbol{\varepsilon}^k$ 是随机向量，代表测量误差和可能的代表性误差。我们再次假设这些误差是已知的，通常也假设是高斯的，即 $\boldsymbol{\varepsilon}^k \sim N(\boldsymbol{0}, \boldsymbol{R})$。观测资料 $\boldsymbol{y}^k \in \mathbb{R}^{N_y}$（$N_y$ 表示观测空间维数）。根据贝叶斯定理，将先验 PDF 与每个状态的似然函数相乘来实现同化过程。似然函数的定义是给定可能的模式状态下观测的概率密度分布 $p(\boldsymbol{y}^k \mid \boldsymbol{x}^k)$，由贝叶斯定理可得

$$p(\boldsymbol{x}^k \mid \boldsymbol{y}^k) = \frac{p(\boldsymbol{y}^k \mid \boldsymbol{x}^k)}{p(\boldsymbol{y}^k)} p(\boldsymbol{x}^k) \tag{8-4}$$

式中，$p(\boldsymbol{x}^k \mid \boldsymbol{y}^k)$ 是后验 PDF，是数据同化的目标。如果把先验粒子的表示代入这个定理，可得

$$p(\boldsymbol{x}^k \mid \boldsymbol{y}^k) \approx \sum_{i=1}^{N} w_i^k \delta(\boldsymbol{x}^k - \boldsymbol{x}_i^k) \tag{8-5}$$

式中，粒子权重 w_i^k 的表达式为

$$w_i^k = \frac{p\left(\boldsymbol{y}^k \mid \boldsymbol{x}_i^k\right)}{Np\left(\boldsymbol{y}^k\right)} = \frac{p\left(\boldsymbol{y}^k \mid \boldsymbol{x}_i^k\right)}{N\int p\left(\boldsymbol{y}^k \mid \boldsymbol{x}^k\right)p\left(\boldsymbol{x}^k\right)\mathrm{d}\boldsymbol{x}^k} \approx \frac{p\left(\boldsymbol{y}^k \mid \boldsymbol{x}_i^k\right)}{\sum_j p\left(\boldsymbol{y}^k \mid \boldsymbol{x}_j^k\right)} \tag{8-6}$$

由于上式所有的项都可以显式计算，权重的数值可以计算得到。方程最后一部分进行了标准化，使得权重的总和为 1。只要有了后验 PDF，分析场的一切统计信息都可以得到，如平均值、方差，以及其他的高阶统计矩。在大多数的应用中主要关注的平均值和方差分别可以表示如下：

$$\overline{\boldsymbol{x}^k} = \sum_{i=1}^{N} w_i^k \boldsymbol{x}_i^k$$

$$\boldsymbol{P}^k = \sum_{i=1}^{N} w_i^k \left(\boldsymbol{x}_i^k - \overline{\boldsymbol{x}^k}\right)^2$$

其中也用到了狄拉克 δ 函数的特性 $\int f(x)\delta(x-x_i)\mathrm{d}x = f(x_i)$。图 8-2 描述了标准粒子滤波器的工作原理。

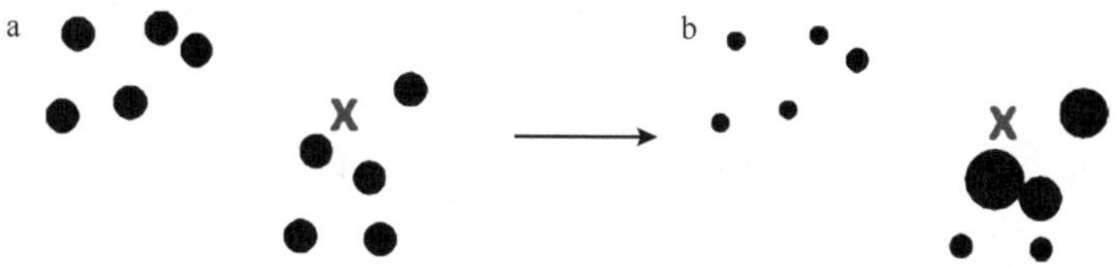

图 8-2　标准粒子滤波器的工作原理（van Leeuwen，2009）

a. 先验粒子（点），有一个观测值，用红叉表示；b. 后验粒子，点越大，其权重越大。需要注意的是，粒子在状态空间中没有移动，它们只是被重新加权

将粒子 $\boldsymbol{x}_i^k$ 传播到下一个观测时刻 $k+1$，就得到了时刻 $k+1$ 的先验加权。通过贝叶斯定理同化 $k+1$ 时刻的观测结果，会导致权重的修改：

$$w_i^{k+1} = w_i^k \frac{p\left(\boldsymbol{y}^{k+1} \mid \boldsymbol{x}_i^{k+1}\right)}{\sum_j p\left(\boldsymbol{y}^{k+1} \mid \boldsymbol{x}_j^{k+1}\right)} \tag{8-7}$$

于是，就可以通过不断更新权重来调整模式预报状态的 PDF。以上就是重要性取样（importance sampling，IS）的概念。然而，即使在低维的应用中，权重间的变异（互相间的差异，可以用权重的方差度量）也会随着同化步骤的增加而增加。最终，一个粒子的权重会比其他所有的粒子大得多，从而导致滤波器失效。

为了防止这种情况，在后验的加权粒子开始积分之前可以使用重要性重取样（IR）方法来获得具有同等权重的新粒子。重取样步骤的原则是重复高权重粒子并同时抛弃低权重粒子。重取样后，被重复的那些粒子的数值是相同的，但如果模型包含随机成分，并且不同的粒子使用独立的随机作用，那么粒子的多样性就会随着模式积分在一定程度上恢复。

附录 8-1 提供了一种重取样的算法，被称为残量重取样方法。图 8-3 进一步展示了一个根据随机权重进行重取样的例子，图 8-3a 展示了 100 个粒子的随机权重，它们的和为 1。重取样算法的效果就是将权重较高的粒子重复多份，同时去掉权重较低的粒子，保证总的粒子数不变。图 8-3b 展示了各个粒子保留的份数，如果份数为 0 就意味着该粒子被删除。

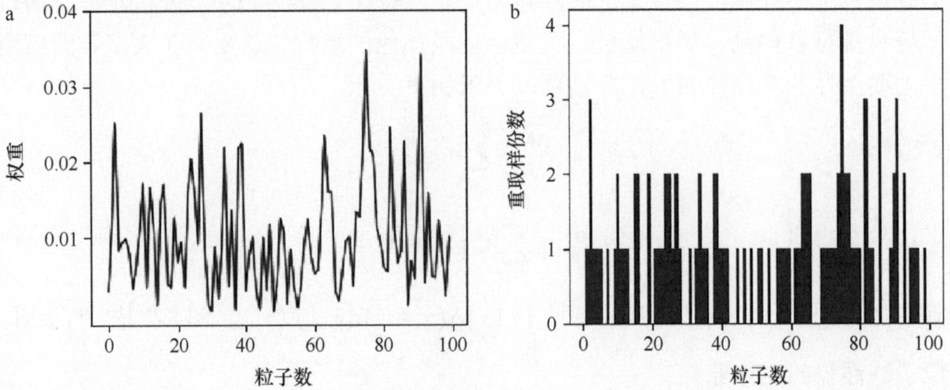

图 8-3　输入到重取样算法中的 100 个粒子的随机权重（a）及各粒子根据权重重新分配后的数量（b）

顺序重取样粒子滤波器（SIR-PF）被认为是一种顺序的同化算法，在每个分析时刻先计算权重，然后根据权重实施重取样，从而输出等权重的一系列后验粒子。为计算似然函数，一般都假设观测服从高斯分布，即

$$p(\boldsymbol{y}\mid\boldsymbol{x})=\frac{1}{\sqrt{(2\pi)^m|\boldsymbol{R}|}}\exp\left\{-\frac{1}{2}\left[\boldsymbol{y}^{\mathrm{o}}-h(\boldsymbol{x})\right]^{\mathrm{T}}\boldsymbol{R}^{-1}\left[\boldsymbol{y}^{\mathrm{o}}-h(\boldsymbol{x})\right]\right\} \tag{8-8}$$

对观测作出高斯分布的假设在大多数情况下都是符合常规的。并且，由于粒子滤波器并不假设先验分布和后验都是高斯的，因此它在一定程度上还是放宽了集合卡尔曼滤波器中的假定。SIR-PF 的代码见附录 8-2，其也依赖于附录 8-1 的重取样算法。

我们可以在附录 4-1 和附录 4-3 构成的集合同化试验中调用上述 SIR-PF，针对 Lorenz63 模式开展同化试验。为强调非线性，本次试验设置模式积分步长为 0.02，观测间隔为 0.5（即 25 步模式积分），观测误差的标准差为$\sqrt{3}$，模式误差的标准差为 0.1。相关试验设置和试验进程参考附录 8-3。试验使用了 256 个粒子，并且将 SIR-PF 的同化结果与 EnSRF 的结果相对比（为了避免扰动观测造成的随机性）。两种方法使用相同的初始集合，因为集合成员数相对较多，EnSRF 不采用协方差膨胀和局地化方法。为了突出结果，这里只用 200 模式步之后稳定的结果计算均方根误差。图 8-4 中的比较结果表明，在 $N=256$ 的条件下，SIR-PF 的结果优于 EnSRF。

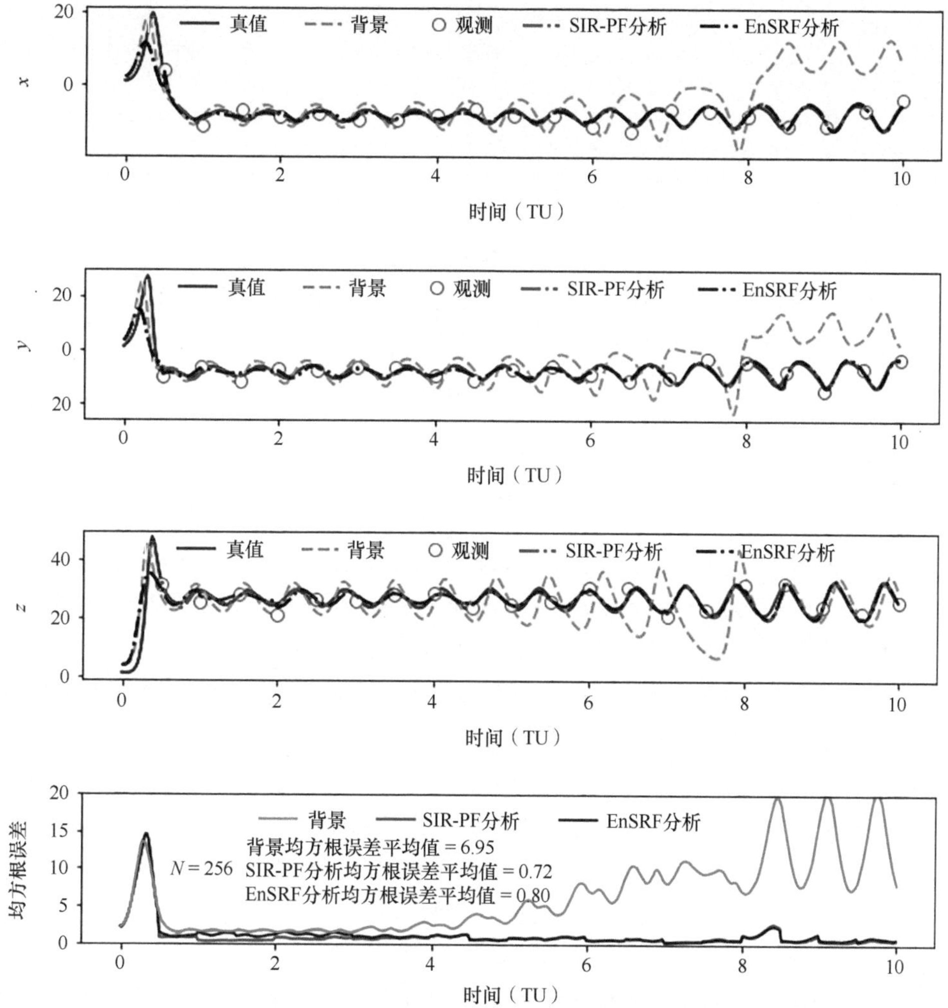

图 8-4　Lorenz63 模式中利用 SIR-PF 和 EnSRF 同化获取的分析集合平均结果与自由积分的比较

使用 256 个集合成员：从上到下为三个变量及均方根误差，红色为 SIR-PF 结果，黑色为 EnSRF 结果，橘色为自由积分结果

但是，进一步的试验表明，如果粒子数不足，SIR-PF 就不一定有优势。图 8-5 显示了 SIR-PF 和 EnSRF 两种方法得出的结果的平均均方根误差与粒子数（或集合成员数）的关系。可以看出，如果粒子数小于 16，SIR-PF 的效果逊于 EnSRF。特别地，当 $N = 4$ 时 SIR-PF 的误差非常大，导致分析结果不可靠。

总体来说，对于 Lorenz63 这种较小的数值模式，虽然有一定的随机因素影响，但是当粒子数目足够多时，粒子滤波器的同化效果能够明显超过 EnSRF。

然而，当模式状态的维数很大时，即使在同一个观测时刻，权重之间也会有很大的差异，通常一个粒子获得的权重比其他粒子大得多，在这种情况下，绝大

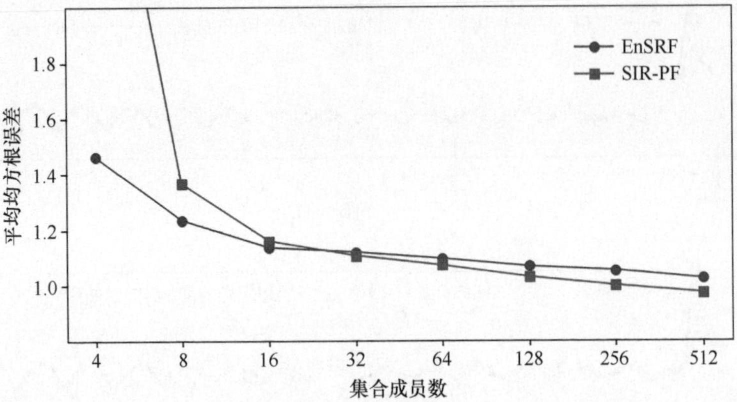

图 8-5　SIR-PF 和 EnSRF 分别使用不同尺寸的集合开展同化获得结果的平均均方根误差与集合成员数 N 之间的关系

由于集合构成和模式积分的随机性，每次试验的结果不一定相同

多数粒子的权重太小以至于不能对分析产生贡献，此时有效粒子数几乎等于 1。这种一个粒子获得权重非常接近 1，其余粒子的权重非常接近 0 的情况也被称为"权重退化"。每当权重退化发生时，粒子滤波器就会失效。

Snyder 等（2008）指出，对于一大类粒子滤波器来说，避免权重退化其中所需的粒子数必须随着观测 $\boldsymbol{y}$ 的维度的增加而呈指数增长，这种情况也经常被称为"维数灾"（the curse of dimensionality）。如果权重退化，所有的粒子在重新取样后都是相同的，那么粒子的多样性都会丢失。从这个讨论中可以看出，为了使粒子滤波器在相对更大的模式中发挥作用，需要确保其权重保持相近，同时为了在实际计算中可行，又不能使用过多的粒子数目。

以下主要介绍三类使用相对有限的粒子数量来避免权重退化的方法：第一类方法探索使用所谓的建议密度在状态空间中引导粒子，使它们获得非常相近的权重；第二类方法将粒子滤波器与集合卡尔曼滤波器相结合，形成一类混合算法；第三类方法则是直接在粒子滤波器中引入局地化。

8.3　建议分布粒子滤波器

标准粒子滤波器从先验中抽取粒子。然后，这些粒子必须被修改，以便通过似然函数的加权成为后验粒子。如前所述，从先验中直接取样会导致权重间的差异太大，从而出现一个粒子的权重非常接近 1，而所有其他粒子的权重都非常接近 0 的退化现象。为了避免这种退化，可以尝试对某时刻到下个时刻的过渡函数进行重要性取样。当数值模式不是确定的而是随机的时候，可以自由地改变模式方程，把粒子移到希望它们出现的状态空间的那些部分——比如说更接近观测值。

根据上述思想，可以将其数学原理描述如下。首先，模式积分对于概率分布的作用可以表示为如下方程：

$$p\left(\boldsymbol{x}^k\right)=\int p\left(\boldsymbol{x}^k \mid \boldsymbol{x}^{k-1}\right) p\left(\boldsymbol{x}^{k-1}\right) \mathrm{d} \boldsymbol{x}^{k-1} \tag{8-9}$$

式中，$p\left(\boldsymbol{x}^k \mid \boldsymbol{x}^{k-1}\right)$是转移密度，即已知时刻$k-1$的状态时，到时刻$k$获取的状态 PDF。例如，如果模式误差是可以累加的，可以认为其方程转移密度与模式误差的 PDF 一致，即

$$p\left(\boldsymbol{x}^k \mid \boldsymbol{x}^{k-1}\right)=p_\beta\left[\boldsymbol{x}^k-f\left(\boldsymbol{x}^{k-1}\right)\right] \tag{8-10}$$

如果进一步假设模式误差服从高斯分布，即$\beta \sim N(0, Q)$，则有

$$p\left(\boldsymbol{x}^k \mid \boldsymbol{x}^{k-1}\right)=N\left[f\left(\boldsymbol{x}^{k-1}\right), \boldsymbol{Q}\right] \tag{8-11}$$

如果有$k-1$时刻的加权粒子集，$p\left(\boldsymbol{x}^{k-1}\right)=\sum_{i=1}^N w_i^{k-1} \delta\left(\boldsymbol{x}^{k-1}-\boldsymbol{x}_i^{k-1}\right)$，将其代入方程（8-9）能够得到关于$\boldsymbol{x}^k$的先验表达式：

$$p\left(\boldsymbol{x}^k\right) \approx \sum_{i=1}^N w_i^{k-1} p\left(\boldsymbol{x}^k \mid \boldsymbol{x}_i^{k-1}\right) \tag{8-12}$$

根据贝叶斯公式，后验分布可以写为

$$p\left(\boldsymbol{x}^k \mid \boldsymbol{y}^k\right) \approx \sum_{i=1}^N w_i^{k-1} \frac{p\left(\boldsymbol{y}^k \mid \boldsymbol{x}^k\right)}{p\left(\boldsymbol{y}^k\right)} p\left(\boldsymbol{x}^k \mid \boldsymbol{x}_i^{k-1}\right) \tag{8-13}$$

在标准的粒子滤波器中，对于每一个i，我们都要从$p\left(\boldsymbol{x}^k \mid \boldsymbol{x}_i^{k-1}\right)$中抽取一个粒子，然后产生类似式（8-7）的权重递推关系。根据前面的讨论可知，这将在高维系统产生滤波退化。那么，现在假设k时刻的先验粒子被允许按照不同的模式方程产生。从公式上，这等价于我们用所谓的建议密度$q\left(\boldsymbol{x}^k \mid \boldsymbol{x}_i^{k-1}, \boldsymbol{y}^k\right)$来改写方程（8-12）和方程（8-13），从而可得

$$p\left(\boldsymbol{x}^k\right) \approx \sum_{i=1}^N w_i^{k-1} \frac{p\left(\boldsymbol{x}^k \mid \boldsymbol{x}_i^{k-1}\right)}{q\left(\boldsymbol{x}^k \mid \boldsymbol{x}_i^{k-1}, \boldsymbol{y}^k\right)} q\left(\boldsymbol{x}^k \mid \boldsymbol{x}_i^{k-1}, \boldsymbol{y}^k\right) \tag{8-14}$$

以及

$$p\left(\boldsymbol{x}^k \mid \boldsymbol{y}^k\right) \approx \sum_{i=1}^N w_i^{k-1} \frac{p\left(\boldsymbol{y}^k \mid \boldsymbol{x}^k\right)}{p\left(\boldsymbol{y}^k\right)} \frac{p\left(\boldsymbol{x}^k \mid \boldsymbol{x}_i^{k-1}\right)}{q\left(\boldsymbol{x}^k \mid \boldsymbol{x}_i^{k-1}, \boldsymbol{y}^k\right)} q\left(\boldsymbol{x}^k \mid \boldsymbol{x}_i^{k-1}, \boldsymbol{y}^k\right) \tag{8-15}$$

式中，$q\left(\boldsymbol{x}^k \mid \boldsymbol{x}_i^{k-1}, \boldsymbol{y}^k\right)$应该处处非零。

式（8-13）和式（8-15）实际上分别对应从$p\left(\boldsymbol{x}^k \mid \boldsymbol{x}_i^{k-1}\right)$或$q\left(\boldsymbol{x}^k \mid \boldsymbol{x}_i^{k-1}, \boldsymbol{y}^k\right)$中抽取样本$\boldsymbol{x}_i^k$，构成$\delta\left(\boldsymbol{x}^k-\boldsymbol{x}_i^k\right)$。可以注意到，从$p\left(\boldsymbol{x}^k \mid \boldsymbol{x}_i^{k-1}\right)$中抽样实际上就相当于运行原始随机积分模式，而如果选择从$q\left(\boldsymbol{x}^k \mid \boldsymbol{x}_i^{k-1}, \boldsymbol{y}^k\right)$中抽样，这对应于我们自己给定一个恰当的模式方程。图 8-6 说明了这个基本思路，在时刻 n–1 时，

有一组粒子，由填充的圆圈表示。当使用原始模式时，它们沿着蓝色实线传播到时刻 n。由于它们与观测点（方框）的距离变化很大，它们的权重也会随之变化。当使用建议模式时，时刻 n–1 的粒子会沿着绿色虚线传播，最终离观测值更近。这将导致似然权重更加接近。然而，由于改变了模式方程，粒子现在也有了建议权重。

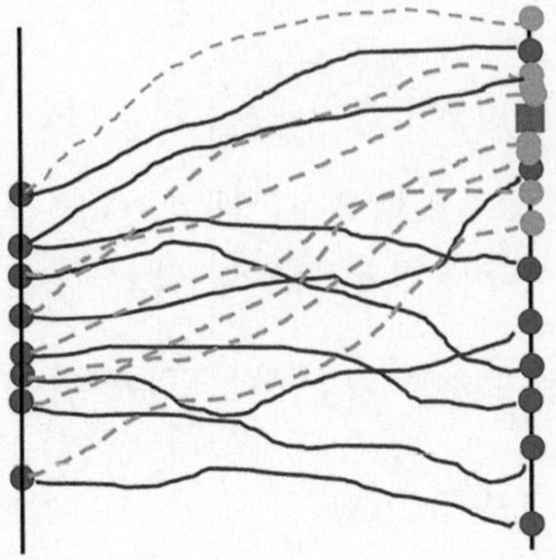

图 8-6　建议密度的说明示意图（van Leeuwen et al.，2019）

假设原始模式由式（8-2）给出，那么建议模式可以表示为

$$\boldsymbol{x}^k = g\left(\boldsymbol{x}^{k-1}, \boldsymbol{y}^n\right) + \hat{\boldsymbol{\beta}}^k \tag{8-16}$$

式中，$g(\cdot)$ 是确定性部分；$\hat{\boldsymbol{\beta}}^k$ 是随机部分。这些都可以自由选择，使得权重之间更加接近（图 8-6）。值得注意的是，$g(\cdot)$ 被允许依赖未来时间的观测。这意味着，我们在时刻 k 生成先验粒子时，要为每一个 i 从 $q\left(\boldsymbol{x}^k \mid \boldsymbol{x}_i^{k-1}, \boldsymbol{y}^k\right)$ 中抽取一次粒子，其中

$$q\left(\boldsymbol{x}^k \mid \boldsymbol{x}^{k-1}, \boldsymbol{y}^k\right) = p_{\hat{\beta}}\left[\boldsymbol{x}^k - g\left(\boldsymbol{x}^{k-1}, \boldsymbol{y}^k\right)\right] \tag{8-17}$$

一般来说，我们从替代模式 $q\left(\boldsymbol{x}^k \mid \boldsymbol{x}_i^{k-1}, \boldsymbol{y}^k\right)$ 中抽取 k 时刻的粒子，并通过改变粒子的权重来实现同化。式（8-14）和式（8-15）也可以写成先验和后验表达式的形式：

$$p\left(\boldsymbol{x}^k\right) = \sum_{i=1}^{N} \hat{w}_i^{k-1} q\left(\boldsymbol{x}^k \mid \boldsymbol{x}_i^{k-1}, \boldsymbol{y}^k\right) \tag{8-18}$$

和

$$p\left(\boldsymbol{x}^k \mid \boldsymbol{y}^k\right) = \sum_{i=1}^{N} \hat{w}_i^{k} q\left(\boldsymbol{x}^k \mid \boldsymbol{x}_i^{k-1}, \boldsymbol{y}^k\right) \tag{8-19}$$

其中的权重为

$$\hat{w}_i^{k-1} \propto w_i^{k-1} \frac{p\left(\boldsymbol{x}_i^k \mid \boldsymbol{x}_i^{k-1}\right)}{q\left(\boldsymbol{x}_i^k \mid \boldsymbol{x}_i^{k-1}, \boldsymbol{y}^k\right)} \tag{8-20}$$

及

$$\hat{w}_i^k \propto \hat{w}_i^{k-1}\frac{p\left(\boldsymbol{y}^k \mid \boldsymbol{x}_i^k\right)}{p\left(\boldsymbol{y}^k\right)} \propto w_i^{k-1} p\left(\boldsymbol{y}^k \mid \boldsymbol{x}_i^k\right)\frac{p\left(\boldsymbol{x}_i^k \mid \boldsymbol{x}_i^{k-1}\right)}{q\left(\boldsymbol{x}_i^k \mid \boldsymbol{x}_i^{k-1}, \boldsymbol{y}^k\right)} \tag{8-21}$$

这里我们使用比例符号代替等号，因为需要做一定的标准化处理使得权重之和为1。由于每个建议分布 $q\left(\boldsymbol{x}^k \mid \boldsymbol{x}_i^{k-1}, \boldsymbol{y}^k\right)$ 提取一个 k 时刻的粒子 $\boldsymbol{x}_i^k$，我们当然也可以把式（8-18）和式（8-19）写为

$$p\left(\boldsymbol{x}^k\right) \approx \sum_{i=1}^{N} \hat{w}_i^{k-1} \delta\left(\boldsymbol{x}^k - \boldsymbol{x}_i^k\right)$$

及

$$p\left(\boldsymbol{x}^k \mid \boldsymbol{y}^k\right) \approx \sum_{i=1}^{N} \hat{w}_i^{k} \delta\left(\boldsymbol{x}^k - \boldsymbol{x}_i^k\right)$$

从式（8-21）可以看到，权重的更新使用两个因子，一个是与标准粒子滤波器中相同的似然权重 $p\left(\boldsymbol{y}^k \mid \boldsymbol{x}_i^k\right)$，另一个依赖于建议权重 $\dfrac{p\left(\boldsymbol{x}_i^k \mid \boldsymbol{x}_i^{k-1}\right)}{q\left(\boldsymbol{x}_i^k \mid \boldsymbol{x}_i^{k-1}, \boldsymbol{y}^k\right)}$。这两个权重具有相反的作用。如果我们使用一个能够强效地将模式推向观测值的建议概率密度，似然权重就会变大——因为观测值和模式状态之间的差异变小，但是建议权重会变小——因为模式被推离了它想去的地方，导致 $p\left(\boldsymbol{x}^k \mid \boldsymbol{x}_i^{k-1}\right)$ 变小。此外，对观测值较弱的推动会使建议权重保持在较高的水平，但会导致似然权重较小。这表明，建议概率密度的选取方式需要平衡这两部分。

8.3.1　简单松弛格式

为了具体说明建议密度的概念，van Leeuwen（2010）使用了简单松弛格式的例子。该格式在原方程中加入一个松弛项，将粒子引向观测值，使其权重更加接近，即把模式方程写为

$$\boldsymbol{x}^m = f\left(\boldsymbol{x}^{m-1}\right) + \boldsymbol{T}\left[\boldsymbol{y}^k - \boldsymbol{H}\left(\boldsymbol{x}^{m-1}\right)\right] + \hat{\boldsymbol{\beta}}^m \tag{8-22}$$

值得注意的是，上标 k 指代同化的次数，而上标 m 代表模式的积分步数，在两次同化（k 和 k+1）之间可能会有较多的模式积分步。$\boldsymbol{T}$ 是按照需要选择的松弛矩阵。方程的前两项是确定性部分，第三项是随机噪声。假设随机噪声的 PDF 是高斯分布，均值为 **0**，协方差为 $\hat{\boldsymbol{Q}}$，那么可以写出如下建议密度：

$$q\left(\boldsymbol{x}^m \mid \boldsymbol{x}^{m-1}, \boldsymbol{y}^k\right) = N\left\{f\left(\boldsymbol{x}^{m-1}\right) + \boldsymbol{T}\left[\boldsymbol{y}^k - \boldsymbol{H}\left(\boldsymbol{x}^{m-1}\right)\right], \hat{\boldsymbol{Q}}\right\} \tag{8-23}$$

对于原始模式，随机噪声是均值为 **0**、协方差为 $\boldsymbol{Q}$ 的高斯分布，所以有

$$p\left(\boldsymbol{x}^m \mid \boldsymbol{x}^{m-1}\right) = N\left[f\left(\boldsymbol{x}^{m-1}\right), \boldsymbol{Q}\right] \tag{8-24}$$

在粒子滤波器中，模式方程的变化通过每个粒子相对权重的变化来补偿，在这种情况下，权重变化的表达方式为

$$w_i^m = w_i^{m-1} \frac{p\left(\boldsymbol{x}_i^m \mid \boldsymbol{x}_i^{m-1}\right)}{q\left(\boldsymbol{x}_i^m \mid \boldsymbol{x}_i^{m-1}, \boldsymbol{y}^n\right)} \propto w_i^{m-1} \frac{\exp\left(-\boldsymbol{J}_p\right)}{\exp\left(-\boldsymbol{J}_q\right)} \tag{8-25}$$

其中，高斯分布的模式误差为

$$\boldsymbol{J}_p = \frac{1}{2}\left[\boldsymbol{x}_i^m - f\left(\boldsymbol{x}_i^{m-1}\right)\right]^{\mathrm{T}} \boldsymbol{Q}^{-1}\left[\boldsymbol{x}_i^m - f\left(\boldsymbol{x}_i^{m-1}\right)\right] \tag{8-26}$$

以及

$$\begin{aligned}\boldsymbol{J}_q = &\frac{1}{2}\left\{\boldsymbol{x}_i^m - f\left(\boldsymbol{x}_i^{m-1}\right) - \boldsymbol{T}\left[\boldsymbol{y}^k - \boldsymbol{H}\left(\boldsymbol{x}^{m-1}\right)\right]\right\}^{\mathrm{T}} \hat{\boldsymbol{Q}}^{-1}\left\{\boldsymbol{x}_i^m - f\left(\boldsymbol{x}_i^{m-1}\right)\right. \\ &\left. -\boldsymbol{T}\left[\boldsymbol{y}^k - \boldsymbol{H}\left(\boldsymbol{x}^{m-1}\right)\right]\right\} = \frac{1}{2}\left(\hat{\boldsymbol{\beta}}_i^m\right)^{\mathrm{T}} \hat{\boldsymbol{Q}}^{-1}\end{aligned} \tag{8-27}$$

该方法可以通过利用观测资料，一定程度上减小权重变异。当然，这种简单的方法并不能完全解决退化的问题，但它提供了一种将观测结合到建议分布中的方案，为其他的建议分布方法提供了参考。

8.3.2 加权集合卡尔曼滤波

更客观的方法是在建议密度中使用其他现有的数据同化方法，如 EnKF 或者变分方法。在加权集合卡尔曼滤波器（weighted ensemble Kalman filter，WEnKF）（Papadakis et al.，2010）中，随机 EnKF 被用来产生建议分布密度函数。已知 EnKF 的更新为

$$\boldsymbol{x}_i^k = \boldsymbol{x}_i^{\mathrm{f}} + \boldsymbol{K}\left(\boldsymbol{y}^k - \boldsymbol{H}\boldsymbol{x}_i^{\mathrm{f}} - \boldsymbol{\epsilon}_i\right) \tag{8-28}$$

式中，$\boldsymbol{x}_i^{\mathrm{f}}$ 根据 $\boldsymbol{x}_i^{\mathrm{f}} = f\left(\boldsymbol{x}_i^{k-1}\right) + \boldsymbol{\beta}_i^k$ 得到；K 是卡尔曼增益矩阵；$\boldsymbol{\epsilon}_i$ 是观测扰动，且有 $\boldsymbol{\epsilon}_i \sim N\left(\boldsymbol{0}, \boldsymbol{R}\right)$，代入模式积分式可得

$$\boldsymbol{x}_i^k = f\left(\boldsymbol{x}_i^{k-1}\right) + \boldsymbol{K}\left[\boldsymbol{y}^k - \boldsymbol{H}f\left(\boldsymbol{x}_i^{k-1}\right)\right] + \left(\mathbf{I} - \boldsymbol{K}\boldsymbol{H}\right)\boldsymbol{\beta}_i^k - \boldsymbol{K}\boldsymbol{\epsilon}_i \tag{8-29}$$

如果写为

$$\boldsymbol{x}^k = g\left(\boldsymbol{x}^{k-1}, \boldsymbol{y}^k\right) + \hat{\boldsymbol{\beta}}_i^k$$

那么 $g\left(\boldsymbol{x}^{k-1}\right) = f\left(\boldsymbol{x}_i^{k-1}\right) + \boldsymbol{K}\left[\boldsymbol{y}^k - \boldsymbol{H}f\left(\boldsymbol{x}_i^{k-1}\right)\right]$ 且 $\hat{\boldsymbol{\beta}}_i^k = \left(\mathbf{I} - \boldsymbol{K}\boldsymbol{H}\right)\boldsymbol{\beta}_i^k - \boldsymbol{K}\boldsymbol{\epsilon}_i$ 。所以，粒子滤波器中使用的建议分布应该是

$$q\left(\boldsymbol{x}^n \mid \boldsymbol{x}_i^{n-1}, \boldsymbol{y}^n\right) = N\left\{f\left(\boldsymbol{x}^{n-1}\right) + \boldsymbol{K}\left[\boldsymbol{y}^n - \boldsymbol{H}f\left(\boldsymbol{x}^{n-1}\right)\right], \hat{\boldsymbol{Q}}\right\} \tag{8-30}$$

其中

$$\hat{\boldsymbol{Q}} = \left(\mathbf{I} - \boldsymbol{K}\boldsymbol{H}\right)\boldsymbol{Q}\left(\mathbf{I} - \boldsymbol{K}\boldsymbol{H}\right)^{\mathrm{T}} + \boldsymbol{K}\boldsymbol{R}\boldsymbol{K}^{\mathrm{T}} \tag{8-31}$$

类似松弛方法中的式（8-26）和式（8-27），可以利用建议分布的表达式计算粒子

的权重。

附录 8-4 提供了 WEnKF 的程序。也可以在附录 8-3 的集合同化试验中调用 WEnKF，针对 Lorenz63 模式开展同化试验，值得注意的是，由于建议分布粒子滤波器非常依赖模式误差，因此在 WEnKF 的数值试验应该使用不为零矢量的模式误差协方差矩阵 $\boldsymbol{Q}$，如 $\boldsymbol{Q}=0.1\mathbf{I}$。可以看出，在本例中 WEnKF 的效果也明显优于 EnSRF（图 8-7）。

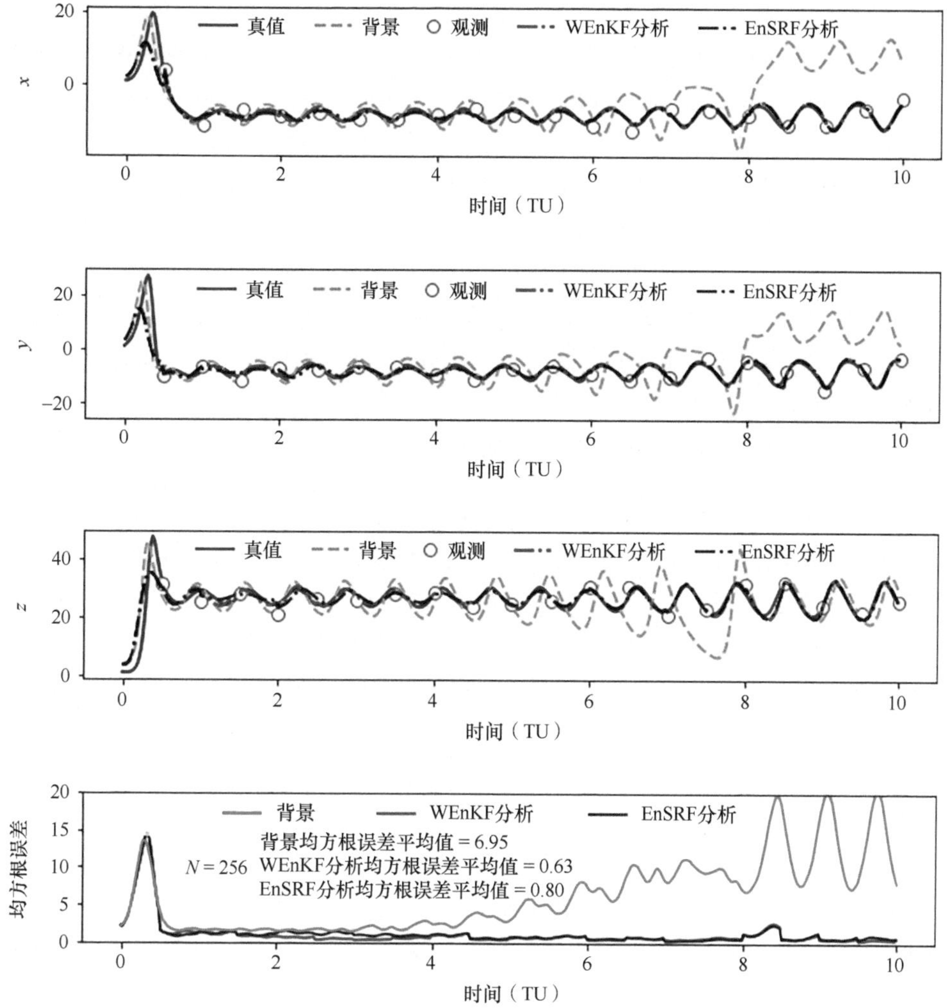

图 8-7 Lorenz63 模式中利用 WEnkF 和 EnSRF 同化获取的分析集合平均结果与自由积分的比较
使用 256 个集合成员：从上到下为三个变量及均方根误差，红色为 WEnkF 结果；黑色为 EnSRF 结果，橘色为自由积分结果

Morzfeld 等（2017）对这个滤波器的行为进行了研究。发现在高维系统中，这个滤波器仍然无法完全避免退化，这与 Snyder 等（2008）的理论一致。当然，这种方法有望通过引入局地化进一步改进。

还有一系列其他的粒子滤波器使用不同的建议分布（如使用变分思想、最大似然思想、等权重目标函数等）来实现同化，碍于篇幅不再进一步展开，具体可以参考 van Leeuwen 等（2019）的研究。

8.4 混合滤波器——以 EnKPF 为例

本节以集合卡尔曼粒子滤波器（ensemble Kalman particle filter，EnKPF）为例介绍一种混合的滤波器方法。Frei 和 Künsch（2013）提出了一种将集合卡尔曼滤波器和粒子滤波器结合的方法，一定程度上既能够利用粒子滤波器同化非高斯信息的能力，又可以借助集合卡尔曼滤波器的思想降低权重退化的发生概率。

实际上，前面提到的加权集合卡尔曼滤波器（WEnKF）也是将卡尔曼滤波器和粒子滤波器思想结合起来的手段，但是它主要用到的是建议分布的思想，即使用式（8-14）和式（8-15）对于计算权重过程中的粒子产生方式进行修正。而 EnKPF 的做法则是修改贝叶斯公式的更新方式，使用一种分步的方式对先验 PDF 进行更新。

把式（8-4）中的贝叶斯定理写成如下形式：

$$p\left(\boldsymbol{x}^n \mid \boldsymbol{y}^n\right) \propto p\left(\boldsymbol{y}^n \mid \boldsymbol{x}^n\right) p\left(\boldsymbol{x}^n\right) = p\left(\boldsymbol{y}^n \mid \boldsymbol{x}^n\right)^{1-\gamma} p\left(\boldsymbol{y}^n \mid \boldsymbol{x}^n\right)^{\gamma} p\left(\boldsymbol{x}^n\right) \tag{8-32}$$

根据该公式，我们可以把一次分析过程分成两个阶段，第一阶段实现从先验分布到一个中间分布的更新，第二阶段实现从中间分布到后验分布。如果在第一阶段使用 EnKF，并在第二阶段使用 PF，就可以在一定程度上减小退化程度。首先，我们对于粒子滤波器权重的退化程度进行量化。定义有效粒子数（集合成员数）N_{eff} 如下：

$$N_{\text{eff}} = \frac{1}{\sum_{i=1}^{N} w_i^2} \tag{8-33}$$

当所有的粒子等权重（$w_i = 1/N, i = 1, 2, \cdots, N$）时，$N_{\text{eff}} = N$；而当粒子集合完全退化（$w_k = 1$，且 $w_i = 0$，其中 $i \neq k$）时，$N_{\text{eff}} = 1$。大多数有效粒子数介于这两种情况之间。N_{eff} 越小，说明越接近发生退化。然而，N_{eff} 的值也不是越大越好。例如，EnKF 等集合卡尔曼滤波器方法的 N_{eff} 恒等于 N，但是它们都利用了高斯线性假设，没有同化非高斯信息。综上，滤波器方法需要在避免退化和尽可能地同化非高斯信息之间进行权衡，使得有效粒子数既不会太大也不会太小。

在给定一个 $\gamma \in [0,1]$ 的条件下，EnKPF 的算法如下。

应用一个基于膨胀的误差协方差 $\boldsymbol{R}/\gamma$ 的 EnKF：

$$\boldsymbol{K}_1(\gamma) = \boldsymbol{P}^{\mathrm{f}} \boldsymbol{H}^{\mathrm{T}} \left(\boldsymbol{H}\boldsymbol{P}^{\mathrm{f}} \boldsymbol{H}^{\mathrm{T}} + \boldsymbol{R}/\gamma\right)^{-1} = \gamma \boldsymbol{P}^{\mathrm{f}} \boldsymbol{H}^{\mathrm{T}} \left(\gamma \boldsymbol{H}\boldsymbol{P}^{\mathrm{f}} \boldsymbol{H}^{\mathrm{T}} + \boldsymbol{R}\right)^{-1} \tag{8-34}$$

$$\boldsymbol{v}_i = \boldsymbol{x}_i^{\mathrm{f}} + \boldsymbol{K}_1(\gamma)\left(\boldsymbol{y} - \boldsymbol{H}\boldsymbol{x}_i^{\mathrm{f}}\right) \tag{8-35}$$

$$\boldsymbol{Q} = \frac{1}{\gamma}\boldsymbol{K}_1(\gamma)\boldsymbol{R}\boldsymbol{K}_1(\gamma)^{\mathrm{T}} \tag{8-36}$$

式中，$\boldsymbol{v}_i$ 是中间状态的集合成员；$\boldsymbol{Q}$ 是这一步分析导致的误差变化。

利用似然函数式（8-8），为每个 $\boldsymbol{v}_i$ 计算权重，但其中的观测误差协方差替换为 $\dfrac{\boldsymbol{R}}{1-\gamma} + \boldsymbol{H}\boldsymbol{Q}\boldsymbol{H}^{\mathrm{T}}$：

$$w_i = \phi\left(\boldsymbol{y}; \boldsymbol{H}\boldsymbol{v}_i, \frac{\boldsymbol{R}}{1-\gamma} + \boldsymbol{H}\boldsymbol{Q}\boldsymbol{H}^{\mathrm{T}}\right) \tag{8-37}$$

使用重取样算法，计算重取样指标 k_n，并加上对观测的随机扰动 $\epsilon_{1,i}$：

$$\boldsymbol{x}_i^{\mathrm{u}} = \boldsymbol{v}_{k_n} + \boldsymbol{K}_1(\gamma)\frac{\epsilon_{1,i}}{\sqrt{\gamma}} \tag{8-38}$$

计算第二阶段的更新如下：

$$\boldsymbol{K}_2(1-\gamma) = (1-\gamma)\boldsymbol{Q}\boldsymbol{H}^{\mathrm{T}}\left[(1-\gamma)\boldsymbol{H}\boldsymbol{Q}\boldsymbol{H}^{\mathrm{T}} + \boldsymbol{R}\right]^{-1} \tag{8-39}$$

$$\boldsymbol{x}_i^{\mathrm{a}} = \boldsymbol{x}_i^{\mathrm{u}} + \boldsymbol{K}_2(1-\gamma)\left(\boldsymbol{y} + \frac{\epsilon_{2,i}}{\sqrt{1-\gamma}} - \boldsymbol{H}\boldsymbol{x}_i^{\mathrm{u}}\right) \tag{8-40}$$

式中，$\epsilon_{1,i}$ 和 $\epsilon_{2,i}$ 都是根据均值为 **0** 协方差为 $\boldsymbol{R}$ 的高斯分布选取的随机扰动误差。

这个算法的内涵在于，利用式（8-32）将分析过程拆分为两个阶段，每个阶段都利用不同膨胀系数的观测误差协方差矩阵。而在两个阶段之间，使用粒子滤波器进行加权和重取样，根据似然权重重新分配样本。也就是说，两步的 EnKF 之间插入粒子滤波器的计算权重和重取样过程。显然，γ 越趋于 1，式（8-37）中的观测误差越趋于无穷，则粒子趋于等权重，且第二阶段的更新变得微不足道，整个算法接近一个纯粹的随机 EnKF。而 γ 越趋于 0，第一步对于粒子的调整就越少，式（8-39）中的重取样占主导作用，第二阶段更新的作用也近乎无效，整个算法接近一个纯粹的 SIR-PF。

EnKPF 就是通过 γ 的取值形成一种 EnKF 和 SIR-PF 的平衡状态。所以，γ 的取值对于算法的表现有非常大的影响。因为 γ 决定了 EnKF 和 SIR-PF 的比重，所以 N_{eff} 和 γ 单调成正比例。如果设定的目标是将 N_{eff}/N 的比值保持在一定的范围内，如 $[\tau_1, \tau_2]$，那么在每一步分析的时候，就可以自适应地选择 γ 的值，使得它满足需要的条件。二分搜索法设计如下：首先设定 $\gamma = 1/2$，然后执行式（8-34）～式（8-37）得到所有的权重，用式（8-33）计算相应的 N_{eff}，并判断 $\tau = N_{\mathrm{eff}}/N$ 是否属于设定的区间，如果 τ 小于下界 τ_1，则在下一次迭代的时候设定 $\gamma = \gamma + (1/2)^{k+1}$；如果 τ 大于上界 τ_2，则设定 $\gamma = \gamma - (1/2)^{k+1}$，否则就停止迭代，其中 k 是当前迭代数。

通过使用二分搜索法，很快就能找到满足条件的γ，然后完成整个算法。EnKPF 的程序由附录 8-5 提供，读者可以在 Lorenz63 模式的集合同化试验中采用。通过设定一个合理的有效粒子率区间，如$[0.4,0.6]$，或者有效粒子数范围，如 5～10，作为自适应停止条件，可以实施 EnKPF 算法，这些结果可以直接和前面的 WEnKF 或者 SIR-PF、EnKF 的结果进行对比，也可以通过调整有效粒子率区间，探讨粒子效率与同化效果的关系。

8.5　局地化粒子滤波器

局地化在集合卡尔曼滤波中已经得到了普遍应用，成为一项标准技术，用于增大集合扰动得到的矩阵的秩，使更多的观测数据被同化，并抑制有限的集合成员造成的虚假相关性。局地化通过将每个观测的影响限制在一个比整个模型域小得多的局部区域来达成上述效果。

集合卡尔曼滤波器中的局地化思想很简单，并能带来高效的算法。而在粒子滤波器中实现局地化还是一个挑战，因为目前没有一个简单的方法可以将不同区域的局部更新粒子粘在一起（van Leeuwen，2009）。具体来说，一种很自然的想法是在粒子滤波器中计算局部权重并进行重取样，但后者很难执行，因为无法从局部重取样的粒子中生成“平滑”的全局粒子。平滑在这里没有很好的定义，但它与粒子在模式变量之间具有现实的物理关系（平衡）有关。例如，如果地转平衡占主导地位，重取样程序就不应该产生完全失去地转平衡的粒子，因为这将导致通过虚假的重力波产生虚假的调整过程，所以如果通过局部权重进行局部重取样，在将各个部分拼接起来的过程中，很难保证每个粒子的平滑性。

目前在粒子滤波器的局地化方面已经取得了一定进展，发展了数种局地化粒子滤波器（LPF）算法（Rebeschini and van Handel，2015；Lee and Majda，2016；Penny and Miyoshi，2016；Poterjoy，2016；Robert and Künsch，2017）。在粒子滤波器中通常通过允许分析权重取决于空间位置来引入局地化。在传统的粒子滤波器中，每个状态变量的概率密度函数如下：

$$\boldsymbol{p}\left(\boldsymbol{x}^k\right)=\sum_{i=1}^{N} w_i^k \delta\left(\boldsymbol{x}^k-\boldsymbol{x}_i^k\right) \tag{8-41}$$

其中针对一个矢量粒子$\boldsymbol{x}_i^k$，对应的权重w_i^k是一个标量。而在相应的局地化粒子滤波器中，令矢量粒子对应的权重

$$\boldsymbol{w}_i^k=\left[w_{1,i}^k,\cdots,w_{j,i}^k,\cdots,w_{N_x,i}^k\right] \tag{8-42}$$

也构成一个矢量，其中的j是关于变量元素的指标。式（8-42）定义的矢量权重$\boldsymbol{w}_i^k$

依赖于网格点的空间位置，这意味着对状态矢量 $\boldsymbol{x}^k$ 的不同元素 $\boldsymbol{x}_j^k$ 采用不同的权重。不同矢量局地化方案和重取样方案构成了不同的 LPF 方法。LPF 要处理的问题有两个，即如何拼接和如何处理不平衡的问题，根据解决的方案可以分为两类方法。

在第一类方法中，通过只使用影响该网格点的观测点，在每个网格点进行独立分析，这导致算法容易定义、实施和并行化。然而，状态变量之间没有明显的相关，这可能会导致不平衡问题。例如，Rebeschini 和 van Handel（2015）、Penny 和 Miyoshi（2016）、Lee 和 Majda（2016）及 Chustagulprom 等（2016）都采用了这种方法，我们称之为状态空间局地化。

在第二类方法中，在每个观测点进行分析。当同化一个地点的观测时，我们对状态空间进行分割：附近的网格点被更新，而远处的网格点保持不变。在这种形式上，需要按顺序同化观测数据，这使得算法较难定义和并行化，但可以缓解不平衡的问题。例如，Poterjoy（2016）就采用了这种方法。我们称其为串行观测局地化粒子滤波器。

因为和串行 EAKF 算法的结构相对应，本书着重介绍第二类串行观测局地化粒子滤波器，其他的方法可以参考 Farchi 和 Bocquet（2018）的综述。

8.5.1 串行观测局地化粒子滤波器

Poterjoy（2016）提出的 LPF（以下称 LPF16）是一种串行的滤波器方法，与前面介绍的串行 EAKF 方法类似，它通过逐个顺次地同化标量观测来进行集合成员的更新。为简化讨论，以下的公式忽略关于时间步的上标 k。另外，分别用 N_x、N_y 和 N 代表状态空间维数、观测数目和集合成员数。

LPF16 利用 EnKF 等集合卡尔曼滤波器方法中常用的局地化因子构造矢量权重，即式（8-42）中的每个标量元素 $w_{j,i}$ 利用如下公式计算：

$$w_{j,i} = \left[p\left(y \mid x_i\right) - 1\right]\rho\left(y, x_j, r\right) + 1 \tag{8-43}$$

$$\Omega_j = \sum_{i=1}^{N} w_{j,i}, \quad j = 1, 2, \cdots, N_x \tag{8-44}$$

式中，$p\left(y \mid x_i\right)$ 是根据投影到观测 y 的集合成员计算的似然权重[即式（8-6）和式（8-41）中的标量权重]；$\rho\left(y, x_j, r\right)$ 代表使用 y 和 x_j 变量的距离及局地化参数 r 计算的局地化因子——使用的函数是 G-C 函数；Ω_j 是用于归一化的因子。使用式（8-43）构成矢量权重元素主要是由两个因素促成的。其一，式（8-43）实现了将信息在空间上局地化的最初目标。其二，归一化的权重 $w_{j,i}/\Omega_j$ 反映了 y 附近变量的似然权重和先验权重（$1/N$）的比重。

进一步假设观测误差是独立的，$p(y|x_i)$ 可以写成 $\prod_{q=1}^{N_y} p\left(y_q|x_i\right)$，其中 y_q 是 y 中的第 q 个观测，观测数目这里用 N_y 表示。因此，式（8-43）可以写成一个迭代关系。给定第 q 个观测元素的值，可以按顺序更新矢量权重的第 j 个元素值：

$$\begin{aligned} w_{j,i}^{(\boldsymbol{y}_q)} &= \prod_{q=1}^{N_y}\left\{\left[p\left(\boldsymbol{y}_q \mid \boldsymbol{x}_i^{(y_0)}\right)-1\right]\rho\left(\boldsymbol{y},\boldsymbol{x}_j,r\right)+1\right\} \\ &= w_{j,i}^{(\boldsymbol{y}_{q-1})}\left\{\left[p\left(\boldsymbol{y}_q \mid \boldsymbol{x}_i^{(y_0)}\right)-1\right]\rho\left(\boldsymbol{y},\boldsymbol{x}_j,r\right)+1\right\} \end{aligned} \tag{8-45}$$

$$\Omega_j^{(y_i)} = \sum_{i=1}^{N} w_{j,i}^{(\boldsymbol{y}_q)}, \quad j=1,2,\ldots,N_x \tag{8-46}$$

式中，上标中的 $(\boldsymbol{y}_q)$ 指的是同化了到 $\boldsymbol{y}_q$ 之前的所有观测；$\boldsymbol{x}_{j,i}^{(y_0)}$ 是同化 $\boldsymbol{y}$ 中任何观测之前的先验集合。对于在较大空间中同化大量观测的应用，式（8-45）乘积中的数值对于大多数 j 都等于 1，只有观测附近位置的变量才产生不为 1 的权重。因此，所产生的权重方程对于较大的 N_y 来说也是数值稳定的，因为这个乘积接近零的速度只取决于由 $\rho\left(\boldsymbol{y},\boldsymbol{x}_j,r\right)$ 定义的局地化区域内的观测数量。在应用式(8-45)和式（8-46）计算出矢量化的权重后，后验量近似表示为

$$\overline{f(\boldsymbol{x})} \approx \sum_{i=1}^{N}\left(w_i/\boldsymbol{\Omega}\right)\circ f\left(\boldsymbol{x}_i\right) \tag{8-47}$$

式中，$\circ$ 代表元素的舒尔乘积。加权向量只提供关于每个状态变量的边际概率的信息，所以式（8-47）不能估计多变量的属性，如协方差。由于这一缺陷，LPF16 算法采用了一种重取样步骤对粒子进行多变量修正。

局部权重方程式（8-45）为使用小集合估计高维系统的后验量提供了一种手段，这些系统在空间分离的变量之间具有有限的先验相关长度尺度。然而，从后验密度中产生等权重的样本，对粒子滤波器来说是另一个挑战。低维随机系统的典型抽样策略是去除小权重的粒子，并同时重复大权重的粒子，最简单的例子是自举粒子滤波器中的重取样算法（附录 8-2）。类似的方法也适用于局地化粒子滤波器，只是局部化增加了过程的复杂性，因为状态向量的每个元素都存在一个唯一的权重。因此，粒子必须被修改以适应由式（8-45）给出的后验特征。

LPF16 采取的方法是连续在每个同化时刻处理观测结果，同时递归更新粒子。这一策略遵循两个步骤，第一步对每个观测值应用自举重取样，将先验粒子与取样粒子合并，从具有近似一阶矩和二阶矩的分布中产生样本；第二步是使用概率映射来调整新粒子，使其与每个变量的后验权重集给出的边际概率一致。第一步的一个额外目标是保留每个观测点附近的取样粒子，使更新的粒子在观测点附近接近自举粒子滤波器的解。第二步对前面没有考虑的粒子进行高阶修正。

1. 取样和合并步骤

为了描述算法的第一部分，考虑调整与第 q 个观测值相关的粒子。在同化 $\boldsymbol{y}_q$ 之前的先验误差分布是用 N 个相等权重的粒子来近似的，这些粒子代表了给定到 $\boldsymbol{y}_{q-1}$ 的所有观测的概率密度的样本，这些粒子用 $\boldsymbol{x}_i^{(\boldsymbol{y}_{q-1})}$ 来表示，其中 i=1, 2, …, N。为了保持与局部加权向量的一致性，局地化粒子滤波器必须在假定受 $\boldsymbol{y}_q$ 影响的状态空间区域创建满足贝叶斯解的后验粒子。同样，假设独立于 $\boldsymbol{y}_q$ 的状态空间区域也需要保持先验的特征。为了得到这个结果，首先为每个粒子计算一个标量权重 $\tilde{w}_i = p\left[\boldsymbol{y}_q \mid \boldsymbol{x}_i^{(\boldsymbol{y}_{q-1})}\right]$，然后通过 $\tilde{W} = \sum_{i=1}^{N} \tilde{w}_i$ 进行归一化。这些权重被用来对 N 个粒子进行替换抽样，以提供应用自举粒子滤波器所得到的后验粒子。然后对先验粒子进行更新，更新方式与观测附近的自举粒子滤波解及观测附近的局部后验解的前两阶矩一致：

$$\boldsymbol{x}_i^{(\boldsymbol{y}_q)} = \overline{\boldsymbol{x}}^{(\boldsymbol{y}_q)} + \boldsymbol{r}_1 \circ \left[\boldsymbol{x}_{k_i}^{(\boldsymbol{y}_{q-1})} - \overline{\boldsymbol{x}}^{(\boldsymbol{y}_q)}\right] + \boldsymbol{r}_2 \circ \left[\boldsymbol{x}_i^{(\boldsymbol{y}_{q-1})} - \overline{\boldsymbol{x}}^{(\boldsymbol{y}_q)}\right] \tag{8-48}$$

式中，$\overline{\boldsymbol{x}}^{(\boldsymbol{y}_q)} = \sum_{i=1}^{N} w_i^{(\boldsymbol{y}_q)} \boldsymbol{x}_i^{(\boldsymbol{y}_0)}$ 是用式（8-46）得到的权重计算的后验（加权）平均数；k_i 是第 i 个取样粒子的索引指标。新粒子是由取样粒子和先验粒子的线性组合形成的，使用长度为 N_x 的系数向量 $\boldsymbol{r}_1$ 和 $\boldsymbol{r}_2$ 来指定局地化对更新的影响。式（8-48）中的系数通过假设在观测点位置满足自举粒子滤波解，并且在局地化区域符合由式（8-48）计算的后验平均数和方差来推导得到。求解得到的 $\boldsymbol{r}_1$ 和 $\boldsymbol{r}_2$ 的第 j 个元素可以分别表示为

$$\boldsymbol{r}_{1,j} = \sqrt{\frac{\sigma_j^{(\boldsymbol{y}_q)^2}}{\frac{1}{N-1}\sum_{i=1}^{N}\left[\boldsymbol{x}_{k_i,j}^{(\boldsymbol{y}_{q-1})} - \overline{\boldsymbol{x}}_j^{(\boldsymbol{y}_q)} + c_j\left(\boldsymbol{x}_{i,j}^{(\boldsymbol{y}_{q-1})} - \overline{\boldsymbol{x}}_j^{(\boldsymbol{y}_q)}\right)\right]^2}} \tag{8-49}$$

$$\boldsymbol{r}_{2,j} = c_j \boldsymbol{r}_{1,j} \tag{8-50}$$

$$c_j = \frac{N\left[1-\rho\left(\boldsymbol{y},\boldsymbol{x}_j,r\right)\right]}{\rho\left(\boldsymbol{y},\boldsymbol{x}_j,r\right)\tilde{\boldsymbol{W}}} \tag{8-51}$$

式中，$\sigma_j^{(\boldsymbol{y}_q)^2}$ 是以截至 $\boldsymbol{y}_q$ 的所有观测值为条件的误差方差。

为了进一步解释式（8-49）～式（8-51），可以考虑当 $\rho\left(\boldsymbol{y},\boldsymbol{x}_j,r\right)$ 接近 1 和 0 时，$\boldsymbol{r}_{1,j}$ 和 $\boldsymbol{r}_{2,j}$ 的渐近行为。当 $\rho\left(\boldsymbol{y},\boldsymbol{x}_j,r\right) \to 1$ 时，$c_j \to 0$，且有

$$\lim_{c_j \to 0} \boldsymbol{r}_{1,j} = \sqrt{\frac{\sigma_j^{(y_q)^2}}{\frac{1}{N-1}\sum_{i=1}^{N}\left(\boldsymbol{x}_{k_i,j}^{(y_{q-1})} - \overline{\boldsymbol{x}}_j^{(y_q)}\right)^2}} = 1 \tag{8-52}$$

因为当$\rho\left(\boldsymbol{y},\boldsymbol{x}_j,r\right)=1$时，后验方差大约等于取样粒子方差。同时，$\lim_{c_j \to 0} \boldsymbol{r}_{2,j} = 0$，这导致式（8-48）将所有的权重放在取样粒子上。

由于$\rho\left(\boldsymbol{y},\boldsymbol{x}_j,r\right)\to 0$时，$c_j \to \infty$，且有

$$\lim_{c_j \to \infty} \boldsymbol{r}_{2,j} = \sqrt{\frac{\sigma_j^{(y_q)^2}}{\frac{1}{N-1}\sum_{i=1}^{N}\left(\boldsymbol{x}_{i,j}^{(y_{q-1})} - \overline{\boldsymbol{x}}_j^{(y_q)}\right)^2}} = 1 \tag{8-53}$$

因为当$\rho\left(\boldsymbol{y},\boldsymbol{x}_j,r\right)=0$时，后验方差等于先验方差。同时，$\lim_{c_j \to \infty} \boldsymbol{r}_{1,j} = 0$，这导致式（8-48）将所有的权重放在先验粒子上。

取样步骤提供了一种调整粒子的手段，以适应观测附近的一般贝叶斯后验解。由于每个抽样的粒子都与先验粒子相结合，因此产生的后验集合包含N个独特的模式状态，这就避免了在连续同化观测数据过程中集合离散度的退化。在每个更新步骤中引入的随机抽样误差在处理几个观测值后可能会累积起来。为了减小这些误差，式（8-49）中的均值和方差项用式（8-45）～式（8-47）估计，其与上述的取样和更新程序无关。算法的这一部分需要在同化第一个观测值（即$\boldsymbol{x}_i^{(y_0)}$，其中 i=1, 2, ⋯, N）之前存储先验粒子，并根据式（8-45）和式（8-46）在每个新的观测值中依次更新加权矩阵。最后，在式（8-48）中，被抽样的粒子的索引取代了被移除的粒子的索引，因此，对于抽样过程中被选中的每个粒子的第一次出现，k_i等于i。这个步骤确保了在取样步骤中保留下来的粒子经过式（8-48）的最小调整（参考附录 8-6）。

除了局地化，LPF16 对于小规模集合的稳定性可以通过将$\rho\left(\boldsymbol{y},\boldsymbol{x}_j,r\right)$乘以一个标量$\alpha$来改善，其中$\alpha$<1。这一步迫使权重在观测值对滤波器更新有很大影响的区域更加均匀。对$\rho\left(\boldsymbol{y},\boldsymbol{x}_j,r\right)$的修改减少了靠近观测值的状态变量的更新，这种方式类似于 EnKF 的某些公式中使用的“松弛”方法。此外，$\tilde{w}_n$可被替换为$\left[p\left(\boldsymbol{y}_q \mid \boldsymbol{x}_i^{(y_{q-1})}\right)-1\right]\alpha+1$，以保持用于重取样粒子的标量权重与用于各阶矩估计的矢量权重之间的一致性。这一步也给归一化之前计算的权重设置了一个最小值，并增加了抽样步骤中选择的独特粒子的数量。当观测值之间的误差不同时就会出现问题，在这种情况下，各种观测类型之间的似然值可能会有数量级的差异。在这种情况下，必须在应用α之前对权重进行归一化。

2. 概率投影步骤

在使用式（8-48）更新局部区域的粒子后，再使用经常用于消除模型输出的概率映射方法进行高阶修正。LPF16 使用的方法是 McGinnis 等（2015）开发的用于非高斯密度的内核密度分布映射（KDDM）方法。KDDM 的操作方式是将先验样本映射到后验样本中，与指定的后验分布的量值相匹配，这里所需的后验分布由先验粒子和它们的后验权重定义。KDDM 的一个优点是，当分别应用于 $\boldsymbol{x}$ 中的每个状态变量时，产生的后验集合包含与先验集合大致相同的相关性。因此，单变量的 KDDM 步骤可以应用于粒子，同时保持上述更新算法的抽样部分所产生的跨变量的相关性。为了简化符号，将输入（先验）和输出（后验）粒子的第 j 个值分别表示为 $\boldsymbol{x}_{i,j}^{\mathrm{f}}$ 和 $\boldsymbol{x}_{i,j}^{\mathrm{a}}$ 。从最近更新的粒子和权重开始，KDDM 使用以下步骤来执行映射。

（1）使用高斯核的线性组合对先验密度和后验密度进行近似。这一步使用以每个 $\boldsymbol{x}_{i,j}^{\mathrm{a}}$ 为中心的核的组合，用 $1/N$ 加权形成先验概率密度函数（$\mathrm{pdf}^{\mathrm{f}}$），用 $\dfrac{w_{i,j}^{(y_q)}}{\Omega_j^{(y_q)}}$ 形成后验概率密度函数（$\mathrm{pdf}^{\mathrm{a}}$）。默认可以选择一个固定的内核带宽 1，但对于更复杂的滤波问题可能需要不同的选择。

（2）使用梯形公式对于两个 pdf 进行数值积分，得到先验的累积密度函数（$\mathrm{cdf}^{\mathrm{f}}$）和后验的累积密度函数（$\mathrm{cdf}^{\mathrm{a}}$）。

（3）应用三次样条插值找到每个先验成员位置的先验累积密度函数值：$\boldsymbol{c}_{i,j}^{\mathrm{f}}=\mathrm{cdf}^{\mathrm{f}}\left(\boldsymbol{x}_{i,j}^{\mathrm{f}}\right)$。

（4）应用三次样条插值估计后验粒子，找到每个 $\boldsymbol{c}_{i,j}^{\mathrm{f}}$ 的后验累积密度函数的逆：$\boldsymbol{x}_{i,j}^{\mathrm{a}}=\mathrm{cdf}^{\mathrm{a}-1}\left(\boldsymbol{c}_{i,j}^{\mathrm{f}}\right)$。

KDDM 的程序参考附录 8-7。

8.5.2　LPF16 的代码及其在 Lorenz96 模式中的应用

附录 8-8 提供了 LPF16 的实施算法，其中也用到了标准粒子滤波器中涉及的顺序重取样（SIR）程序。此外，LPF16 中也调用了上述的重取样指标转移程序（附录 8-6）和核分布概率映射方法（附录 8-7）。当然，附录 5-3 的 G-C 函数及局地化矩阵计算的代码也需要被用到。

由于前面提到的维数灾问题，传统的自举粒子滤波器很难用于较大的模式，即使是 36 个变量的 Lorenz96 模式，也需要数千个以上的粒子才能达到同化效果。而 LPF 很容易在 Lorenz96 模式中实施，并且只需要使用数十个集合成员就不会发生退化问题。我们在由附录 5-1 和附录 5-2 定义的 Lorenz96 模式同化试验中使用 LPF16 的粒子滤波器算法，相关的试验流程列在附录 8-9 中，这里我们假设所有的 36 个变量都被观测到。

LPF 的执行代码大致就包括上面所描述的部分，即串行地同化观测的每个元素：在同化每个标量观测的过程中，先利用式（8-43）计算观测点位置的似然权重，计算重取样的指标 $\{k_i, i=1,2,\cdots,N\}$，然后使用式（8-45）更新矢量权重。执行式（8-49）～式（8-51）获取式（8-48）中的系数，并用式（8-48）重新分配先验粒子。然后，使用概率映射方法进行高阶矩的修正。在本书提供的代码中，由于高阶修正的算法计算量偏大且效果不太显著，我们在试验中只使用类似 EAKF 的一阶矩和二阶矩的修正。图 8-8 展示了 LPF16 对于 Lorenz96 模式的同化效果，其中的模式变量为 36 个，积分步长为 0.05，每 4 个变量有一个被观测到，同化的

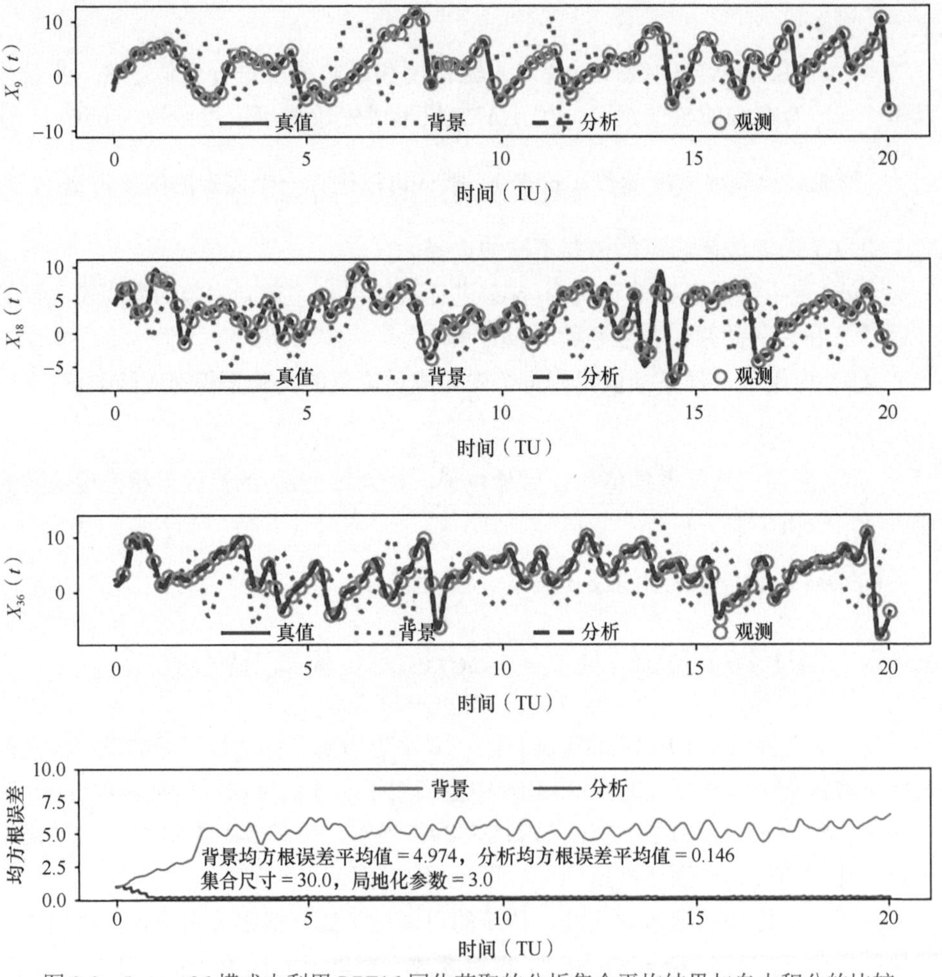

图 8-8　Lorenz96 模式中利用 LPF16 同化获取的分析集合平均结果与自由积分的比较

从上到下为三个变量及均方根误差，红色为 LPF16 结果，橘色为自由积分结果

时间间隔为 20 步。初始集合误差方差为 1，观测误差和模式误差的方差都是 0.1。集合成员数使用 50 个，局地化参数为 3，可调整标量取 $\alpha = 0.99$ 。

图 8-8 的结果显示了 LPF16 同化结果的变量值和均方根误差。如果与 EAKF 等集合滤波器方法比较，可以发现使用相同集合成员数的 LPF16 似乎并没有太大优势。粒子滤波器相比于集合卡尔曼滤波器的优势主要体现在非线性较强的问题中，因此如果考虑观测的间隔较大或者观测算子为非线性的情况，可以更多地展现粒子滤波器的优势，具体对比可参考 Shen 等（2017）的研究。

参考文献

Ades M, van Leeuwen P J. 2013. An exploration of the equivalent weights particle filter. Quarterly Journal of the Royal Meteorological Society, 139(672): 820-840.

Bengtsson T, Snyder C, Nychka D. 2003. Toward a nonlinear ensemble filter for high-dimensional systems. Journal of Geophyical Research, 108: 8775.

Chustagulprom N, Reich S, Reinhardt M. 2016. A hybrid ensemble transform filter for nonlinear and spatially extended dynamical systems. SIAM/ASA Journal of Uncertainty Quantification, 4: 592-608.

Farchi A, Bocquet M. 2018. Review article: comparison of local particle filters and new implementations. Nonlinear Processes in Geophysics, 25(4): 765-807.

Frei M, Künsch H R. 2013. Bridging the ensemble Kalman and particle filters. Biometrika, 100: 781-800.

Gordon N, Salmond D J, Smith A F M. 1993. Novel approach to nonlinear/non-Gaussian Bayesian state estimation. IEE proceedings-F, 140: 107-113.

Hammersley J M, Morton K W. 1954. Poor man's Monte Carlo. Journal of the Royal Statistical Society B: Statistical Methodology, 16(1): 23-38.

Lee Y, Majda A J. 2016. State estimation and prediction using clustered particle filters. Proceedings of the National Academy of Sciences, 113: 14609-14614.

McGinnis S, Nychka D, Mearns L O. 2015. A new distribution mapping technique for climate model bias correction. Springer International Publishing: 91-99.

Morzfeld M, Hodyss D, Snyder C. 2017. What the collapse of the ensemble Kalman filter tells us about particle filters. Tellus A: Dynamic Meteorology and Oceanography, 69(1): 1-14.

Papadakis N, Memin E, Cuzol A, et al. 2010. Data assimilation with the weighted ensemble Kalman filter. Tellus A: Dynamic Meteorology and Oceanography, 62(5): 673-697.

Penny S G, Miyoshi T. 2016. A local particle filter for high-dimensional geophysical systems. Nonlinear Processes in Geophysics, 23: 391-405.

Poterjoy J. 2016. A localized particle filter for high-dimensional nonlinear systems. Monthly Weather Review, 144(1): 59-76.

Rebeschini P, van Handel R. 2015. Can local particle filters beat the curse of dimensionality? Annals of Applied Probability, 25: 2809-2866.

Robert S, Künsch H. 2017. Localizing the ensemble Kalman particle filter. Tellus A: Dynamic

Meteorology and Oceanography, 69(1): 1282016.
Shen Z, Tang Y. 2015. A modified ensemble Kalman particle filter for non-Gaussian systems with nonlinear measurement functions. Journal of Advances in Modeling Earth Systems, 7(1): 50-66.
Shen Z, Tang Y, Li X. 2017. A new formulation of vector weights in localized particle filter. Quarterly Journal of the Royal Meteorological Society, 143(709): 3268-3278.
Snyder C, Bengtsson T, Bickel P, et al. 2008. Obstacles to high-dimensional particle filtering. Monthly Weather Review, 136: 4629-4640.
van Leeuwen P J. 2009. Particle filtering in geophysical systems. Monthly Weather Review, 137(12): 4089-4114.
van Leeuwen P J. 2010. Nonlinear data assimilation in geosciences: an extremely efficient particle filter. Quarterly Journal of the Royal Meteorological Society, 136(653): 1991-1999.
van Leeuwen P J, Künsch H R, Nerger L, et al. 2019. Particle filters for high-dimensional geoscience applications: a review. Quarterly Journal of the Royal Meteorological Society, 145(723): 2335-2365.

相关 python 代码

附录 8-1　残量重取样方法

```
def SIR(weights):
    import numpy as np
    # 输入权重，输出重取样指标
    if np.sum(weights)!=1:
        weights = weights/np.sum(weights);  # 正规化
    N = len(weights);
    outIndex = np.zeros(N,dtype=int)
    w = np.cumsum(weights);
    Nbins = np.arange(N)/N+0.5/N;
    idx = 0;
    for t in range(N):
        while Nbins[t] >= w[idx]:
            idx+=1
        outIndex[t] = idx;
    return outIndex             # 重取样指标
```

附录 8-2　顺序重取样粒子滤波器（自举粒子滤波器）

```
def BootstrapPF(xbi,yo,ObsOp,JObsOp,R):
    n,N = xbi.shape
    m = yo.shape[0]
    weights = np.zeros(N)
    for i in range(N):                          # 权重公式
        weights[i] = 0.5*(yo-ObsOp(xbi[:,i])).T@np.linalg.inv(R)@(yo-ObsOp\
                (xbi[:,i]))
```

```
    weights = np.exp(-weights)
    weights = weights/np.sum(weights)       # 正规化
    new_index= SIR(weights)                 # 重取样
    xai = xbi[:,new_index]                  # 重分配样本
    return xai,weights
```

附录 8-3　粒子滤波器和 EnSRF 对比的同化试验设置和结果

```
# 定义模式
import numpy as np
# 定义模式方程和积分格式
def Lorenz63(state,*args):                  # Lorenz63 模式右端项
    sigma = args[0]
    beta = args[1]
    rho = args[2]
    x, y, z = state
    f = np.zeros(3)
    f[0] = sigma * (y - x)
    f[1] = x * (rho - z) - y
    f[2] = x * y - beta * z
    return f
def RK4(rhs,state,dt,*args):                # Runge-Kutta 积分格式
    k1 = rhs(state,*args)
    k2 = rhs(state+k1*dt/2,*args)
    k3 = rhs(state+k2*dt/2,*args)
    k4 = rhs(state+k3*dt,*args)
    new_state = state + (dt/6)*(k1+2*k2+2*k3+k4)
    return new_state

sigma = 10.0; beta = 8.0/3.0; rho = 28.0    # 模式参数值
dt = 0.02                                   # 模式积分步长
tm = 10                                     # 同化试验窗口
nt = int(tm/dt)
t = np.linspace(0,tm,nt+1)

def h(u):                     # 观测算子
    yo = u
    return yo

def Dh(u):                    # 观测的切线性算子
    n = len(u)
    D = np.eye(n)
    return D
# 试验参数
n = 3                         # 状态维数
m = 3                         # 观测数
```

```
x0True = np.array([1,1,1])  # 真值的初值
np.random.seed(seed=1)
sig_m= np.sqrt(3)           # 观测误差标准差
R = sig_m**2*np.eye(n)      # 观测误差协方差

dt_m = 0.5                 # 观测之间的时间间隔
tm_m = 10                   # 最大观测时间（可小于模式积分时间）
nt_m = int(tm_m/dt_m)        # 同化的次数

ind_m = (np.linspace(int(dt_m/dt),int(tm_m/dt),nt_m)).astype(int)
t_m = t[ind_m]                # 同化时间

xTrue = np.zeros([n,nt+1])
xTrue[:,0] = x0True
km = 0
yo = np.zeros([3,nt_m])
for k in range(nt):
   xTrue[:,k+1] = RK4(Lorenz63,xTrue[:,k],dt,sigma,beta,rho)        # 真值积分
   if (km<nt_m) and (k+1==ind_m[km]):
       yo[:,km] = h(xTrue[:,k+1]) + np.random.normal(0,sig_m,[3,])
# 通过采样产生观测
       km = km+1
# 同化试验
x0b = np.array([2.0,3.0,4.0])      # 同化试验的初值
np.random.seed(seed=0)

xb = np.zeros([n,nt+1]); xb[:,0] = x0b
for k in range(nt):
   xb[:,k+1] = RK4(Lorenz63,xb[:,k],dt,sigma,beta,rho)  # 不加同化的自由积分结果

sig_b= 3
B = sig_b**2*np.eye(n)            # 初始时刻背景误差协方差
Q = 0.1**2*np.eye(n)             # 模式误差（若假设完美模式则取 0）
# PF 同化
N = 256                          # 集合成员数
xai = np.zeros([3,N])
np.random.seed(0)
for i in range(N):
   xai[:,i] = x0b + np.random.multivariate_normal(np.zeros(n), B)
# 随机扰动构造初始集合

xa = np.zeros([n,nt+1]); xa[:,0] = x0b
km = 0
np.random.seed(seed=0)
```

```
for k in range(nt):
    for i in range(N):
        xai[:,i] = RK4(Lorenz63,xai[:,i],dt,sigma,beta,rho) \
                   + np.random.multivariate_normal(np.zeros(n), Q)
        # 积分集合成员

    if (km<nt_m) and (k+1==ind_m[km]):
        xai,weights = BootstrapPF(xai,yo[:,km],h,Dh,R)       # PF 同化
        # xai = WEnKF(xai,yo[:,km],h,Dh,R,Q)                 # 如果调用 WEnKF 同化
        # xai = EnKPF(xai,yo[:,km],h,Dh,R,0.4,0.6)           # 如果调用 EnKPF
        km = km+1
    xa[:,k+1] = np.mean(xai,1)        # 分析场平均
# EnSRF 同化
xai = np.zeros([3,N])
np.random.seed(0)
for i in range(N):
    xai[:,i] = x0b + np.random.multivariate_normal(np.zeros(n), B)
# 随机扰动构造初始集合

xa1 = np.zeros([n,nt+1]); xa1[:,0] = x0b
km = 0
np.random.seed(seed=0)
for k in range(nt):
    for i in range(N):
        xai[:,i] = RK4(Lorenz63,xai[:,i],dt,sigma,beta,rho) \
                   + np.random.multivariate_normal(np.zeros(n), Q)# 积分集合成员
    if (km<nt_m) and (k+1==ind_m[km]):
        xai = EnSRF(xai,yo[:,km],h,Dh,R)   # 调用 EnKF 同化
        km = km+1
    xa1[:,k+1] = np.mean(xai,1)            #非同化时刻使用预报平均，同化时刻分析平均
#% 结果画图
import matplotlib.pyplot as plt
plt.rcParams['font.sans-serif'] = ['Songti SC']
plt.figure(figsize=(10,8))
lbs = ['x','y','z']
for j in range(3):
    plt.subplot(4,1,j+1)
    plt.plot(t,xTrue[j],'b-',lw=2,label='真值')
    plt.plot(t,xb[j],'--',color='orange',lw=2,label='背景')
    plt.plot(t_m,yo[j],'go',ms=8,markerfacecolor='white',label='观测')
    plt.plot(t,xa[j],'-.',color='red',lw=2,label='PF 分析场')
    plt.plot(t,xa1[j],'-.',color='black',lw=2,label='EnSRF 分析场')

    plt.ylabel(lbs[j],fontsize=16)
```

```
        if j==0:
            plt.legend(ncol=3, loc=9,fontsize=12)
            plt.title("SIR-PF与EnSRF的同化效果对比",fontsize=16)
        plt.xticks(fontsize=16);plt.yticks(fontsize=16)
    RMSEb = np.sqrt(np.mean((xb-xTrue)**2,0))
    RMSEa = np.sqrt(np.mean((xa-xTrue)**2,0))
    RMSEa1 = np.sqrt(np.mean((xa1-xTrue)**2,0))

    plt.subplot(4,1,4)
    plt.plot(t,RMSEb,color='orange',label='背景')
    plt.plot(t,RMSEa,color='red',label='PF分析')
    plt.plot(t,RMSEa1,color='black',label='EnSRF分析')
    plt.ylim(0,15)
    plt.text(2,12,'N = %d' %N, fontsize=14)
    plt.text(2,9,'背景的平均均方根误差 = %0.2f' %np.mean(RMSEb[100::]),fontsize=14)
    plt.text(2,6,'PF 分析的平均均方根误差 = %0.2f' %np.mean(RMSEa[100::]),\
fontsize=14)
    plt.text(2,3,'EnSRF 分析的平均均方根误差 = %0.2f' %np.mean(RMSEa1[100::]),\
fontsize=14)
    plt.ylabel('均方根误差',fontsize=16)
    plt.xlabel('时间',fontsize=16)
    plt.xticks(fontsize=16);plt.yticks(fontsize=16)
```

附录 8-4　加权集合卡尔曼滤波器

```
    def WEnKF(xbi,yo,ObsOp,JObsOp,R,Q):    # 相比于EnKF多输入模式误差Q
        n,N = xbi.shape      # n-状态维数，N-集合成员数
        m = yo.shape[0]      # m-观测维数
        xb = np.mean(xbi,1) # 预报集合平均
        ### 计算卡尔曼增益
        Dh = JObsOp(xb)         # 切线性观测算子
        B = (1/(N-1)) * (xbi - xb.reshape(-1,1)) @ (xbi - xb.reshape(-1,1)).T
        # 样本协方差
        D = Dh@B@Dh.T + R
        K = B @ Dh.T @ np.linalg.inv(D) # !!! 卡尔曼增益
        xai = np.zeros([n,N])
        ### 增加模式扰动量
        beta0 = np.zeros([n,N])
        for i in range(N):
            beta0[:,i] = np.random.multivariate_normal(np.zeros(n), Q)
            xbi[:,i] = xbi[:,i]+beta0[:,i]
        for i in range(N):
            xai[:,i] = xbi[:,i] + K @ (yo-ObsOp(xbi[:,i]))
        ### 建议权重和似然权重
        Qhat = (np.eye(n)-K@Dh.T)@Q@(np.eye(n)-K@Dh.T).T+K@R@K.T
        beta = np.zeros([n,N])
```

```
        weights = np.zeros(N)           # 计算权重
        for i in range(N):
            beta[:,i] = (np.eye(n)-K@Dh.T)@beta0[:,i]
            xai[:,i] = xai[:,i]+beta[:,i]
            weights[i] = 0.5*beta0[:,i]@np.linalg.inv(Q)@beta0[:,i].T
            weights[i] = weights[i]-0.5*beta[:,i]@np.linalg.inv(Qhat)@beta[:,i].T
            weights[i] = weights[i]+0.5*(yo-ObsOp(xbi[:,i])).T@np.linalg.inv(R)@ \
(yo-ObsOp(xbi[:,i]))
        weights = np.exp(-weights)
        weights = weights/np.sum(weights)       # 正规化
        new_index= SIR(weights)                 # 重取样
        xai = xai[:,new_index]                   # 重分配样本
        return xai
```

附录 8-5　集合卡尔曼粒子滤波器

```
    def EnKPF(xbi,yo,ObsOp,JObsOp,R,tau1,tau2):      # 多一个模式误差 Q 的输入
        n,N = xbi.shape       # n-状态维数, N-集合成员数
        m = yo.shape[0]       # m-观测维数
        xb = np.mean(xbi,1) # 预报集合平均
        Dh = JObsOp(xb)       # 切线性观测算子
        B = (1/(N-1)) * (xbi - xb.reshape(-1,1)) @ (xbi - xb.reshape(-1,1)).T
        # 样本协方差
        ### 迭代寻找最优 gamma
        gamma = 0.5;max_iter = 4;
        for k in range(max_iter):
            D = gamma*Dh@B@Dh.T + R
            K1 = gamma*B @ Dh.T @ np.linalg.inv(D)    # 公式 (8-34)
            vi = np.zeros([n,N])
            for i in range(N):                        # 公式 (8-35)
                vi[:,i] = xbi[:,i] + K1 @ (yo-ObsOp(xbi[:,i]))
            Q = 1/gamma*K1*R*K1.T                     # 公式 (8-36)
            weights = np.zeros(N)
            R1 = R/(1-gamma)+Dh @ Q @ Dh.T
            for i in range(N):
                weights[i] = 0.5*(yo-ObsOp(xbi[:,i])).T@np.linalg.inv(R1)@(yo- \
ObsOp(xbi[:,i]))
            weights = np.exp(-weights)                # 公式 (8-37)
            weights = weights/np.sum(weights)         # 标准化
            Neff = 1/np.sum(weights**2)
            tau = Neff/N
            if tau>tau2:
                gamma = gamma-0.5 / 2**(k+1)
            elif tau<tau1:
                gamma = gamma+0.5 / 2**(k+1)
            else:
```

```
            break
        new_index= SIR(weights)                          # 重取样
        xui = np.zeros([n,N])
        for i in range(N):                               # 公式 (8-38)
            xui[:,i]   =   vi[:,new_index[i]]+K1@   np.random.multivariate_normal\
(np.zeros(n), R)/np.sqrt(gamma)                         # 重分配样本
        D = (1-gamma)*Dh@Q@Dh.T + R
        K2 = (1-gamma)*Q @ Dh.T @ np.linalg.inv(D)  # 公式 (8-39)
        xai = np.zeros([n,N])
        for i in range(N):                               # 公式 (8-40)
            xai[:,i] = xui[:,i]+K2@(yo-Dh.T@xui[:,i]+np.random.multivariate_normal\
(np.zeros(n), R)/np.sqrt(1-gamma) )
        return xai
```

附录 8-6 重取样指标转移程序

```
def Indexswift(idx_in):
    idx_out = -1*np.ones_like(idx_in)
    for i in range(len(idx_out)):
        if len(np.argwhere(idx_in==i))!=0:
            idx_out[i] = i;
            dum = np.argwhere(idx_in==i);
            idx_in = np.delete(idx_in,dum[0],axis=0);
    nil_idx = np.argwhere(idx_out==-1);
    nil_idx = nil_idx.flatten();
    idx_out[nil_idx] = idx_in;
```

附录 8-7 核密度估计、梯形公式及高斯核估计方法和核分布概率映射方法

```
def kernel_density(xm,w):
    N = xm.shape[0]
    x = np.linspace(np.min(xm)-2*1.0,np.max(xm)+2*1.0,200)
    kk = np.int(len(xm)/5)-1

    fx = np.zeros(200)
    dis = np.zeros(N)
    for i in range(N):
        dis = np.abs(xm[i]-xm)
        sig = np.max([dis[kk],0.1])

        fx = fx + w[i]*np.exp(-(x-xm[i])**2/2/(sig**2))/np.sqrt(2*np.pi)/sig
    return x,fx

def trapezoid(a, dx):
    z = ( np.cumsum(a) - a/2)*dx;
    z = z / max(z);
    return z
```

```
def kddm(x,xo,w):
    # for vectors input
    N = w.shape[0]
    xma = np.sum(w*xo)
    xva = np.sqrt(np.sum(w*(xo-xma)**2)*N/(N-1))

    x = (x-np.mean(x))/np.sqrt(np.var(x))
    xo = (xo-np.mean(xo))/np.sqrt(np.var(xo))

    xda,fxa = kernel_density(xo, w)
    xdf,fxf = kernel_density(x, np.ones(N)/N)

    dx = xdf[1]-xdf[0]
    cdfxf = trapezoid(fxf, dx)
    dx = xda[1]-xda[0]
    cdfxa = trapezoid(fxa, dx)

    cdfxf = cdfxf[fxf>1e-5];xdf = xdf[fxf>1e-5]
    cdfxa = cdfxa[fxa>1e-5];xda = xda[fxa>1e-5]
    from scipy import interpolate
    f1 = interpolate.interp1d(xdf,cdfxf,kind='cubic')
    p = f1(x)
    f2 = interpolate.interp1d(cdfxa, xda,kind='cubic')
    q = f2(p)

    q = (q-np.mean(q))*xva/np.sqrt(np.var(q))+xma
    return q
```

附录 8-8 LPF16 的实施算法

```
def LPF(xbi,yo,R,ObsOp,LOC_MAT,kddm_flag):
    # 输入局地化矩阵, kddm_flag 用于选择是否使用 KDDM
    n,N = xbi.shape          # n 维数, N 集合成员数
    m = yo.shape[0]          # m 观测数
    alpha = 0.99
    LocM = ObsOp(LOC_MAT)

    xbio = xbi.copy()        # 保存一份不循环更新的原始先验场

    wo = np.ones([n,N])
    w1 = np.zeros(N)

    for i in range(m):
    # 观测循环 # 循环指标(i,j,k) --> (obs,state,ens) -->(m,n,N)
        hx = ObsOp(xbi)
```

```
        hxi = hx[i,:]        # 先验场投影到观测 i
        hxo = ObsOp(xbio)
        hxoi = hxo[i,:]       # 原始投影到观测 i

        r = R[i,i]
        loc = LocM[i,:]*alpha
        # 计算观测点标量权重和相应重取样指标
        for k in range(N):
            d1 = (yo[i]-hxi[k])/np.sqrt(2*r)
            wn = np.exp(-d1*d1)/np.sqrt(2*np.pi)    #每个标量观测计算出来的权重
            w1[k] = (wn-1)*alpha+1;                 #微调，去掉极小值

            d2 = (yo[i]-hxoi[k])/np.sqrt(2*r)
            wn = np.exp(-d2*d2)/np.sqrt(2*np.pi)
            wo[:,k] = wo[:,k]*((wn-1)*loc+1)        # 矢量权重的迭代更新
        # 权重正规化
        w1sum = np.sum(w1)
        w1 = w1/w1sum

        wosum = np.sum(wo,axis=1)
        for j in range(n):
            wo[j,:] = wo[j,:]/wosum[j]

        # 用原始先验场和迭代后的矢量权重求后验均值和方差
        xb = np.zeros(n)
        for k in range(N):
            xb = xb + wo[:,k]*xbio[:,k]
        var_b = np.zeros(n)
        for k in range(N):
            var_b = var_b + wo[:,k]*(xbio[:,k]-xb)**2*N/(N-1)
        # 重取样指标
        idx = SIR(w1)
        idx = Indexswift(idx)

        # 在局地化范围内更新
        n0 = np.sum(loc>0)
        c = N*(1-loc[loc>0])/loc[loc>0]/w1sum
        r1 = np.zeros(n0); r2 = np.zeros(n0);
        for k in range(N):
            r1 = r1 + (xbi[loc>0,idx[k]]-xb[loc>0]+c*(xbi[loc>0,k]- xb[loc>0]))\
**2
            r2 = r2 + ((xbi[loc>0,idx[k]]-xb[loc>0])/c+(xbi[loc>0,k]- xb[loc>0]))\
**2
        r1 = np.sqrt((N-1)*var_b[loc>0]/r1)
```

```
        r2 = np.sqrt((N-1)*var_b[loc>0]/r2)
        xai = xbi.copy()
        for k in range(N):
            xai[loc>0,k] = xb[loc>0] + r1*(xbi[loc>0,idx[k]] - xb[loc>0]) +\
r2*(xbi[loc>0,k] - xb[loc>0]);
        # 一二阶矩的调整公式
        vs = np.zeros(n0); pfm = np.zeros(n0); var_p = np.zeros(n0);
        vm = np.zeros(n0); pm = np.zeros(n0);
        for k in range(N):
            pfm = pfm + xai[loc>0,k]/N
            vm = vm + xbio[loc>0,k]/N
            pm = pm + xbi[loc>0,k]/N
        for k in range(N):
            var_p = var_p+ (xbio[loc>0,k]-vm)**2/(N-1)
            vs = vs + (xai[loc>0,k]-pfm)**2/(N-1)
        correction = np.sqrt(var_b[loc>0])/np.sqrt(vs)
        for k in range(N):
            xai[loc>0,k] = xb[loc>0]+(xai[loc>0,k]-pfm)*correction
        # 高阶矩的 KDDM 调整，只在最后一个观测元素同化之后做
        if kddm_flag:
            if i == m-1:
                for j in range(n):
                    x = xbi[j]
                    xo = xbio[j]
                    q = kddm(x, xo, wo[j])
                    xai[j]=q
        xbi = xai.copy()
    return xai
```

附录 8-9　Lorenz96 模式中的 LPF 同化试验

```
import numpy as np
## 模式定义:
def Lorenz96(state,*args):                       # Lorenz96 模式右端项
    x = state
    F = args[0]
    n = len(x)
    f = np.zeros(n)
    f[0] = (x[1] - x[n-2]) * x[n-1] - x[0]       # 边界点: i=0,1,N-1
    f[1] = (x[2] - x[n-1]) * x[0] - x[1]
    f[n-1] = (x[0] - x[n-3]) * x[n-2] - x[n-1]
    for i in range(2, n-1):
        f[i] = (x[i+1] - x[i-2]) * x[i-1] - x[i]
    f = f + F                                    # 外强迫
    return f
```

```
def RK4(rhs,state,dt,*args):                          # RK 积分算子
    k1 = rhs(state,*args)
    k2 = rhs(state+k1*dt/2,*args)
    k3 = rhs(state+k2*dt/2,*args)
    k4 = rhs(state+k3*dt,*args)
    new_state = state + (dt/6)*(k1+2*k2+2*k3+k4)
    return new_state

def h(x):                                         # 观测算子
    n= x.shape[0]
    m= 36                                         # 总观测数
    H = np.zeros((m,n))
    di = int(n/m)                                 # 两个观测之间的空间距离
    for i in range(m):
        H[i,(i+1)*di-1] = 1
    z = H @ x
    return z
# 线性化观测算子
def Dh(x):
    n= x.shape[0]
    m= 36
    H = np.zeros((m,n))
    di = int(n/m)
    for i in range(m):
        H[i,(i+1)*di-1] = 1
    return H
# Lorenz96 模式的真值积分和观测模拟
n = 36                      # 状态空间维数
F = 8                       # 外强迫项
dt = 0.01                   # 积分步长
# 1. spinup 获取真实场初值：从 t=-20 积分到 t = 0 以获取试验初值
x0 = F * np.ones(n)         # 初值
x0[19] = x0[19] + 0.01  # 在第 20 个变量上增加微小扰动
x0True = x0
nt1 = int(20/dt)
for k in range(nt1):
    x0True = RK4(Lorenz96,x0True,dt,F)    #从 t=-20 积分到 t=0
# 2. 真值试验和观测的信息
tm = 20                   # 试验窗口长度
nt = int(tm/dt)           # 积分步数
t = np.linspace(0,tm,nt+1)
np.random.seed(seed=1)
m = 36                      # 观测变量数
dt_m = 0.2                  # 两次观测之间的时间
```

```
tm_m = 20              # 最大观测时间
nt_m = int(tm_m/dt_m)   # 同化次数
ind_m = (np.linspace(int(dt_m/dt),int(tm_m/dt),nt_m)).astype(int)
t_m = t[ind_m]

sig_m= 0.1              # 观测误差标准差
R = sig_m**2*np.eye(m)  # 观测误差协方差
# 3. 造真值和观测
xTrue = np.zeros([n,nt+1])
xTrue[:,0] = x0True
km = 0
yo = np.zeros([m,nt_m])
for k in range(nt):
    xTrue[:,k+1] = RK4(Lorenz96,xTrue[:,k],dt,F)    # 真值
    if (km<nt_m) and (k+1==ind_m[km]):
        yo[:,km] = h(xTrue[:,k+1]) + np.random.normal(0,sig_m,[m,])     # 观测
        km = km+1
## 滤波器调用:
sig_b= 1
x0b = x0True + np.random.normal(0,sig_b,[n,])          # 初值
B = sig_b**2*np.eye(n)                                 # 初始误差协方差
sig_p= 0.1
Q = sig_p**2*np.eye(n)                                 # 模式误差

xb = np.zeros([n,nt+1]); xb[:,0] = x0b
for k in range(nt):
    xb[:,k+1] = RK4(Lorenz96,xb[:,k],dt,F)            # 控制试验

N = 30                                                 # 集合成员数
xai = np.zeros([n,N])
for i in range(N):
    xai[:,i] = x0b + np.random.multivariate_normal(np.zeros(n), B)  # 初始集合

np.random.seed(seed=1)
localP = 3; rhom = Rho(localP ,n)            # !!!产生局地化矩阵，参数可调整

xa = np.zeros([n,nt+1]); xa[:,0] = x0b
km = 0
for k in range(nt):
    for i in range(N):               # 集合预报
        xai[:,i] = RK4(Lorenz96,xai[:,i],dt,F) \
                   + np.random.multivariate_normal(np.zeros(n), Q)
    xa[:,k+1] = np.mean(xai,1)
    if (km<nt_m) and (k+1==ind_m[km]):  # 开始同化
        # xai = EnKF(xai,yo[:,km],h,Dh,R,rhom)
        xai = LPF(xai,yo[:,km],R,h,rhom,1)
```

```
        xa[:,k+1] = np.mean(xai,1)
        km = km+1
    RMSEb = np.sqrt(np.mean((xb-xTrue)**2,0))
    RMSEa = np.sqrt(np.mean((xa-xTrue)**2,0))
    mRMSEb = np.mean(RMSEb)
    mRMSEa = np.mean(RMSEa)
    #% 画图相关代码
    import matplotlib.pyplot as plt
    plt.rcParams['font.sans-serif'] = ['Songti SC']
    plt.figure(figsize=(10,7))
    plt.subplot(4,1,1)
    plt.plot(t,xTrue[8,:], label='真值', linewidth = 3, color='C0')
    plt.plot(t,xb[8,:], ':', label='背景', linewidth = 3, color='C1')
    plt.plot(t[ind_m],yo[8,:], 'o', fillstyle='none', \
             label='观测', markersize = 8, markeredgewidth = 2, color='C2')
    plt.plot(t,xa[8,:], '--', label='分析', linewidth = 3, color='C3')
    plt.ylabel(r'$X_{9}(t)$',labelpad=7,fontsize=16)
    plt.legend(loc=9,ncol =4,fontsize=15)
    plt.xticks(np.arange(0,20,2.5),[],fontsize=16);plt.yticks(fontsize=16)
    plt.subplot(4,1,2)
    plt.plot(t,xTrue[17,:], label='真值', linewidth = 3, color='C0')
    plt.plot(t,xb[17,:], ':', label='背景', linewidth = 3, color='C1')
    plt.plot(t[ind_m],yo[17,:], 'o', fillstyle='none', \
             label='观测', markersize = 8, markeredgewidth = 2, color='C2')
    plt.plot(t,xa[17,:], '--', label='分析', linewidth = 3, color='C3')
    plt.ylabel(r'$X_{18}(t)$', labelpad=7,fontsize=16)
    plt.xticks(np.arange(0,20,2.5),[],fontsize=16);plt.yticks(fontsize=16)
    plt.subplot(4,1,3)
    plt.plot(t,xTrue[35,:], label='真值', linewidth = 3, color='C0')
    plt.plot(t,xb[35,:], ':', label='背景', linewidth = 3, color='C1')
    plt.plot(t[ind_m],yo[35,:], 'o', fillstyle='none', \
             label='观测', markersize = 8, markeredgewidth = 2, color='C2')
    plt.plot(t,xa[35,:], '--', label='分析', linewidth = 3, color='C3')
    plt.ylabel(r'$X_{36}(t)$', labelpad=7,fontsize=16)
    plt.xticks(np.arange(0,20,2.5),[],fontsize=16);plt.yticks(fontsize=16)
    plt.subplot(4,1,4)
    plt.plot(t,RMSEb,color='C1',label='背景')
    plt.plot(t,RMSEa,color='C3',label='分析')
    plt.text(5,3.5,'集合尺寸 = %.1f'%N + ', 局地化参数 = %0.1f'%localP,fontsize=14)
    plt.text(5,2,'背景的平均均方根误差 = %.3f'%mRMSEb +',分析的平均均方根误差\
= %.3f'%mRMSEa,fontsize=14)
    plt.ylabel('均方根误差',labelpad=7,fontsize=16);
    plt.xlabel(r'$t$',fontsize=16)
    plt.xticks(np.arange(0,20,2.5),fontsize=16);plt.yticks(fontsize=16)
    plt.show()
```

第 9 章

参数优化和模式倾向误差估计

9.1 参数估计的基本思想

9.1.1 参数估计方法

最先进的天气预报和地球系统模式（以下称为数值模式）包括一组参数化，以表示不能由模式方程完全解析的物理过程的影响，如云微物理学、湍流、辐射和深层湿对流。这些参数化基于简化的基础物理过程，将未分辨尺度的影响作为模式变量的函数。可分辨尺度和未分辨尺度之间的联系可以基于基本物理理论或者通过从观测得到的经验法则来建立。无论是哪一种方式，方程中都会出现一定数量的参数，这些参数表示了未分辨尺度对于可分辨尺度的作用效果。一些参数（如与辐射方案相关的参数）具有直接的物理解释并且可以直接测量。然而，其他一些由基础物理过程的简化而产生的参数却并不能被直接测量到（如数值扩散系数）。因此，一些参数的最优值本质上是不确定的。

数值模式的一些关键参数对从短期到气候的预报和模拟效果都有着非常显著的影响。这说明模式误差中的很大一部分是由模式参数的次优设置造成的。一组参数的最优值能够最有效地减小特定度量标准下的模式误差。应当注意，参数的最优值也取决于所选择的度量标准。通常情况下，当处理不完美模式时，给定的参数并没有单个最优值。在这种情况下，真实的模式参数不存在，而只有最优模式参数，而参数的不确定性代表了我们对于最优参数值的认知不足。所以，给定了与次网格过程的参数化相关联的几个不确定性来源，我们非常需要一种准确、有效和客观的方法来估计最优参数。

参数估计在大气和海洋科学的背景下大致有如下几种应用。

- 参数估计有助于从短期到中期天气预报自适应模式优化。数值天气预报模式中的最优参数可以是时间和位置的函数。参数估计可以提供灵活的优化工具来提高预报技巧。

● 参数估计可以评估来自可用观测值的参数中的不确定性。该信息可以用于设计在模式参数中包含扰动并且能用于随机参数化的集合预报。

● 参数估计技术可以被用来优化气候模式。气候模拟较少地依赖于初始条件，因此参数在模式的性能中起非常重要的作用。

● 参数估计是一个复杂的问题，需要一种有效和客观的方法，可以用合理的计算成本解释所有参数灵敏度的来源。此外，先进的数值模式具有巨大的自由度和复杂性，如何在其中应用参数估计也是一个挑战。

数据同化技术具有巨大的潜力来解决复杂模式的参数估计问题。一些研究表明，应用于参数估计问题的数据同化技术有潜力来减小从高分辨率预报到大规模年代际变率模拟等应用中的模式误差，甚至在使用大气、海洋、陆地模式及其耦合模式进行当前和未来气候的模拟中也有效果。这些研究已经证明了参数估计技术的重要性，并且再次印证了大部分的模式误差可能与一些模式参数的次优集合相关联。

1. 参数估计中的客观方法

数值模式中一般可供调整参数的数目至少在 $O(10^2)$以上。因此，简单地探索整个参数空间以优化模式性能的计算成本是令人望而却步的。在典型的数值模式中，大多数参数都固定在预设值，仅能够手动和主观地调整少量参数。在过去几十年中，多数研究致力于开发用于大型和复杂系统的参数估计客观方法。在这些研究中，通常需要定义一种度量来客观地量化模式性能。如果模式的初始条件和运行周期都相同，代价函数就是正被估计的参数的函数。因此，总误差（代价函数）的变化只能归因于与不同参数值相关联的模式误差的变化。大多数研究使用最小化方法（如单纯形法）来找到给出代价函数的最小值的最佳参数集合。这类方法往往需要对模式进行反复积分，通过客观地比较模式输出与观测的差异获得最佳参数。然而，非线性最优化可能在代价函数中产生多个局部最小值，因此需要复杂的算法来找到参数的全局最小值。这样的优化算法通常在计算上成本太高以至于无法在复杂模式中使用。

2. 参数估计和数据同化

大多数数据同化技术基于将系统状态的先验估计与一组观测结果结合以产生状态的最佳估计。除估计系统状态之外，数据同化还可以估计最优模式参数。基于数据同化的大多数参数估计技术使用扩充状态向量技术，即通过添加待估计的参数来扩展状态空间，使得参数在数据同化系统中被视为状态变量。以这种方式，当代价函数最小化时，可以获得状态变量和模式参数的最优组合。在模式积分期间通常假定参数是恒定的，使得参数值仅在数据同化步骤中改变。Evensen 等

（1998）给出了使用数据同化技术的参数估计问题的理论框架。将参数包括在状态向量中会显著地改变模式的动力特性。即使是线性模式，如果模式包括参数和状态变量之间的乘积，扩充状态向量也将表现为非线性模式（Yang and Delsole，2009），因此包含参数变化的模式可能是高度非线性的。

大多数参数不能直接测量。因此，需要通过参数和状态变量误差之间的相关性来估计它们。这类似于状态估计中对没有直接观测的状态变量进行估计的情况。这些变量的最优值可以使用观测的其他状态变量来估计。如果观测变量与参数之间的误差协方差是显著的，那么说明参数对观测变量的影响较强。然后，就可能从观测结果准确地估计参数。在这种情况下，参数是可识别的（Navon，1998）。反之，如果观测变量与参数的相关性较弱，则不能很好地利用观测估计参数。在这种情况下，有两种可能性：①参数确实对模式性能有显著影响，但不会对观测到的变量有影响；②模式对参数变化的敏感性较弱。在后一种情况下，模式性能对参数不敏感，此时参数估计不是必需的。

可以用于开展参数估计的数据同化方法包括四维变分（4D-Var）方案、集合卡尔曼滤波器（EnKF）和粒子滤波器（PF）。以下以基于集合卡尔曼滤波器的参数估计为例，说明如何使用状态向量扩充技术实现参数估计。

9.1.2 基于集合卡尔曼滤波器的参数估计试验和结果讨论

如前所述，数据同化除了可以用于估计模式状态，还能用于估计模式参数。数据同化的这部分应用被称为参数估计。相应地，前面介绍的估计模式状态用以改进分析或者优化初值的那一类被称为状态估计。一般来说，除了纯理论研究，很少有只更新参数而不同时改进模式状态的，所以现在“参数估计”一词通常也指代同时进行状态-参数更新的联合估计。为避免混淆，以下提到的参数估计皆指状态和参数变量的联合估计。

参数估计是典型的非线性问题，因为参数没有办法被直接观测到，其准确与否只能通过输出的状态变量的误差来体现。参数估计的问题较为复杂，但是参数估计方法的思想却很简单直接。也就是说，可以在前面介绍的状态估计数据同化中把参数作为特殊的状态变量，利用观测资料同时进行更新。

参照状态空间模式的描述，参数估计处理的对象模式为

$$\boldsymbol{x}_{k+1} = f\left(\boldsymbol{x}_k;\boldsymbol{\alpha}_k\right) + \boldsymbol{\eta}_k \tag{9-1}$$

$$\boldsymbol{y}_k = h\left(\boldsymbol{x}_k;\boldsymbol{\alpha}_k\right) + \boldsymbol{\zeta}_k \tag{9-2}$$

式中，$\boldsymbol{\alpha}_k$ 指代需要被估计的一系列参数（也可以是一个向量）。如果补充一个从 $\boldsymbol{\alpha}_k$ 到 $\boldsymbol{\alpha}_{k+1}$ 的发展模式，那么就可以定义一个扩展状态变量 $\tilde{\boldsymbol{x}}_k = \left[\boldsymbol{x}_k;\boldsymbol{\alpha}\right]^{\mathrm{T}}$，把式(9-1)和式（9-2）转化为关于 $\tilde{\boldsymbol{x}}_k$ 的问题：

$$\tilde{\boldsymbol{x}}_{k+1} = f\left(\tilde{\boldsymbol{x}}_k\right) + \boldsymbol{\eta}_k \tag{9-3}$$

$$\boldsymbol{y}_k = h\left(\tilde{\boldsymbol{x}}_k\right) + \boldsymbol{\zeta}_k \tag{9-4}$$

通常，参数采用定常演变模式，即保持两次积分之间不变，则有

$$\boldsymbol{\alpha}_{k+1} = \boldsymbol{\alpha}_k \tag{9-5}$$

针对式（9-3）和式（9-4）的同化可以直接采用之前介绍的任何一种同化算法进行。以下以 EAKF 方法为例，在 Lorenz63 模式中开展参数估计试验，并借此介绍参数估计中的一些问题。

首先，我们假设同化使用的模式采用不准确的参数进行预报：预报模式参数分别为σ=13，β=3，ρ=30（而真值积分采用的参数是σ=10，β=8/3，ρ=28）。状态估计试验的流程可以参见附录 4-1 至附录 4-3，只需要使用不同的模式参数。如果只开展状态估计试验，那么同化的结果见图 9-1。结果表明，在模式有误差的前提下，虽然使用状态估计能够在每次分析的时候减小误差，但是因为较大的参数偏差会导致预报误差较大，总体的同化效果远不如基于完美模式假设的结果。

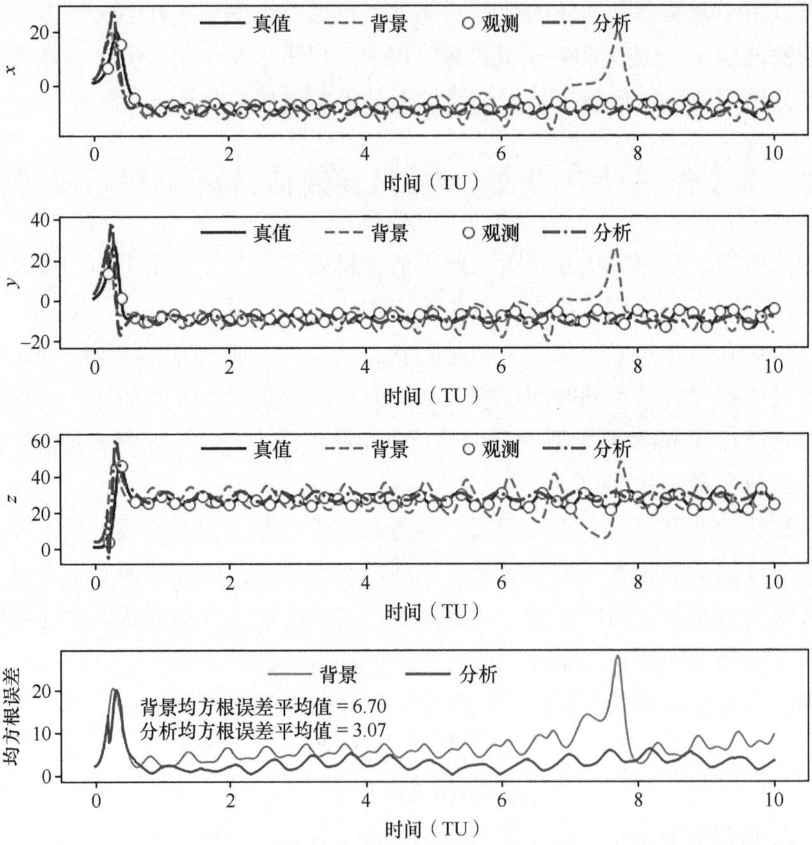

图 9-1　在参数有偏差的 Lorenz63 模式中使用 EAKF 同化获取的分析集合平均结果与自由积分对比

从上到下为三个变量及均方根误差；红色为 EAKF 同化结果，黄色为自由积分结果

基于状态向量扩充方法开展参数估计试验，其代码见附录 9-1，相比于状态估计，它额外构造了参数的集合。在每个集合成员的积分中，除了使用状态集合的成员，还使用不同的参数成员。在同化时刻，使用扩展观测算子将扩展向量投影到观测上，并调用集合调整卡尔曼滤波器（EAKF）进行同化。由于在 Lorenz63 模式中不使用局地化，因此选择所有数值都为 1 的局地化矩阵，这也隐含了所有观测可以无差别地影响所有参数的假设。

图 9-2 展示了参数估计的结果，图 9-2a 是均方根误差，图 9-2b 是三个参数的数值演变。可以看出，状态变量的误差有所减小，而且参数也更接近于真实值。但是总的来说，同化的效果仍然不是特别显著。参数在与真值还有一定差距的情况下无法进一步改进。为此，我们对附录 9-1 中的代码进行一定的修改。特别地，我们对参数集合进行协方差膨胀（附录 9-2）。

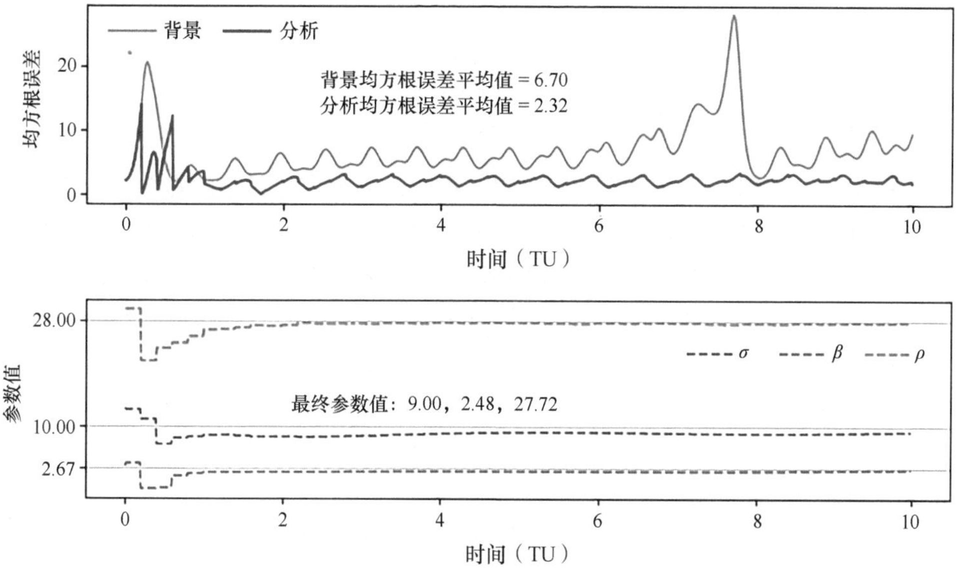

图 9-2　在 EAKF 算法中加入参数估计后 Lorenz63 模式同化得到的分析场均方根误差（a）和参数值（b）演变

大量研究结果表明，状态变量的协方差膨胀对于 Lorenz63 模式的同化结果影响很小（读者也可以使用代码自行验证），因此这里只针对参数进行协方差膨胀。在附录 9-1 的试验中，每次同化前对参数集合进行协方差膨胀，膨胀系数为 1.2。得到的参数估计结果见图 9-3，其结果相比于图 9-1 和图 9-2 有非常显著的提升，一方面状态变量的均方根误差更小了（这是因为由错误参数导致的模式误差更小了），另一方面参数也更加接近真值（10、8/3、28）了。

关于参数集合的协方差膨胀产生显著效果的原因，可以从状态和参数集合的离散度（或标准差）上查看。式（9-5）是参数使用的定常演变模式，意味着参数

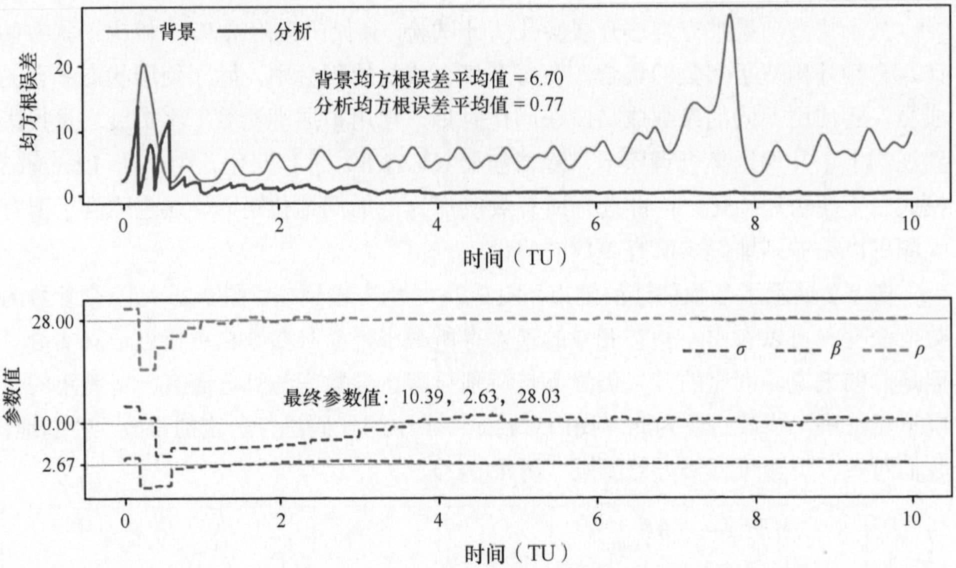

图 9-3　在 EAKF 算法中加入参数估计并且对参数使用系数为 1.2 的协方差膨胀后 Lorenz63 模式同化得到的分析场均方根误差（a）和参数值（b）演变

值在模式积分过程中保持不变。在预报过程中，因为模式误差的存在，状态集合的离散度会随着模式积分而增长。而在分析阶段，状态和参数集合的离散度都会因为同化而减小（因 $\boldsymbol{P}^{\mathrm{a}}=\left(\mathbf{I}-\boldsymbol{KH}\right)\boldsymbol{P}^{\mathrm{f}}$ ）。结合两者可以发现，参数集合的离散度只有减小过程而不会增长。所以不需要太多时间，参数集合的离散度会变得太小以至于过度信任模式的结果。通俗地说，集合的离散度为 **0** 等价于模式参数的统计误差协方差为 **0**，这意味着我们无比信任现有的模式参数，观测完全无法被同化进来更新参数，而参数集合比模式状态变量的集合更容易发生这种离散度过小的退化现象。

进一步地，如果我们观察 Lorenz63 模式的控制方程：

$$\frac{\mathrm{d}x}{\mathrm{d}t}=\sigma\left(y-x\right) \tag{9-6}$$

$$\frac{\mathrm{d}y}{\mathrm{d}t}=\rho x-y-xz \tag{9-7}$$

$$\frac{\mathrm{d}z}{\mathrm{d}t}=xy-\beta z \tag{9-8}$$

会发现和 σ 参数相关的方程只有 x 和 y 两个变量，隐含着 σ 对 x 和 y 有直接影响，而 σ 对 z 的影响可能是间接的。一个简单的想法是人为指定只使用 x 和 y 的观测来估计 σ，这个也可以通过修改局地化矩阵实现。比如，可以把局地化矩阵中对应 σ 到 z 的位置设置为 0，由此做舒尔乘积的结果会把协方差矩阵中对应的位置设置为 0，去掉两者之间的关联。图 9-4 展示了这种情况下的同化结果。显然，这种方案相比于图 9-3 的结果更进一步改进了对参数 σ 的估计效果，参数 σ 的偏差从 0.39 减小到了 0.35，进而进一步减小了分析误差。

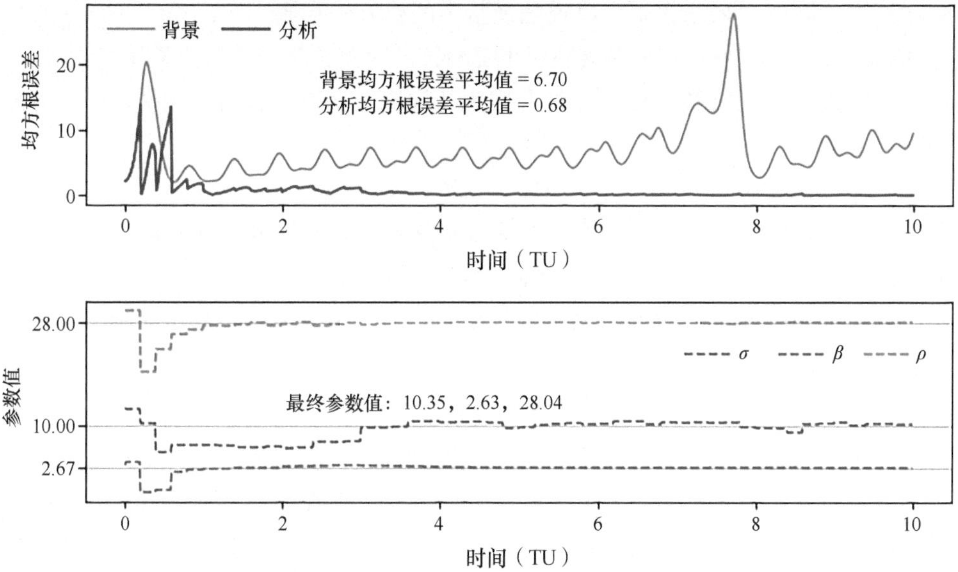

图 9-4　在 EAKF 算法中加入参数估计并且对参数使用系数为 1.2 的协方差膨胀后 Lorenz63 模式同化得到的分析场均方根误差（a）和参数值（b）演变（通过修改局地化矩阵关闭了 z 和 σ 之间的相关更新）

综上，参数估计可以通过扩展状态空间方法实现，但是它仍然是一个非常困难且具有挑战的问题。在实现过程中，无论是协方差膨胀还是局地化，都有很大的可探索空间，需要根据具体的问题具体分析。

9.2　参数估计协方差膨胀方案

理论上，任何与状态变量相关的模式参数都可以通过数据同化来估计。如前所述，参数估计通常采用状态向量扩充技术进行，因此参数估计的准确性往往取决于状态-参数协方差的质量。

由于参数恒定或缓慢变化的特点，以及有限集合样本带来的采样误差，在使用集合卡尔曼滤波器及其衍生方法估计参数时，往往导致预报误差协方差减小，从而减小预报集合的离散度。而相对较小的集合离散度将随着同化过程进一步减小，使得观测难以继续更新参数集合，这种现象被称为滤波发散问题（Aksoy et al.，2006；Han et al.，2014）。滤波发散会影响状态-参数协方差的估计，从而降低参数估计的精度。因此，在实际应用中一般会采用一些经验方法以防止滤波发散。

协方差膨胀技术最初被提出来是用于处理由采样误差而导致的方差损失，后来也被广泛用于应对由方差估计不足而引起的滤波发散。目前，学者已提出诸多膨胀方案。其中，乘法膨胀可以说是最基本的协方差膨胀方案。Anderson J L和Anderson S L（1999）首先将其应用于EAKF，即在预报误差协方差矩阵$\boldsymbol{P}^{\mathrm{f}}$上乘以一个稍大于1的常数，通过将集合推离其均值，使得膨胀后的预报误差协方差增大，即

$$\boldsymbol{P}^{\mathrm{inf}} = \lambda \boldsymbol{P}^{\mathrm{f}} \tag{9-9}$$

式中，λ为膨胀因子；$\boldsymbol{P}^{\mathrm{inf}}$为膨胀后的预报误差协方差矩阵。在实际的集合滤波数据同化中，如果只在误差协方差矩阵上乘以膨胀因子而不对集合成员进行调整，两者可能会不匹配，从而影响模式积分和同化的效果。因此，乘法膨胀一般通过集合异常值的膨胀来实现，即

$$\boldsymbol{x}_i^{\mathrm{inf}} = \overline{\boldsymbol{x}} + \lambda\left(\boldsymbol{x}_i - \overline{\boldsymbol{x}}\right) \tag{9-10}$$

式中，$\boldsymbol{x}$为待估计的变量；$\boldsymbol{x}_i$为其第i个集合成员，集合平均值为$\overline{\boldsymbol{x}}$；$\boldsymbol{x}_i^{\mathrm{inf}}$为膨胀后的第$i$个集合成员。式（9-10）的一个优势在于它既可以用到预报（先验）场，又可以用到分析（后验）场，前者称为先验膨胀，后者称为后验膨胀。由于后验的集合成员会作为下一步积分的初值，因此后验膨胀能够有效增大集合的离散度，减小退化的可能性（Duc et al.，2020）。

在乘法膨胀中，为起到膨胀的效果，最简单的方法是膨胀因子λ的值取大于1的常数，称为固定因子膨胀（fixed factor inflation，FI）方案。此外，还有一些更为复杂的乘法膨胀方案，如松弛-先验离散度（relaxation-to-prior spread，RTPS）方案（Whitaker and Hamill，2012）、估计参数集合离散度（estimated parameter ensemble spread，EPES）方案（Ruiz et al.，2013）、条件协方差膨胀（conditional covariance inflation，CCI）方案（Aksoy et al.，2006）和新的条件协方差膨胀（new-conditional covariance inflation，N-CCI）方案（Gao et al.，2021）。这些方案设计不同的膨胀因子λ，然后应用于式（9-10），具体的λ表达如下。

FI方案：式（9-10）中的膨胀因子为大于1的常数。由于其简单直观，在状态估计和参数估计中最为常用。

RTPS方案：将后验集合标准差松弛到先验标准差，即

$$\sigma_x^{\mathrm{a}} \leftarrow \left(1-\alpha\right)\sigma_x^{\mathrm{a}} + \alpha\sigma_x^{\mathrm{b}} \tag{9-11}$$

式中，$\sigma_x^{\mathrm{a}} = \sqrt{\left[1/\left(N-1\right)\right]\sum_{i=1}^{N}\left(\boldsymbol{x}_i^{\mathrm{a}} - \overline{\boldsymbol{x}}^{\mathrm{a}}\right)^2}$为待估变量集合的后验标准差；$\sigma_x^{\mathrm{b}} = \sqrt{\left[1/\left(N-1\right)\right]\sum_{i=1}^{N}\left(\boldsymbol{x}_i^{\mathrm{b}} - \overline{\boldsymbol{x}}^{\mathrm{b}}\right)^2}$为其先验标准差；$N$为集合成员数；$\alpha$为松弛因子，取值范围为[0 1]。经过推导，式（9-10）中的膨胀因子可写为

$$\lambda=\left(\alpha\frac{\sigma_x^{\mathrm{b}}-\sigma_x^{\mathrm{a}}}{\sigma_x^{\mathrm{a}}}+1\right) \tag{9-12}$$

EPES 方案：为了确定待估变量的集合离散度，Ruiz 等（2013）提出了一种使用分析误差协方差矩阵 $\boldsymbol{P}^{\mathrm{a}}$ 的迹和集合成员数来计算膨胀因子的方案，式(9-10)中的膨胀因子可表示为

$$\lambda=\sqrt{\frac{N}{(N-1)\operatorname{tr}\left(\boldsymbol{P}^{\mathrm{a}}\right)}} \tag{9-13}$$

式中，tr 表示矩阵的迹。在参数估计应用中，也常用到它的修改形式 m-EPES：

$$\lambda=\mu\sqrt{\frac{N}{(N-1)\operatorname{tr}\left(\boldsymbol{P}^{\mathrm{a}}\right)}} \tag{9-14}$$

式中，μ 为 1 附近的常数。

CCI 方案：当待估变量集合的后验标准差小于某一阈值 a 时，后验集合就会乘以 $\frac{a}{\sigma_x^{\mathrm{a}}}$ 进行膨胀。因此，式（9-10）中的膨胀因子可表示为

$$\lambda=\begin{cases}1, & \sigma_x^{\mathrm{a}}\geqslant a\\ \dfrac{a}{\sigma_x^{\mathrm{a}}}, & \sigma_x^{\mathrm{a}}<a\end{cases} \tag{9-15}$$

以上四种方案可以分为两类：一类是数据同化开始即膨胀的方案，如 FI 方案、RTPS 方案和 EPES 方案；另一类是达到一定条件才膨胀的方案，如 CCI 方案。前者在整个同化过程中持续膨胀，可能会存在集合离散度过大的风险，从而导致变量估计失败；后者在达到一定条件才膨胀，在应用到参数估计时，由于参数集合离散度迅速减小，可能导致滤波发散现象。因此，学者提出了一种两者相结合的方案，即 N-CCI 方案，专门用于参数估计。

N-CCI 方案：同化开始即实施膨胀，待参数估计达到一定效果时，停止膨胀。因此，式（9-10）中的膨胀因子可表示为

$$\lambda=\begin{cases}\dfrac{b}{\sigma_x^{\mathrm{a}}}, & \sigma_x^{\mathrm{a}}\geqslant a\\ 1, & \sigma_x^{\mathrm{a}}<a\end{cases} \tag{9-16}$$

式中，a 为后验标准差的阈值；b 为调整膨胀大小的控制因子。

除以上介绍的乘法膨胀外，Zhang 等（2004）提出了一种乘法和加法相结合的膨胀方案，即松弛-先验扰动（relaxation-to-prior perturbation，RTPP）方案。Whitaker 和 Hamill（2012）基于谱模式的研究表明，乘法和加法相结合的膨胀方案优于乘法膨胀方案。

RTPP 方案：与 RTPS 方案的思想一致，利用先验集合信息来补偿由于同化减

少的后验信息；与 RTPS 方案不同的是，RTPP 方案将后验异常值松弛到先验异常值。因此，式（9-10）可以改写为

$$\boldsymbol{x}_i^{\text{inf}} = \bar{\boldsymbol{x}}^{\text{a}} + (1-\alpha)\left(\boldsymbol{x}_i^{\text{a}} - \bar{\boldsymbol{x}}^{\text{a}}\right) + \alpha\left(\boldsymbol{x}_i^{\text{b}} - \bar{\boldsymbol{x}}^{\text{b}}\right) \tag{9-17}$$

一些研究指出，集合滤波同化方法的性能对膨胀因子的选择相当敏感，因此，学者也发展了一些新的方法自适应估计每个同化步的膨胀因子，其中就包括极大似然方法和贝叶斯方法等（Li et al.，2009；Miyoshi，2011）。

9.3 基于 LETKF 方法的关键参数估计

本节在观测系统模拟试验（OSSE）框架下，采用 LETKF 方法对 Z-C 模式海表温度（sea surface temperature，SST）异常倾向方程中的关键参数进行估计，比较不同膨胀方案的表现，然后选用较好的方案开展实际试验，评估 1981～2000 年的 ENSO 预报技巧。Z-C 模式下 SST 异常倾向方程如下：

$$\begin{aligned}\frac{\partial \boldsymbol{T}}{\partial t} = &-\boldsymbol{u}_1 \cdot \nabla\left(\bar{\boldsymbol{T}} + \boldsymbol{T}\right) - \overline{\boldsymbol{u}_1} \cdot \nabla \boldsymbol{T} - \left[\gamma_1 \times \text{HF}\left(\bar{\boldsymbol{w}}\right) + \gamma_2 \times \text{GF}\left(\bar{\boldsymbol{w}} + \boldsymbol{w}\right)\right] \\ &\times \frac{\boldsymbol{T} - \boldsymbol{T}_{\text{e}}}{\boldsymbol{H}} - \gamma_2 \times \text{GF}\left(\bar{\boldsymbol{w}} + \boldsymbol{w}\right) \times \overline{\boldsymbol{T}_{\text{z}}} - \alpha \boldsymbol{T}\end{aligned} \tag{9-18}$$

式中，$\boldsymbol{T}$ 代表 SST 异常；$\bar{\boldsymbol{T}}$ 为海温气候态；当 $x>0$ 时，HF(x)和 GF(x)均为 x，表示只考虑涌升运动对 SST 的影响；$\boldsymbol{T}_{\text{e}}$ 代表挟卷到表层的水体温度异常，定义为 $\boldsymbol{T}_{\text{e}} = \gamma \boldsymbol{T}_{\text{sub}} + (1-\gamma)\boldsymbol{T}$，其中次表层海温 $\boldsymbol{T}_{\text{sub}}$ 的参数化公式为

$$\boldsymbol{T}_{\text{sub}} = \begin{cases} T_1 \times \left\{\tanh\left[b_1 \times \left(\bar{\boldsymbol{h}} + \boldsymbol{h}\right)\right] - \tanh\left(b_1 \times \bar{\boldsymbol{h}}\right)\right\}, & h \geqslant 0 \\ T_2 \times \left\{\tanh\left[b_2 \times \left(\bar{\boldsymbol{h}} - \boldsymbol{h}\right)\right] - \tanh\left(b_2 \times \bar{\boldsymbol{h}}\right)\right\}, & h < 0 \end{cases} \tag{9-19}$$

式中，$\boldsymbol{h}$ 表示温跃层深度异常；$\bar{\boldsymbol{h}}$ 表示给定的平均混合层深度；其他数学符号的说明详见 Zhao 等（2019）的研究。式（9-18）和式（9-19）中的参数 γ_1、γ_2、T_1、T_2、b_1 和 b_2 控制了海洋上升流和次表层海温的变化，在 Z-C 模式中扮演着重要的角色。

如 9.2 节所述，实际上没有对模式参数的观测，所以参数估计方法选用基于 LETKF 的状态向量扩充技术，状态-参数协方差膨胀方法选用后验膨胀。由于模式待估参数为 SST 异常倾向方程中的固有参数，因此同化资料选取 SST 异常资料。OSSE 中使用参数真值（见图 9-1，模式中 γ_1 为 0.75）运行模式产生 SST 异常的“观测值”，同化“观测值”来优化初始猜测的参数。参数初始猜测值设为 0.6，集合成员数选取 100 个，同化频率为每月一次，同化时间为 100 年。为了消除初始状态-参数不匹配的影响，需要先单独进行为期 5 年的状态估计，待模式达到准平衡（Zhang et al.，2012）后开始启动参数估计。使用 9.2 节中列举的 FI、CCI、m-EPES、

RTPP、RTPS 和 N-CCI 方案，在 OSSE 框架下开展单参数估计（single parameter estimation，SPE）试验，其设计见表 9-1。

表 9-1　单参数估计试验设计

试验	同化资料	待估变量
SPE	SST 异常	SST 异常和 γ_1

由于 Z-C 模式是一个覆盖热带太平洋的中等复杂程度耦合模式，因此本节只给出基于 LETKF 的参数估计相关的程序，见附录 9-3。图 9-5 是 SPE 试验中基于 6 种膨胀方案的参数估计和参数真值（以 γ_1 为例）的时间序列。随着同化的进行，参数估计值经过一段时间的振荡后收敛，除 m-EPES 方案收敛到错误的值外，其他方案的参数估计值都收敛到参数真值附近。表 9-2 为 SPE 试验中基于 6 种膨胀方案的参数估计误差及收敛时间，其中 N-CCI 方案最接近参数真值，其次是 RTPS、FI、RTPP 和 CCI 方案，最差为 m-EPES 方案。定义参数振荡达到参数估计值的 ±5%以内所需要的最少时间为收敛时间，比较 6 种膨胀方案的收敛时间（表 9-2），除 m-EPES 方案外，N-CCI 方案的收敛速度最快。综上所述，在 OSSE 框架下，N-CCI 方案在 γ_1 的估计精度和效率方面取得最好的效果。

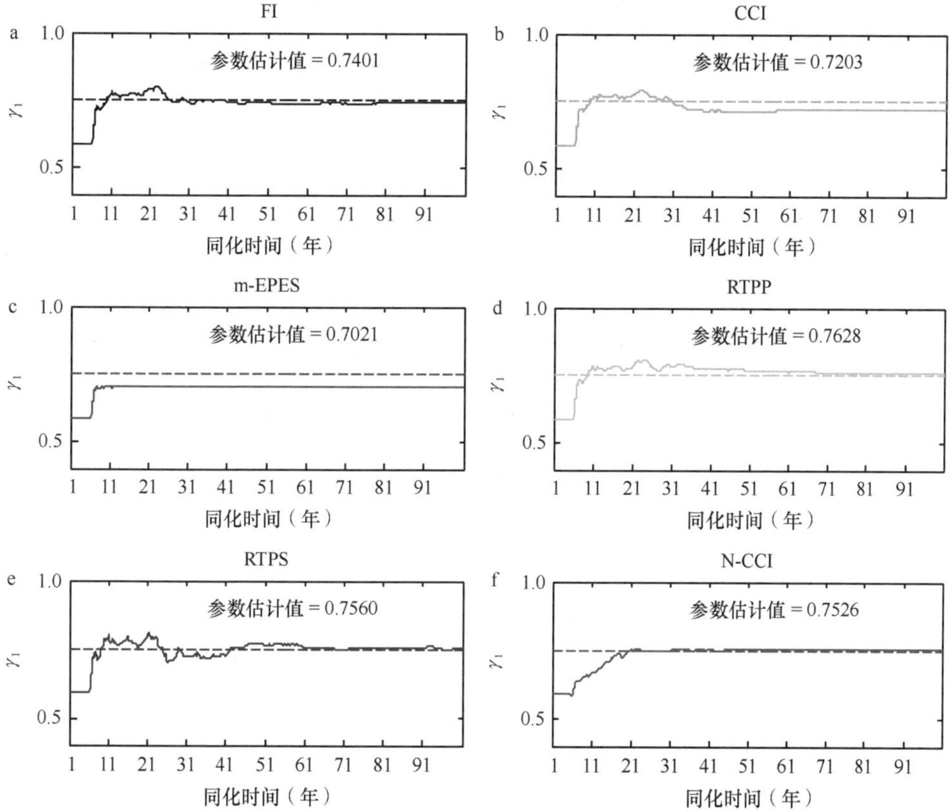

图 9-5　SPE 试验中基于 6 种膨胀方案的参数估计（实线）和参数真值（虚线）时间序列

表 9-2　SPE 试验中基于 6 种膨胀方案的参数估计误差及收敛时间

方案	FI	CCI	m-EPES	RTPP	RTPS	N-CCI
初始相对误差（%）	20	20	20	20	20	20
估计相对误差（%）	1.32	3.96	6.39	1.71	0.80	0.35
收敛时间（月）	284	355	70	288	434	168

在实际试验中，利用 N-CCI 方案同时估计 Z-C 模式中的 6 个关键参数：γ_1、γ_2、T_1、T_2、b_1 和 b_2。同化的海表温度异常（SSTA）资料来自第 5 代扩展重构 SST 数据（ERSST V5）（https://www.ncdc.noaa.gov/data-access/marineocean-data/extended-reconstructed-sea-surface-temperatureersst-v5），同化资料时间范围为 1970 年 1 月至 2000 年 12 月。集合成员数选取 100 个，同化频率为每月一次，待模式达到准平衡后开启参数估计。图 9-6 为基于 N-CCI 方案的参数估计的时间序列，同样地，参数估计开始后，所有参数估计值经过一段时间的振荡趋于平稳。由于实际上模式参数严重依赖于状态变量，因此参数估计可能不会收敛到一个常数（Hansen and Penland，2007）。可以看到，由于两个超级厄尔尼诺（El-Niño）事件，估计的参数在 1982/1983 年和 1997/1998 年发生了相对较大的变化，进一步说明了这一概念。因此，取平稳后的参数估计值的平均值作为最终的参数估计值，见图 9-6。

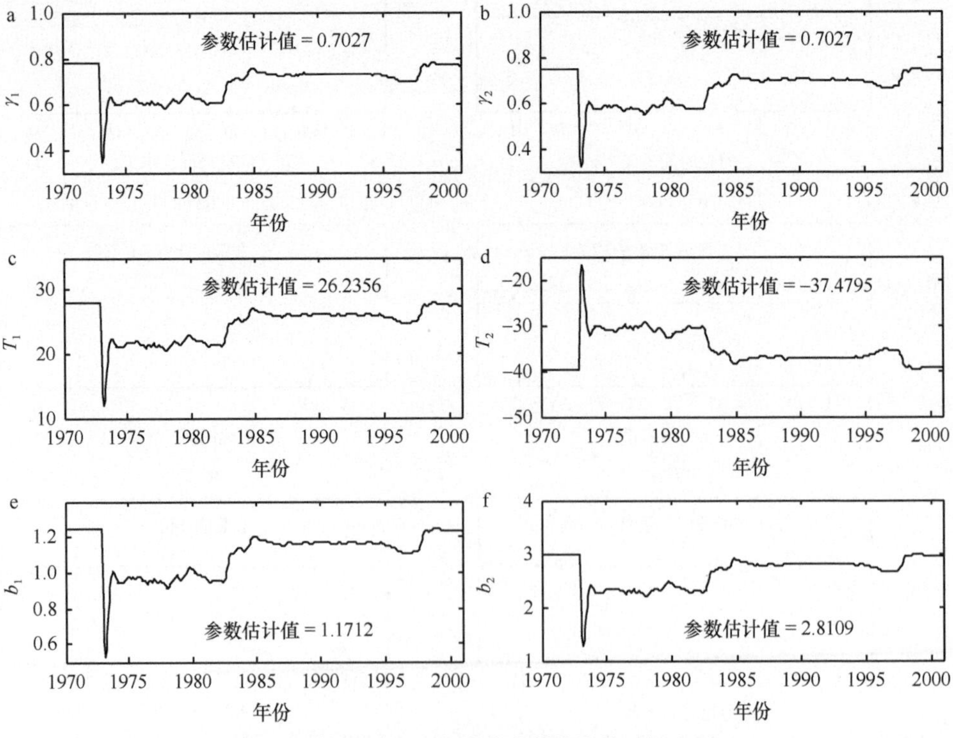

图 9-6　基于 N-CCI 方案的参数估计的时间序列

使用一些再分析资料进行同化效果的评价，如 ERA-20C 的风场资料（https://www.ecmwf.int/en/forecasts/datasets/archive-datasets/reanalysis-datasets/era-20c）和简单海洋数据同化数据集（SODA）的海洋再分析资料（http://apdrc.soest.hawaii.edu/las/v6/dataset?catitem=4720）。表 9-3 列出了 Niño3.4 区 SSTA、Niño3.4 区纬向风应力异常、赤道地区海洋上层深度异常和 Niño3.4 区次表层海温异常与相应再分析资料的相关系数和均方根误差。

表 9-3　模式状态变量模拟结果

状态变量	Niño3.4 区 SSTA	Niño3.4 区纬向风应力异常	赤道地区海洋上层深度异常	Niño3.4 区次表层海温异常
相关系数	0.9594	0.8356	0.8205	0.7893
均方根误差	0.2818℃	0.2271dyn①/cm^2	6.5208cm	0.9092℃

以同化系统输出的模式状态为初始值，以参数估计值为模式参数值，开展 ENSO 集合预报试验，见图 9-7。由于 LDEO5 模式是无噪声模式，因此采用随机最优（stochastic optimal，SO）方法（Moore et al.，2006）来度量大气随机过程对预报误差的影响，以此来产生集合预报（Gao et al.，2020）。为突出参数估计的效果，基于仅状态估计（参数值取模式默认值）的预报试验作为对比。考虑到参数估计的表现，取参数估计平稳期，即 1981 年 1 月至 2000 年 12 月的预报结果进行评估，见图 9-8。可以看到，参数估计显著地提高了 ENSO 预报技巧，提前 6 个月的预报技巧达到 0.7 左右，提前 12 个月的预报技巧达到 0.55，与目前国际上先进模式的预报技巧相当。

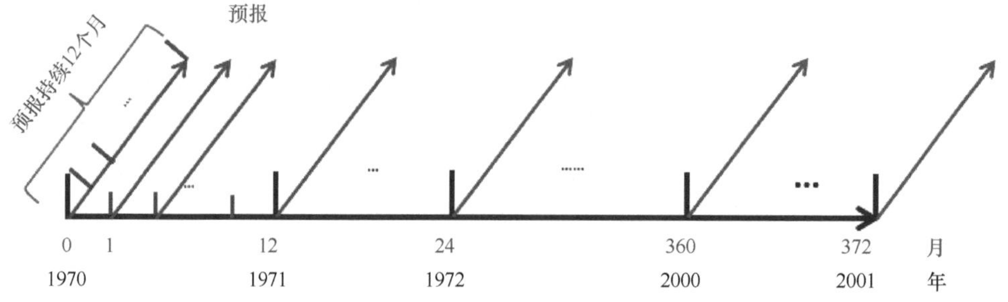

图 9-7　ENSO 集合预报试验示意图

尽管参数估计可以通过扩展状态空间方法实现，但是它仍然是一个非常困难且具有挑战的问题。在实际情景中，协方差膨胀还有很大的可探索空间，需要根据具体的问题具体分析。

①1dyn=10^{-5}N。

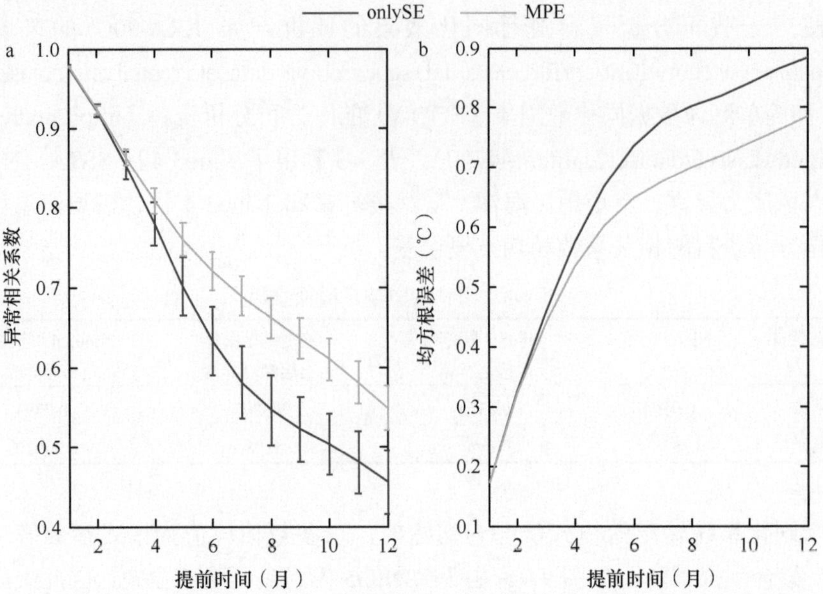

图 9-8　基于参数估计和仅状态估计预报的Niño3.4 区 SST 异常与观测的异常相关系数和均方根误差

onlySE 表示仅状态估计，MPE 表示 6 个参数同时估计

9.4　基于 EAKF 方法的模式倾向误差估计

近年来，大气和海洋观测技术的进步使得数据同化被广泛应用于优化数值模式预报初始条件和估计模式不确定性参数。然而，这些方法只能减小初始误差及由模式固有参数不确定性导致的模式误差。实际上，动力数值模式的误差来源是广泛的，如由模式简化或物理过程缺失而产生的模式误差，同模式参数一样，严重影响了模式模拟和预报的精度。Roads（1987）提出，在模式状态倾向方程中增加一个常数项，称为恒定倾向误差，以表示多源模式误差的综合影响，并利用观测信息估计恒定倾向误差。

本节基于 EAKF 估计 Z-C 模式的最新版本——LDEO5 模式（Chen et al.，2004）的倾向误差。首先将模式误差的综合效应定义为 SST 趋势误差，记为 $\boldsymbol{F}$。简单起见，假设 $\boldsymbol{F}$ 为一个常数。在式（9-18）中叠加一个外部强迫来抵消模式误差的影响，海温异常调整方程可以写为

$$\Delta \boldsymbol{T} = \frac{\partial \boldsymbol{T}}{\partial t} \cdot \Delta t + \boldsymbol{F} \tag{9-20}$$

式中，$\boldsymbol{F}$ 表示模式倾向误差；Δt 表示 LDEO5 模式的时间步长。

基于 EAKF 的同化计算步骤可分为三步：求解观测增量、求解分析增量和更

新变量（分析值）。第一步在观测空间求解观测增量 $\Delta \boldsymbol{y}_i^{\mathrm{o}}$：

$$\Delta \boldsymbol{y}_i^{\mathrm{o}} = \left(\sqrt{\frac{\left(\sigma^{\mathrm{o}}\right)^2}{\left(\sigma^{\mathrm{o}}\right)^2 + \left(\sigma_y^{\mathrm{f}}\right)^2}} - 1 \right) \left(\boldsymbol{y}_i^{\mathrm{f}} - \overline{\boldsymbol{y}^{\mathrm{f}}} \right) + \frac{\left(\sigma_y^{\mathrm{f}}\right)^2}{\left(\sigma^{\mathrm{o}}\right)^2 + \left(\sigma_y^{\mathrm{f}}\right)^2} \left(\boldsymbol{y}^{\mathrm{o}} - \overline{\boldsymbol{y}^{\mathrm{f}}} \right) \tag{9-21}$$

式中，$\boldsymbol{y}_i^{\mathrm{f}}$ 为模式状态的第 i 个集合成员在观测空间的投影；集合平均和方差分别为 $\overline{\boldsymbol{y}^{\mathrm{f}}}$ 和 $\left(\sigma_y^{\mathrm{f}}\right)^2$； $\boldsymbol{y}^{\mathrm{o}}$ 表示方差为 $\left(\sigma^{\mathrm{o}}\right)^2$ 的观测。第二步将观测空间的观测增量投影到模式空间，以求解模式变量的分析增量 $\Delta \boldsymbol{x}_i$：

$$\Delta \boldsymbol{x}_i = \frac{\operatorname{cov}\left(\boldsymbol{x}^{\mathrm{f}}, \boldsymbol{y}^{\mathrm{f}}\right)}{\left(\sigma_y^{\mathrm{f}}\right)^2} \Delta \boldsymbol{y}_i^{\mathrm{o}} \tag{9-22}$$

式中，$\operatorname{cov}\left(\boldsymbol{x}^{\mathrm{f}}, \boldsymbol{y}^{\mathrm{f}}\right)$ 表示先验状态集合 $\boldsymbol{x}^{\mathrm{f}}$ 与状态投影集合 $\boldsymbol{y}^{\mathrm{f}}$ 的协方差。第三步利用式（9-22）计算的分析增量更新变量 $\boldsymbol{x}_i^{\mathrm{a}}$：

$$\boldsymbol{x}_i^{\mathrm{a}} = \boldsymbol{x}_i^{\mathrm{f}} + \Delta \boldsymbol{x}_i \tag{9-23}$$

式中，$\boldsymbol{x}_i^{\mathrm{f}}$ 为先验模式状态的第 i 个集合成员。

式（9-21）～式（9-23）列出了模式状态的分析步骤，对于倾向误差的估计，参照参数估计的思想，使用状态向量扩充技术由观测增量计算。倾向误差的分析增量 $\Delta \boldsymbol{F}_i$ 使用如下公式计算：

$$\Delta \boldsymbol{F}_i = \frac{\operatorname{cov}\left(\boldsymbol{F}^{\mathrm{f}}, \boldsymbol{y}^{\mathrm{f}}\right)}{\left(\sigma_y^{\mathrm{f}}\right)^2} \Delta \boldsymbol{y}_i^{\mathrm{o}} \tag{9-24}$$

式中，$\operatorname{cov}\left(\boldsymbol{F}^{\mathrm{f}}, \boldsymbol{y}^{\mathrm{f}}\right)$ 表示先验倾向误差集合 $\boldsymbol{F}^{\mathrm{f}}$ 与状态投影集合 $\boldsymbol{y}^{\mathrm{f}}$ 的协方差。倾向误差的更新变量为

$$\boldsymbol{F}_i^{\mathrm{a}} = \boldsymbol{F}_i^{\mathrm{f}} + \Delta \boldsymbol{F}_i \tag{9-25}$$

式中，$\boldsymbol{F}_i^{\mathrm{f}}$ 为先验倾向误差的第 i 个集合成员。

同化资料选择热带太平洋 Kaplan SST 异常资料（https://psl.noaa.gov/data/gridded/data.kaplan_sst.html），时间范围为 1856 年 1 月至 2021 年 12 月。此外，使用 ERA-20C 的风场资料和 SODA 的海洋再分析资料进行同化效果的评价。同参数估计类似，为了消除初始状态-倾向误差不匹配的影响，先单独进行为期 5 年的状态估计，待模式达到准平衡后开始进行倾向误差估计。为了缓解集合滤波器应用中常常遇到的滤波发散问题，研究使用了协方差局地化和协方差膨胀技术。在局地化技术中，采用 G-C 函数方案（Gaspari and Cohn，1999），经过测试，局地化半径取 4 倍的模式格点距离。在协方差膨胀技术中，使用静态乘法的固定因子膨胀，经过测试，状态估计的膨胀因子取 1.2，倾向误差估计的膨胀因子取 1.01。集合成员数选取 30 个，同化频率为每月一次。同化试验设计见表 9-4，对应的 ENSO 集合预报试验设计见表 9-5。由于 Z-C 模式是一个覆盖热带太平洋的中等复杂程

度耦合模式，因此本节只给出基于 EAKF 的模式倾向误差相关的程序，见附录 9-4。

表 9-4　同化试验设计

同化试验	同化方法	待估变量	集合成员数
EAKF_F-Assim	EAKF	SST 异常和 ***F***	30

表 9-5　ENSO 集合预报试验设计

预报试验	初始化	倾向误差	集合成员数
EAKF_F-Pred	EAKF_F-Assim	估计的 ***F***	30

由于倾向误差表征了 SST 异常的趋势误差，因此同化试验倾向误差的初始猜测集合可以从状态估计中的 SST 异常分析误差中选取。我们随机选取 30 个作为倾向误差初始猜测集合，平均值为–0.0019℃。图 9-9 是 EAKF_F-Assim 中倾向误差的集合离散度和估计值。图 9-9a 显示，在估计开始后，倾向误差的离散度迅速减小，随后趋于稳定，表明滤波器是有效的；图 9-9b 中黑色实线为估计的 ***F*** 的集合平均，红色虚线为集合成员的最大值、最小值，图中显示 ***F*** 的估计值也在最初的振荡后趋于稳定，约为–0.003，与初始倾向误差平均值的数量级相同，表明倾向误差估计在一定程度上补偿了模式模拟中的偏差。

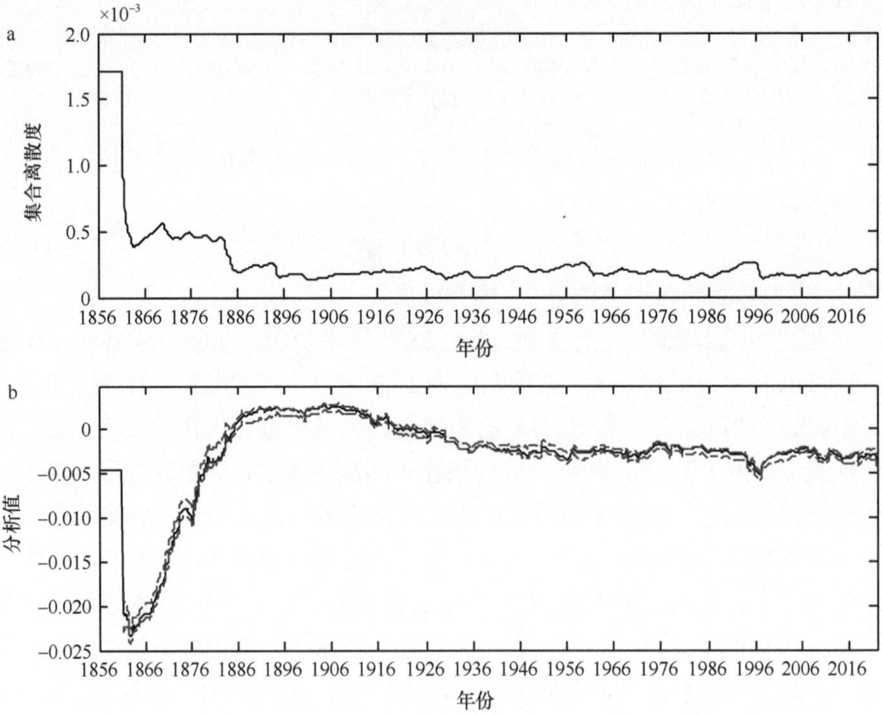

图 9-9　EAKF_F-Assim 中倾向误差的集合离散度和估计值

EAKF_F-Assim 试验同化前的 SST 异常与观测的均方根误差平均值为 0.2958℃，而同化后的均方根误差为 0.1913℃，减小了 35.33%，同化效果显著。同化试验中，Niño3.4 区纬向风应力异常、赤道地区海洋上层深度异常和 Niño3.4 区次表层海温异常与相应再分析资料的相关系数和均方根误差见表 9-6，表明模式对其他状态模拟效果良好。

表 9-6　同化试验中状态模拟与观测的相关系数和均方根误差

模式状态	相关系数	均方根误差
Niño3.4 区纬向风应力异常	0.7334	0.0617dyn/cm^2
赤道地区海洋上层深度异常	0.7377	7.0761cm
Niño3.4 区次表层海温异常	0.7631	0.7852℃

图 9-10 是预报的 Niño3.4 区 SST 与观测的异常相关系数和均方根误差随提前时间的变化。预报试验的预报明显优于持续性预报，并且提前 6 个月的预报技巧在 0.7 以上，提前 12 个月的预报技巧在 0.5 以上，达到目前国际上先进预报模式的预报水平。

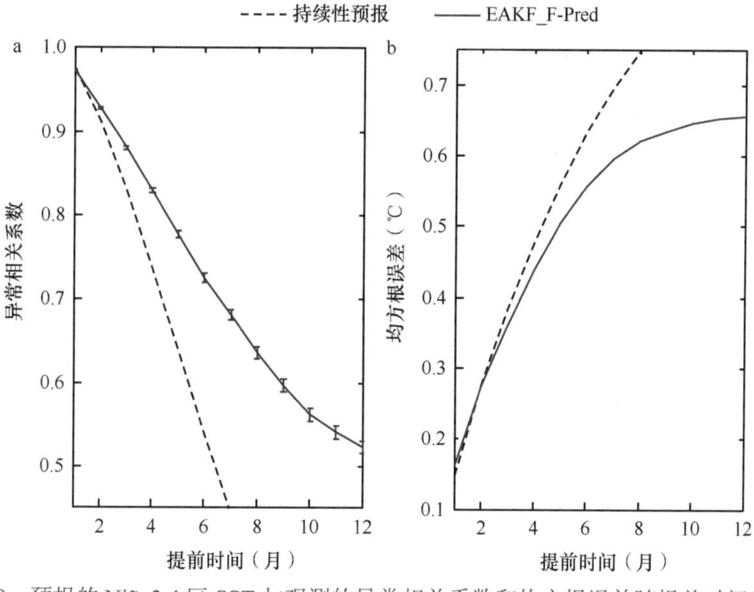

图 9-10　预报的 Niño3.4 区 SST 与观测的异常相关系数和均方根误差随提前时间的变化

参 考 文 献

刘厂, 赵玉新, 高峰. 2017. 数据同化: 集合卡尔曼滤波. 北京: 国防工业出版社: 77.
Aksoy A, Zhang F Q, Nielsen-Gammon J W. 2006. Ensemble-based simultaneous state and parameter

estimation with MM5. Geophysical Research Letters, 33: L12801.

Anderson J L. 2001. An ensemble adjustment Kalman filter for data assimilation. Monthly Weather Review, 129: 2884-2903.

Anderson J L, Anderson S L. 1999. A Monte Carlo implementation of the nonlinear filtering problem to produce ensemble assimilations and forecasts. Monthly Weather Review, 127: 2741-2758.

Chen D, Cane M, Kaplan A, et al. 2004. Predictability of El Niño over the past 148 years. Nature, 428: 733-736.

Duc L, Saito K, Hotta D. 2020. Analysis and design of covariance inflation methods using inflation functions. Part 1: theoretical framework. Quarterly Journal of the Royal Meteorological Society, 146: 3638-3660.

Evensen G, Dee D P, Schröter J. 1998. Parameter estimation in dynamical models. Ocean Modeling and Parameterization, 516: 373-398.

Gao Y, Liu T, Song X, et al. 2020. An extension of LDEO5 model for ENSO ensemble predictions. Climate Dynamics, 55: 2979-2991.

Gao Y, Tang Y, Song X S, et al. 2021. Parameter estimation based on a local ensemble transform Kalman filter applied to El Niño-Southern Oscillation ensemble prediction. Remote Sensing, 13: 3923.

Gaspari G, Cohn S E. 1999. Construction of correlation functions in two and three dimensions. Quarterly Journal of the Royal Meteorological Society, 125: 723-757.

Han G, Zhang X, Zhang S, et al. 2014. Mitigation of coupled model biases induced by dynamical core misfitting through parameter optimization: simulation with a simple pycnocline prediction model. Nonlinear Processes in Geophysics, 21: 357-366.

Hansen J, Penland C. 2007. On stochastic parameter estimation using data assimilation. Physica D, 230: 88-98.

Li H, Kalnay E, Miyoshi T. 2009. Simultaneous estimation of covariance inflation and observation errors within an ensemble Kalman filter. Quarterly Journal of the Royal Meteorological Society, 135: 523-533.

Miyoshi T. 2011. The Gaussian approach to adaptive covariance inflation and its implementation with the local ensemble transform Kalman filter. Monthly Weather Review, 139: 1519-1535.

Moore A, Zavala-Garay J, Tang Y, et al. 2006. Optimal forcing patterns for coupled models of ENSO. Journal of Climate, 19: 4683-4699.

Navon I. 1998. Practical and theoretical aspects of adjoint parameter estimation and identifiability in meteorology and oceanography. Dynamics of Atmospheres and Oceans, 27(1-4): 55-79.

Roads J. 1987. Predictability in the extended range. Journal of the Atmospheric Sciences, 44: 3495-3527.

Ruiz J, Pulido M, Miyoshi T. 2013. Estimating model parameters with ensemble-based data assimilation: parameter covariance treatment. Journal of the Meteorological Society Japan, 91(4): 453-469.

Whitaker J, Hamill M. 2012. Evaluating methods to account for system errors in ensemble data assimilation. Monthly Weather Review, 140: 3078-3089.

Yang X, Delsole T. 2009. Using the ensemble kalman filter to estimate multiplicative model parameters. Tellus A: Dynamic Meteorology and Oceanography, 61(5): 601-609.

Zebiak S E, Cane M A. 1987. A model El Niño-Southern Oscillation. Monthly Weather Review, 115: 2262-2278.

Zhang F, Snyder Q, Sun J. 2004. Impacts of initial estimate and observation availability on convective-scale data assimilation with an ensemble Kalman filter. Monthly Weather Review, 132: 1238-1253.

Zhang S Q, Liu Z Y, Rosati A, et al. 2012. A study of enhancive parameter correction with coupled data assimilation for climate estimation and prediction using a simple coupled model. Tellus A: Dynamic Meteorology and Oceanography, 64: 10963.

Zhao Y C, Liu Z Y, Zheng F, et al. 2019. Parameter optimization for real-world ENSO forecast in an intermediate coupled model. Monthly Weather Review, 147: 1429-1445.

相关 python 代码

附录 9-1　参数有偏差的 Lorenz63 模式的 EAKF 参数估计试验

```
#### 使用有偏差的参数开展试验
sigma = 13 ; beta = 3; rho = 30
####
npara = 3                          # 待估参数数目

def hp(x):                         # 扩展观测算子
    ne= x.shape[0]                 # 输入的 x 包括状态和参数: ne=n+ns
    H = np.eye(ne)
    Hs = H[range(n),:]
    yo = Hs @ x                    # 投影到状态变量
    return yo

x0b = np.array([2.0,3.0,4.0])      # 同化试验的初值
np.random.seed(seed=1)
xb = np.zeros([n,nt+1]); xb[:,0] = x0b
for k in range(nt):
    xb[:,k+1] = RK4(Lorenz63,xb[:,k],dt,sigma,beta,rho)  # 不加同化的自由积分结果

sig_b= 0.1
B = sig_b**2*np.eye(n)                 # 初始时刻预报误差协方差
Q = 0.0*np.eye(n)                      # 模式误差（若假设完美模式则取 0）
N = 20 # 集合成员数
xai = np.zeros([3,N])
for i in range(N):
    xai[:,i] = x0b + np.random.multivariate_normal(np.zeros(n), B)
# 状态初始集合

p0b = np.array([sigma,beta,rho])       # 参数向量
sig_p = np.array([4,4,4])
pB = np.diag(sig_p)                    # 参数误差协方差
```

```
pai = np.zeros([npara,N])                         # 参数集合
for i in range(N):
    pai[:,i] = p0b + np.random.multivariate_normal(np.zeros(npara), pB)

Rp = np.diag(np.concatenate([sig_m*np.ones(n),sig_p]))     # 扩展误差协方差

LocM = np.ones([n+npara,n+npara])                 #!!!不采用局地化，把局地化矩阵元素设置为 1

xa = np.zeros([n,nt+1]); xa[:,0] = x0b
pa = np.zeros([npara,nt+1]); pa[:,0] = p0b
km = 0
for k in range(nt):
    for i in range(N):
        xai[:,i] = RK4(Lorenz63,xai[:,i],dt,pai[0,i],pai[1,i],pai[2,i]) \
                 + np.random.multivariate_normal(np.zeros(n), Q)

    xa[:,k+1] = np.mean(xai,1)                       # 预报集合平均状态
    pa[:,k+1] = np.mean(pai,1)                       # 预报集合平均参数
    if (km<nt_m) and (k+1==ind_m[km]):               # 扩展向量并进行同化
        xAi = np.concatenate([xai,pai],axis=0)
        xAi= sEAKF(xAi,yo[:,km],hp,Rp,LocM)
        #
        xai = xAi[0:3,:]
        pai = xAi[3:6,:]
        xa[:,k+1] = np.mean(xai,1)
        pa[:,k+1] = np.mean(pai,1)
        km = km+1
```

附录 9-2 参数协方差膨胀部分代码（用以加入附录 9-1）

```
    if (km<nt_m) and (k+1==ind_m[km]):
        for i in range(N):                            # 参数协方差膨胀
            pai[:,i] = pa[:,k+1]+1.2*(pai[:,i]-pa[:,k+1])
      # 扩展向量并进行同化
        xAi = np.concatenate([xai,pai],axis=0)
        xAi= sEAKF(xAi,yo[:,km],hp,Rp,LocM)
        #
```

附录 9-3 基于 LETKF 的 Z-C 模式关键参数估计算法应用部分代码

```
def LETKF(xbi,yo,par, h,R, lambda1, lambda2):
import numpy as np
import matplotlib.pyplot as plt
from scipy import linalg
import scipy

n,N = xbi.shape                                   # n-状态维数，N-集合成员数
```

```
xb = np.mean(xbi,1)                              # 预报状态集合平均
parb = np.mean(par,1)                            # 预报参数集合平均
H1 = h(xbi)                                      # h 为观测算子
H2 = h(xb)
Hp = np.zeros((n,N))
for i in range(N):
     Hp[:,i] = H1[:,i]-H2.T

P1 = Hp.T @ np.linalg.inv(R) @ Hp + (N-1) * Ide;
Pa = np.linalg.inv(P1)
xbp = np.zeros((n,N))
parbp = np.zeros((n,N))
for i in range(N):
    xbp[:,i] = xbi[:,i]-xb[:,0]                        #状态预报异常值
    parbp[:,i] = par[:,i]-parb[:,0]                    #参数预报异常值

Kx = xbp @ Pa @ Hp.T @ np.linalg.inv(R)                #卡尔曼增益矩阵: 状态
Kpar = parbp @ Pa @ Hp.T @ np.linalg.inv(R)            #卡尔曼增益矩阵: 参数

xab = xb + (Kx @ (yo-H2.T).T).reshape(n,1)             #分析集合平均: 状态
parab = parb + (Kpar @ (yo-H2.T).T).reshape(n,1)       #分析集合平均: 参数
xap = xbp @ sqrtm((N-1)*Pa)                        #分析集合异常值: 状态
parap = parbp @ sqrtm((N-1)*Pa)                    #分析集合异常值: 参数

for i in range(N):
    xap[:,i] = lambda1 @ xap[:,i]                      #状态异常值膨胀
    parap[:,i] = lambda2 @ parap[:,i]                  #参数异常值膨胀
    xai[:,i] = xab[:,0]+xap[:,i]                       #更新状态集合: 平均+异常值
    parai[:,i] = parab[:,0]+parap[:,i]                 #更新参数集合: 平均+异常值

return xai, parai
```

附录 9-4　基于 EAKF 的 Z-C 模式倾向误差估计算法应用部分代码

```
def EAKF(xbi,yo,obsvar,F,s2obs,inf,weight):
import numpy as np
import math

n,N = xbi.shape                    # n-状态维数, N-集合成员数
m = yo.shape[0]                    # m-观测空间维数

ypi = s2obs(xbi)                   # s2obs 为预报状态集合到观测空间的投影算子
xb = np.mean(xbi,1)                # 状态预报集合平均
Fb = np.mean(F,1)                  # 倾向误差预报集合平均
```

```
    yp = np.mean(ypi,1)                    # 观测空间的预报集合平均
    ypvar = np.var(ypi)                    # 观测空间的预报方差
    temp1 = obsvar/( obsvar+pyvar)
    temp2 = ypvar/( obsvar+pyvar)

    obsinc = np.zeros((m,N))
    covx = np.zeros((n*m))
    covF = np.zeros((n*m))

    for i in range(N):
    obsinc[:,i] = (math.sqrt(temp1-1)*(ypi-yp)+temp2*(yo-yp))   # 观测增量
    covx[:] = (covx[:] + (ypi-yp)**2 @ (xbi-xb)**2))/N          # 状态协方差
    covF[:] = (covF[:] + (ypi-yp)**2 @ (F-Fb)**2))/N            # 倾向误差协方差
    covx = weight @ covx                                        #  协方差局地化
    covF = weight @ covF
    covx = inf * covx                                           #  协方差膨胀
    covF = inf * covF

    projx = np.zeros((n,N))
    projF = np.zeros((n,N))
    for i in range(N):
        projx[:,i] = covx[:,i] @ obsinc[:,i]/ypvar              # 状态分析增量
        projF[:,i] = covF[:,i] @ obsinc[:,i]/ypvar              # 倾向误差分析增量

    xai = xbi + projx                                           # 分析值更新
    Fa = F + projF                                              # 分析值更新

    return xai, Fa
```

第 10 章

强耦合同化

10.1 耦合同化概述

随着当代社会对天气、海洋预测要求的提高，世界各地的业务机构也日益扩展了预测范围，并愈发认识到，预测模式不仅应该考虑独立的大气或海洋过程，还应考虑地球系统的其他模块，包括陆面、气溶胶和海冰等，构建耦合的地球系统模式，并进一步建立无缝隙预报（seamless prediction）系统（Hoskins，2013）。而随着耦合模式在天气、气候预测中日渐广泛的应用，针对其初始化方案的研究日益成为海洋、气象学界关注的问题。初始场的质量直接影响预报的成功与否，低质量的初始场会产生不稳定波动［初始冲击（initial shock）］，破坏模式的稳定性，降低预报效果（Mulholland et al.，2015）。

耦合数据同化（coupled data assimilation，CDA）是创建耦合模式初始场的一种有效方法。科研业务单位从 21 世纪初就开始了耦合同化的相关研究，如日本气象厅（JMA）的耦合多元海洋变分估计系统（multivariate ocean variational estimation-coupled system，MOVE-C）（Fujii et al.，2009）使用三维变分方法在耦合气候模式中同化了海洋观测资料，美国国家环境预报中心（NCEP）的气候预报系统（climate forecast system，CFS）同样利用三维变分方法同化了海洋和大气观测资料（Saha et al.，2006），而美国地球流体力学实验室（GFDL）的耦合模式 2（coupled model 2，CM2）则利用集合调整卡尔曼滤波器同化了海表温度和大气再分析场资料（Zhang et al.，2007）。我国的国家海洋环境预报中心、自然资源部第二海洋研究所等单位也利用耦合气候模式进行了耦合同化和预报研究（Song et al.，2022；凌铁军等，2009；李熠等，2015）。已有研究表明，耦合同化可以产生更为平衡的初始场和界面通量。例如，在 ECMWF 的耦合预测系统中，相较于独立的大气、海洋同化，耦合同化确实降低了低层大气中的初始冲击，导致 24h 预测的均方根误差有高达 50%的减小（Mulholland et al.，2015）。

耦合同化又可以分为强耦合同化（strongly coupled data assimilation，SCDA）

和弱耦合同化（weakly coupled data assimilation，WCDA）两种方案，其实质区别在于误差协方差矩阵的构造方式不同。以海气耦合模式为例，弱耦合同化方法的海洋和大气模式分别同化对应的观测资料，但是在同化过程中二者之间无通量交换，在同化完成后通过模式积分进行通量交换。与此相反，强耦合同化则将海洋和大气模式视为一个统一的系统，二者所有的变量全部输入一个误差协方差矩阵中，各子系统变量一起更新，得到分析结果，这使得观测可以跨边界（即海气界面）产生瞬时影响（Penny and Hamill，2017）。

由此可见，弱耦合同化是对现有同化系统的整合，也不需要对误差协方差构建、跨界面的垂向局地化方案等进行改造，从而更易于实现，对计算量的要求更低，是目前主流的海气耦合分析和预报系统的同化方式（Laloyaux et al.，2016；Lu et al.，2015；Peng et al.，2015；Saha et al.，2010；Zhang et al.，2007）。但是，地球系统是一个耦合的整体，理论上，强耦合同化可以同时从统计和动力上更好地利用观测资料，从而提高模拟效果（Zhang et al.，2020）。已有的初步研究也证实，强耦合同化有利于模式更快达到平衡态，从而缩短积分时间（Penny et al.，2019），并可以得到更准确的预报结果（Sluka et al.，2016），但其过程更加复杂，还有很多问题有待解决（Penny and Hamill，2017），当前的工作也主要基于简单和中等复杂程度的模式，基于复杂的耦合环流模式的研究还较少（Penny et al.，2019；Penny and Hamill，2017；Sluka et al.，2016；Zhang and Emanuel，2018；Zhang et al.，2020）。下面我们将利用简单的理想模式介绍强耦合同化的基本理论，以及我们基于区域耦合环流模式在台风预报方面的一些工作。

10.1.1 耦合同化基本理论

利用集合卡尔曼滤波器开展耦合同化试验，如第 4 章所述，分析场的生成公式如下：

$$\boldsymbol{x}^{\mathrm{a}}=\boldsymbol{x}^{\mathrm{f}}+\boldsymbol{PH}^{\mathrm{T}}\left(\boldsymbol{HPH}^{\mathrm{T}}+\boldsymbol{R}\right)^{-1}\left(\boldsymbol{y}-\boldsymbol{Hx}^{\mathrm{f}}\right) \tag{10-1}$$

式中，$\boldsymbol{x}^{\mathrm{a}}$ 为集合分析场；$\boldsymbol{x}^{\mathrm{f}}$ 为集合背景场；$\boldsymbol{P}$ 为预报误差协方差矩阵；$\boldsymbol{H}$ 为观测算子；$\boldsymbol{R}$ 为观测误差协方差；$\boldsymbol{y}$ 为观测值。但与前面章节中非耦合的情况不同，这里我们考虑耦合系统，涉及多个分系统或模块（如大气、海洋、海冰）。不失一般性，我们在此假设 $\boldsymbol{x}$ 包括两个分系统 $\boldsymbol{x}=\left[\boldsymbol{x}_1,\boldsymbol{x}_2\right]^{\mathrm{T}}$，则背景误差协方差矩阵 $\boldsymbol{P}$ 可以表示为 $\boldsymbol{P}=\begin{bmatrix}\boldsymbol{P}_{11} & \boldsymbol{P}_{12}\\ \boldsymbol{P}_{21} & \boldsymbol{P}_{22}\end{bmatrix}=\begin{bmatrix}\boldsymbol{P}_{11} & \boldsymbol{P}_{12}\\ {\boldsymbol{P}_{12}}^{\mathrm{T}} & \boldsymbol{P}_{22}\end{bmatrix}$。在弱耦合同化中，可以假设不同系统间的协方差为 $\mathbf{0}$，既 $\boldsymbol{P}=\begin{bmatrix}\boldsymbol{P}_{11} & \mathbf{0}\\ \mathbf{0} & \boldsymbol{P}_{22}\end{bmatrix}$，因此在同化过程中不同系统间不交换信息，而是

在模式积分的过程中，通过耦合器进行通量交换。也可以理解为，对 $\boldsymbol{x}_1$ 和 $\boldsymbol{x}_2$ 这两个分系统分别进行同化，得到其各自的分析场：

$$\boldsymbol{x}_1^{\mathrm{a}} = \boldsymbol{x}_1^{\mathrm{f}} + \boldsymbol{P}_1\boldsymbol{H}^{\mathrm{T}}\left(\boldsymbol{H}\boldsymbol{P}_1\boldsymbol{H}^{\mathrm{T}} + \boldsymbol{R}_1\right)^{-1}\left(\boldsymbol{y}_1 - \boldsymbol{H}\boldsymbol{x}_1^{\mathrm{b}}\right) \tag{10-2}$$

$$\boldsymbol{x}_2^{\mathrm{a}} = \boldsymbol{x}_2^{\mathrm{f}} + \boldsymbol{P}_2\boldsymbol{H}^{\mathrm{T}}\left(\boldsymbol{H}\boldsymbol{P}_2\boldsymbol{H}^{\mathrm{T}} + \boldsymbol{R}_2\right)^{-1}\left(\boldsymbol{y}_2 - \boldsymbol{H}\boldsymbol{x}_2^{\mathrm{b}}\right) \tag{10-3}$$

然后通过模式积分交换通量和信息。相反，在强耦合同化系统中，则需要考虑不同系统间的协方差，既 $\boldsymbol{P}_{12} \neq \boldsymbol{0}$，因此在同化过程中，各子系统变量一起更新，得到分析结果。

10.1.2 耦合同化理想试验

本小节通过一个理想试验演示强耦合同化的基本过程和思想。该理想试验利用 Zhang（2011）提出的一个五变量耦合模式，其大气模式基于标准的 Lorenz63 模式，公式如下：

$$\mathrm{d}x = -\sigma x + \sigma y \tag{10-4}$$

$$\mathrm{d}y = -xz + \left(1 + C_1\omega\right)kx - y \tag{10-5}$$

$$\mathrm{d}z = xy - \beta z \tag{10-6}$$

大气模式通过变量 ω（代表上层海洋温度）受到海洋模式的调制，并通过如下公式对海洋产生强迫：

$$O_{\mathrm{m}}\mathrm{d}\omega = C_2 y + C_3\eta + C_4\omega\eta - O_{\mathrm{d}}\omega + S_{\mathrm{m}} + S_{\mathrm{S}}\cos\left(2\pi t/S\right) \tag{10-7}$$

$$\Gamma\mathrm{d}\eta = C_5\omega + C_6\omega\eta - O_{\mathrm{d}}\eta \tag{10-8}$$

式中，变量 η 代表深层海洋温度；参数 O_{m}、O_{d} 分别代表海洋热含量和衰减项，分别取 1 和 10；S_{m}、S_{S} 分别代表外强迫的年平均和季节循环，分别取 10 和 1；S 决定了季节循环的周期和模式的时间尺度，此处取 10；Γ 和 O_{d} 的比值决定了上层和深层海洋之间的时间变率之比，考虑到深层海洋的时间变率为上层的 10 倍，设定 Γ 为 100；C_i 是各模块间的耦合系数，在此 $C_1 \sim C_6$ 分别为 0.1、1、1、10、100、0.01。

在此基础上，我们进行了弱耦合同化和强耦合同化的观测系统模拟试验，同化窗口为 20 个时间步长，简单起见，每次试验均同化大气变量 y。在弱耦合同化中，同化 y 仅对该变量本身有直接影响，而在强耦合同化中，同化 y 不仅影响 y，还影响上层海洋温度 ω。具体来说，在弱耦合同化中，状态变量为 $\left[x, y, z\right]$，而其误差协方差矩阵为 $\begin{bmatrix} \boldsymbol{P}_{xx} & \boldsymbol{P}_{yx} & \boldsymbol{P}_{zx} \\ \boldsymbol{P}_{xy} & \boldsymbol{P}_{yy} & \boldsymbol{P}_{zy} \\ \boldsymbol{P}_{xz} & \boldsymbol{P}_{yz} & \boldsymbol{P}_{zz} \end{bmatrix} = \begin{bmatrix} \boldsymbol{P}_{xx} & \boldsymbol{P}_{xy} & \boldsymbol{P}_{xz} \\ \boldsymbol{P}_{xy} & \boldsymbol{P}_{yy} & \boldsymbol{P}_{yz} \\ \boldsymbol{P}_{xz} & \boldsymbol{P}_{yz} & \boldsymbol{P}_{zz} \end{bmatrix}$，而海洋变量（$\omega$ 和 η）在同化部分则没有体现。我们在例子程序中使用了 EAKF 算法，这个算法的核心思想

在于，可以对不同的变量进行顺序同化，最后通过线性相关关系同化非观测变量。

试验中我们采用 50 个集合成员，每 50 步进行一次同化，结果如图 10-1 所示。可见，强弱耦合同化均可以改善模拟效果，相对于没有同化的控制试验，其均方根误差均显著减小。此外，相较于弱耦合同化，强耦合同化试验对海洋变量的模拟误差明显更小。对于二者都有同化的变量（即大气变量 y），其误差相近，强弱耦合同化在最后 10 000 个时间步的平均均方根误差分别为 14.5 和 13.1（控制试验为 20.8），而对于上层海洋温度 ω，强耦合同化的均方根误差为 1.2，弱耦合同化的均方根误差为 1.6，控制试验的均方根误差为 1.9。这个例子说明了强耦合同化的潜力。这部分的示例代码见附录 10-1 至附录 10-5。

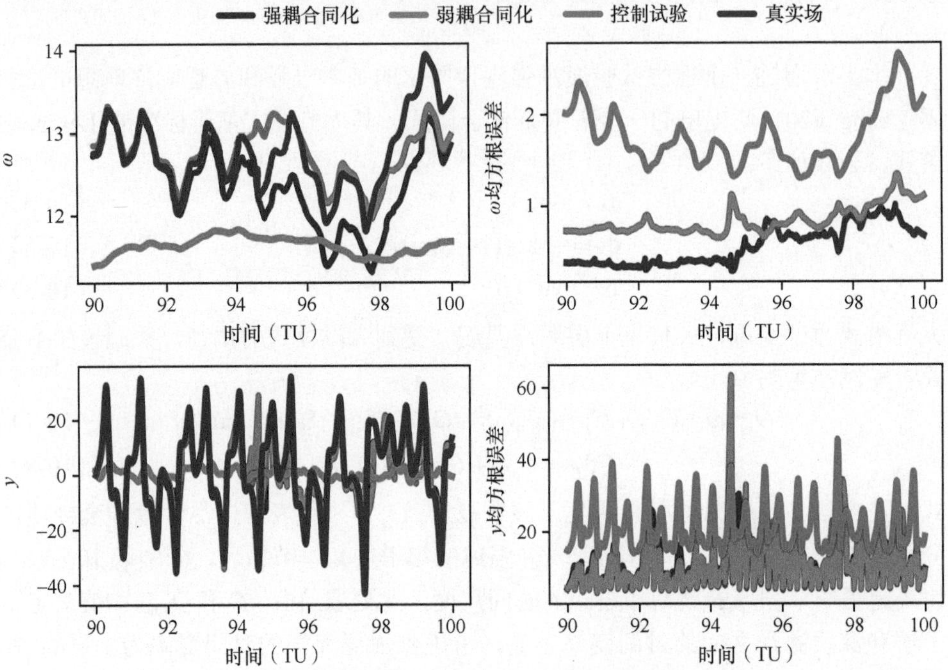

图 10-1　理想试验中强弱耦合同化及控制试验对变量 ω 和 y 的模拟结果和真实场，以及不同试验的集合平均和相应的均方根误差

思考：前人研究指出，强耦合同化往往在集合大小较大时才有较好的效果（Han et al., 2013），而且与非耦合同化类似，强耦合同化的最终效果与膨胀系数、同化窗口等的设置有很大关系。读者可以通过改变这些系数的设置，考查不同条件下的同化效果。此外，读者也可以同化海洋观测，考查大气变量的效果。

10.1.3　强耦合同化当前所面临的主要问题和挑战

我们知道，地球系统中各个组成部分之间的运动尺度差异巨大。以海气耦合模式为例，海洋中尺度涡的水平空间尺度为 100km，而大气的空间尺度则为

1000km，二者相差 10 倍。与此同时，大气的运动速度比海洋快得多。因此，很难用一个误差协方差准确描述二者的关系。为此，同化学界提出了多种解决方案，如超前平均耦合协方差方法（leading average coupled covariance，LACC）（Lu et al.，2015）、界面分解方法（interface solver）（Frolov et al.，2016）、协方差矩阵再处理方法（convariance matrix reconditioning）（Smith et al.，2015，2017，2018）等，下面简要介绍这些方法。

1. 超前平均耦合协方差方法

在耦合系统中，海洋和大气之间的响应存在一定的滞后效应，特别是大气对海洋的影响有累积效应。针对这一特性，Lu 等（2015）提出了超前平均耦合协方差方法（LACC）。其重要特点在于，不使用相同时刻，而是使用超前（滞后）的大气、海洋变量来构建误差协方差矩阵，从而提高同化效果。例如，在同化大气观测变量时，可以采用如下公式计算其对海洋模拟的贡献：

$$\Delta \boldsymbol{x}_{\mathrm{O}}(t)=\overline{\boldsymbol{K}}\times\left[\overline{\boldsymbol{y}_{\mathrm{A}}(\tau_1,\tau_2)-\boldsymbol{x}_{\mathrm{A}}(\tau_1,\tau_2)}\right] \tag{10-9}$$

式中，$\Delta \boldsymbol{x}_{\mathrm{O}}$ 为海洋模式在 t 时刻的增量；$\overline{\boldsymbol{y}_{\mathrm{A}}}$ 为超前平均（τ_1 至 τ_2 时刻）的大气观测；$\overline{\boldsymbol{x}_{\mathrm{A}}}$ 为对应时间段的大气模式预报值；$\overline{\boldsymbol{K}}$ 为对应的卡尔曼增益矩阵，表示为

$$\overline{\boldsymbol{K}}=\mathrm{cov}\left\langle \boldsymbol{x}_{\mathrm{O}},\overline{\boldsymbol{x}_{\mathrm{A}}}\right\rangle \Big/ \mathrm{var}\left\langle \overline{\boldsymbol{x}_{\mathrm{A}}}\right\rangle \tag{10-10}$$

利用上面的理想模型，我们构建了一个 LACC 的简单应用例子。图 10-2 所示为理想试验的控制组中大气变量 y 和海洋变量 ω 的自相关及二者间的相关性。可

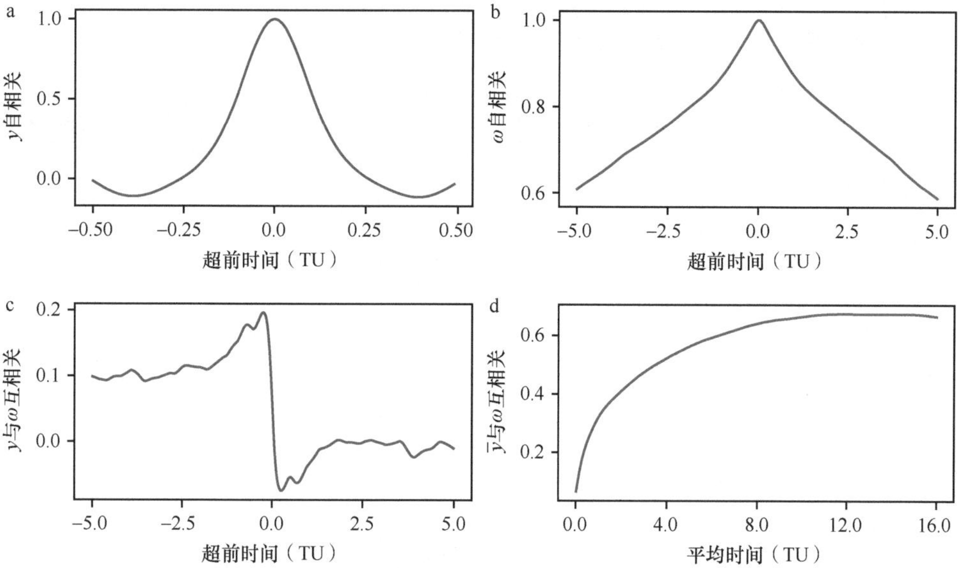

图 10-2　理想试验的控制组中大气变量 y 和海洋变量 ω 的自相关及二者间的相关性

图 a 为大气变量 y 的自相关，图 b 为海洋变量 ω 的自相关，图 c 为二者的互相关，图 d 为超前平均的 y（$\bar{y}$）与 ω 的互相关

以看到，无论是 y 还是 ω，二者的自相关都较高（图 10-2a、b），但是互相关最高只有 0.2 左右（图 10-2c）。如果将 y 进行超前平均，互相关明显更高，在平均 10～12 个时间单位，互相关达到最高（0.7 左右），然后逐渐开始下降（图 10-2d）。这就提示我们，可以先将 y 超前平均，然后进行同化。这部分的示例程序见附录 10-6。

在前述理想试验的基础上，我们进行了一组基于 LACC 的强耦合试验，简单起见，对大气变量 y 取 10 个时间单位（1000 个时间步长）的平均。由图 10-3 可见，采用 LACC 方案后，海洋变量的模拟误差有了一定的减小。最后 10 000 步中对 ω 的模拟误差从原始强耦合同化的 1.2 减小到 0.9，但 y 的误差则略有增大，从 14.5 增大到 16.3。这部分的示例程序见附录 10-7。

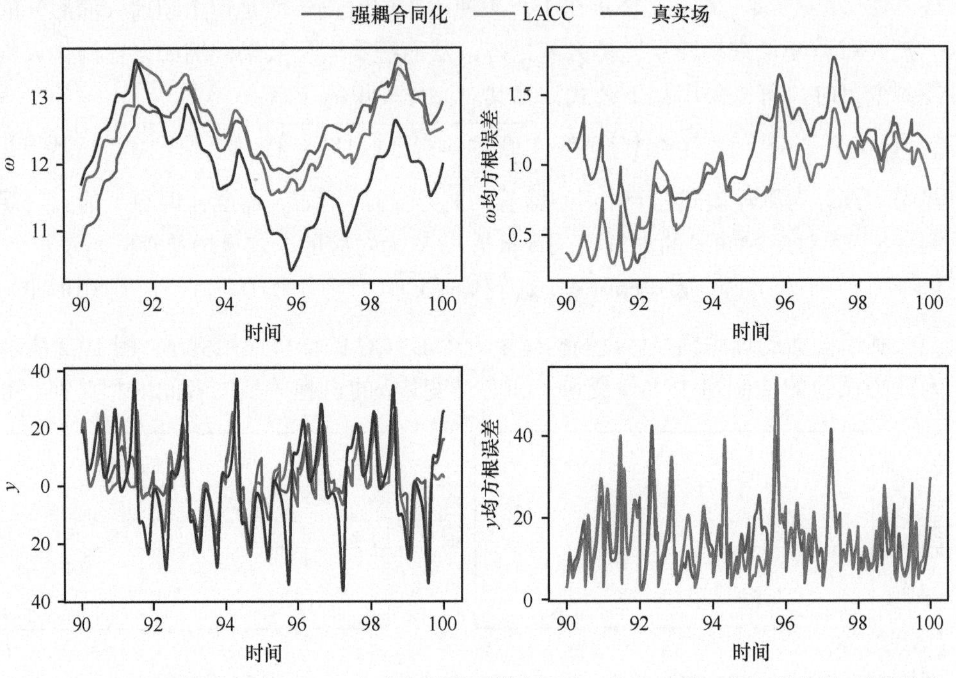

图 10-3　LACC 试验中加入 LACC 方案与原始强耦合同化对大气变量 y 和海洋变量 ω 模拟的集合平均及均方根误差

思考：读者可以在上述理想试验的基础上，进一步探讨平均时长等参数的选取对 LACC 效果的影响。

2. 界面求解方法

如上所述，标准的海气强耦合协方差公式可以表示为

$$\boldsymbol{P}=\begin{bmatrix}\boldsymbol{P}_{\mathrm{AA}} & \boldsymbol{P}_{\mathrm{AO}}\\ \boldsymbol{P}_{\mathrm{OA}} & \boldsymbol{P}_{\mathrm{OO}}\end{bmatrix} \tag{10-11}$$

式中，$\boldsymbol{P}_{AA}$、$\boldsymbol{P}_{AO}$、$\boldsymbol{P}_{OA}$、$\boldsymbol{P}_{OO}$ 分别为大气、海气、气海和海洋变量的误差协方差。对于集合同化，当样本数量较小时，上述误差协方差构建方式往往会引入误差，对深层海洋和高层大气更为明显。考虑到实际上二者之间的关联性较弱，误差协方差近似为 **0**，可以引入大气、海洋边界层的思想，将上述误差协方差分解为

$$\boldsymbol{P}=\begin{bmatrix} \boldsymbol{P}_{A_uA_u} & \boldsymbol{P}_{A_uA_b} & \boldsymbol{0} & \boldsymbol{0} \\ \boldsymbol{P}_{A_bA_u} & \boldsymbol{P}_{A_bA_b} & \boldsymbol{P}_{A_bO_b} & \boldsymbol{0} \\ \boldsymbol{0} & \boldsymbol{P}_{O_bA_b} & \boldsymbol{P}_{O_bO_b} & \boldsymbol{P}_{O_bO_d} \\ \boldsymbol{0} & \boldsymbol{0} & \boldsymbol{P}_{O_dO_b} & \boldsymbol{P}_{O_dO_d} \end{bmatrix} \tag{10-12}$$

其中下标 A_u、A_b、O_d、O_b 分别指代高层大气、大气边界层、深层海洋和海洋边界层，进而可以通过改变边界层的厚度，消除高层大气和深层海洋之间的虚假关联，从而在集合较小的前提下成功实现强耦合同化。本质上，这个方法相当于只在边界层内使用强耦合，而在边界层外退化为弱耦合同化。这种方法也可以理解为垂向局地化设置的一种特例。

3. 协方差矩阵再处理方法

上文的讨论均基于 EAKF 方法，并不涉及矩阵求逆问题，但变分方法中要求解逆矩阵和伴随矩阵，而对于强耦合同化，由于不同模块间的相关性较弱，原始的误差协方差矩阵往往呈病态（ill-conditioned）或者不满秩（rank deficient），进而导致求解逆矩阵困难。通过对协方差矩阵的再处理，可以在保持主要动力和统计特征的同时，改进逆矩阵求解，最终改进效果。例如，可以首先设置需要的最小特征值数目 k_t，通过调节特征值，使得以下等式成立：

$$\frac{\lambda_{\max}+\lambda_{\text{inc}}}{\lambda_{\min}+\lambda_{\text{inc}}}=k_t \tag{10-13}$$

式中，$\lambda_{\max}$ 和 $\lambda_{\min}$ 分别为最大、最小的特征值。相对于最小阈值法（将小于阈值的特征值设为与阈值相等）等方法，该方法可以较好地保持特征值的结构，从而保留一些低频动力特征（Smith et al.，2018）。以前面的理想模型为例，在第 1000 步时，其原本的协方差的特征值为[325.5, 187.3, 24.7, 0.87, 1.5e–4]。可见，最小与最大的特征值相差达到 217 万倍。这是因为该理想模型的变率主要集中在大气变量，即前三个变量，而海洋变量，特别是深海变量的变率和集合离散度极小，其协方差也较小。但如果对其进行再处理，如取 k_t 为 100，则新的特征值为[328.8, 190.5, 27.9, 4.2, 3.3]，同时其协方差基本保持不变（图 10-4）。在此基础上，可以进行进一步的同化。这部分的示例程序见附录 10-8。

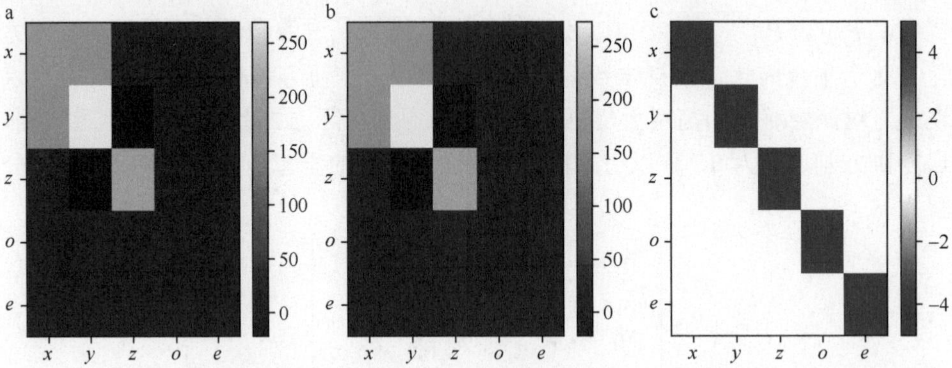

图 10-4　理想试验中的原始协方差分布（a）、调整后的协方差分布（b）和二者的差值（c）

10.2　强耦合同化的跨成分局地化及其在 Lorenz 模式中的应用

一个多尺度 Lorenz96 模式（msLorenz96）可以被用来研究强耦合同化中的局地化方案对于强耦合同化效果的影响。同化采用的方法为集合调整卡尔曼滤波器。多尺度 Lorenz96 模式耦合了两个不同尺度的 Lorenz96 模式，刻画了大气中不同尺度变量的耦合作用，是常用的耦合同化方法测试模式，由如下方程刻画：

$$\frac{\mathrm{d}X_k}{\mathrm{d}t} = X_{k-1}\left(X_{k+1} - X_{k-2}\right) - X_k + F - \frac{hc}{b}\sum_{j=1}^{J} Z_{j,k} \tag{10-14}$$

$$\frac{\mathrm{d}Z_{j,k}}{\mathrm{d}t} = cbZ_{j+1,k}\left(Z_{j-1,k} - Z_{j+2,k}\right) - cZ_{j,k} + \frac{hc}{b}X_k \tag{10-15}$$

假设 X_k 和 $Z_{j,k}$ 都是周期性的，即 $X_{k+K} = X_k$， $Z_{j,k+K} = Z_{j,k}$， $Z_{j+J,k} = Z_{j,k+1}$。多尺度 Lorenz96 模式是通过耦合两个模式组件而构建的，每个组件都遵从适当比例的 Lorenz96 模式。变量 X_k 和 $Z_{j,k}$ 分别代表沿纬度圆离散成 K 扇区和 $K\times J$ 扇区的大气变量。Wilks（2005）提供了多尺度 Lorenz96 系统的示意图。从图 10-5 可以看出，X_k 变量的空间尺度较大，而 $Z_{j,k}$ 变量的空间尺度较小。此外，j=1, 2, ⋯, J 的 $Z_{j,k}$ 位于与 X_k 相对应的域的子域中。方便起见，将式（10-14）称为大尺度模型变量的 X 模型，将式（10-15）称为小尺度模型变量的 Z 模型。X 模型和 Z 模型变量通过方程最后的耦合项驱动运行。常数参数 b 和 c 分别代表时间和空间的尺度比，h 是耦合系数。

同化方法采用的是集合调整卡尔曼滤波器（EAKF）。如前所述，EAKF 是一种常用的集合同化方法，由 Anderson（2001）引入，经过了十多年的发展，已经是同化平台 DART 中的标准方法。EAKF 的流程可以描述如下：首先使用观测算子 h 将模式结果 x 投影到观测空间，然后在观测空间中利用最小二乘法求出观测

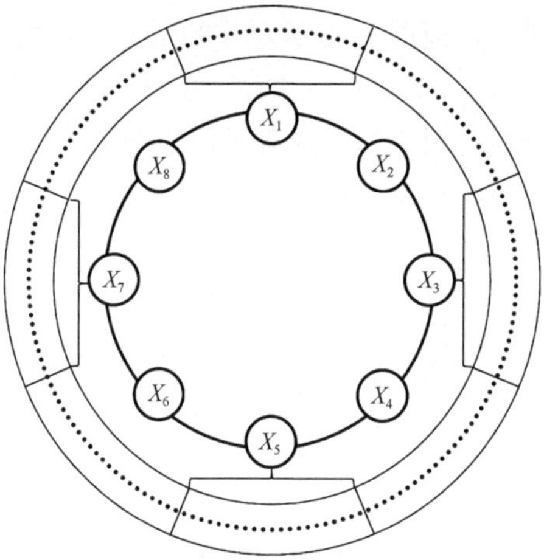

图 10-5 多尺度 Lorenz96 模式变量的物理意义（以 K=8，J=20 为例）

大尺度的 X 变量和小尺度的 Z 变量（图中的点）通过耦合机制联系在一起，每个区域的 X 驱动若干个 Z 变量的方程

增量 Δy，利用观测和模式网格点的相关系数将观测增量 Δy 回归到模式空间中，得到模式增量 Δx，然后利用局地化更新每个集合成员。局地化方法可以抑制协方差矩阵中因集合成员数不足而造成的长距离虚假相关，因此可以有效提高误差协方差矩阵的质量，具体公式如下。

（1）计算先验信息：

$$y_i^{\mathrm{f}} = h\left(x_i^{\mathrm{f}}\right), \quad i = 1, 2, \cdots, N \tag{10-16}$$

$$\overline{y^{\mathrm{f}}} = \frac{1}{N}\sum_{i=1}^{N} y_i^{\mathrm{f}} \tag{10-17}$$

$$\sigma_{\mathrm{f}}^2 = \frac{1}{N-1}\sum_{i=1}^{N}\left(y_i^{\mathrm{f}} - \overline{y^{\mathrm{f}}}\right)\left(y_i^{\mathrm{f}} - \overline{y^{\mathrm{f}}}\right)^{\mathrm{T}} \tag{10-18}$$

（2）计算后验信息：

$$\sigma_{\mathrm{a}}^2 = \left[\left(\sigma_{\mathrm{f}}^2\right)^{-1} + \left(\sigma_{\mathrm{o}}^2\right)^{-1}\right]^{-1} \tag{10-19}$$

$$\overline{y^{\mathrm{a}}} = \sigma_{\mathrm{a}}^2\left(\overline{y^{\mathrm{f}}}\big/\sigma_{\mathrm{f}}^2 + y^{\mathrm{o}}\big/\sigma_{\mathrm{o}}^2\right) \tag{10-20}$$

$$y_i^{\mathrm{a}} = \left(\sigma_{\mathrm{a}}/\sigma_{\mathrm{f}}\right)\left(y_i^{\mathrm{f}} - \overline{y^{\mathrm{f}}}\right) + \overline{y^{\mathrm{a}}} \tag{10-21}$$

（3）计算观测空间更新量：

$$\Delta y_i = y_i^{\mathrm{a}} - y_i^{\mathrm{f}} \tag{10-22}$$

（4）利用回归计算状态更新量：

$$\Delta x_{j,i} = \left(\sigma_{x_j,y}\big/\sigma_{\mathrm{f}}^2\right)\Delta y_i, \quad j = 1, 2, \cdots, n \tag{10-23}$$

$$x_{j,i}^{\mathrm{a}} = x_{j,i}^{\mathrm{f}} + \rho_{x_j,y}\Delta x_{j,i}, \quad j = 1, 2, \cdots, n \tag{10-24}$$

式中，$\rho_{x_j,y}$ 为局地化因子，根据 x_j 变量对应的位置和观测点 y 的位置的距离，利用 G-C 函数计算。

当系统的状态变量包含两个模式成分时，需要考虑跨成分的协方差矩阵。由于这里的变量是[x; z]，不妨记作：

$$\boldsymbol{P}=\begin{bmatrix}\boldsymbol{P}_{xx} & \boldsymbol{P}_{xz}\\ \boldsymbol{P}_{zx} & \boldsymbol{P}_{zz}\end{bmatrix} \tag{10-25}$$

同样，对应的局地化矩阵也需要以相同的方式分块，即

$$\boldsymbol{\Gamma}=\begin{bmatrix}\boldsymbol{\Gamma}_{xx} & \boldsymbol{\Gamma}_{xz}\\ \boldsymbol{\Gamma}_{zx} & \boldsymbol{\Gamma}_{zz}\end{bmatrix} \tag{10-26}$$

当观测和被更新变量属于同一模式时（如海洋观测和海洋变量），局地化因子可以直接通过敏感性试验测试得到。但是当观测和被更新变量不属于同一模式时（如海洋观测和大气变量），由于不同的模式可能有不同的分辨率，局地化因子需要使用特殊的方法得到。

Shen 等（2021）提出了多尺度 Lorenz96 模式中的局地化方案，其思想如图 10-6 所示。耦合的两个模式系统的变量分别为 X 和 Z，且具有不同的空间尺度，当观测来自大尺度的 X 系统时（图 10-6a），X 观测同化 X 变量的局地化因子 ρ_{xx} 可以由敏感性试验得到；同时，为了减小耦合协方差的误差，X 观测同化 Z 变量也需要加入局地化方案，其局地化因子 ρ_{xz} 需要计算。考虑到在多尺度 Lorenz96 模式中，大尺度的 X 变量是作为强迫场驱动对应区域内的小尺度 Z 变量，其影响效果对同区域内的所有 Z 是相同的，因此可以采用相同的 ρ_{xx} 来作为同化对应区域的 Z 变量的局地化因子。当观测来自小尺度的 Z 系统时（图 10-6b），Z 观测同化 X 变量的局地化因子 ρ_{zx} 也需要求得。考虑到多尺度 Lorenz96 模式中的小尺度变量以区域平均的方式与对应的 X 变量耦合，可以利用该区域内 ρ_{zz} 的平均值计算得到 ρ_{zx}。

a

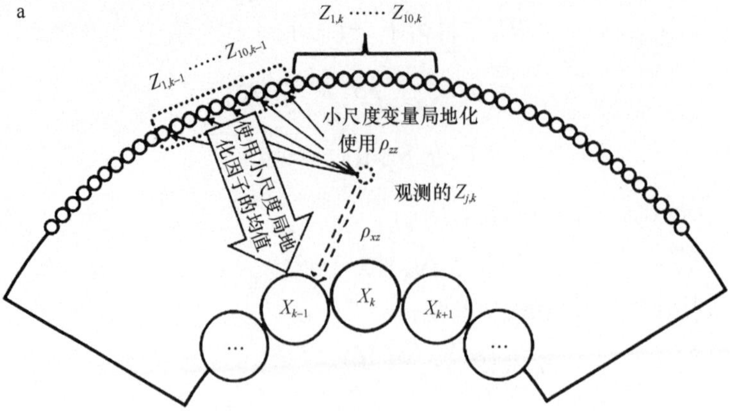

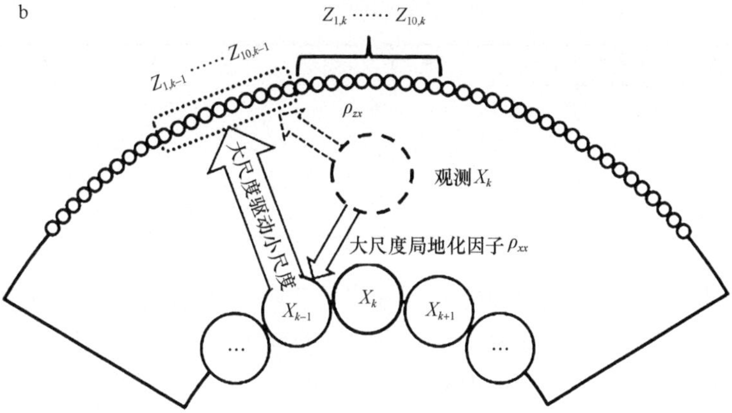

图 10-6　基于多尺度 Lorenz96 模式提出的耦合协方差局地化因子确定方案示意图

a. 对大尺度观测；b. 对小尺度观测

也就是说，在同化不同尺度的观测资料时，模式成分内的（如 X 观测同化 X 模式）局地化因子 ρ_{xx} 和 ρ_{zz} 可以通过敏感性试验获得，并构成相应的成分内局地化矩阵 $\boldsymbol{\Gamma}_{xx}$ 和 $\boldsymbol{\Gamma}_{zz}$，而跨模式成分的局地化因子则可以由下列公式求得：

$$\boldsymbol{\Gamma}_{xz} = \frac{1}{J}\left(\mathbf{I}_k \otimes \vec{1}_J\right) \times \boldsymbol{\Gamma}_{zz} = \frac{1}{J}\begin{bmatrix} \vec{1}_J & & \\ & \cdots & \\ & & \vec{1}_J \end{bmatrix} \boldsymbol{\Gamma}_{zz} \tag{10-27}$$

$$\boldsymbol{\Gamma}_{zx} = \boldsymbol{\Gamma}_{xx} \otimes \vec{1}_J^{\mathrm{T}} = \begin{bmatrix} \rho_{(1,1)} \times \vec{1}_J^{\mathrm{T}} & \cdots & \rho_{(1,K)} \times \vec{1}_J^{\mathrm{T}} \\ & \cdots & \\ \rho_{(K,1)} \times \vec{1}_J^{\mathrm{T}} & \cdots & \rho_{(K,K)} \times \vec{1}_J^{\mathrm{T}} \end{bmatrix} \tag{10-28}$$

式中，$\otimes$ 是张量积符号；$\vec{1}_J$ 代表元素全部为 1 的行向量。如果跨成分的局地化为 **0**，我们可以认为观测没有跨成分的影响，同化框架为弱耦合同化。基于对不同的观测使用不同的跨成分局地化因子，我们比较 4 种耦合同化格式，如表 10-1 所示。评估的对象为大小尺度模式各自的标准化均方根误差，以及整个系统的效率因子（coefficient of efficiency，CE），定义如下：

$$\mathrm{CE} = 1 - \frac{\sum_{t=1}^{T}\left(x_t^{\mathrm{true}} - x_t^{\mathrm{a}}\right)^2}{\sum_{t=1}^{T}\left(x_t^{\mathrm{true}} - \overline{x^{\mathrm{true}}}\right)^2} \tag{10-29}$$

式中，x_t^{a} 代表了 X 和 Z 两者的分析场。

表 10-1　基于不同观测耦合同化强度的 4 种耦合同化格式

序号	别称	X 观测的同化强度	Z 观测的同化强度	跨成分局地化矩阵
1	LwSw	弱	弱	$\boldsymbol{P}_{zx}=0$，$\boldsymbol{P}_{xz}=0$

续表

序号	别称	X 观测的同化强度	Z 观测的同化强度	跨成分局地化矩阵
2	LsSw	强	弱	$\boldsymbol{P}_{zx}=\boldsymbol{P}_{xx}\otimes\vec{1}_J^{\mathrm{T}}$，$\boldsymbol{P}_{xz}=0$
3	LwSs	弱	强	$\boldsymbol{P}_{zx}=0$，$\boldsymbol{P}_{xz}=\frac{1}{J}\left(\mathbf{I}_k\otimes\vec{1}_J\right)\times\boldsymbol{P}_{zz}$
4	LsSs	强	强	$\boldsymbol{P}_{zx}=\boldsymbol{P}_{xx}\otimes\vec{1}_J^{\mathrm{T}}$，$\boldsymbol{P}_{xz}=\frac{1}{J}\left(\mathbf{I}_k\otimes\vec{1}_J\right)\times\boldsymbol{P}_{zz}$

比较的结果如图 10-7 所示，可以看出，方案 1 和方案 2 的结果类似，同时方案 3 和方案 4 的结果也基本相当。对小尺度的观测进行强耦合同化可以有效地提高同化效果，减小分析误差。而对于大尺度的观测进行强耦合同化则几乎没有效果。这是因为小尺度观测具有高频信号，可以有效对低频变量进行调制，反之不然。这个结果对于现实的海气耦合系统进行同化具有一定的指导意义。

10.3 强耦合同化与区域耦合模式及其在台风模拟和预报中的应用

在前文中，我们通过理想试验介绍了强耦合同化的基本方法。也通过以上例子指出，强耦合同化的发展还面临一些困难和挑战，主要原因在于海洋和大气运动尺度差异较大，难以用一个误差协方差矩阵描述二者的关系。但是，在一些特殊情况下，比如台风过程中，海洋受到大气的强烈制约，两个模式之间的变量展现了良好的线性相关关系。另外，尽管近年来的观测手段有了长足进步（雷小途等，2019），但台风期间的天气状况恶劣，大风、云层等导致观测困难，而海洋观测往往可以提供额外的观测资料（Glenn et al.，2016；Goni et al.，2017）。因此，强耦合同化对台风的模拟和预报有较好的改进效果。在之前的工作中，我们同化了海表流场，显著改善了台风风场的模拟和预报（Li and Toumi，2018；Phillipson et al.，2021），以下简介这方面的工作。

热带气旋是公认最具破坏性的自然灾害之一，而我国所在的西北太平洋是全球热带气旋最集中的区域。发生在西北太平洋的强热带气旋又被称为台风，每年登陆我国的台风多达 8～9 个（Chen et al.，2021；Xiao and Xiao，2010；端义宏等，2014），居世界首位，造成数百人的人员伤亡和数百亿元的经济损失（Zhang et al.，2009；端义宏等，2014；陈大可等，2013）。台风对我国的影响主要集中在东南沿海区域，该地区是我国经济最发达、人口最稠密的地区，但是特殊的地形导致其对灾害的承受能力很弱，大量区域海拔低，同时很多区域多山地，加剧了台风引发的暴雨、巨浪、风暴潮、泥石流等次生灾害的危险。此外，大量研究表明，全球变暖可能会导致台风破坏力的增强（Emanuel，2005；Knutson et al.，

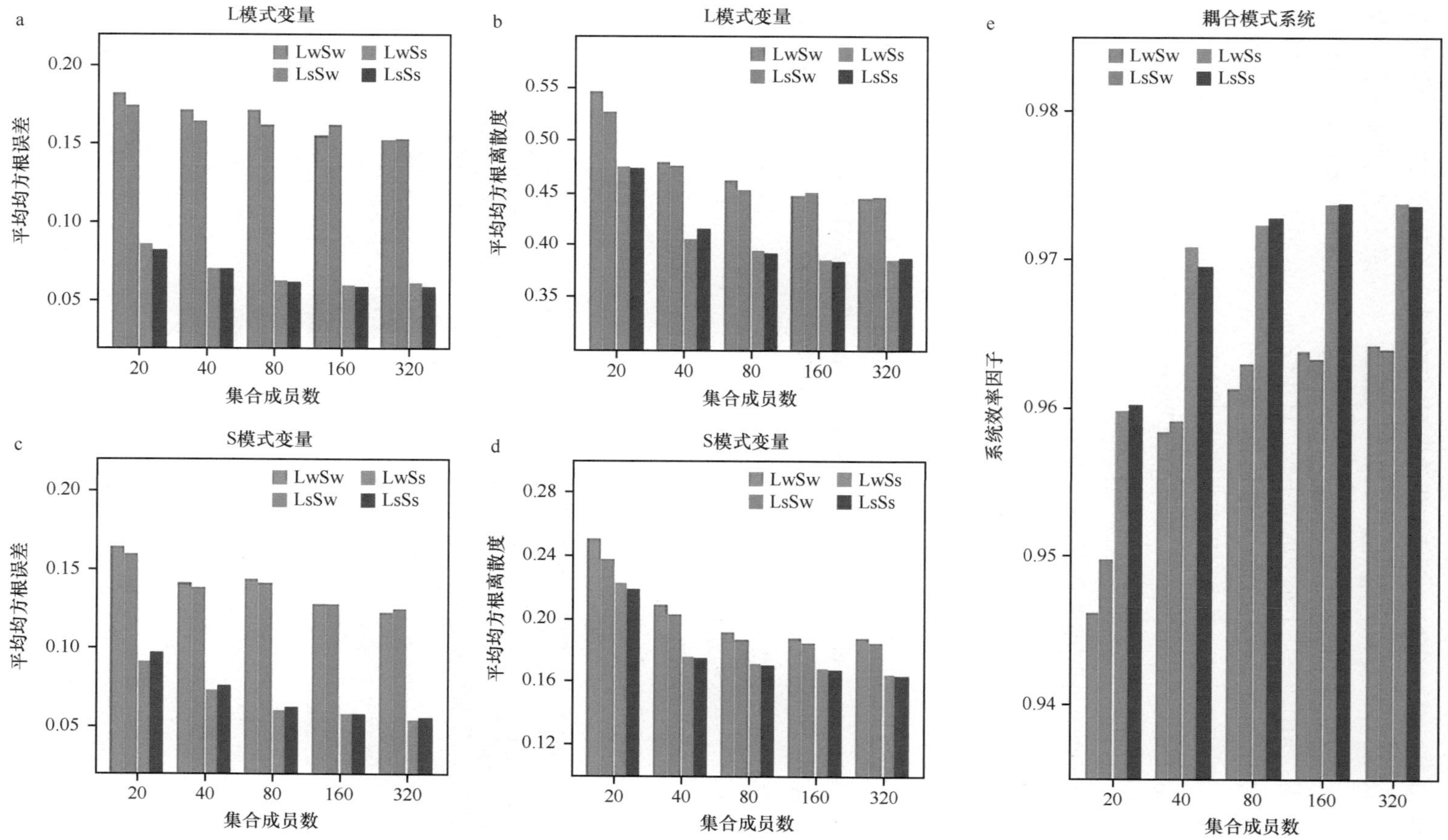

图 10-7　不同耦合同化格式的同化结果比较

使用表 10-1 中的耦合同化格式，得到的多尺度 Lorenz96 模式中的大模式（a）和小模式（c）同化结果的标准化平均均方根误差，大模式（b）和小模式（d）同化结果的标准化平均均方根离散度，以及整个耦合系统的效率因子（e）

2020；Walsh et al.，2015），而城市化的发展也可能增加台风带来的暴雨等灾害（Peduzzi et al.，2012；Zhang et al.，2018）。因此，准确的台风预报对于保护人民生命财产安全，推动沿海和海上经济、社会的可持续发展有重要意义。国内外的台风预报工作在过去几十年中取得了长足进步（Emanuel，2018；许映龙等，2010；钱传海等，2012；雷小途，2020）。但是台风是一个复杂而剧烈的海气耦合过程，还有大量问题有待解决，其中利用海洋模式和观测是提高预报能力的一个可能的突破口（Domingues et al.，2019；Zhang and Emanuel，2018；陈大可等，2013）。现有研究表明，海洋的反馈在台风发展过程中扮演了重要角色，海气耦合环流模式（air-sea coupled general circulation model）是研究台风的有力工具（Zhao et al.，2017）。

10.3.1 模式设置

在此，我们采用海洋-大气-波浪-沉积物耦合模型系统（coupled ocean atmosphere wave sediment transport modeling system，COAWST）的区域耦合模式（Warner et al.，2010），海洋模块为区域海洋模型系统（regional ocean modelling system，ROMS），大气模块为天气研究与预报（weather research and forecast，WRF）模式，并进行了一系列观测系统模拟试验。

首先是一个理想试验。在该试验中，设置了一个长 2500km、宽 2000km 的矩形区域，模式区域设置如图 10-8 所示。

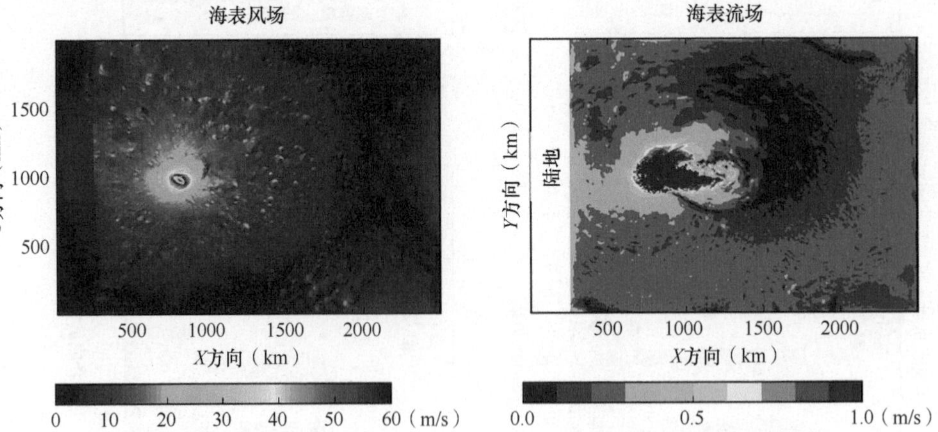

图 10-8　在理想台风模拟中 T0 时刻（登陆前 28h）的海表风场和海表流场

初始台风涡旋根据参考文献（Wang et al.，2015）生成，其位置位于模式区域的中心，通过调试初始涡旋的强度、大小、SST 和引导气流的风速，我们设置了 7 组敏感性试验，如表 10-2 所示。在这些试验中，WRF 模式首先单独积分一天（T-24 至 T0 时刻），使得台风初步发展，然后与 ROMS 模式耦合。

表 10-2 理想台风敏感性试验中“真实场”台风的移动速度、最大风速、最低气压和 8 级风圈半径

编号	移动速度（m/s）	最大风速（m/s）	最低气压（hPa）	8 级风圈半径（km）
TC1	2.8	62.7	901	160
TC2	3.7	69.5	875	220
TC3	5.3	67.2	903	215
TC4	2.8	44.1	952	100
TC5	3.7	42.0	954	100
TC6	5.3	42.6	956	120
TC7	5.3	47.2	949	80

这 7 组试验可以进一步分为两类。TC1、TC2 和 TC3 的最大风速（V_{max}）在整个生命期内保持在 60～70m/s［赛福尔-辛普森（Saffir-Simpson）飓风等级中的 4 级，以下简称 Cat4］，而 TC4、TC5、TC6 和 TC7 的最大风速为 40～50m/s（2 级，以下简称 Cat2），且 TC7 的尺寸显著较小，以下简称 Cat2s。Cat4 类中台风的中心最低气压（P_{min}）约为 900hPa，而 Cat2 类台风约为 950hPa。一般来说，更强的台风尺寸更大。在 T0 时刻，Cat4 类中台风的 8 级风圈半径（R18）的平均值为 160～220km，而 TC4 和 TC5 为 100km，TC6 为 120km，TC7 特别小，其 8 级风圈半径在 T0 时刻为 80km。预测从 T0 时刻开始（涡旋冷启动后 1 天），台风在 T+75 时刻、T+52 时刻和 T+28 时刻登陆，台风的移动速度分别为 2.8m/s、3.7m/s 和 5.3m/s。在数据同化期间（T-3 至 T0 时刻），台风中心距离海岸 600～800km。对于移动速度、登陆时间不同的台风，我们分别进行 24h、48h 和 72h 的预报。

在此理想试验中，我们首先生成基于上述“真实场”的海流“真值”和“观测值”，与实际的地波雷达观测系统类似，“观测值”的空间分辨率为 5km，覆盖了距离海岸 0～200km 的区域，其误差为 10cm/s。

10.3.2 模式结果

对于像台风这样的现象，海洋和大气的状态是高度相关的，因此，我们不需要针对风速和海表流场的误差协方差进行特殊处理。观测表明，在台风中心到达之前，沿岸流场会发生明显的变化（Glenn et al.，2016）。图 10-8 也显示，在模式中，沿岸流场在台风中心远离海岸时就显著增强。以 TC3 的控制试验为例，沿海表层流与气旋的路径和累积能耗（integrated power dissipation，IPD）有较高的集合相关性（图 10-9）。在数据同化开始时（T-2 时刻），台风还有 30h 登陆，其中心距离海岸线约 600km，海流与台风中心经纬度之间的相关性约为 0.5，与 IPD 之间的相关性为 0.2～0.3。随着气旋向海岸线移动，2h 后海流与 IPD 之间的相关性增加到 0.3～0.4。

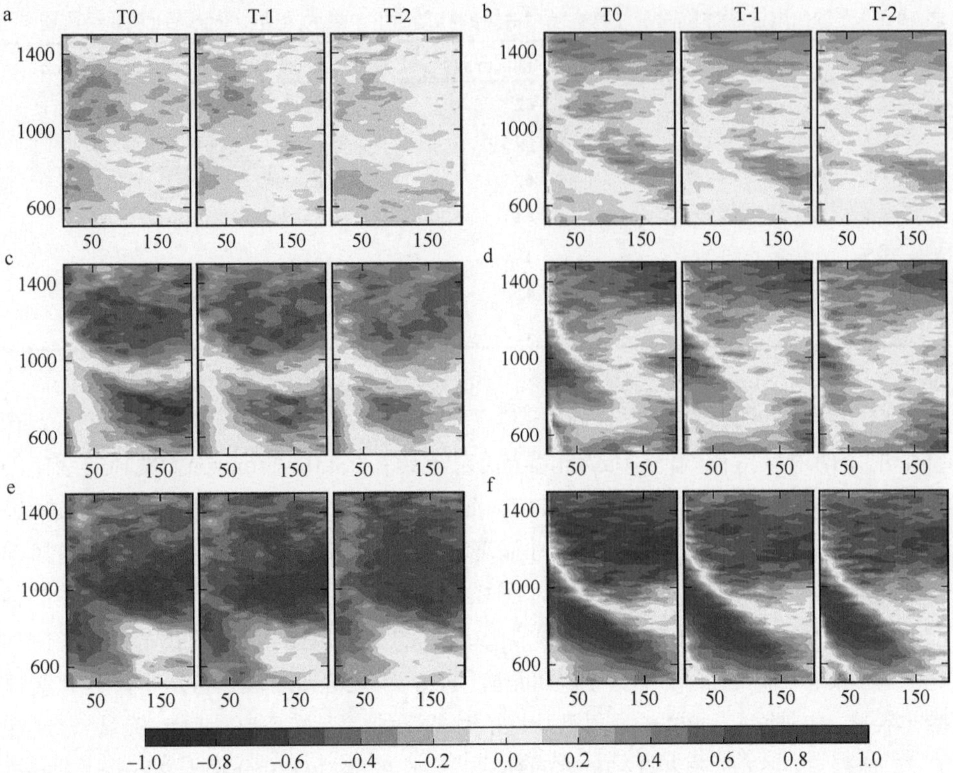

图 10-9　ROMS 模式中沿海 u（左列）、v（右列）方向流场与 IPD（a、b）、台风中心的经度（c、d）和台风中心的纬度（e、f）之间集合误差相关性的空间分布

x 轴为距离海岸的距离，由 5km 延伸至 200km，y 轴为沿海岸的距离，从 500km 延伸至 1500km。台风由右向左（由东向西）移动

小知识：IPD（Emanuel，2005）是衡量台风破坏潜力的一种指标，表示台风 8 级风圈半径内的风速，计算公式为

$$\mathrm{IPD}=\int_S \rho C_{\mathrm{D}} V^3 \mathrm{d}S$$

式中，S 为 8 级风覆盖的面积；ρ 为干空气密度；C_{D} 为拖曳系数。

针对不同移动速度的台风，我们进行了 24h、48h 或 72h 的预报，如对移动速度为 2.8m/s 的 TC1 和 TC4 进行 24h、48h 和 72h 预报，而对 TC3 和 TC6 进行 24h 预报。在所有情况下，同化海流观测数据都能改善台风预报（图 10-10）。对于较强的台风，改善效果更为明显，且改善效果随预报时长的增加而增加，相对误差也显示出类似的趋势。对于 72h 预报，TC1（4 级台风）最大风速的误差减小了 2.7m/s（33%），而 TC4（2 级台风）最大风速的误差减小了 1.9m/s（60%）。对于 48h 预报，较强的台风平均改进了 2.8m/s（40%），较弱的台风平均改进了 1.4m/s（62%）。在 24h 预报中，移动速度慢于 4m/s 的台风的改进幅度约为 1m/s（25%），但快速移动的台风（TC3）的改进幅度则高达 3.7m/s（50%）。只是 TC7 的误差减小十分微弱，原因在于 TC7 的尺寸非常小，沿岸流场的响应也很小。

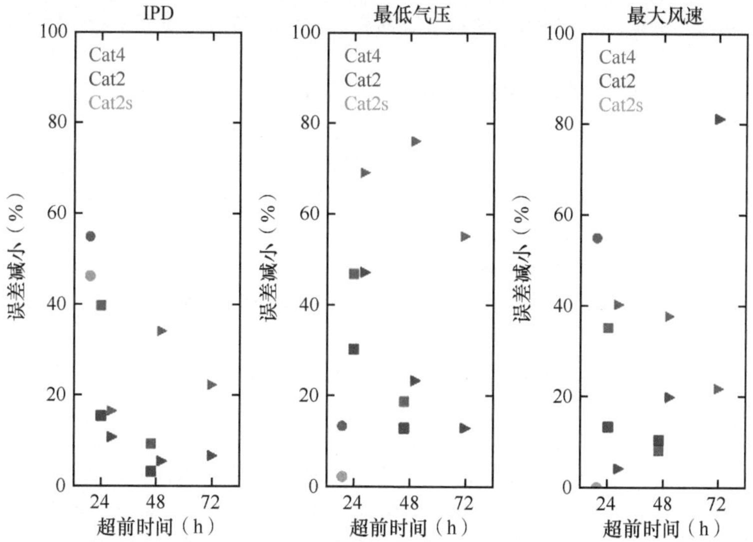

图 10-10　同化组相对非同化组预报的 IPD、最低气压和最大风速的误差减小情况

最低气压的预报误差也有所减小。4 级台风（TC1）最低气压的 72h 预报误差减小了 7hPa（超过 50%），而当台风强度较弱时（TC4），72h 预报误差减小了 4hPa（45%）。48h 预报的最低气压的误差也减小了 3～6hPa，而 24h 预报的误差平均减小 3 hPa 以上。但是，与最大风速的结果类似，同化对小而弱的台风（TC7）的改进并不明显。IPD 可以较好地描述台风的破坏性（Wang and Toumi，2016）。结果表明，同化海表流场观测数据可以极大地减小 IPD 的误差，特别是对于较强的台风，在 48h 和 72h 的预报中，其改进幅度高达 0.6TW 以上。对于 4 级台风，24h 预报也有较大的改进，且对快速移动的台风改进更明显。其中，移动速度为 5.3m/s 的 TC3 的误差减小了 0.7TW（50%），TC2（3.7m/s）和 TC1（2.8m/s）的误差分别减小了 0.4 TW 和 0.2TW。对于 Cat2 类别的台风，72h 预报的误差减小了 0.4TW（50%），但 24h 和 48h 预报的误差减小小于 0.2TW（30%）。

参 考 文 献

陈大可，雷小途，王伟，等．2013．上层海洋对台风的响应和调制机理．地球科学进展，28(10): 1077-1086.

端义宏，陈联寿，梁建茵，等．2014．台风登陆前后异常变化的研究进展．气象学报，72(5): 969-986.

雷小途. 2020. 中国台风科研业务百年发展历程概述. 中国科学: 地球科学, 50(3): 321-338.

雷小途, 张雪芬, 段晚锁, 等. 2019. 近海台风立体协同观测科学试验. 地球科学进展, 34(7): 671-678.

李熠, 陈幸荣, 谭晶, 等. 2015. 基于 CESM 气候模式的同化模拟实验. 海洋预报, 32(3): 1-12.

凌铁军, 王彰贵, 王斌, 等. 2009. 基于 CCSM3 气候模式的同化模拟试验. 海洋学报, 31(6): 9-21.

钱传海, 端义宏, 麻素红, 等. 2012. 我国台风业务现状及其关键技术. 气象科技进展, 2(5): 36-43.

许映龙, 张玲, 高拴柱. 2010. 我国台风预报业务的现状及思考. 气象, 36(7): 43-49.

Anderson J L. 2001. An ensemble adjustment Kalman filter for data assimilation. Monthly Weather Review, 129(12): 2884-2903.

Chen P, Yu H, Cheung K. 2021. A potential risk index dataset for landfalling tropical cyclones over the Chinese Mainland (PRITC dataset V1.0). Advances in Atmospheric Sciences, 38(10): 1791-1802.

de Rosnay P, Browne P, de Boisséson E, et al. 2022. Coupled data assimilation at ECMWF: current status, challenges and future developments. Quarterly Journal of the Royal Meteorological Society, 148(747): 2672-2702.

Domingues R, Yoshida A, Maldonado P, et al. 2019. Ocean observations in support of studies and forecasts of tropical and extratropical cyclones. Frontiers in Marine Science, 6: 446.

Emanuel K. 2005. Increasing destructiveness of tropical cyclones over the past 30 years. Nature, 436(7051): 686-688.

Emanuel K. 2018. 100 years of progress in tropical cyclone research. Meteorological Monographs, 59: 15.1-15.68.

Frolov S, Bishop C, Holt T, et al. 2016. Facilitating strongly coupled ocean-atmosphere data assimilation with an interface solver. Monthly Weather Review, 144(1): 3-20.

Fujii Y, Nakaegawa T, Matsumoto S, et al. 2009. Coupled climate simulation by constraining ocean fields in a coupled model with ocean data. Journal of Climate, 22(20): 5541-5557.

Glenn S, Miles T, Seroka G, et al. 2016. Stratified coastal ocean interactions with tropical cyclones. Nature Communications, 7(1): 10887.

Goni G, Todd R, Jayne S, et al. 2017. Autonomous and Lagrangian ocean observations for Atlantic tropical cyclone studies and forecasts. Oceanography, 30(2): 92-103.

Han G, Wu X, Zhang S, et al. 2013. Error covariance estimation for coupled data assimilation using a Lorenz atmosphere and a simple pycnocline ocean model. Journal of Climate, 26(24): 10218-10231.

Hoskins B. 2013. The potential for skill across the range of the seamless weather-climate prediction problem: a stimulus for our science. Quarterly Journal of the Royal Meteorological Society, 139(672): 573-584.

Knutson T, Camargo S, Chan J, et al. 2020. Tropical cyclones and climate change assessment: Part II: projected response to anthropogenic warming. Bulletin of the American Meteorological Society, 101(3): E303-E322.

Laloyaux P, Balmaseda M, Dee D, et al. 2016. A coupled data assimilation system for climate reanalysis: coupled data assimilation for climate reanalysis. Quarterly Journal of the Royal Meteorological Society, 142(694): 65-78.

Li Y, Toumi R. 2018. Improved tropical cyclone intensity forecasts by assimilating coastal surface currents in an idealized study. Geophysical Research Letters, 45(18): 10019-10026.

Lu F, Liu Z, Zhang S, et al. 2015. Strongly coupled data assimilation using leading averaged coupled covariance (LACC). Part I: simple model study. Monthly Weather Review, 143(9): 3823-3837.

Mulholland D, Laloyaux P, Haines K, et al. 2015. Origin and impact of initialization shocks in coupled atmosphere-ocean forecasts. Monthly Weather Review, 143(11): 4631-4644.

Peduzzi P, Chatenoux B, Dao H, et al. 2012. Global trends in tropical cyclone risk. Nature Climate Change, 2(4): 289-294.

Peng S, Li Y, Gu X, et al. 2015. A real-time regional forecasting system established for the South China Sea and its performance in the track forecasts of tropical cyclones during 2011-2013. Weather and Forecasting, 30(2): 471-485.

Penny S, Bach E, Bhargava K, et al. 2019. Strongly coupled data assimilation in multiscale media: experiments using a quasi-geostrophic coupled model. Journal of Advances in Modeling Earth Systems, 11(6): 1803-1829.

Penny S, Hamill T. 2017. Coupled data assimilation for integrated earth system analysis and prediction. Bulletin of the American Meteorological Society, 98(7): ES169-ES172.

Phillipson L, Li Y, Toumi R. 2021. Strongly coupled assimilation of a hypothetical ocean current observing network within a regional ocean-atmosphere coupled model: an OSSE case study of typhoon Hato. Monthly Weather Review, 149(5): 1317-1336.

Saha S, Moorthi S, Pan H, et al. 2010. The NCEP climate forecast system reanalysis. Bulletin of the American Meteorological Society, 91(8): 1015-1058.

Saha S, Nadiga S, Thiaw C, et al. 2006. The NCEP climate forecast system. Journal of Climate, 19(15): 3483-3517.

Shen Z, Tang Y, Li X, et al. 2021. On the localization in strongly coupled ensemble data assimilation using a two-scale Lorenz model. Earth and Space Science, 8: 1-24.

Sluka T, Penny S, Kalnay E, et al. 2016. Assimilating atmospheric observations into the ocean using strongly coupled ensemble data assimilation. Geophysical Research Letters, 43(2): 752-759.

Smith P, Fowler A, Lawless A. 2015. Exploring strategies for coupled 4D-Var data assimilation using an idealised atmosphere-ocean model. Tellus A: Dynamic Meteorology and Oceanography, 67(1): 27025.

Smith P, Lawless A, Nichols N. 2017. Estimating forecast error covariances for strongly coupled atmosphere-ocean 4D-Var data assimilation. Monthly Weather Review, 145(10): 4011-4035.

Smith P, Lawless A, Nichols N. 2018. Treating sample covariances for use in strongly coupled atmosphere-ocean data assimilation. Geophysical Research Letters, 45(1): 445-454.

Song X, Li X, Zhang S, et al. 2022. A new nudging scheme for the current operational climate prediction system of the National Marine Environmental Forecasting Center of China. Acta Oceanologica Sinica, 41(2): 51-64.

Walsh K, Camargo S, Vecchi G, et al. 2015. Hurricanes and climate: The U.S. CLIVAR working group on hurricanes. Bulletin of the American Meteorological Society, 96(6): 997-1017.

Wang S, Toumi R. 2016. On the relationship between hurricane cost and the integrated wind profile. Environmental Research Letters, 11(11): 114005.

Wang S, Toumi R, Czaja A, et al. 2015. An analytic model of tropical cyclone wind profiles. Quarterly Journal of the Royal Meteorological Society, 141(693): 3018-3029.

Warner J C, Armstrong B, He R, et al. 2010. Development of a coupled ocean-atmosphere-wave-sediment transport (COAWST) modeling system. Ocean Modelling, 35(3): 230-244.

Wilks D S. 2005. Effects of stochastic parametrizations in the Lorenz'96 system. Quarterly Journal of

the Royal Meteorological Society, 131(606): 389-407.
Xiao F, Xiao Z. 2010. Characteristics of tropical cyclones in China and their impacts analysis. Natural Hazards, 54(3): 827-837.
Zhang F, Emanuel K. 2018. Promises in air-sea fully-coupled data assimilation for future hurricane prediction. Geophysical Research Letters, 45(23): 13173-13177.
Zhang Q, Wu L, Liu Q. 2009. Tropical cyclone damages in China 1983-2006. Bulletin of the American Meteorological Society, 90(4): 489-496.
Zhang S. 2011. Impact of observation-optimized model parameters on decadal predictions: simulation with a simple pycnocline prediction model. Geophysical Research Letters, 38(2): L02702.
Zhang S, Harrison M J, Rosati A, et al. 2007. System design and evaluation of coupled ensemble data assimilation for global oceanic climate studies. Monthly Weather Review, 135(10): 3541-3564.
Zhang S, Liu Z, Zhang X, et al. 2020. Coupled data assimilation and parameter estimation in coupled ocean-atmosphere models: a review. Climate Dynamics, 54(11-12): 5127-5144.
Zhang W, Villarini G, Vecchi G A, et al. 2018. Urbanization exacerbated the rainfall and flooding caused by hurricane Harvey in Houston. Nature, 563(7731): 384-388.
Zhao B, Qiao F, Cavaleri L, et al. 2017. Sensitivity of typhoon modeling to surface waves and rainfall. Journal of Geophysical Research: Oceans, 122(3): 1702-1723.

相关 python 代码

附录 10-1　导入必要的库函数

```
import numpy as np
import scipy as sp
from random import gauss
from random import seed
from pandas import Series
from pandas.plotting import autocorrelation_plot
from matplotlib import pyplot as plt
from importlib import reload
from scipy import stats
import pickle
import warnings
```

附录 10-2　使用四阶龙格-库塔方法积分耦合模式的代码和集合调整卡尔曼滤波的代码

```
def l63_5v_rk4(x, t, params, dt):
# 4th order Runge-Kutta time-differencing scheme
    dx1 = l63_5v(x, t, params)
    Rx2 = x+.5*dt*dx1
    dx2 = l63_5v(Rx2, t, params)
    Rx3 = x+.5*dt*dx2
    dx3 = l63_5v(Rx3, t, params)
    Rx4 = x+dt*dx3
```

```
        dx4 = l63_5v(Rx4, t, params)
        return (dx1 + 2*dx2 + 2*dx3 + dx4)/6

    def l63_5v(x, t, params): # the model
        s, k, b, c1, c2, od, om, sm, ss, spd, g, c3, c4, c5, c6 = params
        dx = np.zeros_like(x)
        dx[0] = -s*x[0]+s*x[1]
        dx[1] = (1+c1*x[3])*k*x[0]-x[1]-x[0]*x[2]
        dx[2] = x[0]*x[1]-b*x[2]
        dx[3]  =  (c2*x[1]+c3*x[4]+c4*x[3]*x[4]-od*x[3]+sm+ss*np.cos(2*np.pi*t/\
spd))/om
        dx[4] = (c5*x[3]+c6*x[3]*x[4]-od*x[4])/g
        return dx

    def eakf(obs, obs_var, prior_var, prior_mean, ens ):

        post_var = 1.0 / (1.0 / prior_var + 1.0 / obs_var)
        post_mean = post_var * (prior_mean / prior_var + obs / obs_var)
        var_ratio = post_var / (prior_var)

        a = np.sqrt(var_ratio)
        if (type(a)==np.float64):
          obs_inc = a * (ens - post_mean) + post_mean - ens
        else:
          obs_inc = np.zeros_like(ens)
        return(obs_inc)
```

附录 10-3　设置模式参数、积分“观测系统模拟试验”中的真实场和控制试验并生成“观测”

```
    sigma=9.95
    kappa=28.
    beta=8/3
    c1=0.1
    c2=1.
    Od=1.
    Om=10.
    Sm=10.
    Ss=1.
    Spd=10.
    Gamma=100.
    c3=.01
    c4=.01
    c5=1.
    c6=.001
    params = [sigma, kappa, beta, c1, c2, Od, Om, Sm, Ss, Spd, Gamma, c3, c4, c5,\
c6]
```

```
dt = .01
Ntime = 4000.
dt = .01
nt = len(np.arange(0,Ntime,dt))

x = np.nan*np.zeros((5, nt+1))
x0 = [1, 1, 1, 0, 0]
x[:,0] = x0
time = 0
for ti in range(nt):
    time += dt
    dx = l63_5v_rk4(x[:,ti], time, params, dt)
    x[:,ti+1] = x[:,ti] + dx*dt

nt = 10000 # 在此我们仅保留最后 10000 步的结果
nens = 50
ens = np.zeros((5, nt, nens))
for i in range(nens):
    ens[:,0,i] = x[:,-nt-i*2]
for ensi in range(nens):
    time = 3000
    for ti in range(nt-1):
        time += dt
        dx = l63_5v_rk4(ens[:,ti,ensi], time, params, dt)
        ens[:,ti+1,ensi] = ens[:,ti,ensi] + dx*dt

x = x[:,-nt:] # 对于真实场，同样仅保留最后 10000 步的结果

obs = np.copy(x)
obs_std = [3., 3., 3., 1., .1]  # 观测误差
for i in range(5):
    obs[i,:] = x[i,:] + np.random.normal(0, obs_std[i], x.shape[1])
```

附录 10-4　弱耦合同化试验

```
da_window = 50 # 这里我们统一取 50 的同化时间窗口，即每 50 步同化一次
time = 3900
da_uc = np.copy(ens)
for ti in range(nt-1):
    if ti%da_window == 0:
        inf_factor = 1.05 # inflation
        prior_var = np.var(da_uc[1,ti,:])
        prior_mean = np.mean(da_uc[1,ti,:])
        da_uc[1,ti:] = prior_mean+inf_factor*(da_uc[1,ti,:]-prior_mean)
        obs_inc = eakf(obs[1,ti],obs_std[1]**2,prior_var,prior_mean,da_uc[1,\
ti,:])
```

```
        k0  =  np.cov(da_uc[0,ti,:],da_uc[1,ti,:])[0,1]/np.cov(da_uc[0,ti,:],\
da_uc[1,ti,:])[1,1]
        k2  =  np.cov(da_uc[2,ti,:],da_uc[1,ti,:])[0,1]/np.cov(da_uc[2,ti,:],\
da_uc[1,ti,:])[1,1]
        da_uc[0,ti,:] += k0*obs_inc
        da_uc[1,ti,:] += obs_inc
        da_uc[2,ti,:] += k2*obs_inc
    for n in range(nens):
        dx = l63_5v_rk4(da_uc[:,ti,n], time, params, dt)
        da_uc[:,ti+1,n] = da_uc[:,ti,n] + dx*dt
    time +=dt
```

附录 10-5 强耦合同化试验

```
da_window = 50 # 同上，这里我们统一取 50 的同化时间窗口，即每 50 步同化一次
time = 3900
da_sc = np.copy(ens)
for ti in range(nt-1):
    if ti%da_window == 0:
        inf_factor = 1.05 # inflation
        prior_var = np.var(da_sc[1,ti,:])
        prior_mean = np.mean(da_sc[1,ti,:])
        da_sc[1,ti:] = prior_mean+inf_factor*(da_sc[1,ti,:]-prior_mean)
        k  =  np.cov(da_sc[3,ti,:],da_sc[1,ti,:])[0,1]/np.cov(da_sc[3,ti,:],\
da_sc[1,ti,:])[1,1]
        k0  =  np.cov(da_sc[0,ti,:],da_sc[1,ti,:])[0,1]/np.cov(da_sc[0,ti,:],\
da_sc[1,ti,:])[1,1]
        k2  =  np.cov(da_sc[2,ti,:],da_sc[1,ti,:])[0,1]/np.cov(da_sc[2,ti,:],\
da_sc[1,ti,:])[1,1]
        obs_inc   =   eakf(obs[1,ti],obs_std[1]**2,prior_var,prior_mean,da_sc\
[1,ti,:])
        da_sc[3,ti,:] += obs_inc*k
        da_sc[0,ti,:] += obs_inc*k0
        da_sc[2,ti,:] += obs_inc*k2
        da_sc[1,ti,:] += obs_inc
    for n in range(nens):
        dx = l63_5v_rk4(da_sc[:,ti,n], time, params, dt)
        da_sc[:,ti+1,n] = da_sc[:,ti,n] + dx*dt
    time +=dt
```

附录 10-6 图 10-1 的绘图部分代码

```
# 首先计算 RMSE
RMSE_sc = np.nan*np.zeros((5,10000))
for i in range(5):
    for j in range(10000):
        RMSE_sc[i,j] = np.sqrt(np.mean((da_sc[i,j,:]-x[i, j])**2, 0))
```

```
    RMSE_ens = np.nan*np.zeros((5,10000))
    for i in range(5):
        for j in range(10000):
            RMSE_ens[i,j] = np.sqrt(np.mean((ens[i,j,:]-x[i, j])**2, 0))
    RMSE_uc = np.nan*np.zeros((5,10000))
    for i in range(5):
        for j in range(10000):
            RMSE_uc[i,j] = np.sqrt(np.mean((da_uc[i,j,:]-x[i, j])**2, 0))

    # 绘图
    plt.figure(figsize=(8,4))
    plt.subplot(2,2,1)
    plt.plot(np.nanmean(da_sc[3,9000:10000,:],-1),label='Strongly Coupled', lw=3,\
color='C0')
    plt.plot(np.nanmean(da_uc[3,9000:10000,:],-1),label='Weakly Coupled', lw=3,\
color='C1')
    plt.plot(np.nanmean(ens[3,9000:10000,:],-1),label='Control', lw=3, color='C2')
    plt.plot(x[3,9000:10000],label='True state', lw=3, color='C3')
    plt.gca().set(xticks=np.arange(0,1001,200), xticklabels=[])
    plt.gca().set(xlabel='',ylabel='Omega')
    plt.legend(loc='upper left')
    plt.subplot(2,2,3)
    plt.plot(np.nanmean(da_sc[1,9000:10000,:],-1),label='Strongly Coupled', lw=3,\
color='C0')
    plt.plot(np.nanmean(da_uc[1,9000:10000,:],-1),label='Weakly Coupled', lw=3,\
color='C1')
    plt.plot(np.nanmean(ens[1,9000:10000,:],-1),label='Control', lw=3, color='C2')
    plt.plot(x[1,9000:10000],label='True state', lw=3, color='C3')
    plt.gca().set(xticks=np.arange(0,1001,200),
xticklabels=np.arange(9000,10001,200)*.01)
    plt.gca().set(xlabel='t',ylabel='y')

    plt.subplot(2,2,2)
    plt.plot(RMSE_sc[3,9000:10000],label='Strongly Coupled', lw=3, color='C0')
    plt.plot(RMSE_uc[3,9000:10000],label='Weakly Coupled', lw=3, color='C1')
    plt.plot(RMSE_ens[3,9000:10000],label='Control', lw=3, color='C2')
    plt.gca().set(xticks=np.arange(0,1001,200), xticklabels=[])
    plt.gca().set(xlabel='',ylabel='RMSE')
    plt.subplot(2,2,4)
    plt.plot(RMSE_sc[1,9000:10000],label='Strongly Coupled', lw=3, color='C0')
    plt.plot(RMSE_uc[1,9000:10000],label='Weakly Coupled', lw=3, color='C1')
    plt.plot(RMSE_ens[1,9000:10000],label='Control', lw=3, color='C2')
    plt.gca().set(xticks=np.arange(0,1001,200),
xticklabels=np.arange(9000,10001,200)*.01)
```

```
    plt.gca().set(xlabel='t',ylabel='RMSE')


    plt.savefig('fig1.pdf', bbox_inches='tight')
    plt.savefig('fig1.png', bbox_inches='tight', dpi=300)
```

附录 10-7　计算不同变量间的超前相关并做图

```
    # 以下计算不同变量间的相关，包括大气变量 y 的自相关，海洋变量 omega (o) 的自相关，以及二者间
的协相关，和超前平均相关 (corr_y_o_avg)
    acc_y = np.zeros(100)
    for i in range(100):
      acc_y[i] = np.corrcoef(x[1,i:-(100-i)], x[1,50:-50])[0,1]
    acc_o = np.zeros(1000)
    for i in range(1000):
      acc_o[i] = np.corrcoef(x[3,i:-(1000-i)], x[3,500:-500])[0,1]
    cor_y_o = np.zeros(1000)
    for i in range(1000):
      cor_y_o[i] = np.corrcoef(x[1,i:-(1000-i)], x[3,500:-500])[0,1]
    cor_y_o_avg = np.zeros(10000)
    y_avg = np.zeros((10000,nt))
    for i in range(10000):
      for t in range(i,10000):
        y_avg[i,t] = np.mean(x[1,t-i:t])
    for i in range(10000):
      cor_y_o_avg[i] = np.corrcoef(y_avg[i], x[3])[0,1]

    # 以下绘图
    plt.figure(figsize=(8,4))
    plt.subplot(2,2,1)
    plt.plot(acc_y, lw=3, color='C0')
    plt.gca().set(xticks=np.arange(0,101,25),    xticklabels=np.arange(-50,51,\
25)*.01)
    plt.gca().set(xlabel='',ylabel='ACC')
    plt.text(.05,  1.01,'a',fontsize=16,va='bottom',ha='right',  transform= plt.\
gca().transAxes, color='k')
    plt.gca().set(xlabel='Lead Time')

    plt.subplot(2,2,2)
    plt.plot(acc_o, lw=3, color='C0')
    plt.gca().set(xticks=np.arange(0,1001,250),    xticklabels=np.arange(-500,\
501,250)*.01)
    plt.gca().set(xlabel='',ylabel='ACC')
    plt.text(.05,  1.01,'b',fontsize=16,va='bottom',ha='right',  transform=plt.\
gca().transAxes, color='k')
    plt.gca().set(xlabel='Lead Time')
```

```
    plt.subplot(2,2,3)
    plt.plot(cor_y_o, lw=3, color='C0')
    plt.gca().set(xticks=np.arange(0,1001,250), xticklabels=np.arange(-500,501,\
250)*.01)
    plt.gca().set(xlabel='',ylabel='Corr')
    plt.text(.05,  1.01,'c',fontsize=16,va='bottom',ha='right',  transform=plt.\
gca().transAxes, color='k')
    plt.gca().set(xlabel='Lead Time')

    plt.subplot(2,2,4)
    plt.plot(cor_y_o_avg[:1600], lw=3, color='C0')
    plt.gca().set(xticks=np.arange(0,1601,400),   xticklabels=np.arange(0,1601,\
400)*.01)
    plt.gca().set(xlabel='',ylabel='Corr')
    plt.text(.05,  1.01,'d',fontsize=16,va='bottom',ha='right',  transform=plt.\
gca().transAxes, color='k')
    plt.gca().set(xlabel='t',ylabel='Corr')
    plt.gca().set(xlabel='Averaging Time')

    plt.subplots_adjust(hspace=.5)

    plt.savefig('fig2.pdf', bbox_inches='tight')
    plt.savefig('fig2.png', bbox_inches='tight', dpi=300)
```

附录 10-8　LACC 试验

```
    time = 3900
    da_sc_avg = np.copy(ens)

    for ti in range(1,nt-1):
      if ti%da_window == 0:  # da_window 与前面相同，不做修改
        inf_factor = 1.05 # inflation
        if ti>=1000:  # 当 ti 大于 1000 时，对 ti-1000 至 ti 间的 y 变量取平均
          xx = np.mean(da_sc_avg[1,ti-1000:ti],0) #平均的模式变量
          yy = np.mean(obs[1,ti-1000:ti]) # 平均的观测
        else: # 否则只对 0 至 ti 间的 y 变量取平均
          xx = np.mean(da_sc_avg[1,:ti],0)
          yy = np.mean(obs[1,:ti])
        prior_var = np.var(da_sc_avg[1,ti,:])
        prior_mean = np.mean(da_sc_avg[1,ti,:])
        da_sc_avg[1,ti,:] = prior_mean+inf_factor*(da_sc_avg[1,ti,:]-prior_mean)
        k0 = np.cov(da_sc_avg[0,ti,:],da_sc_avg[1,ti,:])[0,1]/np.cov (da_sc_avg\
[0,ti,:],da_sc_avg[1,ti,:])[1,1]
        k2  =  np.cov(da_sc_avg[2,ti,:],da_sc_avg[1,ti,:])[0,1]/np.cov(da_sc_avg\
[2,ti,:],da_sc_avg[1,ti,:])[1,1]
        obs_inc  =  eakf(obs[1,ti],obs_std[1]**2,prior_var,prior_mean,da_sc_avg\
```

```
[1,ti,:])
        da_sc_avg[0,ti,:] += obs_inc*k0
        da_sc_avg[2,ti,:] += obs_inc*k2

        k = np.cov(da_sc_avg[3,ti,:],xx)[0,1]/np.cov(da_sc_avg[3,ti,:],xx)[1,1]
    # 计算平均的 y 变量与 o 变量的协方差
        prior_var = np.var(xx) # 平均的 y 变量的先验 variance
        prior_mean = np.mean(xx) # 平均的 y 变量的先验 mean
        tmp = eakf(yy, 1**2, prior_var, prior_mean, xx) # # 平均的 y 变量的 increment
        da_sc_avg[3,ti,:] += tmp*k

        da_sc_avg[1,ti,:] += obs_inc
      for n in range(nens):
        dx = l63_5v_rk4(da_sc_avg[:,ti,n], time, params, dt)
        da_sc_avg[:,ti+1,n] = da_sc_avg[:,ti,n] + dx*dt
      time +=dt

    # 计算 RMSE
    RMSE_sc_avg = np.nan*np.zeros((5,nt))
    for i in range(5):
      for j in range(nt):
        RMSE_sc_avg[i,j] = np.sqrt(np.mean((da_sc_avg[i,j,:]-x[i, j])**2, 0))

    # 绘图
    plt.figure(figsize=(8,4))
    plt.subplot(2,2,1)
    plt.plot(np.nanmean(da_sc_avg[3,-1000:,:],-1),label='LACC', lw=3, color='C0')
    plt.plot(np.nanmean(da_sc[3,-1000:,:],-1),label='SC', lw=3, color='C1')
    # plt.plot(np.nanmean(ens[3,-1000:,:],-1),label='Control', lw=3, color='C2')
    plt.plot(x[3,-1000:],label='Truth', lw=3, color='C3')
    plt.gca().set(xticks=np.arange(0,1001,200), xticklabels=[])
    plt.gca().set(xlabel='',ylabel='Omega')
    plt.legend(loc='upper left')
    plt.subplot(2,2,3)
    plt.plot(np.nanmean(da_sc_avg[1,-1000:,:],-1),label='LACC', lw=3, color='C0')
    plt.plot(np.nanmean(da_sc[1,-1000:,:],-1),label='SC', lw=3, color='C1')
    # plt.plot(np.nanmean(ens[1,-1000:,:],-1),label='Control', lw=3, color='C2')
    plt.plot(x[1,-1000:],label='True state', lw=3, color='C3')
    plt.gca().set(xticks=np.arange(0,1001,200), xticklabels=np.arange(900,1001,\
20)*.1)
    plt.gca().set(xlabel='t',ylabel='y')

    plt.subplot(2,2,2)
    plt.plot(RMSE_sc_avg[3,-1000:],label='LACC', lw=3, color='C0')
```

```
    plt.plot(RMSE_sc[3,-1000:],label='SC', lw=3, color='C1')
    # plt.plot(RMSE_ens[3,-1000:],label='Control', lw=3, color='C2')
    plt.gca().set(xticks=np.arange(0,1001,200), xticklabels=[])
    plt.gca().set(xlabel='',ylabel='RMSE')
    plt.subplot(2,2,4)
    plt.plot(RMSE_sc_avg[1,-1000:],label='LACC', lw=3, color='C0')
    plt.plot(RMSE_sc[1,-1000:],label='SC', lw=3, color='C1')
    # plt.plot(RMSE_ens[1,-1000:],label='Control', lw=3, color='C2')
    plt.gca().set(xticks=np.arange(0,1001,200), xticklabels=np.arange(900,1001,\
20)*.1)
    plt.gca().set(xlabel='t',ylabel='RMSE')

    plt.savefig('fig3.pdf', bbox_inches='tight')
    plt.savefig('fig3.png', bbox_inches='tight', dpi=300)
```

附录 10-9 矩阵再处理

```
    # add increment to all eigenvalues such that
    # k_max = (e_max + e_inc)/(e_min + e_inc)
    # => e_inc = (e_max - e_min*k_max)/(k_max - 1)
    # This method preserves the structure of the
    # eigenvalues.
    # See Smith, Lawless & Nichols, 2018, GRL for details

    Lb, Eb = np.linalg.eig(np.cov(ens[:,1000]))
    # compute the eigen values and eigen vectors

    kmax = 1e2 # required condition number

    Lindex = np.argsort(Lb)[::-1] # sort the eigenvalues descently
    Lb = Lb[Lindex]
    Eb = Eb[:,Lindex] # sort the eigen vectors accordingly

    Beigvals = Lb
    Eb_min = np.min(Beigvals)
    Eb_max = np.max(Beigvals)

    Eb_inc = (Eb_max - Eb_min*kmax) / (kmax - 1) # compute the increment
    Lb_new = Beigvals + Eb_inc

    Bk = Eb@np.diag(Lb_new)@(Eb.T)

    # 绘图
    plt.figure(figsize=(9,3))
    plt.subplot(1,3,1)
    plt.pcolor(np.flipud(np.cov(ens[:,1000])))
```

```
    plt.colorbar()
    plt.gca().set(xticks=np.arange(0,5,1)+.5,  xticklabels=['x','y','z','o','e'],\
yticks=np.arange(5,0,-1)-.5, yticklabels=['x','y','z','o','e'])
    plt.text(.05,  1.01,'a',fontsize=16,va='bottom',ha='right',  transform=plt.\
gca().transAxes, color='k')

    plt.subplot(1,3,2)
    plt.pcolor(np.flipud(Bk))
    plt.colorbar()
    plt.gca().set(xticks=np.arange(0,5,1)+.5,  xticklabels=['x','y','z','o','e'],\
yticks=np.arange(5,0,-1)-.5, yticklabels=['x','y','z','o','e'])
    plt.text(.05,  1.01,'b',fontsize=16,va='bottom',ha='right', transform= plt.\
gca().transAxes, color='k')

    plt.subplot(1,3,3)
    plt.pcolor(np.flipud(np.cov(ens[:,1000])-Bk), vmin=-5, vmax=5, cmap='bwr')
    plt.colorbar()
    plt.gca().set(xticks=np.arange(0,5,1)+.5,  xticklabels=['x','y','z','o','e'],\
yticks=np.arange(5,0,-1)-.5, yticklabels=['x','y','z','o','e'])
    plt.text(.05,  1.01,'c',fontsize=16,va='bottom',ha='right',  transform=plt.\
gca().transAxes, color='k')

    plt.savefig('fig4.pdf', bbox_inches='tight')
    plt.savefig('fig4.png', bbox_inches='tight', dpi=300)
```

附录 10-10　多尺度 Lorenz96 模式

```
    # In[model_def]
    import numpy as np;
    class msL96_para:
        name = 'multi-scale Lorenz 96 model parameter'
        K = 36; J = 10; F = 8;
        c = 10; b = 10; h = 1

    def Lmodel_rhs(x,Force):
        dx = (np.roll(x,-1)-np.roll(x,2))*np.roll(x,1)-x + Force
        return dx

    def Smodel_rhs(z,Force):
        Para = msL96_para()
        c = Para.c; b = Para.b
        dz = c*b*(np.roll(z,1)-np.roll(z,-2))*np.roll(z,-1)-c*z + Force
        return dz

    def msL96_rhs(Y):
        Para = msL96_para()
```

```
    K = Para.K; J = Para.J
    c = Para.c; b = Para.b; h = Para.h;

    X = Y[range(K)]
    Z = Y[range(K,len(Y))]
    #
    SumZ = np.sum(np.reshape(Z,(K,J)),axis=1)
    forcing_X = Para.F - h*c/b*SumZ
    dX = Lmodel_rhs(X,forcing_X)

    forcing_Z = h*c/b*np.kron(X,np.ones(J))
    dZ = Smodel_rhs(Z,forcing_Z)
    dY = np.concatenate((dX,dZ),axis=0)
    return dY

def RK45(x,func,h):
    #
    K1=func(x);
    K2=func(x+h/2*K1);
    K3=func(x+h/2*K2);
    K4=func(x+h*K3);
    x1=x+h/6*(K1+2*K2+2*K3+K4);
    return x1

def msL96_adv_1step(x0,delta_t):
    #
    x1=RK45(x0,msL96_rhs,delta_t)
    return x1
```

第 11 章

目 标 观 测

11.1 目标观测的基本思想

目标观测，也被称为适应性观测，是一种在 20 世纪 90 年代后期兴起的观测策略方法，它是数据同化应用的一个方向。现场观测是理解海洋和大气物理过程的关键手段，同时也是提供大气和海洋预报初始场及边界场的必要条件。鉴于观测的重要性，我们已经发展出多种观测方式和观测网络。然而，相比于广袤的大气和海洋，我们的观测区域依然较小。

同化观测数据是提高模式预测技巧的重要手段之一，因为它能为我们提供更准确的预报初始场。然而，扩大观测范围会带来巨大的经济成本和人力物力消耗，实施起来也颇具挑战。为了解决这一问题，研究发现，在某些区域增加观测比在其他区域增加观测更为有效，这是因为模式预报结果对于某些区域的初始场更为敏感。因此，目标观测的概念应运而生，它旨在寻找最优的观测点或区域，通过在这些观测点或区域增加观测以减小初始条件的不确定性，从而最大限度地提高模式预测技巧。目标观测的理念隐含一个朴素的假设：具有特定空间结构的初始误差比随机的初始误差增长更快。

目标观测的思想最早可追溯到 20 世纪 50 年代。在数值天气预报的早期阶段，气象学家就注意到某一区域的数值预报技巧受到该区域初值条件的限制。然而，在那个时期，关于最优观测点或区域的选择完全是根据主观经验的判断。直到 20 世纪 90 年代中期，目标观测才真正开始成为一个研究方向，并发展出科学的方法。这是因为目标观测预设预报初始场对模式预测技巧有重要影响，因此当数值模式本身存在很大的误差时，目标观测是无法实现的。目标观测发展出科学方法是数值模式发展到一定阶段之后的产物。

评价目标观测效果的方法主要有两种：观测系统模拟试验（OSSE）和外场试验。OSSE 主要用于在新增观测布放前预估观测效果，从而更合理地设计观测位置和阵列；外场试验则是获取真实的新增观测，利用这些现场观测验证目标观测的效果。在 OSSE 中，对某一预报对象，我们使用模式进行数值模拟，假设模拟结果为该事件的“真值”，然后将“真值”加上随机扰动构成“观测资料”。接着，我们设计孪生试验来验证新增观测资料对预报的改善：在同一预报时间段内，利用同一模式，分别进行两个预报，一个预报为控制试验，不同化新增“观测资料”，另一个预报利用同样的初始场同化新增“观测资料”，两者的预报结果对比能够最终显示目标观测的效果。而外场试验则利用新增的现场观测数据，将其放入业务化系统中进行同化，与未使用新增观测的预报结果进行比较，从而评价新增观测的效果。

在过去的二三十年中，目标观测在全球范围得以实施，其目的主要是改善一些极端天气气候事件的预报效果。目标观测可以针对探空仪、热气球、卫星和浮标等观测手段进行。根据观测手段及观测目标的不同，可以分为大气目标观测和海洋目标观测。

大气目标观测首先应用于天气事件的研究，特别是针对台风和暴雨等极端事件。目前已经在一系列的外场试验中得到实施。大气目标观测中实施外场试验的计划包括：锋面和大西洋风暴追踪试验（FASTEX）（Snyder，1996）、北太平洋试验（NORPEX）（Langland et al.，1999）、热带气旋监测计划（DOTSTAR）（Wu et al.，2005）及全球观测系统研究与可预报性试验（THORPEX）（Rabier et al.，2008）等。1997 年 1～2 月的 FASTEX 关注北大西洋中纬度气旋，利用线性奇异向量方法进行目标观测计算，并首次实施实时外场试验，其结果表明，目标观测对大西洋和西欧地区的短期预报质量具有 10%～15%的正影响。2003～2023 年的 DOTSTAR 关注西北太平洋台风的预报，主要利用集合转换卡尔曼滤波器（ETKF）目标观测方法。对该计划 2003～2009 年的数据进行统计，结果表明，约有 60%的热带气旋个例 1～5 天的路径预报误差减小了 10%～20%，且该结果通过了 90%的显著性检验（Chou et al.，2011）。2003～2014 年的 THORPEX 关注全球各种高影响天气事件，包括台风、暴雨、风暴等，其中关于台风的统计信息表明，虽然不同的同化方案的改进程度存在差别，但增加目标观测对于台风路径预测的改善程度与 DOTSTAR 的统计结果相当。总之，大气目标观测发展较早，也取得了比较明显的效果。

海洋目标观测相对于大气目标观测起步更晚，且面临更多的挑战和难题，如海洋环境条件的复杂、观测设备的高昂成本、广阔的观测范围及数据获取和传输的困难等。ENSO 是目前全球已知的最强年际变率信号，可对全球气候产生重要影响。它也是海洋目标观测中的一个重要研究课题。例如，Morss 和 Battisti（2004）利用 Z-C 模式针对 ENSO 展开观测系统模拟试验，设计最优观测阵列；Mu 等（2014）利用条件非线性最优扰动（CNOP，conditional nonlinear optimal perturbation）方法针对 ENSO 预报开展目标观测分析。虽然不同方法得到的结果会有些差别，但前人的研究结果表明，赤道东太平洋区域的目标观测对于克服 ENSO 的春季预报障碍至关重要。海洋目标观测一个特别的应用是关于长期观测阵列的设计和评估。例如，热带印度洋观测计划（RAMA）在 2004 年设计布放，是热带印度洋区域的长期观测浮标阵列，对于热带印度洋的研究和预报具有重要意义。Sakov 和 Oke（2008）（以下简称 SO08）利用一种基于集合卡尔曼滤波器（EnKF）的目标观测方法，设计长期观测阵列，确定了已有 RAMA 的观测阵列设计的合理性。

从 20 世纪 90 年代开始，学者们发展出多种目标观测方法。这些方法通常与气候模式相结合，主要分为两大类。第一类方法基于初始误差的最优（最快）增长，如线性奇异向量（Palmer et al.，1998）、繁殖向量（Kalnay and Toth，1994）和条件非线性最优扰动（Mu et al.，2003）等。这类方法的基本推断是，最敏感的区域，即导致初始误差增长最快的区域，是不确定性最大的区域。在这些区域增加观测并将其同化到模式中，可以最大限度减小预报误差。这个推断在完美模式、完美观测和完美同化系统的背景下是精确的。第二类方法则利用集合数据同化理论，寻找能够在同化后最大限度减小预报误差方差的观测位置，并能够定量分析每个观测对于预报误差方差减小的程度。我们将其称为集合卡尔曼滤波器框架下的目标观测方法。第二类方法的快速发展是建立在 Berliner 等（1999）的工作基础上。他们发现，在最小分析误差方差的约束下，假设观测误差在空间上不相关，顺序同化每个观测等价于同时同化所有观测，这为顺序同化提供了理论基础且显著减小了计算代价。这类方法与数据同化理论相结合，考虑了模式、观测和同化系统本身的不完美性，因此在非完美的预报系统中更加实用。在完美假设下，这两类方法是等价的。

理论上，对比两类方法可知，首先，第二类方法较第一类方法更容易实现，因为第一类方法通常需要切线模式和伴随模式，这对于全球耦合模式而言有技术难度；其次，第一类方法较第二类方法更理论化和普适化，而第二类方法依赖于预报系统和预报过程；最后，第二类方法与同化系统直接关联，而第一类方法只是间接联系同化系统。

另外，最近学者们发展了一种基于粒子滤波器（PF）的目标观测方法（Kramer et al.，2012；Kramer and Dijkstra，2013；段晚锁等，2018；Hou et al.，2022），这种方法同样基于集合数据同化，利用粒子滤波器理论进行目标观测分析，这种方法与第二类方法存在相似之处，本书也将对其进行介绍。

11.2 最优误差增长下的目标观测方法

11.2.1 奇异向量方法

奇异向量（SV）方法已被证明在大气不稳定性分析（Farrell and Ioannou，1996）

和气候变率可预测性研究（Chen et al.，1997；Moore and Kleeman，2001）等方面有着重要的作用。

假定 $\boldsymbol{\Psi}$ 是系统在某时刻的一个状态向量，它的演变符合如下动力方程：

$$\frac{\partial \boldsymbol{\Psi}}{\partial t} = \mathcal{M}(\boldsymbol{\Psi}) \tag{11-1}$$

式中，$\mathcal{M}$ 是非线性算子；t 是时间。$\delta\boldsymbol{\Psi}$ 表示系统状态的一个微小扰动，该扰动围绕状态 $\boldsymbol{\Psi}(t)$ 的演变可以一阶近似为线性模式等式：

$$\frac{\partial \delta\boldsymbol{\Psi}}{\partial t} = \boldsymbol{M}\delta\boldsymbol{\Psi} \tag{11-2}$$

式中，$\boldsymbol{M} \equiv \partial\mathcal{M}(\boldsymbol{\Psi})/\partial\boldsymbol{\Psi}|_{\boldsymbol{\Psi}(t)}$ 是动力算子 $\mathcal{M}$ 的切线性算子在 $\boldsymbol{\Psi}(t)$ 附近的值。

在预报时刻 t 的扰动状态为 $\delta\boldsymbol{\Psi}(t)$，初始时刻 t_0 的小扰动 $\delta\boldsymbol{\Psi}(t_0)$ 可以通过对式（11-2）积分得到：

$$\delta\boldsymbol{\Psi}(t) = \boldsymbol{R}(t,t_0)\delta\boldsymbol{\Psi}(t_0) \tag{11-3}$$

式中，$\boldsymbol{R}(t,t_0)$ 是扰动线性传播算子，它是动力学方程（11-2）中关于非线性轨迹 $\boldsymbol{\Psi}(t)$ 正向传播算子的一阶近似。

假设选择标准内积的范数作为扰动向量的度量，即

$$\|\delta\boldsymbol{\Psi}\|^2 \equiv \langle \delta\boldsymbol{\Psi}(t), \delta\boldsymbol{\Psi}(t)\rangle \tag{11-4}$$

误差的增长率用初始扰动在预报时刻和初始时刻的大小之比来表示：

$$\begin{aligned}\boldsymbol{A} = \frac{\|\delta\boldsymbol{\Psi}(t)\|}{\|\delta\boldsymbol{\Psi}(t_0)\|} &= \frac{\langle \delta\boldsymbol{\Psi}(t), \delta\boldsymbol{\Psi}(t)\rangle^{\frac{1}{2}}}{\langle \delta\boldsymbol{\Psi}(t_0), \delta\boldsymbol{\Psi}(t_0)\rangle^{\frac{1}{2}}} = \frac{\langle \boldsymbol{R}\delta\boldsymbol{\Psi}(t_0), \boldsymbol{R}\delta\boldsymbol{\Psi}(t_0)\rangle^{\frac{1}{2}}}{\langle \delta\boldsymbol{\Psi}(t_0), \delta\boldsymbol{\Psi}(t_0)\rangle^{\frac{1}{2}}} \\ &= \frac{\langle \delta\boldsymbol{\Psi}(t_0), \boldsymbol{R}^{\mathrm{T}}\boldsymbol{R}\delta\boldsymbol{\Psi}(t_0)\rangle^{\frac{1}{2}}}{\langle \delta\boldsymbol{\Psi}(t_0), \delta\boldsymbol{\Psi}(t_0)\rangle^{\frac{1}{2}}}\end{aligned} \tag{11-5}$$

式中，矩阵 $\boldsymbol{R}^{\mathrm{T}}\boldsymbol{R}$ 是正交的，所以特征值是正实数。$\boldsymbol{R}^{\mathrm{T}}\boldsymbol{R}$ 的特征向量集合形成一个标准正交基，可以用来描述状态向量的任意扰动。

SV 方法通过此切线模式近似方法，寻找线性近似的最快增长扰动，其求得的最快增长扰动模态的大值区即为敏感区。该问题为求解 $\boldsymbol{R}^{\mathrm{T}}\boldsymbol{R}$ 的特征向量问题。

对 $\boldsymbol{R}$ 进行奇异值分解得

$$\boldsymbol{R} = \boldsymbol{U}\boldsymbol{\Lambda}\boldsymbol{V}^{\mathrm{T}} \tag{11-6}$$

式中，$\boldsymbol{\Lambda}$ 是一个正实对角矩阵；$\boldsymbol{U}$、$\boldsymbol{V}$ 是标准正交酉矩阵。$\boldsymbol{\Lambda}$ 的对角线项为奇异值，$\boldsymbol{U}$ 和 $\boldsymbol{V}$ 分别称为左奇异向量和右奇异向量。$\boldsymbol{R}$ 的奇异值是 $\boldsymbol{R}^{\mathrm{T}}\boldsymbol{R}$ 的特征值的平方根：

$$\boldsymbol{R}^{\mathrm{T}}\boldsymbol{R} = \boldsymbol{V}\boldsymbol{\Lambda}^2\boldsymbol{V}^{\mathrm{T}} \tag{11-7}$$

$\boldsymbol{A}$ 的最大值为最大奇异值：

$$\frac{\left\langle V_1(t), \lambda_1^2 V_1(t)\right\rangle^{\frac{1}{2}}}{\left\langle V_1(t), V_1(t)\right\rangle^{\frac{1}{2}}} = \lambda_1 \tag{11-8}$$

式中，$\boldsymbol{R}$ 的最大奇异值与扰动增长有关。对应的右奇异向量$\boldsymbol{V}_1$ 是导致扰动增长最大的初始扰动的模态：

$$\boldsymbol{R}(t,t_0)\boldsymbol{V}_1 = \lambda_1 \boldsymbol{U}_1 \tag{11-9}$$

因此，通过将传播算子应用于初始扰动而得到的$\lambda_1 \boldsymbol{U}_1$ 是扰动发展的最终状态，并且它的扰动增长率为λ_1 。

11.2.2 条件非线性最优扰动方法

尽管 SV 方法在可预报性问题研究中发挥着重要的作用，但 SV 方法却有着自身的局限性。SV 方法基于线性理论，其使用的前提条件是初始扰动充分小，且该扰动的非线性发展由切线模式近似描述。因此，对于复杂的大气和海洋系统来说，基于线性理论的 SV 方法不能充分反映一些具有较强非线性的物理过程对天气和气候可预报性的影响，在研究非线性模式中有限振幅初始误差引起的可预报性问题时具有局限性。为了突破这一局限性，考查非线性物理过程对可预报性的影响，Mu 等（2003）将 SV 方法拓展到非线性领域，提出了条件非线性最优扰动（CNOP）方法。

CNOP 是在满足一定物理约束条件下，在预报时刻具有最大非线性发展的一类初始扰动。与 SV 方法相比，CNOP 方法考虑物理过程的非线性和系统的复杂性，因此在预报时刻有更大的非线性发展，从而代表了对预报结果不确定性有最大影响的一类初始误差。

假定在初始时刻t_0，扰动的大小由范数$\|\cdot\|_c$来度量；在预报时刻 t，扰动发展的大小由范数$\|\cdot\|_f$来度量。对于 11.2.1 小节所述的非线性模式，当且仅当初始扰动$\delta\boldsymbol{\Psi}_0^*$满足以下关系时其被称为 CNOP：

$$J\left(\delta\boldsymbol{\Psi}_0^*\right) = \max_{\|\delta\boldsymbol{\Psi}_0\|_c \leqslant \delta} J\left(\delta\boldsymbol{\Psi}_0\right) \tag{11-10}$$

$$J\left(\delta\boldsymbol{\Psi}_0\right) = \left\|\boldsymbol{M}_t\left(\boldsymbol{\Psi}_0 + \delta\boldsymbol{\Psi}_0\right) - \boldsymbol{M}_t\left(\boldsymbol{\Psi}_0\right)\right\|_f \tag{11-11}$$

式中，$J\left(\delta\boldsymbol{\Psi}_0\right)$是度量扰动发展大小的目标函数；$\left\|\delta\boldsymbol{\Psi}_0\right\|_c \leqslant \theta$是关于初始扰动大小的约束条件，其中$\theta$称为约束半径。CNOP 的具体求解方法可以参考相关文献（Mu et al.，2003；段晚锁等，2013）。

CNOP 方法已被广泛应用于天气和气候的可预报性问题的研究（穆穆等，2007；Rivière et al.，2008；Mu et al.，2009；Qin and Mu，2011；Zhou and Mu，2012；段晚锁等，2013；Duan et al.，2013），是目前进行最优扰动、集合预报和

目标观测研究与应用的一个主要方法。

11.2.3 气候相关奇异向量方法

在早期的中等复杂和混合模式中，由于有简化的稳态大气模式，SV 方法已经得到了广泛的应用，但是随着预报模式的发展，完全耦合的气候模式逐渐成为主流，耦合系统中包含了从快变的小尺度涡旋到慢变的大尺度气候模态的多尺度过程，而大气瞬变的增长速度要比气候耦合不稳定性的增长速度快得多。因此，用传统的 SV 方法计算出的奇异向量无法避免包含与小尺度快变过程相关的最优误差增长，所得到的敏感区也就难以体现与大尺度慢变过程直接相关的误差增长。Kleeman 等（2003）对 SV 方法进行了改进，发展了一种基于集合框架的气候相关奇异向量方法（CSV 方法），该方法通过集合平均过滤掉了小尺度的快变过程，因此能够更好地反映大尺度研究对象的误差增长。此外，通过集合方法计算线性传播算子，不再依赖于切线模式和伴随模式，可以大大简化程序编译过程并节省计算资源。CSV 方法已经被应用到多种大尺度气候变率的预报研究中（Moore et al.，2006；Islam et al.，2015；Wang et al.，2017；Li et al.，2020）。

如 11.2.1 小节介绍，SV 方法是寻找动力系统中误差增长最快的小扰动 $\delta\boldsymbol{\Psi}(t_0)$ 的方法，其最优初始误差和增长速率分别为 $\boldsymbol{R}^{\mathrm{T}}\boldsymbol{R}$ 的特征向量 $\boldsymbol{V}_1$ 和特征值 λ。CSV 方法利用集合预报系统，通过以下步骤计算传播算子 $\boldsymbol{R}$。

（1）在初始场中对扰动变量 $\boldsymbol{T}_{\mathrm{p}}$ 叠加 N 组量值很小的随机噪声，以此初始场进行长度为 T 单位（天、周或月等）的预报，得到一组成员个数为 N 的集合预报。计算目标变量的集合平均，将其表示为 $\overline{\boldsymbol{\Psi}_0(t)}$。

（2）针对 $\boldsymbol{T}_{\mathrm{p}}$，进行相关系数 EOF 展开，将前 M 个模态 $\boldsymbol{e}_i$（$i=1, 2, 3,\cdots, M$）分别叠加到步骤（1）的 N 个成员的初始条件中，每个模态又得到 N 个成员的一组集合预报，再次计算每个模态对应的目标变量的集合平均，表示为 $\overline{\boldsymbol{\Psi}_i(t)}$（$i=1, 2, 3, \cdots, M$）。

（3）将前两个步骤中得到的集合平均值相减，根据以下公式即可得到传播矩阵 $\boldsymbol{R}$：

$$\Delta\overline{\boldsymbol{\Psi}_i(t)} = \overline{\boldsymbol{\Psi}_i(t)} - \overline{\boldsymbol{\Psi}_0(t)} = \boldsymbol{R}\boldsymbol{e}_i = \sum_{j=1}^{M} \boldsymbol{r}_{ij}\boldsymbol{e}_j + \mathrm{RES} \quad (i=1, 2, 3,\cdots, M)$$

式中，RES 代表余项。通常来说，余项很小，因此可以忽略（Kleeman et al.，2003）。

通过对计算得到的 $\boldsymbol{R}$ 进行奇异值分解，最终可以得到气候相关的奇异向量 **CSV**。然而，实际计算中，由于扰动变量空间的维数远远大于时间维数，因此常常先在降维空间中计算 $\boldsymbol{R}$ 和 **CSV**，最后将得到的奇异向量 **CSV** 利用 EOF 基向量展开，再还原到真实的 $\boldsymbol{T}_{\mathrm{p}}$ 空间中，从而得到真实场的奇异向量（Cheng et al.，2010）。

扰动变量 $\boldsymbol{T}_{\mathrm{p}}$ 通常选取对所研究的气候变率有重要影响的相关变量。参数 N 和 M 的选择也需要通过敏感性试验得到能够保证结果稳健的数值。

11.3 EnKF 框架下的目标观测方法

在 EnKF 框架下的目标观测方法中，应用最广泛的有两种：集合转换卡尔曼滤波器（ETKF）目标观测方法（Bishop et al.，2001；Majumdar et al.，2002）和基于 EnKF 的目标观测方法（SO08）。前者主要用于短期天气事件的目标观测分析，而后者则主要应用于长期海洋观测网络的最优化设计。

11.3.1 ETKF 目标观测方法

在第 9 章中，我们介绍了集合转换卡尔曼滤波理论。这是一种最早的以滤波数据同化为基础的目标观测算法。其基本思想来源于集合转换方法，目标是通过添加新的观测减小验证时刻的预报误差方差。预报误差的线性传播是 ETKF 目标观测方法的一个重要假设。通过将随时间变化的分析误差协方差矩阵的复杂求解转化为集合空间变换矩阵的计算，ETKF 方法可以快速得到变换矩阵，从而确定最优观测配置，这是通过卡尔曼滤波预报误差更新方程实现的。

EKTF 方法通过求解包含目标观测信息的变换矩阵，可以定量地分析每个新增观测配置对预报误差方差的减小量。ETKF 目标观测方法显式地考虑了数据同化过程。

由图 11-1 可知，在数值模式的预报初始时刻 t_i，通过数值预报，我们可以预测在 t_{v} 时刻的验证区中可能发生的某些高影响事件（如台风、暴雨等）。因此，通过目标观测策略，我们可以在目标时刻 t_{i+m} 找出相应的敏感区，该区域是能最大限度地减小验证时刻预报误差方差的最优观测区域。通过计算变换矩阵，我们可以得到新增观测对验证时刻预报误差协方差的影响（影响大小用信号协方差表示），从而确定最终的敏感区。

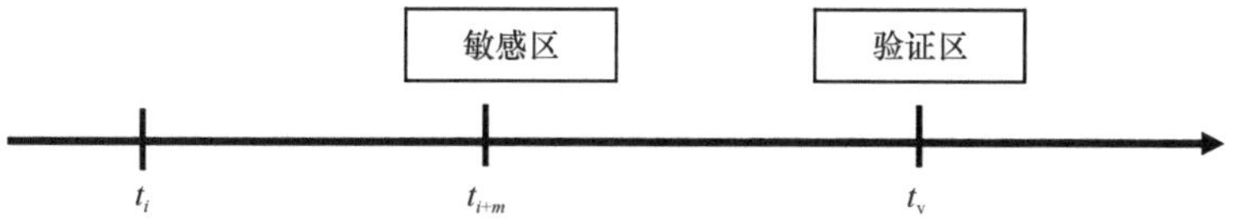

图 11-1 ETKF 目标观测策略简要流程图

t_i 表示集合预报初始时刻；t_{i+m} 表示目标观测时刻，m=1, 2, ⋯表示可以有多个目标观测时刻，在本书中，简便起见，假定只进行一次目标观测，即 m=1；t_{v} 表示验证时刻

假设数值模式的集合预报试验为 $\boldsymbol{x}(n,t)$（n=1, 2, ⋯, N），其中 n 为集合成员，

N 为总的集合成员数，t 为时间，则 t_{i+m} 时刻的预报误差协方差 $\boldsymbol{P}^{\mathrm{f}}$ 为

$$\boldsymbol{P}^{\mathrm{f}} = \boldsymbol{Z}^{\mathrm{f}}\left(\boldsymbol{Z}^{\mathrm{f}}\right)^{\mathrm{T}} \tag{11-12}$$

式中，t_{i+m} 时刻的集合异常 $\boldsymbol{Z}^{\mathrm{f}} = (\boldsymbol{x}-\bar{\boldsymbol{x}})/\sqrt{N-1}$，其中 $\bar{\boldsymbol{x}}$ 为集合平均。若有多种新增观测配置方案，那么同化某一方案中的新增观测后，对应的分析误差协方差矩阵 $\boldsymbol{P}^{\mathrm{a}}$ 则为

$$\boldsymbol{P}^{\mathrm{a}} = \boldsymbol{Z}^{\mathrm{f}}\boldsymbol{T}\boldsymbol{T}^{\mathrm{T}}\left(\boldsymbol{Z}^{\mathrm{f}}\right)^{\mathrm{T}} \tag{11-13}$$

式中，$\boldsymbol{T}$ 为变换矩阵，我们的目标是求解该矩阵。

已知对于一个最优的数据同化方案，某一个同化时刻卡尔曼滤波器的更新方程为

$$\boldsymbol{P}^{\mathrm{a}} = \left(\mathbf{I}-\boldsymbol{K}\boldsymbol{H}\right)\boldsymbol{P}^{\mathrm{f}} \tag{11-14}$$

$$\boldsymbol{K} = \boldsymbol{P}^{\mathrm{f}}\boldsymbol{H}^{\mathrm{T}}\left(\boldsymbol{H}\boldsymbol{P}^{\mathrm{f}}\boldsymbol{H}^{\mathrm{T}}+\boldsymbol{R}\right)^{-1} \tag{11-15}$$

式中，$\boldsymbol{H}$ 为与同化的观测对应的观测矩阵；$\boldsymbol{K}$ 为卡尔曼增益矩阵；$\mathbf{I}$ 为单位矩阵。假设集合预报的代表性较好，根据式（11-14）和式（11-15）求解方程可以导出变换矩阵 $\boldsymbol{T}$ ［详细推导可见 Bishop 等（2001）］：

$$\boldsymbol{T} = \boldsymbol{C}\left(\boldsymbol{\Gamma}+\mathbf{I}\right)^{-\frac{1}{2}} \tag{11-16}$$

式中，$\boldsymbol{\Gamma}$ 和 $\boldsymbol{C}$ 分别由 $(\boldsymbol{Z}^{\mathrm{f}})^{\mathrm{T}}\boldsymbol{H}^{\mathrm{T}}\boldsymbol{R}^{-1}\boldsymbol{H}\boldsymbol{Z}^{\mathrm{f}}$ 的非零特征值及其对应的特征向量构成，其中 $\boldsymbol{C}$ 的列为 $(\boldsymbol{Z}^{\mathrm{f}})^{\mathrm{T}}\boldsymbol{H}^{\mathrm{T}}\boldsymbol{R}^{-1}\boldsymbol{H}\boldsymbol{Z}^{\mathrm{f}}$ 的特征向量，$\boldsymbol{\Gamma}$ 为其特征值对角矩阵。

ETKF 目标观测方法通常将同化新增观测对预报误差协方差的减小量定义为信号，则在 t_{i+m} 时刻信号协方差 $\boldsymbol{S}\left(t_{i+m}\right)$ 为

$$\begin{aligned}\boldsymbol{S}\left(t_{i+m}\right) &= \boldsymbol{P}^{\mathrm{f}}-\boldsymbol{P}^{\mathrm{a}} \\ &= \boldsymbol{Z}^{\mathrm{f}}\boldsymbol{C}\boldsymbol{\Gamma}\left(\boldsymbol{\Gamma}+\mathbf{I}\right)^{-1}\boldsymbol{C}^{\mathrm{T}}\left(\boldsymbol{Z}^{\mathrm{f}}\right)^{\mathrm{T}}\end{aligned} \tag{11-17}$$

信号协方差随着时间变化，如果不考虑模式误差，在验证时刻 t_{v}，设 $\boldsymbol{M}\left(t_{\mathrm{v}},t_{i+m}\right)$ 为线性模式传播矩阵，该矩阵给出 t_{i+m} 时刻的预报异常到 t_{v} 时刻的预报异常的线性传播，利用公式 $\boldsymbol{Z}^{\mathrm{f}}\left(t_{\mathrm{v}}\right)=\boldsymbol{M}\left(t_{\mathrm{v}},t_{i+m}\right)\boldsymbol{Z}^{\mathrm{f}}$，则 t_{v} 时刻的信号协方差为

$$\begin{aligned}\boldsymbol{S}\left(t_{\mathrm{v}}\right) &= \boldsymbol{M}\left(t_{\mathrm{v}},t_{i+m}\right)\boldsymbol{P}^{\mathrm{f}}\boldsymbol{M}\left(t_{\mathrm{v}},t_{i+m}\right)^{\mathrm{T}}-\boldsymbol{M}\left(t_{\mathrm{v}},t_{i+m}\right)\boldsymbol{P}^{\mathrm{a}}\boldsymbol{M}\left(t_{\mathrm{v}},t_{i+m}\right)^{\mathrm{T}} \\ &= \boldsymbol{M}\left(t_{\mathrm{v}},t_{i+m}\right)\boldsymbol{Z}^{\mathrm{f}}\left(\boldsymbol{Z}^{\mathrm{f}}\right)^{\mathrm{T}}\boldsymbol{M}\left(t_{\mathrm{v}},t_{i+m}\right)^{\mathrm{T}}-\boldsymbol{M}\left(t_{\mathrm{v}},t_{i+m}\right)\boldsymbol{Z}^{\mathrm{f}}\boldsymbol{T}\left(\boldsymbol{Z}^{\mathrm{f}}\boldsymbol{T}\right)^{\mathrm{T}}\boldsymbol{M}\left(t_{\mathrm{v}},t_{i+m}\right)^{\mathrm{T}} \\ &= \boldsymbol{Z}^{\mathrm{f}}\left(t_{\mathrm{v}}\right)\boldsymbol{C}\boldsymbol{\Gamma}\left(\boldsymbol{\Gamma}+\mathbf{I}\right)^{-1}\boldsymbol{C}^{\mathrm{T}}\left[\boldsymbol{Z}^{\mathrm{f}}\left(t_{\mathrm{v}}\right)\right]^{\mathrm{T}}\end{aligned} \tag{11-18}$$

式中，$\boldsymbol{S}\left(t_{\mathrm{v}}\right)$ 表征的就是 t_{i+m} 时刻同化新增观测对于 t_{v} 验证时刻的预报误差协方差的减小量。利用式（11-18）可以确定影响最大的一组观测配置方案，将其作为实施目标观测试验的首选方案。由于 $\boldsymbol{Z}^{\mathrm{f}}\left(t_{\mathrm{v}}\right)$ 可以由数值模式预报集合计算得到，因此 ETKF 目标观测方法大大减小了计算量。

ETKF 目标观测方法的主要计算步骤如下。

（1）获取一组基本的集合预报，通常来自数值模式。

（2）构建集合异常矩阵 $\boldsymbol{Z}^{\mathrm{f}}$ 。

（3）计算目标时刻集合异常的预报误差协方差 $\boldsymbol{P}^{\mathrm{f}}=\boldsymbol{Z}^{\mathrm{f}}(\boldsymbol{Z}^{\mathrm{f}})^{\mathrm{T}}$ 。

（4）计算变换矩阵：$\boldsymbol{T}=\boldsymbol{C}\left(\boldsymbol{\Gamma}+\mathbf{I}\right)^{-\frac{1}{2}}$ 。

（5）计算验证时刻的信号协方差矩阵：

$$\boldsymbol{S}\left(t_{\mathrm{v}}\right)=\boldsymbol{Z}^{\mathrm{f}}\left(t_{\mathrm{v}}\right)\boldsymbol{C}\boldsymbol{\Gamma}\left(\boldsymbol{\Gamma}+\mathbf{I}\right)^{-1}\boldsymbol{C}^{\mathrm{T}}\left[\boldsymbol{Z}^{\mathrm{f}}\left(t_{\mathrm{v}}\right)\right]^{\mathrm{T}}$$

最优观测则为对应的信号协方差矩阵的迹最大的观测配置。

11.3.2 基于 EnKF 的目标观测方法

基于 EnKF 的目标观测方法的基本思想是，根据卡尔曼滤波器的预报误差协方差更新公式，寻找能最大限度减小分析误差方差的观测点，这就是最优观测点。这个方法主要包括两个步骤：①确定一个最优观测点；②更新集合以寻找下一个最优观测点。根据背景场的假设，可以分为两种情况：一是非流依赖的目标观测方法，其中假设背景场不会随时间变化；二是流依赖的目标观测方法，假设背景场会随时间变化。下面分别介绍两种情况。

1. 非流依赖的目标观测方法

基于 EnKF 的非流依赖的目标观测方法由 Sakov 和 Oke（2008）提出，该方法在集合最优插值的框架下完成，使用模式的长期积分来计算所需的预报误差协方差。这种方法的优点是，它利用长期积分序列来代替一个具体的预报集合估计预报误差协方差，即假设背景场不会随时间变化。在这个假设下，我们通常可以得到足够多的集合成员来构建预报误差协方差。这种目标观测方法通常适用于设计长期海洋观测网络。

1）寻找最优观测点

假设某气候系统具有 n 维的状态向量为 $\boldsymbol{x}\in\mathbb{R}^n$，其预报误差协方差记为 $\boldsymbol{P}^{\mathrm{f}}$，在同化了观测数据后，$\boldsymbol{x}$ 的不确定性由分析误差协方差 $\boldsymbol{P}^{\mathrm{a}}$ 表示。卡尔曼滤波器的更新公式为

$$\boldsymbol{P}^{\mathrm{a}}=\left(\mathbf{I}-\boldsymbol{K}\boldsymbol{H}\right)\boldsymbol{P}^{\mathrm{f}} \tag{11-19}$$

$$\boldsymbol{K}=\boldsymbol{P}^{\mathrm{f}}\boldsymbol{H}^{\mathrm{T}}\left(\boldsymbol{H}\boldsymbol{P}^{\mathrm{f}}\boldsymbol{H}^{\mathrm{T}}+\boldsymbol{R}\right)^{-1} \tag{11-20}$$

式中，$\mathbf{I}$ 为单位矩阵；$\boldsymbol{H}$ 为观测矩阵；$\boldsymbol{K}$ 为卡尔曼增益矩阵；$\boldsymbol{R}$ 为观测误差协方差矩阵，通常观测误差被认定为在空间上不相关，所以 $\boldsymbol{R}$ 为一个对角阵。分析场的不确定性由分析误差矩阵的迹定量表示，而最优观测点通过最小化分析误差方

差得到，即最优的观测矩阵 $\boldsymbol{H}^{\mathrm{opt}}$ 能够使得分析误差协方差矩阵的迹最小：

$$\boldsymbol{H}^{\mathrm{opt}} = \arg\min \operatorname{trace}\left(\boldsymbol{P}^{\mathrm{a}}\right) \tag{11-21}$$

式中，trace 表示矩阵的迹。式（11-21）等同于最优观测能够使得式（11-19）中 $\boldsymbol{KHP}^{\mathrm{f}}$ 的迹达到最大，利用 trace($\boldsymbol{AB}$)=trace($\boldsymbol{BA}$)，则有

$$\boldsymbol{H}^{\mathrm{opt}} = \arg\max \operatorname{trace} \frac{\boldsymbol{HP}^{\mathrm{f}}\left(\boldsymbol{HP}^{\mathrm{f}}\right)^{\mathrm{T}}}{\boldsymbol{HP}^{\mathrm{f}}\boldsymbol{H}^{\mathrm{T}} + \boldsymbol{R}} \tag{11-22}$$

由于 $\boldsymbol{R}$ 为对角阵，这个公式可以通过每次只寻找一个最优观测而得到简化。当每次只寻找一个最优观测时，观测矩阵 $\boldsymbol{H}$ 成为一个矢量 $\boldsymbol{h}_i\left(k\right)$，并且 $\boldsymbol{H} = \boldsymbol{h}_i\left(k\right)$ 的形式为：$\boldsymbol{h}_i\left(k\right) = \left\{0, i \neq k; 1, i = k\right\}$，而观测误差协方差矩阵 $\boldsymbol{R}$ 也简化为一个标量 $\boldsymbol{R} = r\left(k\right)$。式（11-22）最终能够简化为

$$k = \arg\max \frac{1}{\boldsymbol{P}^{\mathrm{f}}\left(ii\right) + r\left(i\right)} \sum_{j=1}^{n} \boldsymbol{P}^{\mathrm{f}}\left(ij\right)^2 \tag{11-23}$$

式中，$\boldsymbol{P}^{\mathrm{f}}\left(ii\right)$ 为 $\boldsymbol{P}^{\mathrm{f}}$ 矩阵对角线上的第 i 个元素；$\boldsymbol{P}^{\mathrm{f}}\left(ij\right)$ 为 $\boldsymbol{P}^{\mathrm{f}}$ 矩阵第 i 行 j 列的元素。在实际操作中，由于状态变量的维数太大，很难精确表示预报误差协方差矩阵 $\boldsymbol{P}^{\mathrm{f}}$，因此通常结合集合卡尔曼滤波器的思想，使用预报集合 $\boldsymbol{A}_{\mathrm{b}}$ 的协方差来计算预报误差协方差矩阵 $\boldsymbol{P}^{\mathrm{f}}$：

$$\boldsymbol{P}^{\mathrm{f}} = \frac{1}{m-1} \boldsymbol{A}_{\mathrm{b}} \boldsymbol{A}_{\mathrm{b}}{}^{\mathrm{T}} \tag{11-24}$$

式中，m 是样本长度。为了提高计算效率，SO08 假定预报误差协方差不随时间变化，也就是非流依赖，用模式长时间积分来构成集合 $\boldsymbol{A}_{\mathrm{b}}$。具体来说，即利用长时间积分的每个时刻的异常场作为一个集合成员，最终构成一个较大的集合 $\boldsymbol{A}_{\mathrm{b}}$。利用式（11-23）和式（11-24），我们能够确定一个最优观测点。

2）更新集合

该方法的第二步是更新集合。具体来说，一旦确定了一个最优观测点，我们可以同化这个最优观测点。理论上，这将得到分析误差协方差矩阵。然后，我们可以用这个分析误差协方差矩阵替代前一步的预报误差协方差矩阵，从而寻找下一个最优观测点，如此反复进行。在实际算法实现中，集合卡尔曼滤波器衍生的几种方法都是通过更新集合成员来得到分析误差协方差。SO08 选择集合转换卡尔曼滤波器（Bishop et al.，2001）来进行更新：

$$\boldsymbol{A}^{\mathrm{a}} = \boldsymbol{A}^{\mathrm{f}}\boldsymbol{T} \tag{11-25}$$

$$\boldsymbol{T} = \left[\mathbf{I} + \frac{1}{m-1}\left(\boldsymbol{HA}^{\mathrm{f}}\right)^{\mathrm{T}} \boldsymbol{R}^{-1} \left(\boldsymbol{HA}^{\mathrm{f}}\right)\right]^{-1/2} \tag{11-26}$$

式中，$\boldsymbol{T}$ 称为转换矩阵。由于直接计算一个矩阵的平方根的逆矩阵的计算量较大，对于式（11-26）的转换矩阵可以通过求解一个特征值分解方程进一步减小计算量：

$$\left[\mathbf{I}+\frac{1}{m-1}\left(\boldsymbol{H}\boldsymbol{A}^{\mathrm{f}}\right)^{\mathrm{T}}\boldsymbol{R}^{-1}\left(\boldsymbol{H}\boldsymbol{A}^{\mathrm{f}}\right)\right]=\boldsymbol{Q}\wedge\boldsymbol{Q}^{\mathrm{T}} \tag{11-27}$$

此处$\boldsymbol{Q}$为正交矩阵，而$\wedge$为对角阵。而式（11-25）中的转换矩阵可以由下式计算：

$$\boldsymbol{T}=\boldsymbol{Q}\wedge^{-1/2}\boldsymbol{Q}^{\mathrm{T}} \tag{11-28}$$

所以最终的流程如下：假设需要寻找 N 个最优观测点，第一步利用不同时刻的模式预报集合构成预报集合，从而计算预报误差协方差，再由式（11-23）寻求第一个最优观测点，而后由式（11-25）、式（11-28）更新集合，同化该最优观测点，从而进行下一个最优观测点的计算，这个过程进行 N 轮，从而找到 N 个最优观测点。

2. 流依赖的目标观测方法

基于 EnKF 的流依赖的目标观测方法假设背景场随时间变化。例如，在适应于 EnKF 的集合预报系统中，背景场是随时间变化的，预报集合来自某个时刻的系统状态变量误差。由于计算量的限制，这种情况下集合成员的数量是有限的。因此，在 SO08 的基础上，Wu 等（2020）发展了一套适应于基于 EnKF 的流依赖的目标观测方法，其主要步骤同样分为寻找最优观测点及更新集合两步。

1）寻找最优观测点

在流依赖的目标观测方法中，最优观测点的定义与非流依赖的目标观测方法相同，即满足式（11-21）。但在这种假设中，由于集合成员的数量有限，无法准确表示状态变量和一个较远的观测之间的相关性，这可能会形成虚假相关。这种虚假相关可能会导致同化后预报误差协方差过度减小，从而引起集合崩溃。为了解决这个问题，我们引入了协方差局地化来消除观测对于指定截断距离之外的状态变量的影响。

协方差局地化通常是在卡尔曼增益矩阵［式（11-20）］中用 $\boldsymbol{\rho}\circ\boldsymbol{P}^{\mathrm{f}}$ 替换 $\boldsymbol{P}^{\mathrm{f}}$，其中$\circ$表示舒尔乘积，表明两个矩阵对应元素相乘，$\boldsymbol{\rho}$ 是局地化矩阵，其中每个元素 $\rho_{i,j}$ 是关于格点 i 与格点 j 的距离的函数，当 i 与 j 为同一点时，局地化系数为 1。两者相距越远，局地化系数越小，因此可以有效地抑制两者的虚假相关，通常选择 G-C 函数构建局地化矩阵（见 5.1 节）。

加入协方差局地化之后，寻求最优观测点的式（11-22）更新为

$$\boldsymbol{H}^{\mathrm{opt}}=\arg\max\operatorname{trace}\frac{\boldsymbol{H}\boldsymbol{P}^{\mathrm{f}}\left[\boldsymbol{H}\left(\boldsymbol{\rho}\circ\boldsymbol{P}^{\mathrm{f}}\right)\right]^{\mathrm{T}}}{\boldsymbol{H}\left(\boldsymbol{\rho}\circ\boldsymbol{P}^{\mathrm{f}}\right)\boldsymbol{H}^{\mathrm{T}}+\boldsymbol{R}} \tag{11-29}$$

由于我们每次只选取一个观测点进行计算，$\boldsymbol{H}$ 为矢量，且 $\boldsymbol{H}=\boldsymbol{h}_i(k)$ 的形式为：$\boldsymbol{h}_i(k)=\{0,i\neq k;1,i=k\}$。在分母部分，$\boldsymbol{H}\left(\boldsymbol{\rho}\circ\boldsymbol{P}^{\mathrm{f}}\right)\boldsymbol{H}^{\mathrm{T}}$ 为标量，即为$\boldsymbol{\rho}\circ\boldsymbol{P}^{\mathrm{f}}$ 对角线

上第 k 个元素，由于 $\boldsymbol{\rho}$ 对角线全部为 1，因此 $\boldsymbol{H}\left(\boldsymbol{\rho}\circ\boldsymbol{P}^{\mathrm{f}}\right)\boldsymbol{H}^{\mathrm{T}}=\boldsymbol{H}\boldsymbol{P}^{\mathrm{f}}\boldsymbol{H}^{\mathrm{T}}$。类似地，分子部分 $\boldsymbol{H}\boldsymbol{P}^{\mathrm{f}}\left[\boldsymbol{H}\left(\boldsymbol{\rho}\circ\boldsymbol{P}^{\mathrm{f}}\right)\right]^{\mathrm{T}}$ 是标量，等于 $\boldsymbol{H}\left(\boldsymbol{\rho}\circ\boldsymbol{P}^{\mathrm{f}}\right)\left(\boldsymbol{H}\boldsymbol{P}^{\mathrm{f}}\right)^{\mathrm{T}}$。所以，式（11-29）可以简化为

$$\boldsymbol{H}^{\mathrm{opt}}=\arg\max\operatorname{trace}\frac{\boldsymbol{H}\left(\boldsymbol{\rho}\circ\boldsymbol{P}^{\mathrm{f}}\right)\left(\boldsymbol{H}\boldsymbol{P}^{\mathrm{f}}\right)^{\mathrm{T}}}{\boldsymbol{H}\boldsymbol{P}^{\mathrm{f}}\boldsymbol{H}^{\mathrm{T}}+\boldsymbol{R}} \tag{11-30}$$

2）更新集合

与基于 EnKF 的非流依赖的目标观测方法相同，在寻找到一个最优观测点后，流依赖的目标观测方法第二步也需要更新集合以寻找第二个最优观测点。由于协方差局地化不适应于集合转换卡尔曼滤波器，或者说，协方差局地化不适应于右乘的 EnSRF 方法，为了方便下一步引入协方差局地化，我们利用一种左乘的 EnSRF，即串行 EnSRF 更新方案（Tippett et al.，2003）：

$$\boldsymbol{A}^{\mathrm{a}}=\boldsymbol{T}\boldsymbol{A}^{\mathrm{f}} \tag{11-31}$$

$$\boldsymbol{T}=\mathbf{I}-\beta\boldsymbol{P}^{\mathrm{f}}\boldsymbol{H}^{\mathrm{T}}\boldsymbol{H} \tag{11-32}$$

式中，$\boldsymbol{T}$ 称为转换矩阵；$\beta=\left\{D+\left[r(i)\times D\right]^{1/2}\right\}^{-1}$ 为一个标量，其中 $D=\boldsymbol{H}\boldsymbol{P}^{\mathrm{f}}\boldsymbol{H}^{\mathrm{T}}+r(i)$，$r(i)$ 为最优观测点的误差方差。在引入协方差局地化之后，式（11-32）可以更新为

$$\boldsymbol{T}=\mathbf{I}-\beta\left(\boldsymbol{\rho}\circ\boldsymbol{P}^{\mathrm{f}}\right)\boldsymbol{H}^{\mathrm{T}}\boldsymbol{H} \tag{11-33}$$

假设我们要寻找 N 个最优观测点，那么基于 EnKF 的流依赖的目标观测方法的具体流程为：首先由某一个时刻的模式预报集合构成预报集合，从而计算预报误差协方差，再由式（11-30）寻求第一个最优观测点，而后由式（11-31）和式（11-33）更新集合，引入最优观测点的影响，从而进行下一个最优观测点的计算，这个过程进行 N 轮，直到找到所有的最优观测点。

11.4　粒子滤波器框架下的目标观测方法

前面的章节已经详细介绍了顺序重取样粒子滤波器（SIR-PF）这种同化方法，它同样可以应用于目标观测研究中。基于 PF 的目标观测方法其基本思想是寻找能够最大限度减小预报集合不确定性的观测点，即为目标观测的敏感区。

Kramer 等（2012）使用低引力浅水模式，利用孪生试验思想，将模式模拟的一次黑潮延伸体事件作为真值，在真值上叠加观测误差构造观测，再将长时间的模式积分分为多个片段，将每一个片段当作一个集合成员，这样形成的预报集合可以看作系统状态的蒙特卡罗样本。再通过使用 PF 方法，分别同化四个区域的

观测资料，考查同化这四个区域的观测对于黑潮延伸体预报的改善程度。类似地，Kramer 和 Dijkstra（2013）利用 ECHAM5/MPI-OM 模式在固定外强迫下的积分资料研究了局地观测在减小 ENSO 集合预报离散度中的作用。把模式积分中每一年的 1～12 月片段都当作一个预报集合样本，从而形成预报集合，并利用包含重采样步骤的粒子滤波方法依次同化不同网格点的观测资料，对比同化不同网格点观测对预报集合预报技巧的改进程度。

该方法的重点在于通过对比同化不同观测点对预报集合的改善程度来决定最优观测点。具体来说，同化是通过粒子滤波器实现的，即根据不同观测信息改变集合成员权重。预报集合成员 $\boldsymbol{x}_i^k$ 的权重 w_i^k 的更新遵循以下公式：

$$w_i^k = w_i^{k-1} \frac{p\left(\boldsymbol{y}^k \mid \boldsymbol{x}_i^k\right)}{p\left(\boldsymbol{y}^k\right)} \tag{11-34}$$

式中，$p\left(\boldsymbol{y}^k\right)$ 为观测的概率密度分布，可以看作一个标准化函数，以确保所有集合成员的权重之和等于 1；$p\left(\boldsymbol{y}^k \mid \boldsymbol{x}_i^k\right)$ 表示在给定了模式状态 $\boldsymbol{x}_i^k$ 的条件下观测 $\boldsymbol{y}^k$ 的概率密度分布，与观测误差直接相关。在假定观测误差符合高斯分布的情况下，有

$$p\left(\boldsymbol{y}^k \mid \boldsymbol{x}_i^k\right) \sim \exp\left\{-\frac{1}{2}\left[\boldsymbol{y}^k - h\left(\boldsymbol{x}_i^k\right)\right]^{\mathrm{T}} \boldsymbol{R}^{-1}\left[\boldsymbol{y}^k - h\left(\boldsymbol{x}_i^k\right)\right]\right\} \tag{11-35}$$

（公式推导详见第 8 章）

式中，$\boldsymbol{R}$ 为观测误差协方差；h 为观测算子。根据不同的观测信息更新预报集合，再对比同化了不同观测信息所得到预报集合的预报技巧，使预报集合预报技巧提高更大的观测信息所在位置即为目标观测的敏感位置。集合预报技巧的改善程度通过集合预报不确定性的减小程度来衡量。由于粒子滤波方法不需要假定系统的状态分布是高斯的，因此衡量预报集合不确定性时可以采用适用于非高斯系统的评判方法，例如，使用信息熵来表征集合概率密度分布的不确定性（Shannon，1948）。Kramer 等（2012）使用了两种基于信息熵的集合可预报性衡量标准，一种是 Schneider 和 Griffies（1999）提出的可预报力（predictive power），另一种是 Kleeman（2002）提出的潜在预测效用（potential prediction utility）。

可预报力的计算基于集合的信息熵，变量 $\boldsymbol{x}$ 的概率密度分布表示为 $p(\boldsymbol{x})$，其信息熵的计算表达式为

$$S_{p(x)} \equiv -\kappa \int p(\boldsymbol{x}) \ln p(\boldsymbol{x}) \mathrm{d}\boldsymbol{x} \tag{11-36}$$

式中，κ 决定了信息熵的单位，是一个常数，在此类研究中一般取值为 1。粒子滤波方法通过观测 $\boldsymbol{y}_{1:k}$ 来调整粒子的权重，从而估计其概率密度分布 $p(\boldsymbol{x})$。当 $p(\boldsymbol{x})$ 已知后，根据式（11-36）即可以计算出集合的信息熵。基于信息熵，集合的可预报力即可表示为

$$\alpha_x \equiv 1-\exp\left[-S_{q(x)}+S_{p(x)}\right] \tag{11-37}$$

式中，$S_{q(x)}$为气候态$q(x)$的信息熵，可预报力α_x即为预报集合相对于气候态预报的改善程度。值得注意的是，在计算$S_{p(x)}$和$S_{q(x)}$时，需要使用同样的κ。从式（11-37）可以看出，可预报力的取值范围是$0 \leqslant \alpha_x \leqslant 1$，当预报集合相对于气候态预报没有改善时，$S_{p(x)}=S_{q(x)}$，可预报力为0。预报集合不确定性减小程度越大，可预报力越大。

潜在预测效用是一种基于相对熵的度量方法，其计算公式如下：

$$R_x \equiv \int p(x)\ln\frac{p(x)}{q(x)}\mathrm{d}x \tag{11-38}$$

与可预报力类似，潜在预测效用也是基于预报集合与气候态预报的对比。当预报集合相对于气候态预报没有改善时，潜在预测效用为 0。集合预报相对于气候态预报改善越大，潜在预测效用越大。

以上两种度量方法主要衡量的是集合预报不确定性的减小，在概率预报的框架下来考虑最优观测点。另外一个度量预报效果的手段是确定性的统计特征，比如集合平均预报误差。对于一个好的集合预报系统，集合平均预报误差应该约等于集合成员与集合平均的均方离散度。在实际应用中，集合平均误差与集合离散度之间应该存在较强的正相关关系。基于以上考虑，段晚锁等（2018）基于粒子滤波的目标观测方法，加入了集合平均误差的计算。类似地，Hou 等（2022）同样意识到了只考虑集合离散度的不足，加入了集合平均均方根误差的计算，度量了集合的确定性预报技巧。此外，Hou 等（2022）将前人基于粒子滤波的目标观测方法进一步扩展，考虑了不同起报时刻的结果。下面具体介绍这种目标观测方法的试验设计方案。

（1）构造观测。利用孪生试验思想，将外强迫不随时间变化的模式长期积分资料分割成N个等时长的片段，选取其中发生了所关心的天气、气候事件的某一个片段作为真值，并通过在真值上叠加随机误差构造理想“观测”。在厄尔尼诺目标观测研究中，可利用全球耦合模式比较计划（CMIP）的工业革命前控制试验资料，将模式 500 年的海表温度积分切分为 500 个一年长的片段，每个片段包含 1～12 月的海表温度信息，可被看作一个集合成员。选取其中发生了厄尔尼诺事件的年份作为真值，在真值上随机叠加服从正态分布的误差，构造出厄尔尼诺年的 1～12 月观测资料。

（2）构造预报集合。在 N 个等时长的片段中，剔除选取作为真值年份的片段，剩下的N–1 个片段即可构成对该次观测事件的预报集合。该预报集合在未经过任何同化前等同于对于该事件的气候态预报，即排除发生了厄尔尼诺事件的年份，剩下的 499 个集合成员即可组成对于该次厄尔尼诺事件的初始预报集合。

（3）同化试验。根据式（11-34）及式（11-35）表征的 SIR-PF 方法同化某一初始时刻、某一观测位置的观测资料，更新不同集合成员的权重，并将各个成员的权重用于其他时刻，即可得到同化了该初始时刻后立即起报的预报集合。使用可预报力、潜在预测效用、集合平均误差、集合平均均方根误差等方法计算同化后预报集合相对于同化前气候态预报的改善程度。

（4）重复同化试验。选择另一个初始时刻、观测位置的观测资料，重复步骤（3）中的同化试验，并计算预报集合预报技巧的改善程度。直至遍历所有所关心的初始时刻和所有所关心的观测位置。对于厄尔尼诺目标观测，依次同化每个时刻（即 1～12 月）太平洋上每一个潜在观测点（即整个太平洋上的 1°×1°网格点）的海表温度资料。预报主要关注 12 月 Niño 指数，因此每同化一次观测信息后，计算集合关于 12 月 Niño 指数预报技巧的改善程度。

（5）对比步骤（4）中不同同化试验的结果。对比不同同化试验所得到的预报集合预报技巧改善程度的差异，从概率预报技巧和确定性预报技巧两个方面确定对预报改善程度最大的观测位置，确定不同初始时刻的目标观测敏感区。

（6）确定最优观测网。综合考虑不同初始时刻的结果，利用目标观测敏感区位置在所有试验结果中出现的频率来确定稳定的不随初始时刻、起报时刻变化的最优观测网。考虑到 ENSO 预报主要是在 1 月、4 月、7 月和 10 月，可以针对这 4 个不同的起报时刻寻找目标观测敏感区。将所有的预报个例按照 1～3 月、4～6 月、7～9 月、10～12 月分为 4 组。对于每一组的每一个个例，考查每一个空间网格点上均方根误差减小值的正负号，排除所有均方根误差减小值为负值的网格点。之后，对于每个预报个例，将每个格点按照格点上可预报力的大小进行排序，挑选出可预报力较大的前 15 个格点。对于每一组的所有个例都可以产生这种包含了 15 个格点的序列，记为 PP_{max15}。针对每一组，计算每个格点出现在 PP_{max15} 的频率 F 指数：$F_{i,j}^{t}=\dfrac{c_{i,j}^{t}}{L}\times 100\%$，其中 t=1, 2, 3, 4，表示不同的组别，$c_{i,j}^{t}$ 代表格点（i, j）出现的频数，L 表示预报个例的总数。将每一组 F 指数较大的前 10 个格点位置确定为该组目标观测阵列。为了得到稳定的不随时间改变的 ENSO 太平洋海温最优观测网，可以将上述 4 组目标观测阵列合并，形成一个新的目标观测阵列，即为最优观测网。

这种基于粒子滤波器的目标观测方法不需要把同化步骤加入模式的积分中，而是可以直接运用模式的积分结果来进行同化试验，具有计算简便的优势。值得注意的是，该方法的使用也需要满足两个条件：一是所研究的天气或气候事件具有循环；二是所使用的模式积分资料的外强迫需要保持恒定。CMIP 中最基础的试验方案包括工业革命前控制试验，在该试验中模式的外强迫一直维持在工业革命前的水平，为使用粒子滤波目标观测方法研究所关心的天气、气候事件提供了丰富的模式资料。

11.5 基于 EnKF 的目标观测方法在 Lorenz96 模式中的应用

本节基于 Lorenz96 模式，利用 11.3.2 小节的非流依赖的目标观测方法（即 SO08 方法）在 36 个模式空间格点中寻找能够带来最小分析误差的最优观测点。附录 11-1 至附录 11-4 给出相应的 python 代码及最终结果。所用的 Lorenz96 模式为一维非线性 Lorenz96 模式，模式的控制方程为

$$\frac{\mathrm{d}\boldsymbol{x}_j}{\mathrm{d}t}=\left(\boldsymbol{x}_{j+1}-\boldsymbol{x}_{j-2}\right)\boldsymbol{x}_{j-1}-\boldsymbol{x}_j+\boldsymbol{F} \tag{11-39}$$

式中，$\boldsymbol{x}$ 为模式变量，在本试验中假设为仅有的一个大气物理变量；j 为模式空间的格点编号，$j=1, 2, \cdots, n$，其中 n 为状态向量的维数；$\boldsymbol{F}$ 表示定常强迫。这一模式包含了大气运动的几个主要基本特征，即平流、耗散和外强迫，因此在数据同化方法的研究中得到了大量的应用。Lorenz96 模式的更多细节见第 5 章。

本试验的模式参数设定为：模式空间格点总数为 n=36，F=8。此外，试验采用四阶龙格-库塔方案来进行模式差分，时间步长取 0.01 个无量纲单位。具体关于 Lorenz96 模式的代码见附录 11-1。

试验选取的初始状态 $\boldsymbol{x}_0$ 是经过 2000 步后得到的初始状态变量，此时模式已趋于稳定。将初始状态 $\boldsymbol{x}_0$ 直接代入模式继续积分 2000 步，模拟预报时段的“大气真实态”。我们可以通过后 2000 步的大气状态异常构造初始集合 $\boldsymbol{A}_\mathrm{b}$，$\boldsymbol{A}_\mathrm{b}$ 定义为各个积分时刻相对集合平均的异常，进而可以根据式（11-24）使用集合 $\boldsymbol{A}_\mathrm{b}$ 来估计预报误差协方差矩阵 $\boldsymbol{P}^\mathrm{f}$，此段代码见附录 11-2。

利用附录 11-3 的 python 代码，最终能够确定 3 个最佳观测点。按照 11.3.2 小节非流依赖的目标观测方法的流程：在同化某个点的观测后，可以通过式（11-23）计算预报误差方差的相应减小程度，可以选出影响最大的一个最佳观测点。然后这一个最优观测将被同化，将背景集合 $\boldsymbol{A}_\mathrm{b}$ 更新为 $\boldsymbol{A}_\mathrm{a}$，更新集合步骤使用式（11-25）和式（11-28）。以上步骤共进行 3 次，最终得到 3 个最优观测点。

最后利用附录 11-4，我们可以最终得到初始的预报误差方差、最优观测及同化最优观测后的分析误差方差（图 11-2）。最优观测对于预报误差方差减小的贡献见图 11-3。

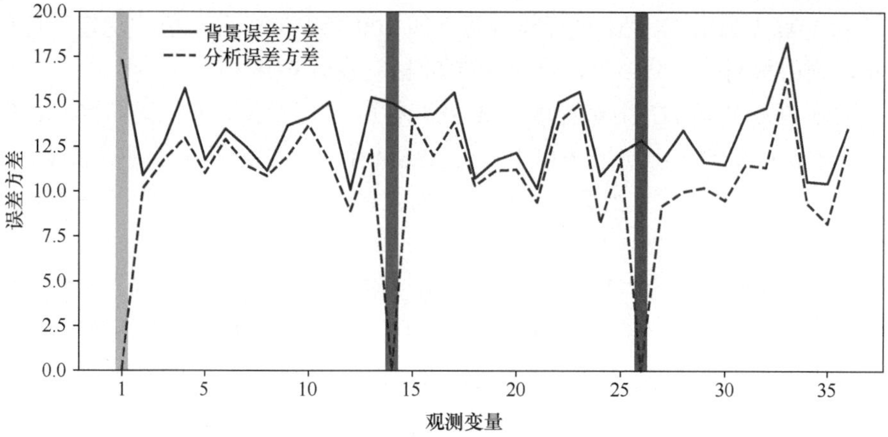

图 11-2 Lorenz96 模式中 36 个格点所对应的初始预报误差方差（蓝色实线）及分析误差方差（蓝色虚线）

粉色、绿色和蓝色条状部分分别对应前三个最优观测点位置

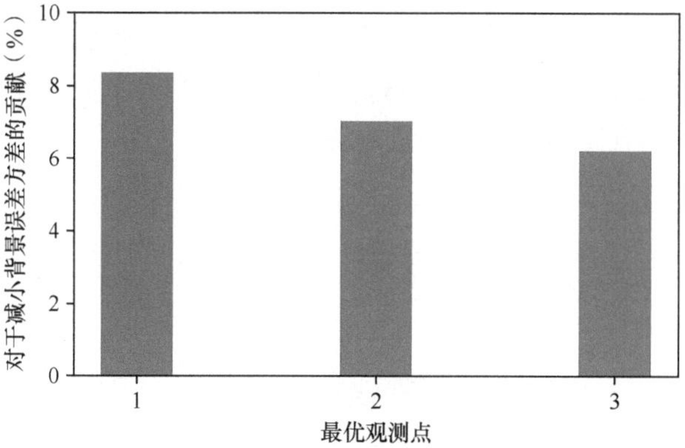

图 11-3 前三个最优观测点对于预报误差方差减小的贡献

前三个最优观测分别减小 8.2%、7%及 6%的预报误差方差

11.6 CSV 方法在 CESM 中的应用及程序

由于计算方便及在气候变率可预报性研究中的有效性，CSV 方法已经被应用于太平洋海表温度年际预报（如 ENSO）（Tang et al.，2006）、北大西洋十年际预报（Hawkins and Sutton，2011）及南亚季风季节预报（Islam et al.，2015）等的诸多可预报性研究中。通用地球系统模式（community earth system model，CESM）作为目前主流的全球耦合动力模式之一，已被证明在各尺度气候变率的模拟和预报中都有良好的效果，本节简要介绍 CSV 方法在 CESM 模式中的应用，以印度洋东、西极子的海表温度（SST）为例，给出在 CESM 模式中，利用 CSV 方法计算印度洋 SST 最优初始扰动空间型的具体实施步骤。

（1）首先利用 CESM 进行长时间（如 100 年）的积分，模式稳定后再积分 20 年，利用得到的积分结果，计算 SST 的相关系数 EOF 模态 $\boldsymbol{e}$。

（2）在初始场 $\mathbf{IC}_0$ 中对扰动变量 SST 叠加 N 组量值很小的随机噪声，得到集合成员数为 N 的一组初始场 $\mathbf{IC}_0^N$，在 CESM 中，以初始场 $\mathbf{IC}_0^N$ 进行长度为 t 天的积分，得到 t 天以后一组集合成员个数为 N 的集合预报。计算目标变量 SST 的集合平均，将其表示为 $\overline{\mathbf{SST}_0(t)}$。

（3）将步骤（1）中得到的 SST 的前 M 个相关系数 EOF 模态 $\boldsymbol{e}_i$（$i=1,2,3,\cdots,M$）分别叠加到步骤（2）的初始条件 $\mathbf{IC}_0^N$ 中，得到 M 组集合成员数为 N 的初始条件 $\mathbf{IC}_0^{MN}$，同样以这些初始条件对 CESM 进行 t 天的积分，共得到 N 个集合成员的 M 组集合预报。再次计算每个 EOF 模态 N 个集合成员的 SST 集合平均，表示为 $\overline{\mathbf{SST}_i(t)}$（$i=1,2,3,\cdots,M$）。

（4）将 $\overline{\mathbf{SST}_i(t)}$（$i=1,2,3,\cdots,M$）分别与 $\overline{\mathbf{SST}_0(t)}$ 相减，然后投影到扰动变量SST 的前 M 个相关系数 EOF 模态上，即可以获得传播算子 $\boldsymbol{R}$ 在降维空间中的矩阵值。对 $\boldsymbol{R}$ 进行奇异值分解，即得到气候相关的奇异向量 $\mathbf{CSV}_{\mathrm{redu}}$。

（5）最后将得到的奇异向量 $\mathbf{CSV}_{\mathrm{redu}}$ 利用 EOF 基向量展开还原到真实的 SST 空间中，从而得到真实场的奇异向量 $\mathbf{CSV}$。

参 考 文 献

段晚锁, 丁瑞强, 周菲凡. 2013. 数值天气预报和气候预测可预报性研究的若干动力学方法. 气候与环境研究, 18(4): 524-538.

段晚锁, 封凡, 侯美夷. 2018. 粒子滤波同化在厄尔尼诺—南方涛动目标观测中的应用. 大气科学, 42: 677-695.

穆穆, 王洪利, 周菲凡. 2007. 条件非线性最优扰动方法在适应性观测研究中的初步应用. 大气科学, (6): 1102-1112.

Berliner L M, Lu Z Q, Synder C. 1999. Statistical design for adaptive weather observations. Journal of the Atmospheric Sciences, 56(15): 2536-2552.

Bishop C H, Etherton B J, Majumdar S J. 2001. Adaptive sampling with the ensemble transform Kalman filter. Part I: theoretical aspects. Monthly Weather Review, 129: 420-436.

Chen Y Q, Battisti D S, Palmer T N, et al. 1997. A study of the predictability of tropical Pacific SST in a coupled atmosphere-ocean model using singular vector analysis: the role of the annual cycle and the ENSO cycle. Monthly Weather Review, 125: 831-845.

Cheng Y, Tang Y, Zhou X, et al. 2010. Further analysis of singular vector and ENSO predictability in the Lamont model-Part I: singular vector and the control factors. Climate Dynamics, 35: 807-826.

Chou K, Wu C, Lin P, et al. 2011. The impact of dropwindsonde observations on typhoon track forecasts in DOTSTAR and T-PARC. Monthly Weather Review, 139(6): 1728-1743.

Duan W, Yu Y, Xu H, et al. 2013. Behaviors of nonlinearities modulating the El Niño events induced by optimal precursory disturbances. Climate Dynamics, 40: 1399-1413.

Farrell B F, Ioannou P J. 1996. Generalized stability theory. Part I: autonomous operators. Journal of the Atmospheric Sciences, 53: 2025-2040.

Hawkins E D, Sutton R. 2011. Estimating climatically relevant singular vectors for decadal predictions of the Atlantic Ocean. Journal of Climate, 24: 109-123.

Hou M, Tang Y, Duan W, et al. 2022. Toward an optimal observational array for improving two flavors of El Niño predictions in the whole Pacific. Climate Dynamics, 60(3-4): 831-850.

Islam S U, Tang Y, Jackson P L. 2015. Optimal error growth of South Asian monsoon forecast associated with the uncertainties in the sea surface temperature. Climate Dynamics, 46: 1953-1975.

Kalnay E, Toth Z. 1994. Removing growing errors in the analysis cycle. Portland: Tenth Conference on Numerical Weather Prediction.

Kleeman R. 2002. Measuring dynamical prediction utility using relative entropy. Journal of the Atmospheric Sciences, 59: 2057-2072.

Kleeman R, Tang Y, Moore A M. 2003. The calculation of climatically relevant singular vectors in the presence of weather noise as applied to the ENSO problem. Journal of the Atmospheric Sciences, 60(23): 2856-2868.

Kramer W, Dijkstra H A. 2013. Optimal localized observations for advancing beyond the ENSO predictability barrier. Nonlinear Processes in Geophysics, 20(2): 221-230.

Kramer W, van Leeuwen P, Pierini S, et al. 2012. Measuring the impact of observations on the predictability of the Kuroshio Extension in a shallow-water model. Journal of Physical Oceanography, 42(1): 3-17.

Langland R, Toth Z, Gelaro R, et al. 1999. The North Pacific Experiment (NORPEX-98): targeted observations for improved North American weather forecasts. Bulletin of the American Meteorological Society, 80: 1363-1384.

Li X, Tang Y, Zhou L, et al. 2020. Optimal error analysis of MJO prediction associated with uncertainties in sea surface temperature over Indian Ocean. Climate Dynamics, 54: 4331-4350.

Majumdar S J, Bishop C H, Etherton B J, et al. 2002. Adaptive sampling with the ensemble transform Kalman filter. Part II: field program implementation. Monthly Weather Review, 130(5): 1356-1369.

Moore A M, Kleeman R. 2001. The differences between the optimal perturbations of coupled models of ENSO. Journal of Climate, 14: 138-163.

Moore A M, Zavala-Garay J, Tang Y, et al. 2006. Optimal forcing patterns for coupled models of ENSO. Journal of Climate, 19: 4683-4699.

Morss R E, Battisti D S. 2004. Evaluating observing requirements for ENSO prediction: experiments with an intermediate coupled model. Journal of Climate, 17(16): 3057-3073.

Mu M, Duan W, Wang B. 2003. Conditional nonlinear optimal perturbation and its applications. Nonlinear Process Geophysics, 10: 493-501.

Mu M, Yu Y, Xu H, et al. 2014. Similarities between optimal precursors for ENSO events and optimally growing initial errors in El Niño predictions. Theoretical and Applied Climatology, 115: 461-469.

Mu M, Zhou F F, Wang H L. 2009. A method for identifying the sensitive areas in targeted observations for tropical cyclone prediction: conditional nonlinear optimal perturbation. Monthly Weather Review, 137: 1623-1639.

Palmer T N, Gelaro R, Barkmeijer J, et al. 1998. Singular vectors, metrics, and adaptive observations. Journal of the Atmospheric Sciences, 55: 633-653.

Qin X, Mu M. 2011. A study on the reduction of forecast error variance by three adaptive observation approaches for tropical cyclone prediction. Monthly Weather Review, 139: 2218-2232.

Rabier F, Gauthier P, Cardinali C, et al. 2008. An update on THORPEX related research in data assimilation and observing strategies. Nonlinear Processes in Geophysics, 15: 81-94.

Rivière O, Lapeyre G, Talagrand O. 2008. Nonlinear generalization of singular vectors: behavior in a baroclinic unstable flow. Journal of the Atmospheric Sciences, 65: 1896-1911.

Sakov P, Oke P R. 2008. Objective array design: application to the tropical Indian Ocean. Journal of Atmospheric and Oceanic Technology, 25(5): 794-807.

Schneider T, Griffies S. 1999. A conceptual framework for predictability studies. Journal of Climate, 12(10): 3133-3155.

Shannon C E. 1948. A mathematical theory of communication. The Bell System Technical Journal, 27(3): 379-423.

Snyder C M. 1996. Summary of an informal workshop on adaptive observations and FASTEX. Bulletin of the American Meteorological Society, 77: 953-961.

Tang Y, Kleeman R, Miller S. 2006. ENSO predictability of a fully coupled GCM model using singular vector analysis. Journal of Climate, 19: 3361-3377.

Tippett M K, Anderson J L, Bishop C H, et al. 2003. Ensemble square root filters. Monthly Weather Review, 131(7): 1485-1490.

Wang Q, Tang Y, Pierini S, et al. 2017. Effects of singular-vector-type initial errors on the short-range prediction of Kuroshio Extension transition processes. Journal of Climate, 30: 5961-5983.

Wu C, Lin P, Aberson S, et al. 2005. Dropsonde observations for typhoon surveillance near the Taiwan Region (DOTSTAR): an overview. Bulletin of the American Meteorological Society, 86: 787-790.

Wu Y, Shen Z, Tang Y. 2020. A flow-dependent targeted observation method for ensemble Kalman filter assimilation systems. Earth and Space Science, 7: e2020EA001149.

Zhou F, Mu M. 2012. The impact of horizontal resolution on the CNOP and on its identified sensitive areas for tropical cyclone predictions. Advances in Atmospheric Sciences, 29(1): 36-46.

相关 python 代码

附录 11-1　使用龙格-库塔格式积分 Lorenz96 模式的代码

```
import numpy as np                                # 导入 numpy 工具包
def Lorenz96(state,*args):                        #此函数定义 Lorenz96 模式
    x = state                                     # 状态变量
    F = args[0]
    n = len(x)
    f = np.zeros(n)
    f[0] = (x[1] - x[n-2]) * x[n-1] - x[0]        # 边界点: i=0,1,N-1
    f[1] = (x[2] - x[n-1]) * x[0] - x[1]
    f[n-1] = (x[0] - x[n-3]) * x[n-2] - x[n-1]
```

```
    for i in range(2, n-1):
        f[i] = (x[i+1] - x[i-2]) * x[i-1] - x[i]
    f = f + F                                        # 增加强迫
    return f

# Lorenz96 模式参数设置
n = 36                                      # 状态向量的维数
F = 8                                       # 强迫项
delta_t = 0.01                              # 积分步长
tm = 20                                     # 积分模式时间窗口
nt = int(tm/delta_t)                        # 总积分步长
t = np.linspace(0,tm,nt+1)                  # 模式时间网格

def RK4(rhs,state,dt,*args):                # 此函数提供 Runge-Kutta 积分格式
    k1 = rhs(state,*args)
    k2 = rhs(state+k1*dt/2,*args)
    k3 = rhs(state+k2*dt/2,*args)
    k4 = rhs(state+k3*dt,*args)
    new_state = state + (dt/6)*(k1+2*k2+2*k3+k4)
    return new_state
```

附录 11-2 Lorenz96 模式设置及预报误差协方差矩阵计算

```
# 积分模式从 t=-20 时刻到 t=0 时刻的 Spin-up 过程
u0 = F * np.ones(n)                                   # t=-20 时刻的初值
u0[19] = u0[19] + 0.01                                # 设置扰动
u0True = u0
nt1 = int(tm/delta_t)
for k in range(nt1):                                  # 模式积分得到试验初值
    u0True = RK4(Lorenz96,u0True, delta_t,F)

# 模式长时间积分来构成预报集合
uTrue = np.zeros([n,nt+1])
uTrue[:,0] = u0True
for k in range(nt):
    uTrue[:,k+1] = RK4(Lorenz96,uTrue[:,k], delta_t,F)
NN=3                                                  # 设置最优观测点的个数
optimal_observation=np.zeros([NN,1])                  # 最优观测点的下标
data_ano=np.zeros([n,nt])                             # 预报集合
True_mean=np.mean(uTrue,1)                            # 集合平均
for i in range(nt):                                   # 求距平
    data_ano[:,i]=uTrue[:,i+1]-True_mean
R = np.zeros([n,1])                                   # 设置观测误差
R[:] = np.mean(data_ano[0,:])*0.5
ensemble_member=nt                                    # 集合成员数
IN=np.identity(ensemble_member)                       # 单位矩阵
```

```
# 预报误差协方差矩阵计算
pb=np.diag((data_ano@(data_ano.T))/(ensemble_member-1))
error_covariance=np.zeros([NN+1,1])
error_covariance[0]=np.trace(data_ano@(data_ano.T)/(ensemble_member-1))
```

附录 11-3　寻找最优观测点

```
def onepoint_pa(data_ano,i):    # 此函数计算同化单点导致的初始误差减少
    one_pa1=data_ano[i]@(data_ano.T@data_ano)@(data_ano[i].T)
    one_pa2=data_ano[i]@(data_ano[i].T)+R[i]*(ensemble_member-1)
    one_pa=one_pa1/one_pa2
    return one_pa

def find_aximum(arr):          # 此函数寻找产生最大初始误差减少的观测点及其下标
    aximum = arr[0]
    aximum_index = 0
    for i in range(1,len(arr)):
        if arr[i] > aximum:
            aximum = arr[i]
            aximum_index = i
    return aximum_index

def Update_ensemble(data_ano,i):                                 # 更新集合
    matr1=data_ano[i,:]*(1/R[i])
    matr1=matr1.reshape(len(data_ano[0]),1)
    matr2=matr1@(data_ano[i].reshape(1,len(data_ano[0])))
    matr=matr2/(ensemble_member-1)+IN
    e_vals,e_vecs = np.linalg.eig(matr)
    smat1= np.diag(1/np.sqrt(e_vals))
    index_genxing=e_vecs @ smat1 @ np.linalg.inv(e_vecs)        # 计算转换矩阵
    data_a = data_ano@(index_genxing)                            # 得到分析集合
    return data_a

# 寻找最优观测点
for j in range(NN):
    pa_space=np.zeros([n,1])
    for i in range(n):
        pa_space[i]=onepoint_pa(data_ano,i)
    optimal_observation[j]=find_aximum(pa_space)
    data_ano=Update_ensemble(data_ano,int(optimal_observation[j]))
    error_covariance[j+1]=np.trace(data_ano@(data_ano.T)/(ensemble_member-1))
pa=np.diag((data_ano@(data_ano.T))/(ensemble_member-1))

# 计算每个观测点对初始误差方差减少的贡献
```

```
    Variance_contribution=np.zeros([NN,1])          # 单个最优观测的贡献
    Cumulative_variance =np.zeros([NN,1])           # 所有最优观测的累计贡献
    for i in range(NN):

Variance_contribution[i]=(error_covariance[i]-error_covariance[i+1])/error_cova\
riance[i]
       Cumulative_variance     [i]=(error_covariance[0]-error_covariance[i+1])/\
error_covariance[0]
```

附录 11-4 画图脚本（包括初始误差方差、预报误差方差、最优观测及其贡献）

```
    import matplotlib.pyplot as plt
    x = np.linspace(1, n, n)
    y2=pa
    y1=pb
    fig = plt.figure(figsize=(9,4),dpi=150)
    ax1 = fig.add_subplot(111)
    ax1.plot(x,y1,"b", ls='-')
    ax1.plot(x,y2,'b',ls='--')
    ax1.bar(x=1,height=20, width=0.6,color='pink',  alpha=0.6)
    ax1.bar(x=26,height=20, width=0.6,color='green', alpha=0.5)
    ax1.bar(x=14,height=20, width=0.6,color='steelblue', alpha=0.5)
    plt.xticks([1,5,10,15,20,25,30,35],['1','5','10','15','20','25','30','35'])
    ax1.set_xlabel("观测变量",fontproperties='simsun',fontsize=14)
    ax1.set_ylim(0,20);
    ax1.set_ylabel("误差方差",fontproperties='simsun',fontsize=14);

    Cumulative_variance =Cumulative_variance *100
    Variance_contribution=Variance_contribution*100

    x = np.linspace(1, 3, 3)
    fig = plt.figure(figsize=(5,3),dpi=200)
    ax1 = fig.add_subplot(111)
    ax1.bar(x=x,height=Variance_contribution.reshape(NN*1),  width=0.3  color=\
'steelblue', alpha=0.8)
    ax1.set_xticks([1,2,3],['1','2','3'])
    ax1.set_xlabel("最优观测点")
    ax1.set_ylim(0,10);
    ax1.set_ylabel('对于减小背景误差的贡献(%)');
```

附录 11-5 导入所需的库并打开相应的模式积分文件

```
    import numpy as np
    import netCDF4 as nc


    df = nc.Dataset('./output.nc')    # 长时间模式积分结果文件
```

```
df0 = nc.Dataset('./output_whitenoise.nc')
# 加入白噪声的初始条件得到的模式积分的集合平均文件
df1 = nc.Dataset('./output_whitenoise_eof1.nc')
# 加入白噪声+ SST eof1 的初始条件得到的模式积分的集合平均文件
df2 = nc.Dataset('./output_whitenoise_eof2.nc')
# 加入白噪声+ SST eof2 的初始条件得到的模式积分的集合平均文件
df3 = nc.Dataset('./output_whitenoise_eof3.nc')
# 加入白噪声+ SST eof3 的初始条件得到的模式积分的集合平均文件

#      读取各文件中的 SST 变量值
sstlt = df.variables['SST'][:]
sst0 = df0.variables['SST'][:]
sst1 = df1.variables['SST'][:]
sst2 = df2.variables['SST'][:]
sst3 = df3.variables['SST'][:]

#        设置集合成员数和经纬度网格数
ncase  = 20
nlat   = 384
nlon   = 320
k=3    #截取前 k 个 EOF，需根据敏感性试验确定
```

附录 11-6 处理包含 NAN 值的数据矩阵

```
def extrct_maskind(X):            #提取非 NAN 值所在的索引并得到去掉 NAN 值的矩阵
    ###X.shape: [mgrd,ntim]
    indma0 = np.zeros(X.shape,dtype=bool)
    indma = np.zeros(X.shape[0],dtype = bool)
    for i in range(X.shape[1]):
        Xi = X[:,i]
        indma0[:,i] = Xi.mask
        indma = indma | indma0[:,i]
    # print(indma)
    mcomp = indma[~indma].shape[0]
    print(mcomp)
    return indma,mcomp

def back_maskarray(X,EOF,indma):                #将无 NAN 值的矩阵还原到原网格
    ###X.shape: mgrd,ntim
    ###EOF shape: imagrd,ntim
    k = EOF.shape[1]
    EOF_full = np.ma.zeros([np.shape(X)[0],k])
    for i in range(k):
        EOF_full[~indma,i] = EOF[:,i]
        EOF_full[:,i].mask = indma
    return EOF_full
```

附录 11-7 计算 SST 的相关系数 EOF

```
n = np.shape(sstlt)[1]
ssta = sstlt - np.expand_dims(np.nanmean(sstlt,1),1).repeat(n,1)

indma,mcomp = extrct_maskind(ssta)
Xcomp = np.zeros([mcomp,n])
for i in range(n):
    Xcomp[:,i] = ssta[~indma,i]
Xstd = Xcomp/(np.expand_dims(np.nanstd(Xcomp,1),1).repeat(n,1)
A = np.dot(Xstd,Xstd.T)/(n)
# print(A.min(),A.max())

# 计算A的特征值和特征向量并按特征值降序排列
eigvalue0,eigvector0 = np.linalg.eig(A)
sind = np.argsort(np.abs(eigvalue0))
eigvalue = eigvalue0[sind][::-1]
eigvector = np.array([eigvector0[i,sind][::-1] for i in range(len(eigvalue0))])

# 计算每个EOF解释方差和累积解释方差
var_expln = np.zeros([len(eigvalue)])
sum_var = np.zeros([len(eigvalue)])
for i in range(len(eigvalue)):
    var_expln[i] = eigvalue[i]/np.sum(eigvalue)
    sum_var[i] = np.sum(var_expln[:i+1])
#print('sum_var:',sum_---var)

# 得到前k个EOF及其对应的PC
EOF = eigvector[:,:k]
PC = np.dot(EOF.T,Xcomp)
EOF0 = back_maskarray(X,EOF,indma) #将EOF还原到原空间网格
```

附录 11-8 计算误差传播算子 R

```
dsst = np.zeros([nlat*nlon,k])
dsst[:,0]= sst1-sst0
dsst[:,1]= sst2-sst0
dsst[:,2]= sst3-sst0
R = dsst.dot(np.transpose(EOF0))
```

附录 11-9 在降维空间中计算印度洋东、西极子 SST 的 CSV 方法及其对应的最终型态空间型

```
lon = df.variables['lon'][:]
lat = df.variables['lat'][:]

# 寻找WIO和EIO的经纬度索引值
ilonstr1 = int(np.argwhere(lon==find_nearest(lon[:],50))[:,0])
#寻找经度最接近50E的索引
```

```
ilonend1 = int(np.argwhere(lon==find_nearest(lon[:],70))[:,0])
ilatstr1 = int(np.argwhere(lat==find_nearest(lat[:],-10))[:,0])
ilatend1 = int(np.argwhere(lat==find_nearest(lat[:],10))[:,0])
ilonstr2 = int(np.argwhere(lon==find_nearest(lon[:],90))[:,0])
ilonend2 = int(np.argwhere(lon==find_nearest(lon[:],110))[:,0])
ilatstr2 = int(np.argwhere(lat==find_nearest(lat[:],-10))[:,0])
ilatend2 = int(np.argwhere(lat==find_nearest(lat[:],0))[:,0])

# 将WIO和EIO区域权重赋值1，其他区域赋值0
w0 = np.zeros([nlat,nlon],dtype=bool)
w0[ilatstr1:ilatend1+1,ilonstr1:ilonend1+1] = 1
w0[ilatstr2:ilatend2+1,ilonstr2:ilonend2+1] = 1
w0 = w0.reshape([nlat*nlon])

w = np.zeros([nlat*nlon,nlat*nlon],dtype=int)
w[w0,w0] = 1

# 在降维空间中进行计算CSV
wre = w.dot(EOF0)                          #降维空间中的权重投影算子
Rre = np.transpose(EOF0).dot(R)            #降维空间中的传播算子

Rwre = wre.dot(Rre)
ure,sre,vre = np.linalg.svd(Rwre)

# 投影到原网格空间
CSV = EOF0.dot(vre.T)   # 最优初始扰动型态CSV
U0 = EOF0.dot(ure)
ss = np.diag(sre)
FP = U0.dot(ss)       # WIO和EIO区域内CSV扰动发展到预报时刻的误差型态
```